国家自然科学基金重点项目(编号：50939006)、
陕西省江河水库管理局项目(编号：资0202042013、资0205012015)
资　　助

渭河

Weihe River Ecological Flow
Analysis and Regulation Practices

生态环境流量分析与调度实践

贾仰文　王　浩　赵振武　王　芳　李晓春　等／著

科学出版社

北　京

内 容 简 介

本书针对陕西省渭河生态环境流量保障问题，在综述国内外河流生态需水与生态调度研究进展的基础上，系统梳理渭河流域水资源与生态环境现状及存在的问题，开展干支流水生态环境综合分区与保护目标分析，从生态、环境、景观等多个层面提出干流24个断面生态环境流量三级控制指标以及18条重点支流30个断面的生态环境流量综合控制指标，构建水量调度模型，分析生态可调水量及生态调度的途径与方案，并针对干流关键断面提出生态调度预案、措施和保障机制。本书成果已应用于渭河枯季水量调度实践，为促进渭河流域生态环境与经济社会协调发展提供了支撑。

本书可供水文水资源及环境等相关领域的科研人员、大学教师和研究生，以及从事流域水资源规划与管理的技术人员参考。

图书在版编目（CIP）数据

渭河生态环境流量分析与调度实践／贾仰文等著．—北京：科学出版社，2017.2

ISBN 978-7-03-050399-2

Ⅰ．①渭⋯　Ⅱ．①贾⋯　Ⅲ．①渭河–生态环境–需水量–研究　Ⅳ．①TV21

中国版本图书馆 CIP 数据核字（2016）第 262867 号

责任编辑：王　倩／责任校对：张凤琴
责任印制：张　伟／封面设计：无极书装

科学出版社 出版

北京东黄城根北街 16 号
邮政编码：100717
http://www.sciencep.com

中国科学院印刷厂 印刷

科学出版社发行　各地新华书店经销

*

2017 年 2 月第　一　版　　开本：787×1092　1/16
2017 年 2 月第一次印刷　　印张：22 1/4　插页：2
字数：530 000

定价：**168.00 元**

（如有印装质量问题，我社负责调换）

主要撰写人员

(按姓氏笔画排序)

王　芳　　王　浩　　牛存稳　　仇亚琴　　龙正未

刘佳嘉　　刘铁龙　　许新红　　严子奇　　李晓春

汪雅梅　　周祖昊　　庞金城　　赵振武　　郝春沣

郝　静　　贾仰文　　龚家国　　梁林江　　彭　辉

游进军　　赫晓慧　　魏　娜

前　言

水是生命之源、生产之要、生态之基。我国改革开放以来经济快速增长，水利发挥了重要支撑作用。但是，由于经济社会的快速发展与气候条件的变化，我国北方缺水地区的水资源供需矛盾日益突出，生活生产用水挤占河流生态环境用水的现象日益突出。河流生态基流和环境用水的保障既是维持河流健康生命的基础，也是经济社会可持续发展的基础。然而，对于经济社会用水与生态环境用水高度竞争的河流，生态环境流量如何确定？被挤占的生态环境用水如何逐步退还？水量调度中的生态环境流量保障措施与机制如何制定？这些问题的回答均需要结合具体河流的特点开展深入研究。

渭河作为陕西人民的"母亲河"，滋养着八百里秦川，孕育了五千年文明，渭河流域也是我国重要的粮棉油产区和工业基地之一。由于人类过度开发利用水资源，渭河面临着水资源短缺、水土流失严重、水污染加剧、河道淤积严重等一系列生态环境问题，严重制约了区域可持续发展。2011年，陕西省委、省政府启动实施了陕西省渭河全线综合整治工程，这是渭河史上"涉及河段最长、投资规模最大、动员力量最广、涉及领域最多"的"根治"行动，总投资超过600亿元，计划利用五年时间，实现渭河"洪畅、堤固、水清、岸绿、景美"的宏伟目标。随着渭河全线综合整治工程的实施，渭河水质变清所需的生态用水短缺与水污染严重的问题凸显。在渭河流域水资源总量不足的现实条件下，渭河生态环境需水的底线究竟是多少？需要的这些水从哪里来？如何保障？仍未有明确的答案。

基于上述背景，陕西省水利厅向陕西省江河水库管理局（陕西省渭河流域管理局）先后下达了"陕西省渭河干流可调水量分析与调度机制研究""陕西省渭河重点支流生态环境流量研究"两项研究任务。中国水利水电科学研究院在前期完成的国家自然科学基金重点项目"'自然-社会'二元水循环耦合规律研究：以渭河流域为例"（编号：50939006）的基础上，与陕西省江河水库管理局联合攻关，针对渭河生态环境流量的确定与调度保障机制问题，开展以下研究：①渭河水资源与生态环境现状及问题分析；②渭河干流生态环境治理目标分析；③渭河干流生态环境需水指标分析；④渭河可调水量分析与水量调度途径及方案；⑤渭河水量调度保障措施与机制；⑥渭河重点支流水资源及生态环境状况综合分析；⑦渭河重点支流生态环境流量分析；⑧渭河重点支流水功能区纳污能力及水污染控制方案；⑨渭河重点支流生态调度方案和保障措施。经过三年多的联合研究，完成了既定研究任务，达到了预期目标。研究成果自 2013 年开始应用于陕西省渭河枯季生态调度实践，为实施非汛期关闭渭河干流电站、汛期合理引水发电的调度方式，促进生态环境与经济社会的协调发展提供了科技支撑。

本书是对上述研究成果的总结。全书共分为 10 章，第 1 章是绪论，介绍研究背景与主要科学问题；主要撰写人为贾仰文、牛存稳、郝春沣等。第 2 章介绍有关河流生态环境需水、水库群优化调度和流域生态调度研究进展；主要撰写人为郝春沣、贾仰文、牛存稳等。第 3 章梳理渭河水资源与生态环境现状及问题；主要撰写人为仇亚琴、赵振武、李晓春、汪雅梅、刘铁龙、庞金城、梁林江等。第 4 章确定渭河生态环境功能分区和保护治理目标；主要撰写人为王芳、贾仰文、王浩、赵振武、许新红、龙正未、郝春沣等。第 5 章计算渭河干流生态环境需水指标；主要撰写人为王芳、贾仰文、王浩、李晓春、赵振武、赫晓慧、龚家国、郝静等。第 6 章计算渭河重点支流生态环境需水指标；主要撰写人为牛存稳、郝春沣、贾仰文、李晓春、赵振武、王浩等。第 7 章在流域水循环演变与经济社会用水分析的基础上，分析渭河流域生态可调水量；主要撰写人为严子奇、周祖昊、贾仰文、牛存稳、刘佳嘉、彭辉等。第 8 章研究渭河水量调度模型、水量调度途径与方案；主要撰写人为游进军、魏娜、仇亚琴、贾仰文、牛存稳、郝春沣等。第 9 章提出渭河水量调度保障措施与机制；主要撰写人为仇亚琴、贾仰文、王浩、李晓春、赵振武等。第 10 章为主要成果、结论与建议；主要撰写人为贾仰文、王浩、牛存稳、王芳、仇亚琴、游进军、郝春沣等。全书由贾仰文、牛存稳、郝春沣统稿，贾仰文、王浩定稿。

本书的完成与出版得到陕西省水利厅、陕西省江河水库管理局、国家自然科学基金委和科学出版社等单位的大力支持，在此表示衷心的谢意。受作者水平所限，书中不足之处在所难免，恳请读者批评指正。

作　者

2016 年 9 月于北京

目　　录

第1章　绪　　论

1.1　研究背景

渭河作为陕西人民的"母亲河"，滋养着八百里秦川，孕育了五千年文明，也是我国重要的粮棉油产区和工业基地之一，流域内拥有机械、航空、电子、电力、煤炭、化工和有色金属等工业，在陕西乃至西部大开发战略中具有重要战略地位。20世纪80年代以来，随着流域内经济社会的快速发展，人口的急剧增加，人类生存和社会生产的发展对水的需求越来越迫切，水资源供需矛盾日益突出。由于人类过度开发利用水资源，引发一系列生态环境问题，渭河面临着水资源短缺、水土流失严重、水污染加剧、河道淤积严重等生态环境问题，严重制约流域可持续发展。

2011年，陕西省委、省政府以前所未有的魄力，启动实施陕西省渭河全线综合整治工程，这是渭河史上"涉及河段最长、投资规模最大、动员力量最广、涉及领域最多"的"根治"行动，总投资超过600亿元，利用五年时间，要实现渭河"洪畅、堤固、水清、岸绿、景美"的宏伟目标，把渭河打造成关中防洪安澜的坚实屏障、堤路结合的滨河大道、清水悠悠的黄金水道、绿色环保的景观长廊、区域经济的产业集群，重现渭河新的历史辉煌。

随着渭河全线综合整治工程实施步伐的加快，使得渭河水质变清所需的生态用水短缺与水污染严重的问题凸显，解决渭河生态环境需水问题迫在眉睫。然而，实现渭河流域人水和谐健康发展，落实党的十八大提出的生态文明建设的具体要求，在渭河流域水资源总量不足的现实条件下，渭河流域生态环境需水的底线究竟是多少？需要的这些水从哪里来？如何保障？仍未有明确的答案，即存在着"生态环境需水底线不清、保障补水来源不明、调水措施机制不灵"等问题。同时，保障渭河干流需水的条件在于渭河各支流的合理开发利用和调度，因此有必要针对渭河重点支流研究水生态环境流量及其保障方式，对主要支流需要下泄的生态流量、支流水库的最小下泄流量提出要求，对渭河干流生态环境流量的保障形成支撑。

针对"渭河流域生态环境需水底线不清"的问题，在对渭河流域进行生态环境功能分区的基础上，按照陕西省渭河全线综合整治的要求，结合区域生活、生产供用水实际情况，分析渭河生态保护与建设的目标；研究渭河干支流水生生态需水、冲沙需水、环境需水等，综合提出渭河流域生态环境需水，确定不同来水情况下，渭河各河段（行政区域控制断面）生态环境需水的控制指标，并对生态需水的盈缺情况进行分析。针对"渭河流域保障补水来源不明"的问题，通过分析渭河流域水资源现状、工程调度能力，系统梳理流域内和流域外对渭河干支流生态补水的调水潜力。针对"渭河流域调水措施机制不灵"的问题，探索适合于陕西省渭河流域的调水机制和保障措施，通过加强监测、节水治污、生态补偿、水资源合理定价、最严格水资源管理制度实施等措施，提出近期、远期的水量调度措施，完善调度机制，使调度方案落到实处。

1.2　主要科学问题

1. 渭河水资源与生态环境现状及问题

分析陕西省渭河水资源及其开发利用现状，调查渭河干流与主要支流的水生态、水环境和生态景观的现状，剖析用于生态环境的水源、水量、水质，客观评价渭河生态环境现状。与国内外典型河流进行对比，分析渭河目前存在的主要生态环境问题。

2. 渭河干支流生态环境治理目标

根据渭河现状问题、水功能区划和生态景观功能需求，基于陕西省渭河全线综合整治确定的目标，研究不同来水情况下渭河各断面水量与水质应达到的目标、水生态系统保护与修复目标。

3. 渭河干支流生态环境需水指标

根据陕西省渭河全线综合整治目标与上述生态环境治理目标分析，采用科学合理的方法，以生态功能分区和水功能区为基本单元，计算确定满足新形势下渭河生态环境治理目标的不同频率年、不同月份、不同河段的生态环境需水量控制指标。

4. 可调水量

研究人类活动对渭河流域水资源的影响，开展陕西省渭河流域经济社会用水分析，提出渭河流域自产水和外调水给生态环境带来的可调水潜力，分析渭河干流生态环境流量的盈缺。

5. 水量调度途径与方案

分析渭河流域水量调度途径，研究适用于渭河的生态环境用水的调度方法，建立调度模型并进行联合调节计算，提出不同水平年和来水条件下生态环境用水的调度方案，并针对可能出现的严重干旱或突发水污染事件，提出应急状况下的调控策略。

6. 水量调度保障措施与机制

紧紧围绕陕西省渭河全线综合整治目标的实现，从节水、控污、工程、监测等角度提出满足生态环境需水的水量调度保障措施；从政策、监控和管理方面出发，提出一套科学有效的综合保障机制，保障和促进渭河全线整治规划目标的实现。

第2章 流域生态调度研究进展

2.1 流域生态调度研究及实践

2.1.1 水利工程对河流生态系统的影响

河流生态系统（riverine ecosystem）是在河流水体及其周边由生物群落与无机环境共同构成的有机整体。河流生态系统包括陆地河岸生态系统、水生态系统、相关湿地及沼泽生态系统在内的一系列子系统，是一个复合生态系统，并具有栖息地功能、过滤作用、屏蔽作用、通道作用、源汇功能等多种功能。河流生态系统属于流水生态系统，是陆地和海洋联系的纽带，在生物圈的物质循环中起着主要作用。河流生态系统中，生物与环境之间相互影响、相互制约，并在一定时期内处于相对稳定的动态平衡状态[1-4]。生物群落包括生产者、消费者和分解者，在长期的自然演化过程中，形成了互为依存的有机整体；而无机环境是指非生物的物质和能量，在外界干扰条件下具有一定的自我修复功能。无机环境是生态系统的基础，其条件的好坏直接决定生态系统的复杂程度和其中生物群落的丰富度；生物群落反作用于无机环境，在生态系统中既在适应环境，也在改变着周边环境的面貌。

河流生态系统具有四维时空结构，即纵向、侧向、垂向和时间[5-7]。在纵向上，河流从河源、上游、中游、下游到河口均发生物理的、化学的和生物的变化。不同河段由于流经区域的气候、水文、地貌和地质条件等的差异，呈现出不同的流态、流速、流量、水质以及水文周期等，形成急流、瀑布、跌水、缓流等水流形式。河流中浅滩和深潭交替出现，形成了丰富多样的生境，浅滩是很多水生生物的主要栖息地和觅食场所，深潭是鱼类的保护区和缓慢释放到河流中的主要有机物存储区。早期对河流纵向空间的研究导致将河流分为离散河段，当前研究开始重视河流生态系统整体性，形成了河流连续体（river continuum concept）的概念和模型[5,8]。在侧向上，河流生态系统由主河槽、洪泛区和过渡带组成[9]。主河槽是河流生态系统的主体，是联结陆地生态系统和水生生态系统的纽带，为水生生物提供了生存环境。洪泛区是主河槽两侧受洪水周期性淹没影响的区域，汛期洪水漫溢将河流的营养物质输送到河漫滩、湖泊和湿地，适于湿生植物和水生植物成长，洪水消退时将淹没区的动植物腐殖质等输送到河道，为河岸带生物群落提供了栖息地，同时对污染物起到降解、过滤和屏蔽作用。过渡带是洪泛区一侧或两侧的部分高地，是洪泛区和周围陆地景观之间的过渡区域或边缘区域，岸边湿地、沼泽、森林、草原等交替，为两栖动物、鸟类和哺乳动物等提供了生存环境，并且起着调节水温、光线、渗漏、侵蚀和营养输送的作用。对河流生态系统研究，不能只局限在河道的尺度上，同时应考虑河岸植被、洪泛平原等与河流关系密切的陆地生态系统[10,11]。在垂向上，河流可以分为表层、中层、底层和基底。由于光照、水温、含氧量、浮游生物等因素的影响，河流生物群落随水深呈现出分层现象。此外，河床基底多样的组成结构及其包含的丰富营养物质等，为不同的水生生物提供了栖息地以及营养来源，也是地表水和地下水交换的重要通道。在时间上，较长时间尺度的气候、水文条件以及河流地貌特征等的变化导致河流生态系统的演替，较短时间尺度（年、月、日以及洪水脉冲）的水文要素变化为生物群落提供了所需的生存环境和必要的生物信号。

河流生态系统的四维时空结构使得天然河流具有物质流、能量流、信息流和物种流的连续性，生物群落随河流水流的连续性变化，呈现出连续性分布特征[8]。这种连续性的产生是由于在河流生态系统长期的演替过程中，生物群落对于水域生境条件不断进行调整和适应，反映了生物群落与生境的适应性和相关性。但是在人类社会经济发展需求的驱动下，水利工程的建成和运行造成河流的非连续化[12]，改变了河流天然的物质能量循环特点，进而影响河流生态系统生物群落的完整性。

水利工程对河流生态系统的影响主要体现在非生物要素和生物要素两个方面，根据其影响程度可以分为三个层次[12-15]。第一个层次是水利工程对河流物质、能量输送通量（水文、水质、泥沙等）的影响；第二个层次是河道结构（河道形态、泥沙淤积、冲刷等）以及河流生态系统结构和功能（初级生物和浮游生物等）的变化，主要是河流能量和物质输送在水利工程建成后的调整结果；第三个层次是综合反映所有一、二层次影响引起的变化（无脊椎动物、鱼类、哺乳动物以及鸟类等）。

在水利工程对河流水文特性的影响方面，由于水利工程的调蓄作用，河流的丰枯变化减弱，河道洪峰流量和洪水频率降低，高流量过程减少，低流量过程增加，甚至由于过度取用水造成河道断流，河道流量的大小、发生时间、频率、历时和变化率均产生变化，影响了河流原有的物质、能量、生态系统结构和功能。洪水脉冲的减弱使鱼类产卵和迁徙失去了环境信号和必要通道，漫滩洪水的减少也影响了河流与周边环境之间的物质和能量交换，导致河流、河岸、洪泛平原等各类生态环境产生变化，进而造成河流和河岸带生物群落的改变[16]。此外，坝址上游因水库蓄水而导致地下水水位抬高，下游因补给水源大大减少而导致地下水位下降，影响了区域地表水和地下水的平衡。

在水利工程对河流水力特性的影响方面，水利工程引起河流水动力条件的改变，导致颗粒物迁移、水团混合性质等显著变化，强水动力条件下的河流搬运作用，逐渐演变为弱水动力条件下的湖泊沉淀作用[17]，造成库区泥沙淤积，显著减少生源要素（氮、磷、硅等）的纵向输送通量。而在较小尺度上，水库因水力发电产生的脉动泄流增加了下游河道水流波动的幅度，造成下游河道的冲刷，对下游水位、水质、河道地貌形态和河床地质稳定性均产生了影响。此外，河口地区的冲淤平衡可能被打破，造成咸潮入侵等生态环境问题。

在水利工程对水体物理化学条件的影响方面，由于库区水流速度降低，影响了河流中污染物的迁移、扩散和转化，库区近岸水域和库湾水体纳污能力下降，致使库区近岸水域和库湾水体富营养化。水库水体的季节性分层，使营养物质在水库中迁移和转换的生物地球化学行为明显不同于河流[18]，导致水体垂直剖面上不同水团的物理、化学特性差异。由于水库下泄水流存在水温分层和溶解气体过饱和现象[19]，对于下游的物种生长繁殖会产生不同程度的影响，特别是春夏季节水库下泄的低温水，导致鱼类繁殖季节推迟、当年幼鱼的生长期缩短、生长速度减缓等[20]。

在水利工程对河流连续性的影响方面，在河流上建设大坝造成河流纵向的非连续化，使自然河流从源头至河口的连续体变成串联非连续体[21]，使鱼类及其他生物的迁徙和繁衍过程受阻，也将对鱼类等生物组成的完整性产生不利影响，部分种类的生物可能会因为生境的缺乏而消失，一些重要的生态过程也将受阻，水域生态完整性将遭到巨大破坏。同时，筑堤防洪缩窄了河道，阻碍了汛期洪水侧向漫溢，出现一种侧向的河流非连续性特征。不透水的堤防和护岸结构也阻隔了地表水与地下水的交换通道，形成垂向的非连续性。水利工程对河流连续性的影响导致河流生态系统空间异质性下降，使栖息地数量和质量降低，导致生物群落多样性的减少[22]。

2.1.2 水库生态调度研究进展及国内外实践

生态调度是水库调度研究和实践的前沿课题，其研究内容和步骤应包括：识别水库建设和运行造成的生态环境影响；提出区域生态系统修复及可持续利用综合目标；确定生态环境需水过程及经济社会需水目标；研究满足生态环境需水的水库优化调度方案和配套技术；分析不同方案下生态环境需水满足程度及其对经济社会效益的影响；试验并评估不同方案下生态系统修复效果；综合考虑利益相关方的诉求和生态系统修复效果修正需水目标并重新优化和评估调度方案，等等。

生态调度的概念目前还没有十分明确的定义。在国外，生态调度没有特定的术语，常采用的描述词语包括 "ecologically-friendly operation" "multi-objective reservoir operation" "sustainable reservoir operation" "reservoir management optimization for ecological restoration" 等。生态调度被认为是在水库综合调度中考虑和处理生态环境问题，在平衡人类需求以及生态环境需水的基础上，改善水库下泄水流，保护河流生态系统的健康[23-28]。在国内，关于生态调度的表述由于生态目标的设定和优先次序不同而有所差异[29]。董哲仁[30]认为，水库多目标生态调度是在实现防洪、发电、供水、灌溉、航运等社会经济多种目标的前提下，兼顾河流生态系统需求的水库调度方法。程根伟[31]认为，水库生态调度是充分考虑水库调节性能和河道输送特性，利用水库库容，适时蓄存或泄放径流，调整天然水沙过程，并改善库区和下游的河流水环境条件，增进河流健康。胡和平[32]认为，水库生态调度就是要在实现基本的生态环境目标的前提下，发挥水库的社会经济效益，但是其大前提是保证人民群众的生命财产安全和正常的生活。梅亚东[33]认为，在研究调整水库的调度方式减轻筑坝对生态环境的负面影响的过程中，应该把环境和生态区分开来进行。环境调度以改善水质为主要目标，生态调度以水库工程建设运行的生态补偿为主要目标，两者相互联系并各有侧重。

可以看到，水库生态调度的内涵主要体现在两个层面的平衡，首先是人类经济社会发展需求与河流生态系统需求之间的平衡，其次是人类防洪、发电、供水等经济社会发展目标之间的平衡。防洪、兴利、生态作为水库生态调度的三个重要方面，既相互联系又相互制约。在不同区域、不同时期，水库调度的侧重方向有所不同。如汛期应当优先考虑防洪要求，兴利与生态应服从防洪要求；非汛期则应结合区域特点及水库来水、蓄水条件，合理协调兴利与生态目标之间的关系，以寻求各部门都能接受的水库调度方案[34]。

水库生态调度的核心是协调人与自然的关系，实现经济社会与资源环境协调可持续发展。水库生态调度应遵循以下几项基本原则：①以河流本底条件为基准。河流的自然水文情势（nature flow regime）是塑造和维护河流生态系统完整性的决定性因素[35,36]，在长期演化过程中，与河流物理化学特性、河湖地貌、生物群落之间相互影响、反馈、适应，共同构成河流生态系统的本底条件。在水库生态调度中，河流水资源、水环境、水生态天然状况和实际状况的调查和评价是必要的前期工作。在此基础上确定的河流生态修复目标应切实可行，不宜超过河流自然状态下的本底条件。②遵循生活、生产和生态用水共享的原则。生态需水只有与社会经济发展需水相协调，才能得到有效保障。生态系统对水的需求有一定的弹性，在生态系统需水阈值区间内，应结合区域社会经济发展的实际情况，兼顾生态需水和社会经济需水，合理地确定生态用水比例。水利工程的主要功能是兴利除害，生态调度中必须要考虑防洪、供水、发电、灌溉、航运等经济社会目标。同时，在河流水流情势与河流生态响应关系的基础上，权衡社会经济可承受力，尽可能地保留对河流生态系统影响重大的流量组分，恢复河流的生态完整性[37]。③因时、因地制宜的原则。不同河流具有自身独特的生态环境状况和水资源开发利用状况，同时又支撑着不同发展水平、不同社会文化传统的人类社会，使得每条河流所受胁迫类型和程度各不相同，生态调度实践中所需要解决的重点问题也不同。同时，河流生态系统中受影响的物种以及受影响的生活史阶段也各不相同，需要针对不同河段、不同时段、不同恢复目标对应的生态环境需水做具体分析。因此，生态调度目标设置和调度方案必须结合区域生态环境现状、经济社会发展水平和水资源开发利用条件，因时、因地、因物种而异[38]，逐步达到人与自然和谐发展的最终目的。

在水库生态调度的研究方法方面，通常的研究思路是在传统的水库优化调度模型中加入反映下游生态环境需水（即生态流量）的元素。在优化调度模型中，可以通过更改目标函数或者约束条件来增加一个新的影响因子。考虑生态环境需求的水库优化调度，主要包括三种途径[39]：①在传统优化模型的基础上加入生态环境需水约束条件，即生态流量约束型模型；②将生态环境需水作为优化系统新的目标加入，即生态流量目标型模型；③将生态环境需水间接转化为可以统一度量的经济或其他效益，从而形成生态价值的目标纳入优化系统进行考虑，即生态价值目标型模型。

生态流量约束型模型相对于传统优化模型而言，增加了新的约束条件，即要求下泄流量大于生态流量，而调度目标函数不变。在以往的研究中，多数是将河道最小流量需求作为优化模型的固定约束来实现[24,33,40]。通过一个简单且固定的生态流量约束条件，虽然可以保证水库调度时坝下河道最低的流量值，但是，其对生态系统的保护效果受到越来越多的质疑，生态专家普遍认为河流生态系统对于流量的需求远远比单一的最小生态流量要复杂和精细[41]，想要长效保护生态系统，需要对优化调度模型提出更精细和更准确的生态流量约束。因此，考虑目标物种需求以及多个河流生态管理目标的综合生态环境需水过程受到重视，并在水库生态调度模型中得到应用[32,42-44]。考虑综合生态环境需水过程的水库调度可能对水库工程效益产生较大影响，在实际生态调度实践中，需要寻求生态环境需水满足程度和工程效益损失之间的平衡点，一般采用多目标优化方法进行进一步研究。

生态流量目标型模型相对于传统优化模型而言，将生态流量作为目标函数之一，而约束条件基本不变，生态流量目标与原有调度目标构成多目标优化问题。在生态流量目标型模型中，生态环境需水过程不能直接作为调度目标，一般将其量化为水文改变程度、生态因子等，并纳入多目标优化模型，进而求解考虑工程效益和生态保护的 Pareto 最优方案，具体方法包括可变范围法（range of variability approach，RVA）、中度干扰假说（intermediate disturbance hypothesis，IDH）以及生态赤字（eco-deficit）等。可变范围法通过量化河流流量、时机、频率、延时以及变化率等水文指标的改变来度量人类活动对自然河流水文范式的扰动[45,46]；中度干扰假说可以量化河流生态系统的自然扰动和人为扰动[47,48]；生态赤字通过天然流量过程线与调度流量过程线之间的面积来定量描述生态系统受胁迫的程度[24]。

生态价值目标型模型与生态流量目标型模型相似，是一个多目标优化问题。通过河流综合管理和经济视角来研究水库优化调度的模型，将生态流量产生的成本和收益纳入水库调度的"成本-效益"（cost-benefit）模型，将水库目标全部转化为可以统一度量的经济或其他效益，并根据当地实际情况，定义反映水库整体效益或河流生态系统服务功能价值的经济函数[49-52]。此类模型的关键问题在于生态系统服务功能价值的合理计算，目前估算生态系统服务功能价值的方法较多，不确定性较大，可能出现生态系统服务功能价值与工程效益不在可比的数量级上，从而难以实现生态目标的有效保护[51]。除了将河流生态系统服务功能价值进行货币化处理外，将不同类型的产品和效益采用某种方式进行统一度量，也可以实现系统产出价值的量化，如能值理论等[53]。

在水库生态调度实践方面，欧洲、美国、澳大利亚等国家起步相对较早。早在20世纪40年代，美国开始强调河川径流作为生态因子的重要性[54]，考虑水生生物生长、繁殖的生态需水量[55]和基于生态需水的水库调度模型等[56]相关研究得到了发展。

美国田纳西流域管理局（TVA）于1991~1996年对流域内20个水库的调度方式进行优化调整，以下游河道最小流量和溶解氧浓度为指标，增加水质保护、生态修复和生物栖息地保护的内容，通过对水库的调度方式进行优化，使得水库在保证航运、发电、防洪等原有功能的同时，在区域水质改善、娱乐和经济发展方面发挥了重要作用，最大限度地满足经济发展与环境保护相协调的目标[57]。

科罗拉多河格伦峡大坝于1982~1995年进行大量大坝调度的生态环境效应研究，提出9种调度备选方案和"适应性管理"的建议。1996年内务部采纳了改进的低波动水流（MLFF）的推荐方案，要求调度除满足传统的开发目标外，还必须考虑濒危物种保护、下游河滩栖息地恢复及文化娱乐价值保护等。同时，适时地实施生态水流试验，不断改进调度方式；并且多次进行人造洪水实验，将河床泥沙悬浮起来，结合下游支流洪水泥沙，使其漫滩以重塑两岸河流边滩，恢复保护河流自然生态功能[58]。

澳大利亚墨累—达令流域建有 90 多座大型水库、拥有 8 个国际重要湿地，承受多重胁迫，土地盐碱化、农田与湿地退化、河流健康状况恶化。为了遏制流域健康水平不断下降的趋势，2001 年，墨累—达令流域部级理事会制定了《2001 ~ 2010 年墨累—达令流域流域综合管理战略——确保可持续的未来》，将河流、生态系统和流域健康作为该战略的主要目标，并于 2002 年启动墨累河生命行动计划，减缓水质恶化和自然生态系统的退化，取得积极的效果[59]。此外，在澳大利亚，要求每个州和地区都要对"水依赖的生态系统"作出评价，并且提出水的永续利用和恢复生态系统的分配方案[60]。水的分配方案必须要考虑到 5 ~ 10 年之后可能出现的情况，通过一些数据来指导重新调整径流的季节变化特征以达到最佳的生态状态。

国外生态调度实践具有以下基本特征[61]：

（1）生态调度开展的历史时机具有鲜明的阶段性特征。西方发达国家从 20 世纪 80 ~ 90 年代开始实施生态调度，其中美国开展得最早。从社会经济发展阶段看，生态调度是在具备必要的社会经济可承受能力条件下才得以开展。例如，20 世纪 80 年代是美国总用水量与人均用水量均呈现减少趋势的转折时期。从河流治理的阶段看，生态调度是在水环境点源污染治理基本完成之后才顺序开展的。

（2）生态调度目标具有明确的针对性。国外生态调度实践中，具体的生态调度目标的确定取决于流域自然环境特征、水资源开发利用方式、社会经济发展水平、拟解决的生态问题以及所采取的河流生态修复策略，具有很强的针对性。例如，科罗拉多河格伦峡谷适应性管理的目标是珍稀物种的保护及下游沙洲栖息地的恢复，兼顾娱乐性需求；墨累河生命行动则是以流域整体的生态修复为目标。

（3）生态调度已经融入流域综合管理。20 世纪 80 年代末，西方发达国家从整体性管理的角度提出了流域综合管理的理念，河流生态完整性成为与传统的防洪、兴利目标并列的基本管理目标，近年来又提出动态管理，即通过在某种程度上恢复河流的自然变化动态来维持或恢复河流的生态活力。生态调度强调整体、动态的技术特点恰好与流域综合管理的要求自然契合，国外的生态调度已经自然融入流域综合管理的日常工作之中，成为制度性、日常性的河流综合管理的重要调控手段。

（4）注重开发能够适应流域多尺度、多等级及整体性特征的技术方法，来科学客观地选择生态调度试点和评价流域修复效果，进一步指导生态调度。例如，墨累河生命行动计划中开发的墨累河流量评价工具（MFAT），将墨累河划分为十个河区，分别对河道内鱼类栖息地、水藻及洪泛平原植被、湿地植被和水鸟的响应进行预测，再以适当的权重加以综合，通过整合和对比分析河区内、河区间和整个流域的评价结果，来科学客观地选择生态调度试点。

（5）通过立法，广泛的公众参与以及对用水行为的全成本分析来寻求解决生态调度引起的利益关系调整问题。生态调度是对现状用水格局的调整，不可避免地会引起既有利益格局的重新调整。西方发达国家注重依法调度，通过立法来明确生态水量的法律地位，从根本上保证了生态调度的日常化和制度化；强调通过广泛而充分的公众参与来确定生态调度目标；强调以全成本核算及水权交易等方式来保证以公正公平的方式实现既有利益的重新平衡。1937 年美国颁布的《农垦法》提出，"CVP 的大坝与水库首先应用于调节河流、改善航运和防洪；其次用于灌溉和生活用水；第三用于发电"。20 世纪 90 年代，美国修改了 1937 年颁布的法规并专门指出：CVP 的大坝与水库现在应当"首先用于调节河流、改善航运与防洪；其次用于灌溉与生活用水及满足鱼类与野生动物需要；第三用于发电和增加鱼类与野生动物"。

（6）强调适应性管理，通过加强实验、监测、研究和及时反馈来不断减少生态调度中存在的不确定性。西方发达国家正视河流生态系统自身的复杂性和河流生态响应的不确定性，强调利用最新的科学知识来提出指导生态调度的可供验证的基本假设，再利用周详的、长期的系统监测研究计划以及效果评价计划来积极地对已有的假设进行验证，并不断地反馈改进生态调度。实施保护生态的水库调度不可能一蹴而就，而是经过放水试验—生物监测—调整方案多次反复，才有可能接近预期目标。

近年来，我国的生态调度也取得一定的进展。自 1999 年 3 月开始实施的黄河流域全河水量统一调度，保证了近年来黄河下游不断流，还为实施黄河调水调沙试验提供水量保证[62]。黄河水利委员会在 1964 年利用三门峡水库两次进行人造洪峰试验；2002 年又利用小浪底水库进行调水调沙试验，在多泥沙河流水沙联合调度理论及方法方面取得突破，实现不同水沙组合的时空的"精确对接"和适宜水沙组合再造，达到输沙入海、减轻下游河道淤积的效果[63]。针对下游水文情势的改变对荆江段"四大家鱼"产卵场产生不利影响这一问题，2011 年以来，长江防总对三峡水库实施了生态调度试验，为长江主要渔业资源四大家鱼创造产卵条件，结果表明，生态调度达到预想效果，四大家鱼"鱼卵汛"多次出现[64]。

尽管生态调度实践取得十分显著的生态修复效果，但我国在生态调度方面仍存在以下问题[61]：①大多数的生态调度仍以水质改善或水沙协调为目标，具有明确的生物保护对象的生态调度实践还较少。②生态调度仍缺乏系统的理论指导。我国由于缺乏长期系统的生物监测资料，对水生生物的生态水文学、生态水力学特征的认识薄弱；对水沙过程与生物过程的相互作用关系研究较少；生态流量的设置主要集中在最小下泄生态流量，对于动态流量过程的生态作用认识还很不充分，尤其是对洪水过程的生态作用则更少关注。在管理实践中，水利水电工程生态环境影响的后评估工作的基础仍然薄弱。③服务于生态调度目的的工程布局、监测技术及网络、调度决策体系等亟待改善。在某些流域内水利工程的布局仍不完善，调水水源距离调度保护对象遥远，缺乏中间的控制性水利枢纽，严重地制约了生态调度的时效性。除部分流域外，监测技术及监测网络的自动化程度和覆盖程度仍有待提高。在监测项目中，主要是水文、泥沙、水质监测项目，普遍缺乏生物学指标。

2.1.3　生态调度存在的问题及发展方向

目前，生态调度仍面临一些亟待解决的问题。在理论方面：①对河流生态系统本底条件的研究不足，在河流的近自然水流情势恢复准则下，河流生态系统修复目标没有科学的参考状态；②河流生态系统的水文-生态响应关系仍不明确，生态调度的效果难以准确预测，需要通过多次的试验—监测—调整来逐步接近预定目标；③河流生态系统功能服务价值的研究方法存在较大的主观性和不确定性，生态经济系统综合效益最大化的目标难以准确描述，生态调度方案的对比和评价缺乏科学依据。在实践方面：①流域水利工程的统一调度和管理机制尚不完善，实施生态调度方案的难度较大；②生态调度的补偿机制和保障措施不到位，现实中经济社会目标往往优先于生态保护目标；③生态调度中的各利益相关方的参与程度不足，往往由政府部门或流域管理机构主导，缺乏与渔业部门、水库电站以及公众利益相关方等的协调。

目前，生态调度的发展呈现出以下趋势：

（1）基于水库生态调度的河流生态修复实践从局部河段向流域尺度转变。实践表明，局部区域或者河段的河流生态修复措施对于河流生态系统状况改善，特别是生物多样性的提高，效果较为有限[65]。河流水生态系统的健康不仅与所处河段有关，同时也受到河流上游及河岸周边地区的影响。因此，将流域视为一个复合生态系统，将河流生态系统和陆地生态系统的研究结合起来，在流域尺度下开展河流生态修复的研究和水库生态调度方案的制订，对于保护河流生态系统健康和完整性十分必要。

（2）生态调度从单一生态目标向考虑生态系统整体需求的综合调度转变。以往的水库生态调度往往只针对单一生态目标，如水沙平衡、水环境修复、目标物种保护等。未来，生态调度应具有多维、多层次、多目标的特点。河流生态系统修复应结合自然和人类的需要，全面考虑水量、水质、泥沙等要素，从水文情势的周期性和脉冲性、水体物理化学特性、河流地貌三维空间异质性、河流三维连续性和连通性以及生态系统完整性和多样性等不同层次[66]，实现保障河流生态系统健康和人类经济社会发展的综合目标。

（3）生态调度从重点关注水库蓄放次序向生态修复全过程管理转变。维持河流生态系统健康是一个系统的、复杂的、多维调控问题，水库生态调度只是其中的一个环节[29]。生态调度实施前，需要根据河流生态系统本底条件和经济社会发展状况制订合理的生态修复目标和调度方案；调度实施后，需要对河流生态健康状况进行合理的评价，量化生态调度的实施效果，并以此作为生态反馈调控的依据，构建较为完备的河流生态健康调控体系。强化适应性管理，通过加强实验、监测、研究和及时反馈来不断减少生态调度中存在的不确定性。

2.2 生态环境需水研究

2.2.1 生态环境需水计算方法

近年来，流域和区域生态环境问题受到越来越多的关注，生态环境需水研究（environmental flow assessment，EFA）成为国内外研究热点。生态环境需水的研究对象包括河流、湖泊、湿地、林地等，本节主要关注的是河流生态系统，旨在通过分析水文情势（flow regime）特征对河流生态系统状况的影响，建立河流流量过程与河流生态系统之间的联系，并针对不同的生态环境目标，提出对应的生态环境需水量及其过程。

水文情势是生态环境需水研究的重点，包括水流的时空分布、流态及其变化等，对河流地貌及其生物物理学特性、河流生物群落演进、河流–滩区物质能量交换等均有影响，是河流生态系统的关键驱动因素[67]，而这些过程也反过来影响着河流系统的水文情势，进一步影响了河流生态系统为人类提供产品和服务等的功能。此外，生态环境需水研究还涉及河流地貌、水环境、生态系统等方面的内容，需要水文学、水力学、河流地貌学、环境科学、生物学等多学科交叉合作。

在宏观层面上，广义的生态环境需水包括生物地理生态系统水分平衡所需用的水，如水热平衡、水沙平衡、水盐平衡等，狭义的生态环境需水是指为维护生态环境不再恶化并逐渐改善所需要消耗的水资源总量[68]。在微观层面上，生态环境需水是指在特定区域及生态环境系统的背景下，为实现预定的生态环境功能目标，而对其水文情势进行相应修正后的水量及流量过程。后者是本节研究的重点。

在研究尺度方面，生态环境需水量的研究可以基于整个流域或者区域，也可以针对某个特定的河段；在研究深度方面，较早的生态环境需水量研究仅依据流量变化给出一个或者几个特征值作为参考，而当前的研究强调流量过程各要素与特定生态系统功能之间的联系，包括影响机理解释和流量过程描述；在研究方法方面，生态环境需水量的研究可以分为水文学方法、水力学方法、栖息地模拟法以及整体法等，各个方法在不同的分析尺度、数据获取及技术能力、进度用时、资金投入等条件下具有不同的适应性。

2.2.1.1　水文学方法

水文学方法（hydrological index methodologies）是以实测或模拟的历史流量系列为基础，通过选取生态水文指标参数及适当的比例来确定河流生态环境需水量。目前应用较多的水文学方法包括 Tennant 法、改进的 Tennant 法、7Q10 法、Texas 法、NGPRP 法、基础流量法及可变范围法等。

（1）Tennant 法。Tennant 法又称为蒙大拿法（Montana method），由美国科学家 Don Tennant 于 1976 年首次提出[69]，开始应用于美国中西部，现在世界范围内也有广泛的应用[70-72]。Tennant 法以河道断面的年平均天然流量为基础，分枯水期和丰水期两个时段设定不同的百分比（枯水期为 10～3 月，丰水期为 4～9 月）作为河道内最小生态环境流量。基于对河道宽度、水深、流速以及流量变化情况与生境质量的主观分析，其推荐的河流中鱼类、野生生物、娱乐及其他环境资源所需的临界最小流量在年平均流量的 10%～200% 范围内设定，具体设定标准见表 2-1。Tennant 法的优点主要是使用简单，操作方便，只需要基于历史实测或模拟计算的流量数据系列，不需要其他复杂信息或者野外试验，可以在生态资料缺乏的地区使用。Tennant 法的缺点是没有考虑自然流量变化较大的河流及季节性河流，没有考虑和计算日、季节或年际的变化，不能充分代表河道生态环境需水的天然变化过程，在某些情况下，推荐的环境流量往往大于河流中自然发生的流量，特别是枯水期，这种差异没有体现环境流量和自然流量的一致性[73]，也是不符合现实情况的。该方法不适合干旱地区的季节性河流（有零流量），在实际工作中需要把河道断面实测流量还原成为分离了人类影响的天然流量；要建立目标河流流量与水生生境质量之间的关系比较困难，一般需要 30 年以上的径流还原资料，同时根据本地区的情况对基流标准进行适当修正。由于 Tennant 法对河流的实际情况作了较为简化的处理，没有直接考虑生物的需求和生物间的相互影响，因此在当前的研究中，其主要应用在优先度不高的河段，或者用作检验其他计算方法的宏观指导及粗略参考[74,75]。

表 2-1　Tennant 法推荐的河流生态环境需水状态设定标准

状态描述	占年均流量的百分比（%）		状态描述	占年均流量的百分比（%）	
	枯水期	丰水期		枯水期	丰水期
冲刷或最大	200		好	20	40
最佳范围	60～100		一般	10	30
极好	40	60	较差或最小	10	10
非常好	30	50	极差或退化	0～10	

（2）改进的 Tennant 法。为弥补 Tennant 法不适用于自然流量变化较大的河流及季节性河流的不足，在将其应用于其他地区时采用修正方法来改进生态环境需水量计算结果。在基础数据选取方面，除年平均流量外，年流量中位数、逐月平均流量等因子也被使用[74,76]。此外，为体现研究区域水文地理特性以及生态保护需求的不同，生物学家和水文学家发展了适合于不同区域的生态环境需水量标准，根据关键生物不同时期的流量需求分阶段设定相应的百分比[77,78]。改进的 Tennant 法仍然是基于简单易得的水文统计数据，其对季节性河流生态环境需水量的研究有一定的适用性，但是生态需求关键阶段的选定以及相应生态环境需水量标准的设定需要大量主观判断，缺乏生物学上的验证。

（3）7Q10 法。7Q10 法最初是由美国开发用于保证污水处理厂排放的废水在干旱季节满足水质标准，在 20 世纪 70 年代传入我国，主要用于计算污染物允许排放量[79-83]。7Q10 法最初采用近 10 年中每年最枯连续 7 天的平均水量作为河流最小流量设计值，后在我国演变为采用近 10 年最枯月平均流量或 90% 保证率最枯月平均流量，并在许多大型水利工程建设的环境影响评价中得到应用。该法主要侧重于河流环境需水量的计算，没有考虑水生物、水量的季节变化，计算结果一般偏小，只可维持低水平的栖息地。

（4）Texas 法。Texas 法采用 50% 保证率下月平均流量的特定百分比作为最小生态环境流量，其中特定百分率的设定考虑了区域内典型动植物的生存状态对水量的需求[84]。该法是基于各月的流量频率曲线进行计算，考虑了不同的生物特性（如产卵期或孵化期）和区域水文特征条件下的逐月生态环境需水量。该法具有地域性，适用于流量变化主要受融雪影响的河流，其他类型河流应用 Texas 法需要对设定标准做相应的修正。

（5）NGPRP 法。NGPRP 法（northern great plains resource program）[85]是将水文年分为枯水年、平水年和丰水年，取平水年系列的 90% 保证率流量作为最小流量。其优点是考虑不同水文年的差别，同时综合气候状况以及可接受频率因素，其缺点是缺乏生物学依据。

（6）基础流量法。基础流量法（basic flow method）[86]是基于河流流量变化状况确定所需生态环境流量，选取平均年的 1，2，3，…，100 天的最小流量系列并排序，计算相邻各点之间的流量变化情况，采用相对流量变化最大处的流量为河流所需基本流量。该法考虑河流流量过程的年内变化，能反映出年平均流量相同的季节性河流和非季节性河流在生态环境需水量上的差别，其主要缺点是缺乏生物学资料验证。

（7）可变范围法。可变范围法（range of variability approach，RVA）是建立在 IHA 指标体系（indicators of hydrologic alteration）上的一种生态流量估算及生态水文变化程度评估方法[41,45,87]。IHA 指标体系包括流量的大小幅度、发生时间、频率、历时和变化率等 5 类具有生态意义的水文指标，具体参数共 32 个（后增加了零流量日数，总共 33 个参数，见表 2-2）[88]，用来表征与生态相关的水文过程的变化。RVA 法一般以未受干扰前河流自然状态下各水文指标的平均值加减一倍标准差或各水文指标系列 25% 和 75% 频率（也有研究采用 33% 和 67% 频率）对应的数值作为各指标的上下限，即 RVA 阈值，这也符合 Connell 等提出的中度干扰假说（intermediate disturbance hypothesis，IDH）[47]，可以使生物多样性维持在较高水平。RVA 法设定的流量过程线的可变范围指出了天然生态系统可以承受的变化范围，并可提供影响环境变化的流量分级指标[83]。通过对河流受干扰后的各水文指标的计算，分析并对比其受干扰前后各水文指标落在 RVA 阈值范围内的频率，来评估河流水文系统在不同时期（如人类活动干扰前后）的变化程度及其对生态系统的影响[89-93]。RVA 法需要至少 20 年的流量数据资料，若水文数据不足，则需要延长观测系列或利用水文模型进行模拟。基于 IHA 的 RVA 法具有数据易采集、指标表征性强等优点，但是其水文指标的生态相关性没有机理性的定量依据，仅能作为生态水文影响的一种综合体现。

表 2-2　IHA 指标体系参数汇总及其生态系统影响

IHA 指标分组	水文参数	生态系统影响
月度流量	各月流量平均值或中值（共 12 个参数）	水生生物栖息地的可用性 植物土壤湿度的可用性 陆生动物的水体可用性 毛皮哺乳动物的食物和覆被可用性 陆生动物的供水可靠性 食肉动物的迁徙通道 水体温度、含氧量和光合作用的影响
年度流量极值和持续时间	年内连续 1、3、7、30、90 日平均流量最小值 年内连续 1、3、7、30、90 日平均流量最大值 年内零流量日数 基流指数（年内连续 7 日平均流量最小值与年平均流量的比值）（共 12 个参数）	竞争性生物、杂草性生物与耐逆生物的平衡 为植物扩张提供场所 由生物因子和非生物因子构建的水生生态系统 河道形态和栖息地条件的塑造 引起植物土壤水分胁迫 造成动物脱水 引起植物厌氧胁迫 河流与河漫滩之间的营养物质交换量 发生胁迫的持续时间，如氧含量低或化学物质浓度高的水生环境 植物群落在湖泊、池塘和河漫滩中的分布 用于河道沉积物废物处置和产卵河床通气的高流量持续时间

IHA 指标分组	水文参数	生态系统影响
年度流量极值出现时间	年最大流量出现时间 年最小流量出现时间 （共 2 个参数）	生物生命周期的兼容性 发生生物胁迫的可预见性和可避免性 在繁殖期或避免被捕食时所需的特定栖息地 洄游鱼类产卵的信号 物种生存对策和行为机制的进化
高流量脉冲和低流量脉冲的发生频率和持续时间	年内低流量脉冲个数 年内低流量脉冲平均持续天数 年内高流量脉冲个数 年内高流量脉冲平均持续天数 （共 4 个参数）	植物土壤水分胁迫的发生频率和强度 植物厌氧胁迫的发生频率和持续时间 水生生物的河漫滩栖息地可用性 河道与河漫滩之间的营养物质和有机物质的交换 土壤矿物质可用性 水禽觅食、休憩及繁殖场所的通道 推移质运移、河道沉积物结构及底质扰动（高流量）的持续时间
流量变化的速率和频率	日流量平均增加率 日流量平均减少率 年内日流量逆转次数 （共 3 个参数）	植物的干旱胁迫（落水线） 生物在岛屿和河漫滩的截留（涨水线） 低机动性河岸生物的缺水胁迫

总之，水文学方法大多使用简单的规则，基于河道流量过程的表征参数并选取适当的比例，来确定河流生态环境需水量，其基本思想是强调河流生态系统与河道天然流量过程的匹配性，虽然没有直接建立河流水文过程与生态系统间的响应关系，但是可以认为河流生态系统在原有生活条件下可以维持现存的生物结构和群落数量。水文学方法的最大优点是所需数据较少，计算方法简单，在有水文资料和无水文资料的河流都可以应用[94]，适合于在优先度不高的河流使用[95]，或者作为河流管理的宏观指导和粗略参考。在应用水文学方法进行河流生态环境需水量计算时，应充分考虑目标河流的实际状况，合理选择生态水文指标参数和流量设定标准，也可以考虑生物、地貌等因素对计算方法进行修正[96,97]。

2.2.1.2 水力学方法

水力学方法（hydraulic rating methodologies）是根据河道水力参数（如河流宽度、平均水深、平均流速和湿周等）确定河流生态环境所需流量，计算所需的水力参数可以通过实测或者采用曼宁公式计算获得，代表方法有湿周法、R2CROSS 法等。

（1）湿周法。湿周法（wetted perimeter method）[98]是根据河道的水力特性参数，如湿周、流速、水力半径、水力梯度等，建立河道断面湿周与断面流量之间的对应关系，通过绘制河道断面湿周–流量关系曲线，取曲线上突变点对应的流量作为河道最小生态环境流量。河道的湿周是指河道横断面湿润区域（水面以下河床）的线性长度，湿周与断面流量之间关系的确定主要是基于实测河道断面参数以及曼宁公式等，河道断面的选择须遵循典型性、稳定性和实用性的原则[99]。湿周法的基本假设是：水生生物栖息地的有效性与河道湿周之间具有直接而紧密的联系，确保河道断面湿周在一定的水平，既可以保护好临界区域水生生物栖息地的湿周，也就对非临界区域的栖息地提供了足够的保护[79]。通常来说，河道湿周随着流量的增加而增大，但当流量超过某个临界值后，湿周随着流量的增加将显著变小，即为湿周-流量关系曲线的突变点，在这个突变点以下，每减少一个单位的流量，河道湿周的损失将显著增加，河流生态环境将严重受损。曲线的突变点受河道形态特征、河流底质结构、河岸的变化以及下游回水等因素的影响。起初用肉眼观察来主观判断湿周-流量关系曲线的突变点，后来采用斜率为 1 法、最大曲率法等数学方法来提高计算的科学性[100]。湿周法在美国和澳大利亚应用较多，目前在我国也有应用[101-103]。该法适用于湿润河网区，对于支流较多的河道，湿周-流量关系曲线可能有多个突变点，一般选取最小的突变点对应的流量作为河流生态环境最小流量。湿周法的优点是计算简单，数据需求量小，缺点是只能得到最小生态基流量，没有考虑水温变化对水生生物的影响[83]。

（2）R2CROSS 法。R2CROSS 法是美国科罗拉多水利委员会开发，主要针对高海拔冷水河流中保护浅滩栖息地生态系统（主要是水生无脊椎动物和一些鱼类）而设计[104,105]。该法假设特定浅滩是最临界的河流栖息地类型，只要满足浅滩栖息地生物生存的条件，则河流其他地区水生生物栖息地的生态基流量也可以得到满足。R2CROSS 法以曼宁公式为基础，采用浅滩栖息地某个河道断面的河面宽度、平均水深、平均流速、湿周率等水力参数，根据模拟结果和专家意见来确定河流流量推荐值，并作为整个河流的生态环境最小流量，适用于一般浅滩式的河流栖息地类型[106]。河流流量推荐值的选取标准有两种，一是湿周率，二是保持一定比例栖息地类型所需的河流宽度、平均水深以及平均流速等[107]，见表 2-3。R2CROSS 法只要求进行一些野外现场观测，不需要长期站点观测数据，应用较为方便，但是该法仅提出维持浅滩的夏季最小生态流量，没有考虑年内其他时段的天然径流过程，同时采用某个河道断面结果代表整条河流，容易产生误差，需要选择合适的研究断面，而且 R2CROSS 法中制定的标准仅限于中小河流，对河宽大于 30m 的河流，该法的标准只能作为一定的参考。

表 2-3　R2CROSS 法的参数选取标准

河面宽度（m）	平均水深（m）	平均流速（m/s）	湿周率（%）
0.3 ~ 6	0.003 ~ 0.06	0.30	50
6 ~ 12	0.06 ~ 0.12	0.30	50
12 ~ 18	0.12 ~ 0.18	0.30	50 ~ 60
18 ~ 30	0.18 ~ 0.30	0.30	≥70

总之，水力学方法主要采用河道断面的湿周、河流宽度、平均水深及平均流速等水力学参数，通过建立水力学参数与流量之间的关系，确定河流生态环境最小流量。该方法需要河道断面形态及相关参数的实测数据，将其与流量的关系进行经验推求或计算，并选取维持河流生物生境质量的阈值作为推荐流量。水力学方法考虑了不同河道的影响，具有一定的针对性，但是没有考虑季节性变化的因素，不适用于季节性河流。在实际应用中河道断面选取的不同会对结果产生较大影响，而且参数阈值的选取也具有一定的主观性，需要

根据目标河流实际状况进行具体分析。

2.2.1.3 栖息地模拟法

栖息地模拟法（habitat simulation methodologies），也称生境模拟法，是生态需水计算中最复杂的方法。栖息地模拟法通过分析河流流量与水深、流速、基质、覆盖物等要素之间的关系，并将其与河流生态系统目标物种特定生长期的栖息地生境适宜性水平相对应，综合水力学数据和生物学信息来确定河道流量与目标物种栖息地可利用性的对应关系曲线，从而得到对特定数量物种最适宜的河道流量。该类方法中比较有代表性的包括 IFIM 法、Basque 法和 CASIMIR 法等。

（1）IFIM 法。IFIM 法（instream flow incremental methodology），也称河道内流量增加法，是研究河流生态环境需水的一套理论体系[108-112]。IFIM 法可以用于河流综合规划、开发保护和科学管理等的方案分析和决策支持，其由一系列水动力、水质、水文、生态等模型方法组成，可以模拟河流流量和水生生物栖息地可利用面积之间的对应定量关系，以此评价流量变化和栖息地管理对水生生物栖息地的影响[113-114]。IFIM 法的基本思想是，河流流量大小与栖息地适宜性之间存在着显著的相关关系，是影响物种的数量和分布的主要因素，可以取河流流量与栖息地可利用面积关系曲线上的拐点作为保护目标生物种群完整性或维持生命期的最小流量，当流量低于这个数值时，栖息地价值随流量减少而迅速下降，生物数量也随之受到严重影响，也可以取河流流量与栖息地可利用面积关系曲线上最大可利用面积对应的流量作为目标生物生存的适宜流量，其对应的栖息地可以维持最大的目标生物数量[115-120]。IFIM 法一般选择鱼类作为目标物种，因为鱼类处于水生生物群落食物链的顶层，对其他种群的存在和丰度有着重要作用。IFIM 法综合考虑了大生境与微生境的影响，通过分别建立鱼类产卵期、育幼期、成年期等的栖息地适宜性标准来确定目标生物特定生命期的栖息地可利用面积，大生境因素包括河道形态（深潭、浅滩等）、水质、水温、浊度和透光度等，微生境因素包括水深、流速、基质和河面覆盖等。

IFIM 法是一套理念性的方法，其具体应用时需要选择使用相关的模型。栖息地模拟过程包括微生境模拟、大生境模拟、栖息地整合和确定栖息地时间序列[121]。在目前的研究中，最具代表性同时也是应用最为广泛的微生境模拟方法是美国鱼类及野生动物署（US Fish and Wildlife Service）开发的物理栖息地模拟模型（physical habitat simulation system）[122-129]。随着对 IFIM 法的研究不断深入，又出现了 RHABSIM、EHVA、RHYHABSIM[130] 和 River-2D[131-135] 等模型。各种模型模拟栖息地的思想基本相同，都是将选定的代表性河段的河道断面数据、水力学模型和栖息地适宜性曲线结合起来，计算得到代表栖息地条件的加权可利用面积（weighted usable area，WUA），并建立河道流量、栖息地可利用面积与水生生物数量之间的相关关系。栖息地适应性曲线包括单变量曲线和多变量曲线。单变量曲线给出的是单个影响因子与目标物种栖息地适宜性之间的关系，其包括二元格式（影响因子处于适宜鱼类生存的范围时对应的适宜度为 1，在此范围之外为 0）和连续格式（克服了二元格式缺少中间状态的缺点）。多变量曲线综合考虑一个计算单元内影响鱼类栖息地的数个因子，通过线性回归、主成分回归、广义相加模型或者人工神经网络等方法,找出能够体现多变量综合影响的栖息地适宜性曲线[136,137]。大生境模拟主要涉及水温、溶解氧、氨氮、有毒物质等因子,可以采用 SSTEMP 模型[138]、QUAL2E 模型[139]等。栖息地时间序列综合了河道流量过程曲线和栖息地可用面积与流量对应曲线,以此得到栖息地可用面积的变化过程以及栖息地可用面积的持续时间曲线,从而给出一定栖息地可利用面积的时间分布和保证率,为河流管理相关决策提供科学依据。

IFIM 法能够量化河道内流量增加变化带来的河流生态影响,可以用来评价河道修复效果。IFIM 法将水力学模型与生物信息结合,建立流量与鱼类适宜栖息地之间的定量关系,再由水文模型确定栖息地时间序列,从而为河流规划、保护和管理提供科学依据,目前在美国、法国、日本和英国等国家均得到了广泛应用。IFIM 法是目前估算河流生态流量最为灵活也是最复杂的方法,其缺点包括以下几个方面。IFIM 法将所有生物学和水力学信息集合成栖息地可利用面积一个指标,没有充分考虑河段中断面间的差异,未能全面反映目标物种特定生命期的特殊要求,而且栖息地适宜性曲线本质上是一种经验关系,不能通用于不同河流[140,141]。IFIM 法重点关注的是特定河流生物物种的保护,而没有考虑河流规划以及包括河流两岸在内的整个河流生态系统,由此计算出的推荐流量值,可能不符合整个河流的管理要求。此外,IFIM 法所需的生物学资料和水力学数据较为庞杂,需要生物专家和水利专家合作研究,并进行大量的野外现场调查工作,其耗费大量时间且研究费用较高,使该方法的应用受到一定的限制[113]。

(2) Basque 法。Basque 法[142]认为河流是一个连续系统,河流上中游的物种多样性与其生物栖息地密切相关,湿周是代表物种栖息地条件的重要指标,河流生态系统物种数量随着流量的增加而增加。该法首先根据曼宁公式建立湿周与流量的对应关系,然后设定河流无脊椎动物多样性与湿周的对应关系并以此确定最小和最优流量。Basque 法考虑了河流水生生物对栖息地的要求,通过保证河道一定的湿周水平来维持河流生态系统需求,但是这样的假设较为简单,没有考虑水温、水质等其他因素的影响,而且河流生物多样性与湿周的关系并非简单的一一对应,在设定时有较强的不确定性。

(3) CASIMIR 法。CASIMIR 法[143-146](computer aided simulation model for instream flow requirements)是河流栖息地模拟的一个工具箱,包含数个独立的模块,可以实现自由组合来考虑不同类型数据的影响。其中水流模块用来模拟水电站运行的影响(包括发电、水库调度以及流量调控等),河床模块基于实测数据计算河床临界层水流的统计分布,水域模块用来模拟和分析水力和河道形态影响,这些模块可以结合水生生物栖息地偏好信息来得到水生生物栖息地质量和可用性的状况。CASIMIR 模型通过建立流量变化与水生生物栖息地可用性之间的关系来估测河流生态需水量及对应的水生生物数量和分布,需要大量实测数据的支撑,而且水生生物栖息地偏好信息与多个环境变量密切相关,其确定往往较为复杂。

总之,栖息地模拟法基于特定物种栖息地参考状态与水文流量条件之间的相关关系,分析在一定的流量下的栖息地数量和状况,进而得到可用栖息地面积与流量之间的对应关系曲线,由此确定一定数量独立物种栖息地状况对应的最优流量或者临界流量,作为生态环境流量的推荐值。栖息地模拟法往往需要综合水力学模型、生境模拟模型及时间序列分析模型等，其不仅可以得出单一的生态环境流量推荐值，而且可以提供不同流量增量下的物种生境改善或衰退情况，供河流管理者决策参考。栖息地模拟法针对性较强，在河流管理目标明确的情况下其应用是十分重要而且有价值的。栖息地模拟法需要大量的实测数据，研究方法复杂且成本较高，而且仅针对特定物种，未能考虑河流生态系统的其他需求。在栖息地模拟法的应用实践中，仍要依靠主观判断来选择优先考虑的物种及其生命阶段，而且物种的栖息地适宜性曲线本质上仍然是一种经验关系，其建立需要花费较多的监测和调查数据，制约了其在不同地区不同河流的推广使用。

2.2.1.4 整体法

整体法（holistic methodologies）倾向于考虑整个生态系统的用水需求，可以使用若干种不同的方法，也不受分析工具的限制，通过研究河道内流量与水力栖息地、泥沙运输、河床形状、河岸带群落之间的相关关系，综合各种信息确定生态环境流量的推荐值，使其能够最大限度满足水生生物栖息地保护、泥沙冲淤、污染控制、河岸景观维护等整体生态功能，并兼顾水资源开发利用的需求[72]。整体法可以分为两类，一种是自下而上的方法，即综合各分项生态用水需求来构建河流生态流量过程，另一种是自上而下的方法，即针对目标问题来分析河流生态系统显著改变或者严重退化时的临界流量。整体法中比较有代表性的包括 BBM 法、DRIFT 法、基准法、整体评价法及 ELOHA 法。

（1）BBM 法。BBM 法[147]（building block methodology），也称模块法，是组织和使用相关数据和知识以确定河流生态系统需水的一种分析框架，通过分析河流流量过程组分、河流生态系统组分以及二者之间的相关关系，来确定满足整个河流生态系统完整性所需要的流量，属于自下而上的方法。BBM 法基于代表性的关键河段，依据河流、湿地、湖泊等对水量及水质的要求，将其生态需水要求设定为 4 种状态，A 为接近自然状态，D 为接近人工状态，并以预定状态为目标，同时考虑河流流量的组成原则以及利益相关者和专家小组的意见，最后通过综合分析确定满足需水要求的河道流量。BBM 法中主要考虑的河流流量要素包括枯水年基流量、平水年基流量、枯水年高流量和平水年高流量等。BBM 法中的河流流量的组成成分根据以下原则建立[95]：①人工影响的河流应该尽量模拟其原始状态；②保留河流的季节性或非季节性状态；③更多地利用湿润季节河水，尽量少用干旱季节水量；④保留干旱和湿润年的基流季节模式；⑤保留一定的天然湿润季节洪水；⑥缩短洪水持续时间，但要保证洪水的生态环境功能，如保证鱼类在洪泛区产卵和返回河道；⑦可以整个消除某些次洪水，但需要完全保留其他洪水量，不要低平地保留所有天然发生的洪水。基于以上这些原则，天然流量过程中的关键要素必须被完整保留，某些次要要素可以适当缩减，而其他要素则可以完全删除，可以满足维持河流生态系统的功能性和完整性的要求。

BBM 法是目前世界上应用最为广泛的整体分析法，提供了详尽的工作指南和案例分析[148]，在南非大约有 15 种关于 BBM 法的标准应用软件[149]。近年来，BBM 法与 FSR 法（flow stress-response method）[150]相结合，为南非地区生态保护提供决策依据。BBM 法的应用需要大量的专家意见和现场试验数据的支持，基于历史调查、实地监测和现场试验数据构建河道流量与河流水利、地貌、水质及生态等方面相联系的数量化模型，分析关键流量组成成分与相应生态过程之间的相关关系和反馈机制，由生态学家和地理学家提出对河流流速、水深和宽度等方面的要求以达到维持河流生物生存以及塑造河道形态的目的，水文学家和水利学家给出符合河流历史演变和流域现实情况的流量推荐值，并提出相应的监测和管理措施，其应用效果取决于河流生态系统相关数据和知识的整合程度及其在不同数据满足条件下的适应能力。

（2）DRIFT 法。DRIFT 法（downstream response to imposed flow transformations），通过评估河流流量变化过程引起的生态水文响应来分析河流生态环境需水，主要针对河流水资源管理中的生态环境流量问题[151-153]，属于自上而下的方法。DRIFT 法研究的对象是由生物和非生物共同组成的河流生态系统及其对应的流量时空变异过程，基于数个代表性的关键河段，由水文学、水力学、河流地貌学、沉积学、化学、植物学家以及动物学等多学科专家意见给出生物物理依据，结合社会学、人类学、给排水、公共卫生、畜牧养殖以及资源经济学等方面的经济社会要求，综合分析不同水资源管理情景下的生态响应结果以及相应的减缓和补偿机制。DRIFT 法包含四个模块，由生物物理模块描述河流生态系统对流量变化的响应，由社会经济模块描述水资源开发利用情景，由情景模块描述未来流量的可能变化以及对河流生态系统和水资源开发利用的影响，由经济模块列出减轻生态影响的补偿机制和成本，同时各种情景下的宏观经济影响评价以及公众参与调查作为外部模块用来揭示该情景的可接受水平。DRIFT 法利用多学科团队，综合分析与生物物理功能及经济社会发展相联系的流量变化过程带来的影响，基于不同的河流流量情景给出对应的生态响应和量化补偿，为河流水资源管理决策提供支撑。

（3）基准法。基准法（benchmarking methodology）[67,154]，基于不同情景给出流域尺度的综合生态环境需水，属于一种自上而下的整体法。其应用步骤如下：①建立多学科专家组，开发流域水文模型。②生态环境现状及演变趋势评估，包括选取代表性关键河段构建空间分析框架，评估生态环境状况并确定河流生态系统组分，建立概念性的经验模型描述流量组分与生态过程之间的联系，选取关键流量指标和统计值，以及利用模型评估生态水文影响等。③构建风险评估体系，评价不同水资源开发利用和管理情景下的潜在影响。开发基准模型以评估不同流量变化幅度下的地貌和生态影响对应的风险水平，风险水平的确定应对照结合经历不同流量变化的基准点，采用流量组分与生态过程关联模型分析流量指标对生态状况的影响。④使用风险评估模型以及流量组分与生态过程关联模型来研究分析不同的未来水资源开发利用情景，对应的生态影响和风险水平用图形表示。

基准法借鉴了大量的专家意见，需要针对关键流量统计数据的适用性和敏感性，以及将其他流域或站点作为基准点的有效程度进行多方面的评价，方法中没有专门的模块考虑社会经济要素，但是在最终给出生态流量推荐值的时候考虑了社会经济的影响，并对河流生态系统监测和后续研究提出建议。基准法的特点是提出风险评估模型的多种构建途径，以及对于生态环境状况、关键水文参数和性能指标的评价标准。基准法适用于数据缺乏的状况，是一种涵盖生态环境流量风险评价的整体法，已应用于澳大利亚昆士兰州的 15 个流域，同时也具有应用于发展中国家相应水生态系统（如湿地、河口等）的潜力。

（4）整体评价法。整体评价法（holistic approach）[155]是一种自下而上的理论方法，其原理与BBM法类似，考虑了整个河流生态系统，包括河源、河道、河岸带、洪泛区、湿地、河口、沿海水域以及地下水等，其基本原则是保持河流流量的完整性、天然季节性和地域变化性。整体评价法认为河道低流量可以保证营养物质循环、群落动态性和动物迁移繁殖，影响湿地物种存活，避免鱼类死亡和在季节性河流中产生有害物种，较小的洪水可以保证河流生物所需营养物质的供应以及泥沙等颗粒物的输运，中等的洪水可以导致河流及河岸带生物群落重新分布，较大的洪水则能造成河流结构损坏。该法基于历史流量数据、现场调查、跨学科专家组及公众参与等多方面的科学数据，综合各种流量要素构建逐月（或者更短的时间尺度）的修正流态，以满足河流生态系统保护的设定要求，同时可以生成不同用水情景下的决策曲线，并提出相应的监测建议。整体评价法提供了一种灵活的概念性框架，适用于受调控或无调控的河流以及流量修复等项目，其在澳大利亚河流生态保护中有广泛的应用，同时也具有应用于其他国家和地区不同河流生态系统的潜力。

（5）ELOHA法。ELOHA法（ecological limits of hydrologic alteration）[156]，基于流量-生态响应关系，将水文生态经验方法与河流综合管理相联系，提供了研究区域多河流生态环境流量标准的一般研究框架。ELOHA法认为流态是河流水生系统和河岸系统结构和功能的首要决定因素，河流水文特性变异会对河流生态系统产生全局性的损害，通过研究区域内不同河流及不同河段流量变化和生态响应之间的关系，对照各利益相关方及河流管理者综合协商确定的河流生态系统可接受状况，分析河流流量的允许变化范围，并结合水文模拟提出管理措施和实施方案。

ELOHA法借鉴大量已有的水文技术和环境流量研究方法，基于研究区域内不同河流的水文和生态数据，综合分析并确定科学合理可验证的水文变化与生态响应之间的经验相关关系，作为区域生态环境流量标准制定的基础。河流水文变化与生态响应的相关关系曲线的研究包括四个步骤：①建立研究区域及河流的水文数据库，通过实测数据和水文模拟分析河流的基准水文状态和当前水文状态；②基于生态相关的水文变量对区域内河流进行分段和归类，得出具有不同水文特性和生态特征的河流类型，这些河流类型还可以依据对水力栖息地有重要影响的地貌特征进一步分类，研究区域内的河流可以划分为十种以上不同类型；③选取多个与河流生态密切相关且可用于水资源管理的流量要素，对比分析不同河段当前水文状态与基准水文状态的偏离程度，用百分比表示对应河段的水文变化程度；④基于生态水文相关文献、专家意见以及实地研究成果综合分析不同类型河流在不同水文变化程度下对应的河流生态响应，确定水文变化与生态响应相关关系曲线。ELOHA法考虑到水文变化与生态响应相关关系曲线研究中的不确定性，需要科学家、水资源管理者以及利益相关方等基于生态价值、经济成本以及研究不确定性等方面的可接受风险达成共识，最后通过综合多方意见来制定生态可持续且各方可接受的河流生态环境流量管理目标。ELOHA法提出了适应性管理建议，可以根据后续监测和采样数据对环境流量管理目标和水文变化与生态响应相关关系曲线进行调整。

总之，整体法强调河流是一个综合的生态系统，克服了水力学法和栖息地模拟法中仅针对特定物种的缺点，减小了河流生态流量研究中的不确定性，能够与流域管理规划较好地结合。通过研究关键流量组分与生态过程之间的联系，建立环境流量的机制，应用水文模型、水力学模型、水质模型、生态模型等，综合分析确定推荐的生态流量，并提出对应的监测和适应性管理等方面的建议[157]。整体法的主要缺点是所需数据复杂，需要建立多学科专家团队并综合多方面经验，研究成本较高，耗费时间较长，一般至少需要两年左右，也有一些方法直接采用专家意见结合现场调查的方式快速确定生态环境流量（如专家评价法）。

目前，针对整体法的研究和改进主要包括以下几个方向：更加清晰的专家小组选取原则及工作流程；更加明确的生态目标（对照目标来衡量适应性管理框架下不同生态流量的生态系统响应）；更加详尽的现场选址及数据收集指南；建立规程来记录各项生态环境流量值确定依据的优势和局限；考虑生态环境流量推荐值对经济和社会的影响；建立成果展示和归档的标准流程；建议并依据更新的监测数据和相关知识，来改进水资源管理相关决策并强化生态流量评估的科学性[96]。目前，整体法在南非、澳大利亚以及英国等国家和地区应用较多，在其他国家和地区也具有较好的应用前景。

2.2.2 生态环境需水研究方向

如前所述，河流生态环境需水的研究方法大体可以分为四类，分别是水文学法、水力学法、栖息地模拟法及整体法，各类方法所需信息、典型应用以及优缺点见表 2-4。不同方法的适用范围和应用效果一方面与方法本身的适用性和研究原理有关，另一方面也受河流生态环境流量评估的时空尺度、流域特点、数据监测、技术能力以及经济投入等多方面因素的影响。河流生态环境流量研究既可以应用于针对天然河流的主动保护，即通过研究分析来尽可能保持河流的天然流量过程，或者至少保留对河流生态系统具有较大影响的关键流量特性；也可以应用于受人类活动影响较大河流的修复项目，即基于河流生态系统的关键流量过程来分析确定河流修正流态，并提出相关监测建议和改进措施。

表 2-4　河流生态需水计算方法对比

类别	方法描述	所需信息	典型方法	优点	缺点
水文学法	基于历史流量信息，选取简单水文指标或流量特征值	历史或模拟流量数据	Tennant 法；7Q10 法；可变范围法（RVA）	不需要现场测定，原理简单，应用方便	考虑因素单一，没有针对性
水力学法	采用水力学模型，根据河道水力参数（湿周、水深、流速、宽度等）确定河流生态需水	历史或模拟流量数据，河道断面信息	湿周法；R2CROSS 法	考虑不同河道的影响，数据容易获取	未考虑丰平枯的年际变化和季节性因素
栖息地模拟法	分析指示物种可用栖息地与水力、水文、水质等要素的关系，确定一定数量物种栖息地对应的最优或者临界流量	历史或模拟流量数据，栖息地河段信息，指示物种的栖息地适宜性曲线	河道内流量增加法（IFIM）；Basque 法；CASIMIR 法	体现特定物种与河道流量过程的生态联系，有较强的针对性	需要大量生物数据；仅针对特定物种

类别	方法描述	所需信息	典型方法	优点	缺点
整体法	采用多种方法，系统分析流量与河流水文、水力、地貌、水质及生态等方面的数量化关系，综合确定生态需水	需要历史流量、现场调查、多学科专家组及公众参与等多方面的实测数据和科学意见	BBM法；DRIFT法；基准法；整体评价法；ELOHA法	强调河流是一个综合的生态系统，能够与流域管理规划较好地结合	所需资料复杂、研究成本高、耗费时间长

近年来，生态环境需水的研究呈现出以下趋势[158,159]。

（1）生态环境需水的尺度由仅仅关注河道内流量，转向对纵向、侧向、垂向和时间域构成的四维动态系统进行描述和研究。在纵向上涵盖从河流源头、上游、下游到入海口，在侧向上考虑河岸带生态需求及其与河流生态环境水量之间的关系，在垂向上考虑河流与基底水量和物质交换及与地下水的联系，在时间上考虑不同时期河道形态及生物群落演变等因素，拓宽生态环境需水研究的尺度和深度。

（2）生态环境需水的目标由单一目标的实现，转向河流生态系统整体功能的修复。在非生物要素方面，综合考虑水沙平衡、水环境修复以及河流地貌塑造；在生物要素方面，不仅考虑某个目标物种的需求，更加注重河流生态系统完整性和生物群落多样性的保护。

（3）生态环境需水的要素由简单考虑固定的最小生态流量，转向基于不同季节不同生物生长阶段水文–生态响应机理的流量过程。综合考虑维持河流生态系统健康的水量和水质需求，通过研究流量大小、频率、时机、持续性、可预见性等关键组分与河流生态系统之间的响应关系，量化生态需水过程和生态修复效果。

（4）生态环境需水的结果由河流生态系统理论需水，转向考虑利益相关方的层次化需水。经济社会的快速发展，造成区域水资源供需矛盾较为突出，而河流生态系统理论需水往往较大，难以实现。综合考虑利益相关方的诉求，确定河流生态系统不同等级修复目标下的层次化需水方案，有助于实现经济社会和河流生态系统的协调可持续发展。

2.3 水库（群）优化调度研究

2.3.1 水库（群）优化调度研究进展

水库调度从本质上来说，是在一个时间段内，对水库放水过程的控制。水库来水过程和描述水库状态的水位或需水量是动态变化的，根据这些客观动态变化，按水库调度的目标确定在整个调度过程中水库放水全过程的决策或控制策略[160]。在时间尺度上，水库调度可以分为中长期调度（年/月/旬）和短期调度（周/日/时）；在空间尺度上，水库调度可以分为单库调度、梯级水库群调度（串联）、并联水库群调度和混联水库群调度。依据调度目标的不同，水库调度可以分为防洪调度、兴利调度和多目标调度等；依据水库入流情景的不同，水库调度可以分为确定型调度和随机型调度。依据调度方法的不同，水库调度可以分为常规调度和优化调度。

常规调度的主要依据是水库调度图。水库调度图是基于历史实测径流系列，根据水库设计参数及特征水位进行径流调节计算，由若干具有控制性意义的水库需水量（或水位）变化过程线组成。常规调度方法简单直观，操作性强，但所利用的调度信息有限，难以达到全局最优，更难以处理多目标、多维变量等复杂问题。优化调度是根据入库流量过程，遵照一定的调度准则和约束条件建立数学模型，运用优化求解技术寻求最优的水库调度方案，使发电、防洪、灌溉、供水等各方面在整个分析期内的总效益最大。优化调度的本质是针对目标问题建立数学模型，并通过一定的方法求解。建立数学模型首先要选定适当的目标变量和决策变量，并建立起目标变量与决策变量之间的函数关系，称为目标函数。然后将各种限制条件加以抽象，得出决策变量应满足的一些等式或不等式，称为约束条件。优化模型的求解方法可以分为经典算法和智能算法。

2.3.1.1 经典算法

1. 线性规划

线性规划（linear programming，LP）是研究线性约束条件下线性目标函数的极值问题的数学理论和方法，求解线性规划问题的基本方法是单纯形法[161]。线性规划通过对线性约束下可行域的分析得到目标函数的最优解，是最早应用于水库优化调度的方法之一[162-164]。线性规划的理论和算法发展较为成熟，但其要求数学模型的目标函数和约束条件都是线性的。然而水库（群）的优化调度本质上是一个高度非线性的数学问题，因此采用线性规划算法时，需要首先对模型条件进行简化，往往不能准确地反映水库调度中的实际情况。

2. 非线性规划

非线性规划（nonlinear programming，NLP）是指具有非线性约束条件或目标函数的数学规划，是运筹学的一个重要分支。与线性规划相比，非线性规划能够准确描述水库（群）优化调度问题中的非线性目标函数和约束条件，有效地处理不可分目标函数和非线性约束优化问题[165]，在国内外科研实践中均有应用[166-167]。但非线性规划模型的求解往往比线性规划困难得多，目前还没有适于各种问题的通用方法，各种求解方法都有自己特定的适用范围，在求解效率和耗时方面也没有优势，对于水力联系复杂的大规模梯级水库群联合优化调度问题，非线性规划需要进行线性化处理后求解，这在一定程度上限制了非线性规划在实际水库（群）优化调度问题中的应用。

3. 动态规划

动态规划（dynamic programming，DP）由 20 世纪 50 年代美国数学家 R. E. Bellman 创立，是解决多阶段决策过程最优化问题最常用的一种数学方法[168]。动态规划将复杂问题转化为一系列结构相似的子问题，从而减少了变量个数，简化了约束集合。通过对子问题最优解的存储和调用，动态规划不仅可以得到全局最优解，还可以得到所有子过程的一族最优解，有助于对优化结果进行分析和讨论，且大大节省了计算量。动态规划法反映了过程逐段演变的前后联系，在计算中能有效地利用经验，提高求解效率。动态规划可以用于连续或者离散的、线性或者非线性的、确定性或者随机性的优化问题，针对水资源系统的非线性和随机性特征具有较好的适用性，在国内外水库调度的研究中具有广泛的应用[169-172]。

动态规划先将问题的过程分为几个相互关联的阶段，恰当地选取状态变量和决策变量及定义最优值函数，从而把一个大问题化成一族同类型的子问题，然后逐个求解。即从边界条件开始，逐段递推寻优，在每一个子问题的求解中，均利用了它前面的子问题的最优化结果，依次进行，最后一个子问题所得的最优解，就是整个问题的最优解。动态规划方法的关键在于正确地写出基本的递推关系式和恰当的边界条件。

适用于动态规划的多阶段问题需要满足最优化原理和无后效性的要求。动态规划最优化原理在水库调度的实践中体现在：①水库在任何时段内的最优发电运行方式与以往的调度过程无关。②水库在任何时段内的最优决策只依赖于该时段初水库的状态，它的选择应使面临时段及未来时期内的发电效益（期望值）之和达到最大。③将多维非线性问题转化为多阶段决策问题，通过逐段求解，最终求得全局最优解。通过增加状态数目来满足各阶段的可分解性和单调性。无后效性是指将各阶段按照一定的次序排列好之后，对于某个给定的阶段状态，以前各阶段的状态无法直接影响对它未来的决策，而只能通过当前的这个状态，即每个状态都是过去历史的一个完整总结。

用常规的动态规划求解多维问题时，往往会产生不可避免的"维数灾"问题。梯级水电站水库群的优化问题，常常有若干个状态变量，每阶段各状态的组合数目随状态变量数目的增加呈指数关系增加，计算工作量也随状态变量数目的增加呈指数关系增加，造成计算机的存储量显著增加。因而用常规的动态规划法求解多维问题时，会受到计算机存储量和计算时间的限制，即"维数灾"问题。为了克服这个问题，学者们提出一些改进算法，以期提高其计算性能，如增量动态规划（increment dynamic programming，IDP）[173]、离散微分动态规划（discrete differential dynamic programming，DDDP）[174,175]、动态规划逐次逼近（dynamic programming with successive approximation，DPSA）[176,177]等。增量动态规划和离散微分动态规划是先根据一般经验或常规方法确定初始调度线，然后在该初始状态上下各取若干个增量，在其形成的策略廊道内用常规的动态规划寻优直至收敛，然后缩短增量步长并用同样的方法迭代计算，直到逼近最优状态序列为止。在迭代过程中，增量的步长、个数及其在初始决策序列两侧的分布，均可根据需要调整。动态规划逐次逼近法的基本思想是把带有若干个决策变量的问题分解成仅有一个决策变量的若干个子问题，假定其他水库运行策略不变的条件下对其中一个水库进行优化调度，使得每个子问题比原来的总问题具有较少的状态变量，便于计算机求解。这类方法的共同点都是以逐次迭代的方法逼近最优解，降低了计算工作量随维数的增加速度，从而使得有可能求解多维问题。但是其缺点是不能保证在所有情况下都收敛到真正的全局最优解。为了改善解的最优性，同样可从几个不同初始状态寻优，再进行比选分析，进而得到最优解。

4. 逐步优化算法

逐步优化算法（progressive optimality algorithm，POA）于1975年由加拿大学者Howson和Sancho提出[178]，是一种以两阶段寻优为基础的数值计算方法，适用于求解多阶段决策问题。逐步最优算法根据贝尔曼最优化原理的思想,提出逐步最优化原理,即"最优策略具有这样的性质,每两阶段的决策集合相对于它的初始值和终止值来说是最优的"。逐步最优算法将多阶段的问题分解为多个两阶段问题,使原问题得到简化,解决两阶段问题时只对所选的两阶段的决策变量进行搜索寻优,同时固定其他阶段的变量,在解决该阶段问题后再考虑下一个两阶段,将上次的结果作为下次优化的初始条件迭代寻优,直到收敛为止。该方法对状态变量不需要离散,因而可以获得较精确的解,在一定条件下具备全局收敛性,在水库优化调度中具有较为广泛的应用[179-183]。与此同时,逐步优化算法的每个子问题实际上是一个带约束的多维非线性规划问题,对于水库调度优化,如果电站数目较多计算过程仍然存在"维数灾"问题。同时由于逐步优化算法要逐时段求解大量非线性优化子问题,初始调度线的选择、求解子问题的算法等对整个计算过程的时间和结果优劣影响很大。

2.3.1.2 智能算法

1. 遗传算法

遗传算法(genetic algorithm,GA)是美国学者 John H. Holland 提出的,基于自然选择和基因遗传学原理的随机并行优化搜索算法[184],其基本思想是通过模拟生物在自然界中的选择和遗传进化机理和过程来求解一些复杂优化问题。它不要求目标函数必须可导,只要将需要优化问题的专业计算模块与遗传算法模块连接即可进行计算,具有简单通用、鲁棒性强、搜索速度快等优点,在水库多目标优化调度问题中得到应用[185-188]。

但对于大型非线性复杂系统的优化求解问题,标准的遗传算法仍存在许多缺陷,如局部寻优能力差,进化过程早收敛等。对此,国内外研究者在该算法的编码、适应度函数、遗传算子等方面进行改进。在编码方面,标准遗传算法采用二进制编码,但是存在编码冗余以及汉明悬崖(Hamming cliff)等问题,格雷编码(Gray code)[189]、十进制编码[190]、实数编码[191-192]、浮点数编码[188]等的提出改善了这一问题。在适应度函数方面,通常遗传算法要求目标函数的优化方向对应适应度函数的增大方向,同时为保持遗传算法的良好性能,需对所选择的适应度函数进行某些数学变换,如线性变换、幂变换等,但所用的适应度函数通常是固定的。研究者通过设计动态罚函数因子[193]、非线性适应度函数[194]等手段,提高遗传算法的学习性和适应功能。在遗传算子方面,遗传算法的三个基本算子是选择、交叉、变异,选择算子从上一代种群中选出适应性强的某些染色体,为通过染色体交叉和变异产生新种群做准备,选择方法可以采用适应度比例法、期望值法、顺序法、保存优秀法等;交叉算子通过两个染色体的交叉组合,来产生新的优良品种;变异算子用来模拟生物在自然遗传环境中,由于各种偶然因素引起的基因突变,通过变异操作,可确保群体中遗传基因类型的多样性,以使搜索能在尽可能大的空间中进行,避免丢失在搜索中有用的遗传信息而陷入局部解。遗传算子的确定应兼顾寻优效率和种群多样性的原则,常见的改进思路是基于个体适应度值、种群集中度等自适应调整选择、交叉和变异概率,即自适应遗传算法[195-199](adaptive genetic algorithm,AGA)。

由于遗传算法的简单通用性及鲁棒性强等特点,与其他优化算法的结合也是近几年来研究的热点问题之一。如利用模拟退火较强的跳出局部最优解的能力,将模拟退火和标准遗传算法相结合构建的模拟退火遗传算法[200]、利用多层次的改进遗传算法构建的模拟退火优化算法(IGA-SA)[201]来解决水电站优化调度问题。类似的研究还有结合动态规划法与混合编码的多目标遗传算法的动态规划-遗传算法[202];采用逐次逼近算法与遗传算法相结合[203],使搜索空间不限于可行解,而采用罚函数来淘汰不可行解,并通过逐次循环,使搜索空间不断缩小,逐步找到全局最优解;应用协同进化思想,通过表征决策解和罚因子的两类种群之间的协同竞争来改善遗传算法的全局收敛性[204],提高遗传算法在解决复杂的优化问题时的效率;基于机会约束规划的随机多目标决策模型,针对模型中的多目标和复杂机会约束问题,耦合不确定模拟技术、妥协算法及遗传算法的混合智能算法[205];人工神经网络和遗传算法的杂交[206];模糊约束优化的自适应遗传算法[207],等等。

2. 蚁群算法

蚁群算法(ant colony optimization,ACO)是由意大利学者 M. Dorigo 等于 1992 年提出并发展起来的[208],主要通过蚂蚁群体之间的信息传递和相互协作而达到寻优目的。蚁群算法具有分布式并行全局搜索能力以及多样性、正反馈、后期收敛速度快的特点,其利用状态转移规则、信息素更新规则和领域搜索以获取最优解,将复杂问题转化为一种非线性全局寻优问题,有效地避免了"维数灾"问题,适用于水库(群)优化调度问题[209,210]。

不同于进化算法和粒子群算法从群体入手去求解多目标优化问题,蚁群算法从个体着手,利用信息素以及信息素更新机制实现个体与个体间的间接联系,最终实现复杂问题的求解。蚁群的觅食行为具有以下特征:蚁群中的每个蚂蚁在经过的路径上都会留下可以被其他蚂蚁所感受的信息素;当经过某条路径的蚂蚁增多时,信息素的增加形成了正反馈,促使其他蚂蚁会优先选择该路径;信息素并不是永久的而是可以挥发的,即信息素挥发机制,有利于蚂蚁发现新的食物源;蚁群中的蚂蚁以分布方式寻找食物。基于以上特征建立的蚁群优化算法也具有相应的特征:其一是蚂蚁群体中体现出的正反馈机制,使蚁群算法可以有效地搜索到最优解;其二是单个蚂蚁表现出的分布式寻优方式,使得蚁群算法可以在全局的多点进行搜索,从而减小了搜索到的解是局部最优解的可能。

蚁群算法虽然具有分布式并行全局搜索能力,但它通过信息素的积累和更新收敛于最优路径,在解决大型优化问题时,存在搜索空间和时间性能上的矛盾,可能出现优化停滞、易过早收敛于非全局最优解等弱点,且由于初期信息素匮乏,收敛速度慢。算法的改进主要包括局部搜索策略、蚂蚁内部状态、信息素更新策略及选择策略等四个方面,如自适应蚁群算法[211]、混沌蚁群优化算法[212]、具有变异特征混合局部优化算法的蚁群系统[213]、基于 Ant-proportion 信息素更新策略的改进蚁群算法[214]、多蚁群并行优化算法[215,216]等。

蚁群算法的分布性及自组织性,使得蚁群优化算法易于与其他优化算法相结合,取长补短,改善算法的性能。目前的研究包括蚁群算法与遗传算法[217,218]、人工神经网络[219]、粒子群算法[220]及人工免疫算法[221]等算法之间的融合。这些融合算法在解决某些特定问题时,表现出了比较优异的性能,因此,设计新的融合策略结合其他优化算法进一步改善蚁群算法的性能是非常有意义的研究方向。

3. 粒子群优化群算法

粒子群优化算法（particle swarm optimization，PSO）是 Kennedy 和 Eberhart 于 1995 年提出的一种具有仿生物理机制的启发式优化算法[222]。粒子群优化算法利用计算机模拟鸟群的飞行行为和捕食行为，通过研究鸟群在飞行和捕食中个体（称为微粒）之间如何相互配合和协作来实现整个种群的优化，具有收敛速度快、占用资源少、鲁棒性强的特点，能够避免类似进化算法的复杂遗传操作，简单易实现。粒子群优化算法是一种适合于复杂系统优化计算的自适应概率优化技术，近年来在水库（群）优化调度研究领域获得了较为广泛的应用[223-226]。

粒子群优化算法基于集群人工生命系统的五个重要原则来构建其数学模型，包括：①邻近原则，即群体应该能够执行简单的空间和时间运算；②质量原则，即群体应该能感受到周围环境质量因素的变化并作出响应；③反应多样性原则，即群体不应将获取资源的途径限制在狭窄的范围内；④稳定性原则，即群体不应随着环境的每一次改变而改变自己的行为模式；⑤适应性原则，即当改变行为模式带来的回报是值得的时候，群体应该改变其行为模式。

粒子群优化算法受其进化机制和实现方式所限，存在"早熟"、后期收敛慢且易陷入局部最优解的问题。目前，针对粒子群算法的改进和算法融合等方面的研究较多，包括动态自适应惯性权值调整[227-229]、组合了进化思想和粒子群优化特点的杂交粒子群算法[230-232]、增加了基于浓度调节机制的多样性保持策略的免疫粒子群算法[226,233]、采用混沌序列避免陷入局部最优解的混沌粒子群算法[234,235]、考虑动态粒子群协同进化的协同粒子群算法[236]、基于模拟退火的粒子群算法[237]、基于改进二进制粒子群与动态微增率逐次逼近法混合优化算法[238]等。这些改进或者融合在一定程度上保证了种群的多样性，增强了粒子群算法的全局搜索能力。

4. 人工神经网络

人工神经网络（artificial neural network，ANN）是由大量处理单元互联组成的非线性、自适应信息处理系统，通过模拟大脑神经网络处理、记忆信息的方式进行信息处理。BP（back propagation）是一种按误差反向传播算法训练的多层前馈网络，由输入层、输出层以及一个或若干个隐含层组成，能学习和存储大量的输入–输出模式映射关系，而无需事前揭示描述这种映射关系的数学方程，是目前应用最广泛的神经网络模型之一。

人工神经网络具有四个基本特征：①非线性。人工神经元处于激活或抑制两种不同的状态，在数学上表现为一种非线性关系。具有阈值的神经元构成的网络具有更好的性能，可以提高容错性和存储容量。②非局限性。一个神经网络通常由多个神经元广泛连接而成。一个系统的整体行为不仅取决于单个神经元的特征，而且可能主要由单元之间的相互作用、相互连接所决定。③非常定性。人工神经网络具有自适应、自组织、自学习能力。神经网络在处理信息的同时，非线性动力系统本身也在不断变化，一般采用迭代过程描写动力系统的演化过程。④非凸性。一个系统的演化方向，在一定条件下将取决于某个特定的状态函数。非凸性是指这种函数有多个极值，故系统具有多个较稳定的平衡态，导致系统演化的多样性。

人工神经网络算法具有并行处理能力，能够快速收敛于状态空间中稳定平衡点，避免了"维数灾"问题，在水文预报、水库优化调度等方面具有广泛的应用[239-242]。作为人工智能的重要组成部分，人工神经网络有较大的应用潜力，在与其他算法的融合方面，混沌粒子群-BP 算法[243]、多目标动态规划的神经网络方法[244-246]、模糊神经网络[247,248]、遗传算法与神经网络的结合[249,250]、基于蚁群算法的 BP 网络[251,252]等，均在一定程度上改进了算法的收敛速度，改善了优化陷入局部极小值的情况。

综上所述，智能优化算法具有以下特点：

（1）鲁棒性强。智能算法不要求精确描述目标函数和约束函数的数学性质，通用性和容错性强，对于不同的优化问题和约束条件均具有良好的适用性。

（2）并行计算特征显著。智能算法通过种群中的大量个体在解空间中进行搜索，具有本质上的并行性，在大规模复杂系统的优化求解问题中具有明显优势。

（3）自组织性强。智能算法多利用仿生原理进行设计，种群能够通过自组织和自学习提高其适应性，具有人工智能的特点。

（4）注重求解效率。智能算法的目标是以有限代价来得到研究问题的满意解，而不是得到精确的解析解，算法的重点是如何提高求解效率以及保持种群多样性、避免陷入局部最优。除了模拟退火和遗传算法外，大部分智能算法均没有较为完备的理论基础。

2.3.2 水库（群）优化调度研究方向

近年来，智能算法在水库（群）优化调度中得到了广泛的应用，但在具体的研究中仍然存在收敛速度和求解精度之间的矛盾。未来，智能算法及其在水库（群）优化调度中的应用和研究主要包括以下几个发展方向。

（1）智能算法数学理论基础研究。除模拟退火和遗传算法外，大多数智能算法缺乏成熟、严格的数据基础，仍停留于试验和检验阶段，在应用于高维、多目标、多约束的水电站群优化调度模型中，其鲁棒性分析、收敛性和收敛速度证明十分困难。此外，模型全局最优解与算法局部最优解、多峰值解之间的关系，算法初始种群数目选择与计算速度之间的关系等研究较少，寻求新的数学工具和分析方法，将数学理论研究和计算机应用研究有机结合起来，进行算法鲁棒性、收敛性的分析，更加客观地比较各种算法的性能，建立算法的性能评估机制，将是其发展方向之一。

（2）参数对算法结果的影响分析。智能算法中的参数对算法的性能和效果影响较大，如何有效选择和设置这些参数仍没有定论，目前仅根据实际问题，依靠经验反复多次试算，使得参数对实际问题的依赖性较强。因此，需要进一步在理论上研究控制参数与算法收敛性、解空间的搜索效率、解的质量之间的影响与制约关系，为最优参数的选取提供理论指导和规律性结论。

（3）各种优化算法的改进与融合研究。各种智能算法各有其优缺点，今后一段时间，各种算法的改进和融合仍将是热点研究内容之一。一方面，改进算法自身搜索机制、优化操作等，提高其计算性能；另一方面，不同优化算法之间相似的优化流程与框架结构使得它们可以相互借鉴、补充，取长补短，在统一的框架下发展更高效、强大的具有良好收敛性、求解速度和求解质量的混合智能算法。

（4）多目标优化算法研究。大型水库（群）通常需要兼顾防洪、供水、发电、航运等多重任务，在实际调度中存在相互影响、相互制约的多个调度目标，其本质是一个多目标优化问题。传统调度模式一般只考虑单个的主要调度目标，将其余目标转化为约束进行考虑，难以实现水库（群）综合效益的最大化。特别是随着生态文明理念的推进，如何在水库调度中考虑流域生态环境流量和生态效益，构建面向河流健康的水库（群）优化调度新模式对流域可持续发展具有十分重要的意义。多目标建模理论的完善和多目标优化算法的发展，将为水库（群）优化调度提供更加强大的理论指导和技术支撑。

第 3 章 渭河水资源与生态环境现状及问题

3.1 渭河流域概况

3.1.1 基本情况

渭河流域总面积 13.5 万 km²，其中陕西省境内 6.7 万 km²。陕西省渭河流域包括关中地区的宝鸡、杨凌、咸阳、西安、铜川、渭南市以及陕北地区的延安、榆林市的一部分，包括渭河流域 9 个市（区）行政二级区，共涉及 61 个县（市、区）；关中地区是渭河流域的主体。

流域属典型的大陆型季风气候。冬季寒冷而干燥；春季气温不稳定，降水较少；夏季气候炎热多雨，降水集中于七至九月，多雷阵雨、常出现伏旱；秋季凉爽较湿润，多有阴雨天气。气候特点可以分为暖温带半湿润区及暖温带半干旱区气候区，处于干旱地区和湿润地区的过渡地带。

渭河流域基本情况如图 3-1 所示。

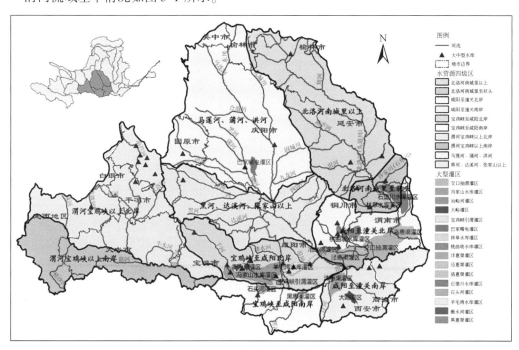

图 3-1　渭河流域基本情况

3.1.2 河流水系

渭河是黄河第一大支流，发源于甘肃渭源县鸟鼠山，流经甘肃、宁夏、陕西三省，在陕西潼关注入黄河。渭河干流全长818km，陕西省境内河长502km。入陕境至林家村为上游，河长123km，落差791m，平均比降1.81‰，其上段主要为黄土高原沟壑区，河道川峡相间段；下段主要为秦陇山区，河流切入花岗闪长岩类基岩200m左右，形成宽仅五六十米、石壁峭立如拱门的石峡和峰峦耸接、山势陡峭的宝鸡峡。林家村至咸阳为中游，河长171km，流域面积46 856km²，落差224.4m，平均比降1.24‰，水流缓慢散乱，沙洲浅滩较多，河宽1500~2000m，计入滩地可达4000~5000m。魏家堡渭惠渠大坝以下约110km河流南北摆动，变化频繁，群众亦有"三十年河南、三十年河北"的民谚。咸阳至入黄口为下游，河长208km，落差56m，平均比降0.28‰，咸阳至泾河口段属游荡分汊性河道，主槽相对较稳定；泾河口至洛河口段，右岸较固定，左岸崩塌严重，唐时《三绝碑》距渭河7.5km，现距河岸仅百余米；北洛河口以下河宽3000~15 000m，因受黄河顶托易生倒灌，三门峡水库建成后，渭河口以上河床淤积，抬高超过5m，潼关卡口形成拦门沙，成为重点防汛地段。

渭河支流众多，其中，南岸的数量较多，但较大支流集中在北岸，水系呈扇状分布。集水面积1000km²以上的支流有14条，北岸有咸河、散渡河、葫芦河、牛头河、千河、漆水河、石川河、泾河、北洛河；南岸有榜沙河、石头河、黑河、沣河、灞河。北岸支流多发源于黄土丘陵和黄土高原，源远流长，比降小，含沙量大；南岸支流均发源于秦岭山区，源短流急，谷狭坡陡，径流较丰，含沙量小。

泾河是渭河最大的支流，河长455km，平均坡降1.7‰，流域面积4.5万km²，占渭河流域面积的33.7%，多年平均径流量19.1亿m³。泾河支流较多，集水面积大于1000km²的支流有左岸的洪河、蒲河、马莲河、三水河，右岸的黑河、汭河。马莲河为泾河最大的支流，流域面积1.9万km²，占泾河流域面积的42%，河长375km。

北洛河为渭河第二大支流，河长680km，平均坡降1.5‰，流域面积2.7万km²，占渭河流域面积的20%，多年平均径流量9.4亿m³。集水面积大于1000km²的支流有葫芦河、沮河、周河。葫芦河为北洛河最大的支流，流域面积0.5万km²，河长235km。

3.1.3 地质构造

渭河盆地主要为新生代形成的断陷盆地，盆地外围的秦岭和北山是强烈上升的断块山地。隆起的山地与断陷的盆地以正断层相接触，由于断块隆起和断块陷落交错运动的不均一性，在地貌上表现隆起山地和断陷盆地的极不对称，前者北翘南倾，后者南深北浅的特点非常明显。

渭河盆地周围的构造体系比较复杂，在区域内相互穿插，形成多种构造复合的现象。据国家地质总局第三普查勘探大队的研究，渭河盆地所处的构造位置为秦岭纬向构造体系、祁吕贺兰山字型构造体系、新华夏构造体系和陇西旋卷构造体系等四个巨型构造体系交汇地区。其中，秦岭纬向构造体系和祁吕贺兰山字型构造体系为控制断陷盆地主要构造体系，断陷盆地受其挤压而发生断陷。

渭河盆地与汾河盆地相连为"汾渭断陷盆地"。燕山运动末期，渭河盆地断陷开始从西部形成，喜马拉雅运动时期，断块差异运动表现最为强烈，将渭河断块分割成渭河断谷、骊山断块、渭南断块和渭北断阶等次一级新的断块。

3.1.4　社会经济

截至 2010 年底，陕西省渭河流域内总人口 2318 万人，占全省人口的 62.1%，平均人口密度 346 人/km²，城镇人口 1158 万人，城市化率 50.0%，流域人口分布以渭河两侧关中平原最为密集。

2000 年、2005 年、2010 年流域内国民生产总值（GDP）分别为 1279.29 亿元、2555.64 亿元、6433.96 亿元。2005 年与 2000 年相比，2010 年与 2005 年相比，年均增长率分别为 14.8%、20.3%。

2010 年流域内国民生产总值（GDP）6433.96 亿元，人均 GDP 2.78 万元，其中第一产业增加值 593.77 亿元，第二产业增加值 3228.03 亿元，第三产业增加值 2612.15 亿元。渭河流域关中地区（五市一区）的经济总量在流域内占绝对优势地位，GDP 为 6175 亿元，占全流域的 96.0%。

流域内农业生产结构以种植业和畜牧业为主，2010 年农作物播种面积 2770.62 万亩①，作物以小麦、玉米、杂粮、棉花、豆类、油菜、瓜果为主，种类繁多，品质优良。2010 年粮食产量 912 万 t，存栏大牲畜 181.85 万头，小牲畜 778.72 万头。

流域内现有林地 3227 万亩，其中天然林面积约 1850 万亩，主要分布于秦岭北麓地区及泾河张家山、北洛河状头和渭河宝鸡峡以上地区。

3.1.5　支流信息

渭河流域陕西境内右岸南山支流较多，从西到东有清姜河、清水河、伐鱼河、石头河、汤峪河、黑河、涝峪河、新河、沣河、皂河、灞河、零河、沈河、赤水河、遇仙河、罗纹河、罗敷河等，大都水清、源短、流急，除黑河和灞河以外，其余皆不足百公里。左岸为黄土阶地塬区，支流稀少，从西向东有通关河、小水河、金陵河、千河、漆水河、泾河、石川河、北洛河等，大多水量相对较小而含沙量很大，流长在百千米以上。陕西省渭河流域概况如图 3-2 所示，主要支流基本信息如表 3-1 所示。渭河流域陕西境内主要支流水利工程、水文站点及保护区分布情况如表 3-2 所示。

---

①　1 亩约为 666.67m²。

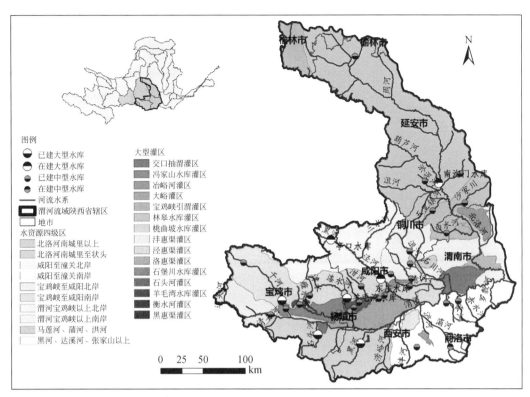

图 3-2　陕西省渭河流域概况

表 3-1　陕西省渭河流域主要支流基本信息

序号	河流	支流等级	集水面积（km²）	起点	终点	长度（km）	平均坡降（‰）
1	小水河	一级	406	宝鸡市东福驮里	宝鸡市周家山	42.9	17.6
2	千河	一级	3 494	甘肃张家川县石庙梁	陕西宝鸡市魏家崖	129.6	5.8
3	漆水河	一级	3 824	陕西麟游县柳树湾	咸阳市杨凌区南立节	151.6	4.7
4	清姜河	一级	234	宝鸡市玉皇山	宝鸡市益门镇	43.0	31.8
5	石头河	一级	778	陕西岐山县杜家庄	陕西岐山县八岔村	68.6	19.4
6	汤峪河	一级	386	发源于秦岭山脉	眉县新豫村	43.9	24.2
7	黑河	一级	2 283	陕西周至县八仙台	陕西周至县梁家滩	125.8	8.8
8	涝峪河	一级	663	户县秦岭梁	户县保安西滩	82.0	9.5
9	石川河	一级	4 478	河源（陕西铜川市）	西安市阎良区交口镇	137.0	4.6
10	沣河	一级	1 460	长安县东富儿沟垴	陕西咸阳市	78.0	8.2
11	浐河	二级	760	西安市广太庙	蓝田县紫云山	64.6	8.9
12	灞河	一级	2 581	西安市灞桥	蓝田县箭峪岭	104.1	6.0
13	零河	一级	276	蓝田县北岭北麓韩家岭	经何寨乡寇家村入渭河	49.4	14.6
14	沋河	一级	252	蓝田县核桃园	渭南市张家庄	45.4	15.2

续表

序号	河流	支流等级	集水面积（km²）	起点	终点	长度（km）	平均坡降（‰）
15	赤水河	一级	248	山地北坡	于赤水镇三张村西注入渭河	41.1	3.1
16	罗敷河	一级	140	华县后沟岭上	华县十连	47.2	23.6
17	泾河	一级	45 421	甘肃泾源县马尾巴梁	陕西高陵县蒋王村	272.5 *	1.7
18	北洛河	一级	26 905	陕西定边县郝庄梁	陕西大荔县吊庄	680.3	1.5

＊陕西省境内

表 3-2　陕西省渭河流域主要支流水利工程及保护区分布

序号	支流	水利工程	水文站点	保护区
1	小水河	小水河水库（拟建）	朱园	
2	千河	段家峡水库 冯家山水库 王家崖水库	千阳	千河国家级水产种质资源保护区 陇县秦岭细鳞鲑国家级自然保护区 千湖湿地省级自然保护区
3	漆水河	羊毛湾水库	安头	
4	清姜河	引嘉济清工程	益门镇	
5	石头河	石头河水库 引红济石工程	鹦鸽	太白山国家级自然保护区
6	汤峪河		漫湾村	
7	黑河	金盆水库 引汉济渭工程	陈河 黑峪口	黑河多鳞铲颌鱼国家级水产种质资源保护区 周至黑河湿地省级自然保护区
8	涝峪河		涝峪口	甘峪河秦岭细鳞鲑国家级水产种质资源保护区
9	石川河	桃曲坡水库（沮河）	柳林 耀县	
10	沣河	石砭峪水库（石砭峪河）	秦渡镇	
11	浐河			库峪河特有鱼类国家级水产种质资源保护区
12	灞河	李家河水库（辋川河，在建）	马渡王	辋川河特有鱼类国家级水产种质资源保护区
13	零河	零河水库		
14	沋河	沋河水库		
15	赤水河	箭峪水库		
16	罗敷河		罗敷堡	
17	泾河	亭口水库（黑河，在建） 东庄水库（在建）	景村 张家山 桃园	泾渭湿地省级自然保护区
18	北洛河	南沟门水库（葫芦河，在建）	交口河 状头 南荣华	沮河上游国家级水产种质资源保护区

渭河流域内现有9个国家级水产种质资源保护区（其中陕西省8个，包括新近设立的渭河眉县段国家级水产种质资源保护区），2个水生生物国家级自然保护区（其中陕西省1个），2个国家级保护区（其中陕西省1个），3个湿地省级自然保护区（其中陕西省3个），分布如图3-3所示。

图3-3　渭河流域自然保护区和鱼类种质资源保护区分布

1. 小水河

属渭河北岸（左岸）一级支流。源于香泉乡东福驮里，自西北流向东南，蜿蜒曲折经赤沙、香泉、新民等三乡，沿途接纳太安沟、香泉河、焦桶沟等渭河二级支流，于新民乡铁铣头西注入渭河。流域面积406km²，河段长42.9km，河床平均比降17.6‰，多年平均径流量0.6亿m³。小水河规划建设小水河水库，通过引渭河干流水量进入小水河进行调蓄，改善河流生态水不足的问题。

2. 千河

渭河左岸支流，位于关中西部，因流经千山脚下而得名。源出甘肃六盘山南坡石嘴梁南侧，东南流至唐家河入陕境，斜穿陇县中部，经千阳、凤翔，于宝鸡县冯家嘴注入渭河。流域面积3494km²，河流全长129.6km，平均比降5.8‰，多年平均径流量4.9亿m³。陇县以上流经陇山山地，植被较好，为山货林产区；陇县、千阳间为黄土原梁浅山丘陵区，千阳以下流经黄土台原区，冯家山附近约两千米长一段呈峡谷状，以下则河谷展宽，水流分散，主岔不明。主要支流有石罐沟、咸宜河、捕鱼河、峡口河、普洛河等。千河干流建有段家峡水库、冯家山水库、王家崖水库等水利工程。

3. 漆水河

渭河左岸支流，位于关中西部宝鸡、咸阳两市之间，古时曾叫漆沮水、武亭水、杜阳水，源出麟游县招贤乡石嘴子村西南山沟中，名招贤河；东南流过良舍乡转向东流，名杜水河；到麟游城，纳永安河、澄水河后始名漆水河。漆水再东南流与扶风、乾县和永寿飞地搭界，本段又名好畤河；更南偏西行入武功境漠西河、水至大庄乡南立节村注渭。全河长 151.6km，平均比降 4.7‰，集水面积 3824 km²，多年平均径流量 2.5 m³。桃树坡以上 90km 为上段，属黄土梁状的土石山区，河谷窄深，基岩裸露，植被较好；桃树坡至北郑村为中段，长 20km，穿流于黄土原间，中部形成原间盆地，谷坡破碎陡直，羊毛湾水库即建于此；北郑村以下 40 余 km 为下段，河流进入关中盆地，地势平坦，农田水利开发较早。漆水河干流建有羊毛湾水库。

4. 清姜河

清姜河古称江河，属渭河右岸一级支流。清姜河发源于秦岭主脊北麓的玉皇山北坡。清姜河干流长 43km，流域面积 234.4km²，年径流量 1.5 亿 m³，河流比降 31.8‰，河床宽度 60～200m，河道天然落差 2032m。清姜河干流分为两段：玉皇山至杨家湾段，干流穿行在质地坚硬的秦岭北坡，纵比降大，岩高谷深，相对高度约 50～70m，多呈"V"字形峡谷，水流较急，带有明显的土石山地河流特征。杨家湾至石家营段，干流进入秦岭山前丘陵地和渭河谷地，河床比降大减，水流变缓，河谷宽 30～120m 不等。清姜河上游又称神沙河，由东南流向西北，至青石崖折向东北，流经观音堂、杨家湾和益门堡，在二里关纳入右岸直流李家河（银洞峡），在渭滨区石家营汇入渭河。

5. 石头河

古称武功水、斜水，黄河流域渭河水系一级支流，发源于太白县鳌山、太白山北麓，北出斜峪关，经眉县、岐山县入渭水。石头河全长 68.6km，流域面积 778km²，年径流量 4.4 亿 m³，河流比降 19.4‰。在太白县境内，其上游名桃川河，主要为五里峡、沙沟峡、大寨沟等水汇流而成。其中游鹦鸽段，主要为白云峡、三岔峡、寨沟水与桃川河水汇流而成。在眉县境内，石头河干流桃川河流经斜峪关出峪后转向西北，至岐山县。干流在县境内仅斜峪关口上下 5km。在岐山县境内，南自落星乡沿南爱和平村东侧入境，北流入渭。石头河干流建有石头河水库，位于岐山、眉县、太白县三县交界处。

6. 汤峪河

汤峪河属渭河一级支流，发源于秦岭北麓小岭梁，流经眉县汤峪镇、槐芽镇，汇入李家寨沟和也鱼河后，改称清水河，经横渠镇于青华乡汇入渭河。流域面积 386km²，年径流量 2.1 亿 m³，干流全长 43.9km，河流比降 24.2‰。

7. 黑河

渭河右岸支流，流域全在周至县境内。源头在太白山东南坡二爷海（海拔 3650m），南偏东流经厚畛子，过骆驼脖子直至峪口，大部分为茂密森林所覆盖，水源充沛，水质清纯，为西安市重要水源地。河水出峪后穿过浅山丘陵区黄土台原，河道展宽至 1000m 以上，至沙谷堆、董家园变成三岔河。再东流纳南来的清水峪、田峪、赤峪等河，在尚村乡石马村投入渭河。全长 125.8km，流域面积 2283 km²，年径流量 9.0 亿 m³，河流比降 8.8‰。黑河干流建有金盆水库，是一项以城市供水为主，兼有农灌、发电、防洪等功能的综合利用的大（二）型水利工程。

8. 涝峪河

涝河又名涝峪河，发源于户县涝峪南海拔 3015m 的静峪脑（东河）和海拔 2822m 的秦岭梁（西河）。两大源汇流后，从西南流向北东，经东检沟、河坝、涝峪、塔庙、罗什堡、涝店会甘河，最后注入渭河。河流长度 82km，主河道比降 9.5‰，流域面积 663 km²，年径流量 2.3 亿 m³。涝河是户县境内的主要河流，是古长安八水之一，属渭河一级支流，接纳一级支流 7 条，二级支流 11 条，形成一个独立的水系。主要支流有南庙河、头道峡、东流水、黑岔沟、石岔沟、栗峪河、皂峪河、甘河等，这些支流多汇集于右岸，右岸支流集水面积是左岸的 1.6 倍。涝峪河流域地形西南高东北低，为土石山区，植被良好，河流含沙量小，水质无污染。

9. 石川河

古称沮水，又名宜君水、石川水、堰头河。渭河左岸支流。上源二支，东支漆水，又称铜官水，西支沮河为石川河正源。沮水源于耀县西北长蛇岭南侧，由大坡沟、西川等数条小溪流汇集而成，南偏西流至庙湾转东南流，于柳林镇上下，东纳校场坪，西纳秀房沟（头道沟）水，在耀县城南与漆水河交汇。漆水以源头多漆树得名，源于耀县东北凤凰山东面的崾崄梁下，与宜君县西南哭泉梁的塔尼河汇合后入金锁关，南偏西流，合马杓沟、雷家河，穿过铜川市区，再合王家河、小河沟等，于耀县城南入沮河。石川河全长 137km，平均比降 4.6‰，集水面积 4478km²，年径流量 2.0 亿 m³。流域西宽东窄，呈不对称的巴掌形，东面石川、洛河之间古为金氏陂及卤泊滩，没有支流入渭；连同西面清河流域北原下之地，皆属郑国渠灌区。流域内已建有桃曲坡、冯村、黑松林、小道口等中小水库数十座。

10. 沣河

渭河右岸支流，位于关中中部西安西南，正源沣峪河源出长安县西南秦岭北坡南研子沟，流经喂子坪，出沣峪口，先后纳高冠、太平、滈河，北行经沣惠、灵沼至高桥入咸阳市境，与渭河平行东流，在草滩农场西入渭。全河长 78km，平均比降 8.2‰，流域面积 1460km²，平均径流量 5.4 亿 m³。沣峪口以上 32km 流经石质山区，地质条件复杂，峡谷、宽谷相间，水流清澈湍激，山势奇伟，景色秀丽。出山为山前台原带，河床沙砾淤积，河水入渗地下，两岸滩地土层薄，地下水源丰富，地热水蕴藏较广。秦渡镇附近有沣惠渠首大坝，创建于 1941 年，为关中八惠之一，灌溉面积 23 万亩。沣河主要支流有高冠峪河、太平峪河和滈河等。

11. 浐河

灞河左岸支流浐河，源出蓝田县西南秦岭北坡汤峪乡月亮石沟，在长安县境纳岱峪河、库峪河，于西安市东郊纳荆峪沟，过半坡遗址所在的半坡村，至西安市东北郊谭家乡广太庙注入灞河。河长 64.6km，平均比降 8.9‰，流域面积 760km²，年径流量 2.4 亿 m³。

岵峪以下河流平稳顺直，多泉水补给，两岸河漫滩宽阔，阶地完整，左为少陵原，右为白鹿原，隋唐之际，修龙首渠引浐水入长安城，是兴庆宫、大明宫的主要水源。浐河原是渭河一级支流，后因灞河西倒夺浐而成为灞河支流。

12. 灞河

渭河右岸支流，位于西安市东南部，源出蓝田县东北隅，渭南、华县交界处的箭峪岭南侧九道沟，南流至灞源乡急转西北，经九间房至玉山村折向西南，隔岸即公王岭蓝田猿人遗址，再经马楼、普化到蓝田县城，纳辋峪河又转西北，过三里镇、泄湖、华胥进入西安市区，穿灞桥、纳浐河北流，于贾家滩北入渭。灞河全长 104.1km，流域面积 2581km²，年均径流量 7.4 亿 m³，年输沙量 278 万 t，平均比降 6.0‰。

13. 零河

零河，黄河支流渭河的支流，是陕西省渭南市临渭区与西安市临潼区两区的界河，古时叫泠水，因源于蓝田县厚子镇北岭北麓西南韩家岭零沟而得名。流经蓝田县、临潼区，在零口街道办事处零口街东、何寨镇至双王街道办事处张义村西北注入渭河。主河道长 49.4km，控制流域面积 276km²，年均径流量 0.2 亿 m³，平均比降 14.6‰。零河水库是零河上的一座中型水库。

14. 沋河

沋河，是渭河下游的一条支流，属黄河水系，发源于秦岭北麓。主河道长 45.4km，控制流域面积 252km²，年均径流量 0.4 亿 m³，平均比降 15.2‰。沋河水库是南山支流上的一座中型水库。

15. 赤水河

发源于秦岭箭峪岭北坡陕西省华县境内，由箭峪河和涧峪河汇聚而成。主河道长 41.1km，控制流域面积 248km²，年均径流量 0.5 亿 m³，平均比降 3.1‰。上游建有箭峪水库。

16. 罗敷河

罗敷河，黄河支流渭河的支流，也称罗敷河，古称敷水，因出于秦岭大敷峪得名。罗敷河上游有多个源头，一般称菜子坪沟为正源，按长度林家沟应为正源，以林家沟为源，罗敷河发源于秦岭林家沟，流经罗敷镇（敷水镇）、桃下镇桥营村，北流汇入渭河。全长 47.2km，控制流域面积 140km²，年均径流量 0.4 亿 m³，平均比降 23.6‰。

3.1.6 水利工程

陕西省渭河流域共建成大型水库 4 座，中型水库 22 座，小型水库 415 座，大中小型水库总库容 21.79 亿 m³，兴利库容 14.24 亿 m³。设计供水能力 17.21 亿 m³，现状供水能力 12.85 亿 m³。共有塘坝 1817 座，总容积 3782 万 m³，设计供水能力 4519 万 m³，现状供水能力 4008 万 m³。大型水库分别为冯家山水库、羊毛湾水库、石头河水库、金盆水库。规划和在建大型水库包括亭口水库、东庄水库和南沟门水库等。

流域共有大型引水工程 2 处，中型引水工程 4 处，小型引水工程 2067 处，设计供水能力 24.25 亿 m³，现状供水能力 15.47 亿 m³。驰名全国的宝鸡峡引渭工程、泾惠渠灌溉工程、洛惠渠灌溉工程，担负着全省 500 万亩农田灌溉的供水任务。

流域共有大型提水工程 3 处，小型提水工程 4290 处，设计供水能力 11.33 亿 m³，现状供水能力 9.12 亿 m³。交口抽渭工程担负着 110 多万亩农田灌溉供水任务。

陕西省渭河流域大中型水库分布如图 3-4 所示。

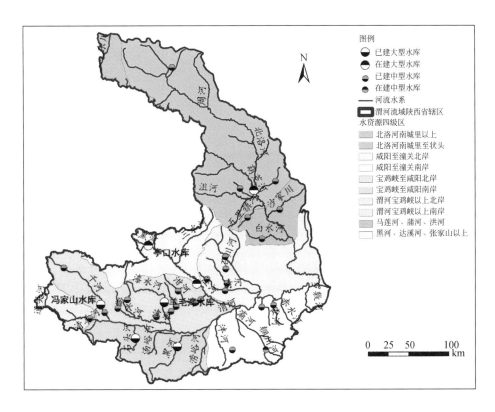

图 3-4　陕西省渭河流域大中型水库分布

1. 冯家山水库

冯家山水库位于宝鸡市陈仓区桥镇冯家山村附近的千河干流上，控制流域面积 3232 km²，占千河流域总面积的 92.5%。上游 75km 处建有段家峡水库，总库容为 0.18 亿 m³，下游 16km 处建有宝鸡峡引渭总干渠跨越千河的王家崖渠库结合工程，总库容 0.942 亿 m³。冯家山水库是以灌溉为主，兼作防洪、供水、发电、养殖、旅游等综合利用的大二型水利工程。水库枢纽由拦河大坝、泄洪洞、溢洪洞、非常溢洪道、输水洞和电站等建筑物组成。

冯家山水库现有调度方式是按照多年调节，汛期不超汛限水位蓄水，非汛期不超正常蓄水位蓄水，做到抗旱防洪并举，除害兴利并重。调度方式贯彻"一水多用"的原则，首先保证生活用水、工业用水、农业用水，同时兼顾养殖、生态、泄洪排沙和其他用水，结合供水合理安排发电，实现供水与发电相结合，养殖与生态用水相结合，提高水资源利用率，充分发挥水库的综合利用功能。

根据 2010 年制定的《冯家山水库调度运用规程》，冯家山水库实施综合调度下的生态调度规程，生态用水调度的时间范围是每年的 11 月份到次年的 6 月份。冯家山水库坝后应有一定流量的生态长流水。如因工程原因泄放困难时，经上级同意，可以采取短时间大流量放水的办法。

2. 石头河水库

石头河水库位于眉县斜峪关以上 1.5km 的温家山，控制流域面积 673km²，是一座结合灌溉、城乡供水、发电、防洪、养殖等综合利用的大（二）型水利工程。坝顶高程 808m，正常蓄水位 801m，总库容 1.47 亿 m³（有效库容 1.2 亿 m³，728m 以下死库容 500万 m³）。枢纽由拦河坝、溢洪道、泄洪洞、输水洞和坝后电站等建筑物组成。坝址距离渭河入口 16.5km，距离斜峪关峪口 1.5km。

3. 黑河金盆水库

黑河金盆水库位于周至县黑峪口以上 1.5km 处，坝址距离渭河入口 33km，控制流域面积 1481 km²，是一座兼城市供水、灌溉、发电、防洪等综合利用的大（二）型水利工程。坝顶高程 600m，正常蓄水位 594m，总库容 2.0 亿 m³。水库枢纽由拦河坝、溢洪道、泄洪洞、引水洞和坝后电站等建筑物组成。

水库的功能以城市供水为主，兼顾灌溉，结合发电及防洪。水库正常蓄水位 594.00m，总库容 2.0 亿 m³，有效库容 1.77 亿 m³，水库多年平均调节水量 4.28 亿 m³，其中：给西安市城市供水 3.05 亿 m³，日平均供水量 76.0 万 t，供水保证率 95%；农业灌溉供水 1.23 亿 m³，可新增和改善农田灌溉面积 37 万亩。坝后电站装机 2.0 万 kW，多年平均发电量为 7308 万 kW·h。

4. 羊毛湾水库

羊毛湾水库位于乾县石牛乡羊毛湾村北的漆水河干流上，坝址距离渭河入口 55.9km，控制流域面积 1100 km²，是一座以灌溉为主，结合防洪、养殖综合利用的大（二）型水利工程。坝顶高程 646.6m，正常蓄水位 635.9m，总库容 1.2 亿 m³，已淤积 2060 万 m³。枢纽由均质土坝、溢洪道、输水洞及泄水底洞组成。由于羊毛湾水库为多年调节库，考虑到水库综合效益，汛期水库最高水位控制在 645.7m。

5. 规划和在建水库

陕西省在建大型水库包括东庄水库、南门沟水库、亭口水库。其中，东庄水库位于泾河下游峡谷末端礼泉县东庄乡、淳华县车坞乡河段处，为大（一）型工程，开发目标为"以防洪、减淤为主，兼顾供水、发电及生态环境"，总库容 30.08 亿 m³，工程于 2012 年12 月正式开工，预计 2020 年前后建成生效。南沟门水利枢纽工程位于陕西省延安市黄陵县境内，由芦河南沟门水库枢纽、洛河引洛入葫工程两部分组成，为二等、大（二）型水利工程，总库容 2.006 亿 m³，水库主要任务是工业和城乡供水，兼顾灌溉和发电等综合利用。亭口水库地处彬长矿区中部，坝址位于咸阳市长武县境内泾河一级支流黑河河口上游2km 处，是一座以工业和城镇生活供水为主，兼有防洪、发电等综合效益的大（二）型水利工程，工程于 2011 年 11 月正式开工。

3.2 渭河流域水资源及其开发利用现状

3.2.1 渭河流域水资源评价

3.2.1.1 渭河流域水资源及其演变

水资源量依据《渭河流域综合规划（水资源部分)》（厅审定稿）及《陕西省水资源公报》（2001～2011 年）资料进行分析计算。

1. 降水量

陕西省渭河流域 1956～2000 年多年平均年降水量 403.07 亿 m³，折合降水深 601.1mm。依据陕西省水资源公报，2001～2011 年渭、泾、北洛河降水量过程见图 3-5。渭、泾、北洛河平均降水量基本接近多年均值，距平分别为 −0.59%、−0.18%、0.22%，为平水期。降水的地域分布差异较大，山区大于平原，自南向北递减。秦岭北坡山地降水量较大，多年平均降水量在 800m 以上，并随地形的抬升而增大；关中平原多年平均降水量 647.6mm，范围为 500～900mm。平原以北的北山抬升地形，形成黄龙山、子午岭两个关中与陕北过渡带的降水高值区，降水量大于 600mm。北洛河中上游及泾河上游，是降水低值区，降水量为 300～400mm。

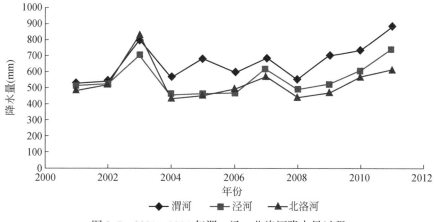

图 3-5　2001～2011 年渭、泾、北洛河降水量过程

流域降水量年际变化大，年内分配不均。年降水量的极值比为 2.5～5.0；最大为潼关 8.3，最小为柳林 2.5。分年代，20 世纪 70 年代、90 年代降水量普遍偏少，80 年代普遍偏大，50 年代、60 年代降水量皆稍偏大。所选用代表站林家村、黑峪口、张家山、状头、西安、华县等站汛期（6～9 月）年平均降水量占全年的 56.5%～63.8%；多年平均最小月降水量出现在 12 月，占全年的 0.63%～0.98%。

2. 地表水资源量

陕西省渭河流域 1956~2000 年平均地表水资源量 56.22 亿 m³，折合径流深 83.8mm，四级区多年平均地表水资源量见表 3-3。2001~2011 年渭、泾、北洛河地表水资源变化过程见表 3-4 和图 3-6，泾河平均地表水资源量偏枯，距平 -40.3%；渭河、北洛河平均地表水资量与多年均值接近，距平分别为 -2.32%、-8.43%，为平水期。地表径流分布与降水基本一致，总的趋势是由南向北递减，山区多、平原少。全区有黄龙山、子午岭、终南山、秦岭凤凰山—草链岭西部等四个径流高值区，其中秦岭西部为 300~700mm，大于700mm 出现在清姜河—石头河上游，终南山为 400~500mm。最低区在泾河、北洛河源头，径流深仅为 15~25mm。河川径流的年际变化相比降水更加显著。径流年内分配和降水的年内分配关系十分密切，渭河南山支流汛期径流量占年径流量的 48%~58%；渭河北岸支流则为 42%~51%；泾、洛、渭干流汛期径流量占年径流量的 50%~55%。

基于相关规划成果，泾河、北洛河、渭河、千河、沣河、涝河、黑河、石头河、灞河、漆水河、石川河等主要河流，其 1956~2000 年不同频率的天然年径流量见表 3-5。

表 3-3　陕西省渭河流域水资源四级分区年径流量成果表

四级区	面积（km²）	年降水量		年天然年径流量	
		mm	万 m³	mm	万 m³
北洛河南城里以上	18 471	523.3	966 619	30.5	56 341
北洛河南城里至状头	4 330	573.5	248 341	40.2	17 390
马莲河、蒲河、洪河	1 413	369.6	52 232	13.9	1 967
黑河、达溪河、张家山以上	5 652	599.2	338 657	57.3	32 361
渭河宝鸡峡以上北岸	1 330	664.8	88 418	157.8	20 991
渭河宝鸡峡以上南岸	374	742.0	27 753	289.9	10 844
宝鸡峡至咸阳北岸	11 392	605.5	689 799	60.6	69 043
宝鸡峡至咸阳南岸	6 480	765.5	496 035	302.9	196 262
咸阳至潼关北岸	9 739	561.0	546 343	30.8	29 985
咸阳至潼关南岸	7 878	731.7	576 469	161.2	127 031
流域合计	67 059	601.1	4 030 665	83.8	562 215

表 3-4　陕西省渭、泾、北洛河 2001~2011 年地表水资源量

年份	泾河（亿 m³）	北洛河（亿 m³）	渭河（亿 m³）
2001	1.97	7.16	23.19
2002	1.32	6.49	27.88
2003	5.58	11.15	64.10
2004	1.98	6.32	29.83
2005	2.06	5.86	53.79
2006	1.49	5.76	33.52

续表

年份	泾河（亿 m³）	北洛河（亿 m³）	渭河（亿 m³）
2007	2.42	7.48	40.09
2008	2.01	5.33	34.17
2009	2.09	4.84	42.04
2010	3.80	7.87	53.06
2011	3.95	10.49	71.42
2001～2011 年平均	2.61	7.16	43.01
多年均值（1956～2000 年）	4.37	7.82	44.03

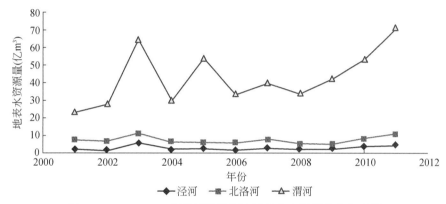

图 3-6　2001～2011 年陕西省渭河流域地表水资源量变化过程

表 3-5　主要江河天然径流量统计表

河流名称	面积（km²）	年均（万 m³）	统计参数		不同频率天然年径流量（万 m³）				备　注
			C_v	C_s/C_v	20%	50%	75%	95%	
泾河	45 421	192 109	0.35	2.5	244 219	182 360	143 025	101 001	含宁夏、甘肃入境水量
北洛河	26 905	95 004	0.33	2.5	119 458	90 771	72 117	52 052	含甘肃入境水量
渭河	134 766	971 075	0.39	2.5	1 258 901	910 480	694 610	467 378	含宁夏、甘肃入境水量，含泾河、北洛河
千河	3 494	49 040	0.55	3.0	67 330	43 710	30 250	18 290	千河、沣河、涝河、黑河、石头河、灞河数据采用陕西省渭河流域综合治理规划专题规划《水资源开发利用规划》
沣河	1 460	48 470	0.46	2.5	64 620	44 420	32 460	20 790	
涝河	665	19 720	0.45	2.5	26 340	18 100	13 220	8 430	
黑河	2 283	72 940	0.44	2.5	96 890	67 190	49 390	31 880	
石头河	778	47 650	0.33	3.0	59 560	45 080	35 930	26 880	
灞河	2 564	68 730	0.41	2.5	89 080	64 480	49 110	33 200	
漆水河	1 007	6 545	0.69	3.0	9 224	5 130	3 385	2 353	采用安头站数据
石川河	2 236	14 020	0.8	3.0	20 040	10 080	6 390	4 830	采用《铜川市水资源开发利用规划》

3. 地下水资源量

流域地下水资源总量45.06亿 m³，其中平原区32.26亿 m³，平原区河流渗漏补给量为7.65亿 m³，山丘区18.39亿 m³，重复量5.59亿 m³，详见表3-6。2001～2011年渭、泾、北洛河地下水资源变化过程见图3-7与表3-7，各河地下水资源量与地表水变化趋势一致。泾河平均地下水资源量偏枯，距平−16.1%；渭河、北洛河平均地下水资源量距平分别为−8.98%、−13.6%，为平水期。从区域分布看，宝鸡峡至咸阳南岸最大，为11.81亿 m³，占流域地下水资源量的26.2%；咸阳至潼关南岸次之，为10.06亿 m³，占22.3%；马莲河、蒲河、洪河最小，为0.0202亿 m³，仅占0.04%。从地形地貌分布来看，平原区地下水资源量32.26亿 m³，山丘区地下水资源量18.39亿 m³，二者的重复量5.59亿 m³。从不同时期变化看，1980～1985年属偏丰水年周期，1986～1992年属偏干旱年周期，1993～2000年偏枯水年周期。

表3-6 渭河流域水资源四级分区地下水资源量统计表

四级区	面积（km²）	山丘区		平原区				重复量（万 m³）	地下水资源量（万 m³）
		面积（km²）	资源量（万 m³）	分区面积（km²）	计算面积（km²）	河流渗漏补给（万 m³）	资源量（万 m³）		
北洛河南城里以上	18 471	18 471	26 039	0			0	0	26 039
北洛河南城里至状头	4 330	2 628	6 012	1 702	1 637		9 843	64	15 791
马莲河、蒲河、洪河	1 413	1 413	202	0	0		0	0	202
黑河、达溪河、泾河张家山以上	5 652	5 652	12 502	0	0		0	0	12 502
渭河宝鸡峡以上北岸	1 330	1 330	6 863	0	0		0	0	6 863
渭河宝鸡峡以上南岸	374	374	2 459	0	0		0	0	2 459
宝鸡峡至咸阳北岸	11 392	5 736	28 957	5 656	5 256	1 195	78 422	14 231	93 148
宝鸡峡至咸阳南岸	6 480	4 549	58 794	1 931	1 809	52 535	85 460	26 167	118 088
咸阳至潼关北岸	9 739	2 821	8 286	6 918	5 115	2 022	72 839	6 254	74 872
咸阳至潼关南岸	7 878	3 622	33 826	4 256	3 847	20 784	76 004	9 233	100 597
流域合计	67 059	46 596	183 940	20 463	17 664	76 536	322 568	55 949	450 561

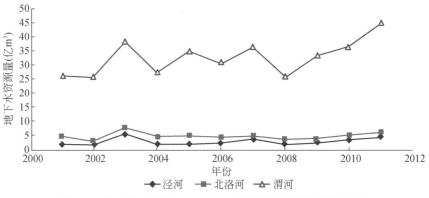

图3-7 泾、洛、渭河2001～2011年地下水资源量变化过程

表 3-7 陕西省渭、泾、北洛河 2001～2011 年地下水资源量

年份	泾河（亿 m³）	北洛河（亿 m³）	渭河（亿 m³）
2001	1.71	4.46	26.19
2002	1.69	3.01	25.86
2003	5.32	7.85	38.69
2004	2.07	4.77	27.57
2005	1.81	5.10	34.81
2006	2.60	4.52	30.62
2007	3.81	4.82	36.42
2008	1.97	3.81	25.93
2009	2.60	4.03	33.30
2010	3.36	5.31	36.40
2011	4.51	5.98	44.66
2001～2011 年平均	2.86	4.88	32.77
多年均值（1956～2000 年）	3.41	5.64	36.00

4. 水资源总量

流域水资源总量 73.13 亿 m³，其中地表水资源量 56.22 亿 m³，地下水资源量 45.06 亿 m³，两者重复量 28.15 亿 m³。四级区套地市水资源总量见表 3-8。

表 3-8 陕西省渭河流域水资源分区（套地市）水资源总量 （单位：万 m³）

四级区	行政区	计算面积（km²）	地表水资源量	地下水资源量	重复计算量	水资源总量	产水模数（万 m³/km²）
北洛河南城里以上	榆林	1 277	3 906	1 161	1 062	4 004	3.14
	延安	16 692	49 676	23 452	17 335	55 793	3.34
	铜川	502	2 760	1 426	1 202	2 984	5.94
	小计	18 471	56 341	26 039	19 599	62 781	3.40
北洛河南城里至状头	延安	1 215	4 426	2 648	1 824	5 250	4.32
	铜川	1 180	5 869	2 571	2 044	6 397	5.42
	渭南	1 935	7 095	10 572	7 542	10 125	5.23
	小计	4 330	17 390	15 791	11 410	21 772	5.03
马莲河、蒲河、洪河	榆林	1 413	1 967	202	202	1 967	1.39
	小计	1 413	1 967	202	202	1 967	1.39
黑河、达溪河张家山以上	咸阳	4 465	25 400	10 079	8 918	26 562	5.95
	宝鸡	1 187	6 960	2 423	2 288	7 095	5.98
	小计	5 652	32 361	12 502	11 206	33 657	5.95

续表

四级区	行政区	计算面积（km²）	地表水资源量	地下水资源量	重复计算量	水资源总量	产水模数（万 m³/km²）
渭河宝鸡峡以上北岸	宝鸡	1 330	20 991	6 863	6 863	20 991	15.78
	小计	1 330	20 991	6 863	6 863	20 991	15.78
渭河宝鸡峡以上南岸	宝鸡	374	10 844	2 459	2 459	10 844	29.00
	小计	374	10 844	2 459	2 459	10 844	28.99
宝鸡峡至咸阳北岸	西安	17	51	273	108	216	12.71
	宝鸡	7 407	57 952	54 124	28 104	83 972	11.34
	咸阳	3 874	10 599	37 806	17 134	31 271	8.07
	杨凌	94	441	945	369	1 017	10.82
	小计	11 392	69 043	93 148	45 715	116 476	10.22
宝鸡峡至咸阳南岸	西安	3 710	92 884	65 772	49 418	109 239	29.44
	宝鸡	2 770	103 378	52 315	42 598	113 095	40.83
	小计	6 480	196 262	118 088	92 016	222 334	34.31
咸阳至潼关北岸	西安	853	2 389	10 838	2 503	10 723	12.57
	铜川	2 200	11 101	6 269	4 043	13 327	6.06
	咸阳	1 700	6 410	15 662	7 148	14 924	8.78
	渭南	4 986	10 085	42 103	1 739	50 449	10.12
	小计	9 739	29 985	74 872	15 433	89 424	9.18
咸阳至潼关南岸	西安	5 232	93 578	69 362	56 763	106 177	20.29
	咸阳	80	482	1 058	44	1 496	18.70
	渭南	2 490	30 266	29 488	19 075	40 679	16.34
	商洛	76	2 705	690	690	2 705	35.59
	小计	7 878	127 031	100 597	76 571	151 057	19.17
渭河流域		67 059	562 215	450 561	281 474	731 303	10.9

2001～2011 年泾、洛、渭河水资源总量变化过程见图 3-8，变化趋势与地表、地下水资源量变化一致。水资源四级区中，宝鸡峡至咸阳南岸区水资源总量最大，为 22.23 亿 m³，马莲河、蒲河、洪河区最小，为 0.1967 亿 m³，分别占流域水资源总量的 30.4%、0.3%。

渭、泾、北洛河地表、地下及重复量变化过程见图 3-9、图 3-10、图 3-11。从图中可知，地下水资源量与地表水的变化趋势一致，重复量也和地表、地下水资量变化趋势一致，变化幅度与地下水资源量变化幅度一致，相对地表水资源量变化幅度小。山丘区重复量即为河川基流量，洪水过程补给地下水基流，枯水时期地下水补给河川基流。平原区重复量除河川基流量外，还有河道渗漏、渠系渗漏、田间灌溉补给、库塘入渗补给量亦为重复量。

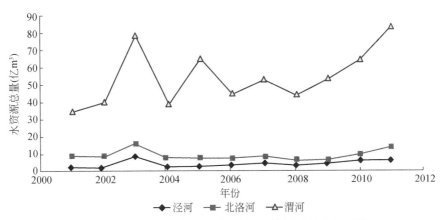

图 3-8 2001～2011 年泾、洛、渭河水资源总量变化过程

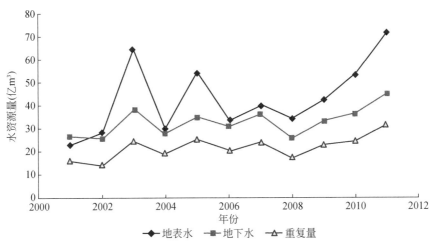

图 3-9 渭河 2001～2011 年地表、地下、重复量变化过程

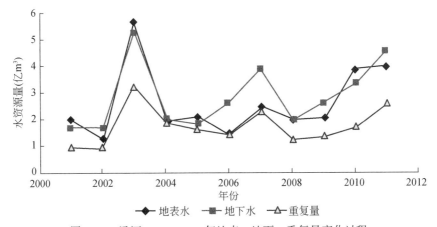

图 3-10 泾河 2001～2011 年地表、地下、重复变化过程

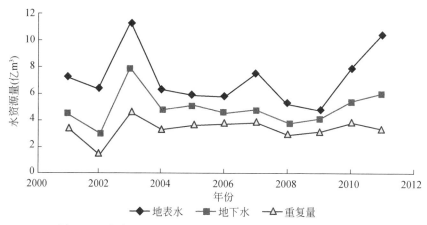

图 3-11　北洛河 2001～2011 年地表、地下、重复量变化过程

5. 水资源变化趋势分析

地表水资源量的变化是气候因素与人类活动共同作用的结果。陕西省渭河流域地表水资源量变化的总趋势与降水量变化基本一致，高低值基本对应。20 世纪 70 年代、90 年代、2001～2011 年降水量接近多年均值，降水量减少，地表水资源量亦减少，但降水量减幅小，地表水资源量减幅大；50 年代、60 年代及 80 年代，降水量增加，地表水资源量也相应增加，但降水量增幅小，距平为 4.6%～8.8%，地表水资源量增幅大，距平为 8.7%～17.7%。

1980～1985 年，由于关中地表水工程设施完好，地表水灌溉量较大，又处于偏丰水时段，地下水位大面积上升，上升区面积达 9760km²；1986～1992 年处于偏干旱年，地表水灌溉供水量减少，同时地下水开采量增大，地下水上升区面积减少到 3212km²，下降区面积增大到 7090km²，占总面积的 33.1%；1993～2000 年仍处于偏枯水年，地下水位上升区面积锐减到 660km²，仅占控制面积的 3.1%，而下降区面积增到 10 957km²，占总面积的 51.2%；2001～2011 年处于平水年，地下水位上升区面积增至 2011 年的 8838km²，占总面积的 41.3%，下降区面积降到 2003 年的 1324km²，占总面积的 6.2%，说明近期地下水位有明显的上升趋势。

6. 渭河干流水文过程特点

统计分析林家村、魏家堡、咸阳、临潼及华县站 1960～2011 年水沙量资料，可知渭河干流水文过程特点如下。

1）水沙年内分配不均

渭河干流林家村、魏家堡、咸阳、临潼及华县等主要水文站汛期及全年水沙量分配情况详见表 3-9。由表可知，渭河干流汛期水量占全年水量 64% 以上，汛期沙量占全年沙量 90% 以上，沙量比水量分配更不均。

表 3-9　渭河干流主要水文站水沙量统计

水文站	水量（亿 m³）			沙量（亿 t）		
	汛期	全年	汛期占全年的比例（%）	汛期	全年	汛期占全年的比例（%）
林家村	12.75	19.87	64.2	1.00	1.10	90.9
魏家堡	18.88	27.00	69.9	1.03	1.12	91.9
咸阳	24.83	37.32	65.8	0.90	0.97	92.2
临潼	55.38	85.72	64.6	2.78	2.92	95.3
华县	44.92	66.66	67.4	2.83	2.99	94.7

2）水沙年际变化较大

渭河林家村站最大年水量为 48.82 亿 m³（1964 年），最小年水量为 0.8401 亿 m³（1997 年），最大年水量是最小年水量的 58 倍；最大年沙量为 3.86 亿 t（1973 年），最小年沙量为 0.045 亿 t（2009 年），最大年沙量是最小年沙量的 86 倍。

渭河魏家堡站最大年水量为 78.55 亿 m³（1964 年），最小年水量为 4.133 亿 m³（1997 年），最大年水量是最小年水量的 19 倍；最大年沙量为 4.00 亿 t（1973 年），最小年沙量为 0.07 亿 t（1997 年），最大年沙量是最小年沙量的 57 倍。

渭河咸阳站最大年水量为 111.7 亿 m³（1964 年），最小年水量为 5.279 亿 m³（1995 年），最大年水量是最小年水量的 21 倍；最大年沙量为 3.89 亿 t（1973 年），最小年沙量为 0.0391 亿 t（2009 年），最大年沙量是最小年沙量的 99 倍。

渭河临潼站最大年水量为 176.4 亿 m³（1964 年），最小年水量为 18.28 亿 m³（1997 年），最大年水量是最小年水量的 10 倍；最大年沙量为 9.97 亿 t（1964 年），最小年沙量为 0.550 亿 t（1972 年），最大年沙量是最小年沙量的 18 倍。

渭河华县站最大年水量为 187.6 亿 m³（1964 年），最小年水量为 16.83 亿 m³（1997 年），最大年水量是最小年水量的 11 倍；最大年沙量为 10.6 亿 t（1964 年），最小年沙量为 0.497 亿 t（1972 年），最大年沙量是最小年沙量的 21 倍。

3）水沙异源

在渭河中游，林家村站的多年平均年水沙量分别占咸阳站多年平均年水沙量的 42.7% 和 104.5%，魏家堡的多年平均年水沙量分别占咸阳站多年平均年水沙量的 74.7% 和 113.8%，可见渭河中游来水主要来源于区间支流，而泥沙主要来自林家村以上的渭河上游地区。

渭河的重要支流泾河张家山站（1960～2011 年）多年平均年水量为 13.79 亿 m³、沙量为 2.13 亿 t。在渭河下游，咸阳站的多年平均年水沙量分别占华县站多年平均年水沙量的 56.8% 和 32.5%，张家山站的多年平均年水沙量分别占华县站多年平均年水沙量的 20.8% 和 71.2%，可见渭河下游来水主要来源于渭河干流，而泥沙主要来自泾河张家山以上的流域地区。

4）洪水持续时间较长

洪水在河道中持续时间延长，表明河道滞洪影响的增强。表 3-10 列出了华县站几场典型洪水漫滩水位的持续时间。可以看出，1996 年 7 月洪水的洪峰流量小于 1992 年 8 月洪水，但该场洪水的漫滩水位持续时间却较 1992 年 8 月洪水长 12h；2003 年 8 月洪水的洪峰流量远小于 1981 年 8 月洪水，其漫滩水位持续时间长达 190h，较 1981 年 8 月洪水长 80.5h。

表 3-10 华县站几场典型洪水漫滩水位持续时间统计

时间	洪峰流量（m³/s）	水位（m）	滩面高程（m）	漫滩持续时间（h）
1981 年 8 月	5380	341.05	339.0	109.5
1992 年 8 月	3950	340.95	339.2	44.0
1995 年 8 月	1500	340.88	339.2	56.4
1996 年 7 月	3500	342.25	339.9	56.0
2000 年 10 月	1890	341.30	340.9	24.0
2003 年 8 月	3570	342.76	340.9	190.0

另对渭河干流主要水文站 2007～2012 年非汛期小于最小流量指标情况进行统计，详见表 3-11。由表可知渭河干流最小流量的保证率逐年提高。

表 3-11 渭河流域主要断面最小流量情况表

调度年度	水文断面	最小流量指标（m³/s）	实测最小流量（m³/s）	平均流量（m³/s）	最小流量破坏天数（天）	水量（万 m³）	缺水量（万 m³）	实际保证率（%）	规定保证率（%）
2006.11～2007.6	北道	2.00	0.40	1.63	36	507.93	114.15	85	90
	林家村	2.00	0.33	0.89	221	1693.67	2125.21	9	90
	魏家堡	5.00	3.10	4.46	174	6701.98	814.82	28	90
	咸阳	10.00	7.50	8.70	33	2480.54	370.66	86	90
	临潼	37.00	31.00		0			100	90
	华县	12.00	1.23	3.01	10	260.06	776.74	96	90
2007.11～2008.6	北道	2.00	1.09	1.20	2	20.74	13.82	99	90
	林家村	2.00	0.16	0.73	173	1083.67	1905.77	29	90
	魏家堡	5.00	7.27					100	90
	咸阳	10.00	13.70					100	90
	临潼	37.00	56.00					100	90
	华县	12.00	13.00					100	90
2008.11～2009.6	北道	2.00	1.63	2.29	0			100	90
	林家村	2.00	0.55	0.79	183	1252.25	1909.99	24	90
	魏家堡	5.00	4.96					100	90
	咸阳	10.00	3.50					100	90
	临潼	37.00	53.70					100	90
	华县	12.00	21.00					100	90

调度年度	水文断面	最小流量指标（m³/s）	实测最小流量（m³/s）	平均流量（m³/s）	最小流量破坏天数（天）	水量（万 m³）	缺水量（万 m³）	实际保证率（%）	规定保证率（%）
2009.11 ~ 2010.6	北道	2.00	1.16	1.51	16	208.19	68.29	93	90
	林家村	2.00	0.51	0.80	226	1564.06	2341.22	7	90
	魏家堡	5.00	4.71	4.85	4	167.44	5.36	98	90
	咸阳	10.00	9.06					100	90
	临潼	37.00	82.80					100	90
	华县	12.00	15.70					100	90
2010.11 ~ 2011.6	北道	2.00	0.95	1.47	29	368.82	132.30	88	90
	林家村	2.00	0.49	0.57	235	1151.24	2909.56	3	90
	魏家堡	5.00	4.53	4.75	58	2378.32	127.28	76	90
	咸阳	10.00	20.60					100	90
	临潼	37.00	79.00					100	90
	华县	12.00	18.40					100	90
2011.11 ~ 2012.6	北道	2.00	9.00		0			100	90
	林家村	2.00	0.70	0.93	127	1016.08	1178.48	48	90
	魏家堡	5.00	2.55					100	90
	咸阳	10.00	18.20					100	90
	临潼	37.00	78.00					100	90
	华县	12.00	21.00					100	90

3.2.1.2 重点支流水资源及其演变

1. 渭河主要支流天然径流量

渭河主要支流 1956 ~ 2010 年的模拟天然年径流量计算结果见表 3-12。可以看到，南岸支流水量普遍较为丰沛，平均径流深为 82 ~ 610mm；北岸支流水量相对较小，平均径流深为 35 ~ 151mm。

表 3-12 主要支流天然径流量表

序号	支流	集水面积（km²）	平均径流量（万 m³）	平均径流深（mm）
1	小水河	406	6 116	151
2	千河	3 494	48 483	139
3	漆水河	3 824	24 264	63
4	清姜河	234	14 274	610
5	石头河	778	46 545	598

续表

序号	支流	集水面积（km²）	平均径流量（万 m³）	平均径流深（mm）
6	汤峪河	386	21 225	550
7	黑河	2 283	78 593	344
8	涝峪河	663	21 770	328
9	石川河	4 478	18 910	42
10	沣河	1 460	53 952	370
11	浐河	760	24 983	329
12	灞河	2 581	68 981	267
13	零河	276	2 267	82
14	沈河	252	3 695	147
15	赤水河	248	5 111	206
16	罗敷河	140	3 728	266
17	泾河	45 421	190 593	42
18	北洛河	26 905	93 585	35

对于渭河主要支流来说，降水量变化和径流量变化各不相同，大部分支流降水量和天然径流量呈下降趋势。渭河流域支流径流量变化的总趋势与降水量变化基本一致，高低值基本对应。20 世纪 70 年代、90 年代，渭河各支流降水量较小（特别是上游），支流径流量亦较小，但降水量减幅小，地表水资源量减幅大。20 世纪 50 年代、60 年代及 80 年代，降水量较多，支流径流量也相应增加。进入 21 世纪，渭河北岸各支流（包括泾河、北洛河）降水量多低于多年平均水平，中游南岸各支流降水量多高于多年平均水平，支流径流量也呈现出相似的变化规律。

2. 水文站实测流量

陕西省渭河流域水文站点分布中，渭河干流 4 个，泾河 3 个，北洛河 3 个，渭河其他支流 14 个，共 24 个站点：千阳、安头、鹦鸽、黑峪口、陈河、朱园、漫湾村、涝峪口、马渡王、益门镇、秦渡镇、柳林、耀县、罗敷堡、景村、张家山、桃园、交口河、状头、南荣华、林家村、魏家堡、咸阳、华县。渭河干支流水文站点分布如图 3-12 所示。

对渭河各主要支流对应的水文站多年逐月实测流量进行统计分析，结果表明，渭河支流水文站点实测流量多数呈下降趋势。其中，清姜河益门镇站、石头河鹦鸽站、黑河黑峪口站、泾河张家山站、北洛河状头站的全年实测流量和非汛期实测流量均呈现出显著下降的趋势。此外，千河千阳站和涝峪河涝峪口站的非汛期实测流量下降趋势显著，全年径流量也呈现下降趋势。资料系列较短的小水河朱园站和石川河支流漆水河耀县站实测流量呈现出升高趋势，但是变化趋势不显著。

渭河主要支流水文站点的年径流量、非汛期径流量及其变化趋势如图 3-13 和表 3-13 所示。

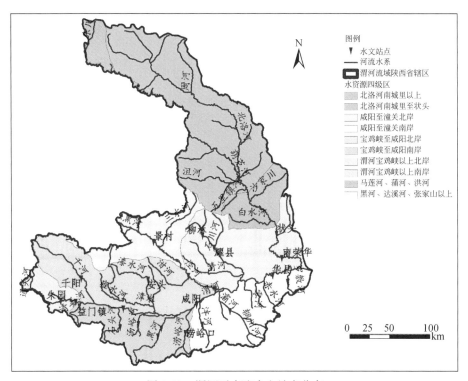

图 3-12 渭河干支流水文站点分布

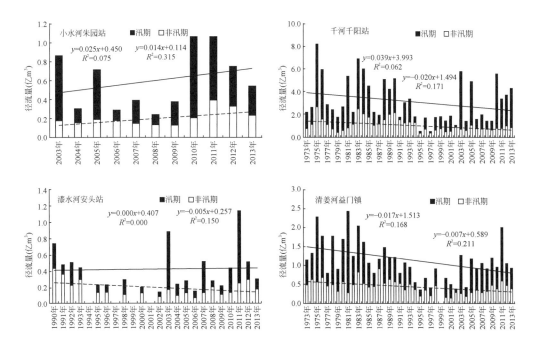

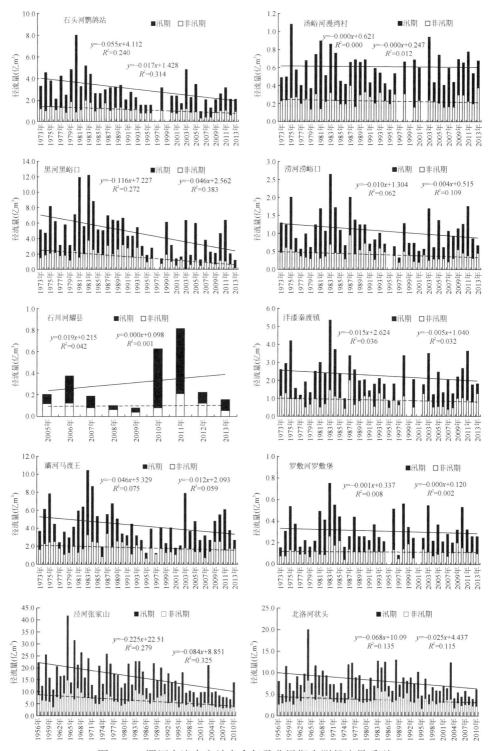

图 3-13　渭河支流水文站点全年及非汛期实测径流量系列

表 3-13 渭河支流水文站点实测径流量及变化趋势

支流	站点	时段（年）	年径流量		非汛期径流量（11～6 月）		
			均值（亿 m³）	变化趋势	均值（亿 m³）	占比（%）	变化趋势
小水河	朱园	2003～2013	0.60	↗	0.20	33.54	↗
千河	千阳	1973～2013	3.17	↘	1.07	33.89	↓
漆水河	安头	1990～2013	0.42	→	0.19	45.43	↘
清姜河	益门镇	1973～2013	1.15	↓	0.45	39.52	↓
石头河	鹦鸽	1974～2013	2.99	↓	1.08	36.17	↓
汤峪河	漫湾村	1973～2013	0.62	→	0.25	40.23	→
黑河	黑峪口	1973～2013	4.80	↓	1.62	33.70	↓
涝峪河	涝峪口	1973～2013	1.09	↘	0.43	38.98	↓
石川河	耀县（漆水河）	2005～2013	0.31	↗	0.10	32.62	→
沣河	秦渡镇	1973～2013	2.31	↘	0.93	40.42	↘
灞河	马渡王	1973～2013	4.34	↘	1.82	41.96	↘
罗敷河	罗敷堡	1973～2013	0.31	→	0.12	37.25	→
泾河	张家山	1956～2010	16.21	↓	6.49	40.03	↓
北洛河	状头	1956～2010	8.18	↓	3.74	45.65	↓

3.2.1.3 主要水库来水变化

陕西省渭河流域已建大型水库有 4 座，分别为冯家山水库、羊毛湾水库、石头河水库、金盆水库，分别位于千河、漆水河、石头河和黑河等渭河一级支流上。

对大型水库历史入库水量系列进行分析，冯家山水库、石头河水库、羊毛湾水库的入库水量均呈现出下降趋势，特别是非汛期入库水量下降趋势更为显著，且在 20 世纪 90 年代中后期至 21 世纪初期入库水量持续保持在较低水平；金盆水库近几年来入库水量呈上升趋势，但是结合黑河上的陈河和黑峪口水文站的实测数据来看，长系列入库水量仍是下降的。在非汛期入库水量占比方面，2000 年以后各水库的非汛期入库水量占全年入库水量之比均明显下降，河流水资源综合利用难度提高。

陕西省渭河流域大型水库历史系列全年及非汛期入库水量如表 3-14 所示。陕西省渭河流域大型水库入库水量系列变化趋势如图 3-14 所示。水库汛期和非汛期来水量按照调度年份统计，非汛期为前一年 11 月至当年 6 月，汛期为当年 7 月至当年 10 月。

表 3-14 大型水库历史系列全年及非汛期来水量

水库	时段（年）	年平均入库水量（亿 m³）	非汛期入库水量（亿 m³）	非汛期占比（%）
冯家山水库	1974～2013	3.19	1.08	33.91
	1981～2013	3.06	1.06	34.76
	1991～2013	2.48	0.83	33.41
	2001～2013	2.99	0.77	25.91
石头河水库	1982～2011	3.43	1.39	40.44
	1991～2011	2.95	1.19	40.45
	2001～2011	3.23	1.14	35.41
羊毛湾水库	1982～2011	0.54	0.25	47.06
	1991～2011	0.37	0.18	48.99
	2001～2011	0.36	0.13	35.22
金盆水库	2007～2013	5.84	1.78	30.52

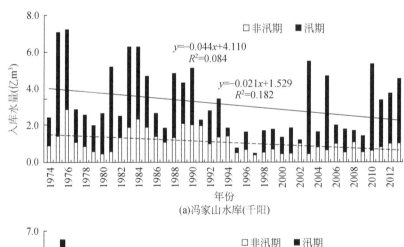

(a)冯家山水库(千阳)

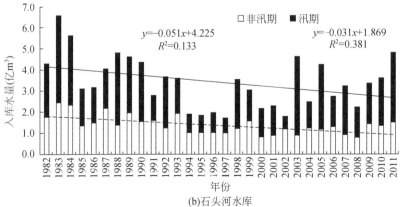

(b)石头河水库

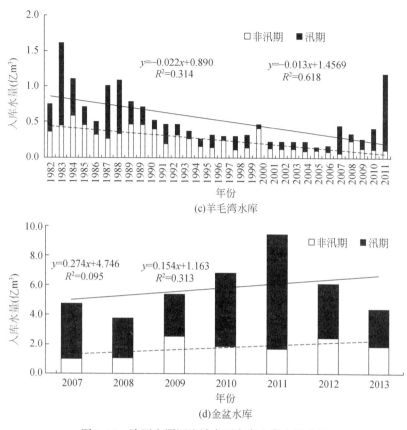

图 3-14　陕西省渭河流域大型水库入库水量系列

3.2.2　渭河流域水资源开发利用现状

3.2.2.1　基础设施及供水能力

供用水现状依据《渭河流域综合规划（水资源部分)》及《陕西省各市区十二五用水总量控制方案》《2010 年陕西省水利统计年鉴》等资料。

截至 2010 年底，陕西省渭河流域已建成水库 441 座，总库容 21.79 亿 m³，兴利库容 14.24 亿 m³，现状供水能力 12.85 亿 m³；引水工程 2073 座，现状供水能力 15.47 亿 m³；提水工程 4293 座，现状供水能力 9.12 亿 m³。配套机电井共约 12.49 万眼，其中城镇自来水和企事业单位自备水源井合计 10 988 眼。集雨工程 11.92 万座，年利用量 585.84 万 m³。建成污水处理厂 47 座，设计日处理污水能力 195.1 万 t，现状年利用量 2812 万 m³。

1. 地表水源工程

流域共建成大型水库 4 座，中型水库 22 座，小型水库 415 座，大中小型水库总库容 21.79 亿 m³，兴利库容 14.24 亿 m³。设计供水能力 17.21 亿 m³，现状供水能力 12.85 亿 m³。共有塘坝 1817 座，总容积 3782 万 m³，设计供水能力 4519 万 m³，现状供水能力 4008 万 m³。

表 3-15　陕西省渭河流域 2010 年地表水供水基础设施调查统计

水资源四级区	工程规模	蓄水工程					引水工程				提水工程			
		数量（座）	总库容（万m³）	兴利库容（万m³）	现状供水能力（万m³）	设计供水能力（万m³）	数量（座）	引水规模（m³/s）	现状供水能力（万m³）	设计供水能力（万m³）	数量（处）	提水规模（m³/s）	现状供水能力（万m³）	设计供水能力（万m³）
北洛河南城里以上	中型	1	1 250	785	150	168								
	小型	15	2 659	1 474	842	1 097	317	9.24	4 370	5 405	299	9.72	2 935	3 033
	塘坝	97	280	280	302	328								
北洛河南城里至状头	中型	4	13 205	7 774	4 710	5 400								
	小型	24	7 939	5 043	3 573	4 097	151	2.89	1 207	1 521	247	9.44	816	1 226
	塘坝	38	53	53	77	87								
马莲河,蒲河,洪河	小型						1	0.92	147	200				
黑河,达溪河,泾河张家山以上	小型	28	3 366	2 081	1 426	2 220	138	5.73	2 835	4 980	503	5.43	1 435	2 044
	塘坝	68	139	45	96	127								
渭河宝鸡峡以上北岸	小型	3	206	124	167	179	78	0.39	200	209	24	0.28	82	91
	塘坝	50	55	55	83	83								
渭河宝鸡峡以上南岸	小型	1	109	41	56	61	17	0.65	87	91	2	0.14	26	32
	塘坝	4	5	5	6	6								
渭河宝鸡峡至咸阳北岸	大型	2	50 900	33 820	20 869	30 420	1	105.00	49 900	81 806				
	中型	8	26 307	15 907	5 783	7 107								
	小型	105	25 795	19 426	8 956	15 422	161	18.89	1 868	2 572	959	29.65	11 502	16 923
	塘坝	548	1 593	1 313	1 467	1 563								

续表

水资源四级区	工程规模	蓄水工程 数量(座)	总库容(万m³)	兴利库容(万m³)	现状供水能力(万m³)	设计供水能力(万m³)	引水工程 数量(座)	引水规模(m³/s)	现状供水能力(万m³)	设计供水能力(万m³)	提水工程 数量(处)	提水规模(m³/s)	现状供水能力(万m³)	设计供水能力(万m³)
渭河宝鸡峡至咸阳南岸	大型	2	34 700	29 790	52 100	69 310								
	中型						2	23.50	6 000	10 000				
	小型	66	8 425	3 317	4 187	4 075	297	64.30	9 571	12 278	101	5.57	777	1 202
	塘坝	297	393	393	520	520								
咸阳至潼关北岸	大型	5	12 200	5 976	7 583	8 274	1	46.00	24 600	45 000	3	137.00	55 988	65 000
	中型	66	8 748	4 408	3 612	5 813	2	37.00	16 383	33 000				
	小型	260	662	477	620	900	160	20.01	5 687	7 399	1 466	65.07	13 338	18 920
	塘坝	4	11 219	5 906	9 276	12 812								
咸阳至潼关南岸	中型	107	10 874	6 482	5 204	5 678								
	小型	455	602	602	837	905	747	85.35	31 843	38 030	689	11.89	4 268	4 864
渭河流域合计	大型	4	85 600	63 610	72 969	99 730	2	151.00	74 500	126 806	3	137.00	55 988	65 000
	中型	22	64 181	36 348	27 501	33 761	4	60.50	22 383	43 000				
	小型	415	68 121	42 396	28 023	38 641	2 067	208.37	57 816	72 687	4 290	137.19	35 178	48 335
	塘坝	1 817	3 782	3 223	4 008	4 519								

流域共有大型引水工程 2 处，中型 4 处，小型 2067 处，设计供水能力 24.25 亿 m³，现状供水能力 15.47 亿 m³。驰名全国的宝鸡峡引渭工程、泾惠渠灌溉工程、洛惠渠灌溉工程，担负着全省 500 万亩农田灌溉的供水任务。

流域共有大型提水工程 3 处，小型提水工程 4290 处，设计供水能力 11.33 亿 m³，现状供水能力 9.12 亿 m³。交口抽渭工程担负着 110 多万亩农田灌溉供水任务。地表水源工程基础设施及供水能力见表 3-15。

2. 地下水源工程

流域共有配套机电井 12.49 万眼，其中浅层井 12.22 万眼，深层井 0.27 万眼。浅层井现状供水能力 24.95 亿 m³，其中自备井 0.58 万眼，供水能力 4.12 亿 m³；自来水水源井 0.26 万眼，供水能力 2.03 亿 m³；农用井 11.39 万眼，供水能力 18.81 亿 m³。深层井现状供水能力 8.42 亿 m³，其中自备井 2312 眼，供水能力 6.27 亿 m³；自来水水源井 317 眼，供水能力 2.06 亿 m³；农用井 67 眼，供水能力 0.09 亿 m³。2010 年咸水利用量 2479 万 m³。

3. 其他水源工程

流域共有集雨工程 11.92 万座，年利用量为 585.84 万 m³。共建成污水处理厂 47 座，设计日处理污水能力 195.1 万 t，现状年利用量 2812 万 m³。

3.2.2.2　供水情况及变化趋势

1. 现状供水量

2010 年，陕西省渭河流域总供水量 50.57 亿 m³，其中地表水供水量 21.37 亿 m³，占总供水量的 42.26%；地下水供水量 28.86 亿 m³，占总供水量的 57.07%；其他水源供水量 0.34 亿 m³，占总供水量的 0.67%。

2010 年地表水供水总量 21.37 亿 m³。其中引水工程和蓄水工程供水量分别为 8.40 亿 m³ 和 8.27 亿 m³，分别占地表水供水量的 39.32% 和 38.68%，是主要的供水方式；其次是提水工程，供水量 4.70 亿 m³，占地表水供水量的 21.98%；此外还有 43.25 亿 m³ 的人工运载水量，占地表水供水量的 0.02%。2010 年地下水供水总量 28.86 亿 m³。其中浅层淡水供水量 22.62 亿 m³，占地下水供水量的 78.39%；深层承压水供水量 5.99 亿 m³、微咸水供水量 0.25 亿 m³，分别占地下水供水量的 20.76% 和 0.86%。微咸水全部集中在咸阳至潼关的渭河北岸地区，说明该区严重缺水，对水质不好的微咸水也不得不利用。2010 年流域内其他水源供水量 0.34 亿 m³，包括污水处理再利用 0.28 亿 m³，集雨工程 0.06 亿 m³。

2. 供水量变化趋势分析

1980 年以来陕西省渭河流域供水量变化情况见表 3-16、表 3-17 和图 3-15。

可知，自改革开放以来，陕西省渭河流域供水量增长缓慢，1980 年总供水量为 48.86 亿 m³，2010 年为 50.57 亿 m³，年平均递增率仅为 0.11%。地表水供水量在历年总供水量中的比重变化分为三个阶段：1980 ~ 1995 年，地表水供水比重逐年下降，从 53.1% 下降到 40.6%，下降了 12.5 百分点；1995 ~ 2005 年，地表水供水比重先增后减再增，从 1995 年的 40.6% 提高到 2005 年的 45.2%；2005 年以来，地表水供水比重有增有减，到 2010 年为 42.3%。与此相应，地下水供水量在总供水量中的比重则呈反向变化：1980 ~ 1995

年，地下水供水比重逐年上升，一度达到总供水量的59%；1995～2005年地下水供水比重先减后增再减；2005年以来随着陕北地区的快速发展，地下水开采量增大，其占总供水的比重增大，2010年达到57.1%。其他水源供水量占总供水量的比重基本呈上升趋势，特别是2000年以来增长明显，2010年其他水源供水量为3397.8万m³，为1980年供水量的10倍之多，较2000年翻了一番。因此，陕西省渭河流域供水构成中，1980年以前以地表水为主，20世纪90年代以后则以地下水为主，虽然1995年以后地下水供水比重减少，但目前仍然大于地表水供水比重。其原因主要是20世纪80～90年代中期，陕西省水源工程建设滞后，建成的地表水源工程供水能力也因老化失修逐年衰减，加之90年代渭河流域来水减少，使得水源工程达不到设计规模。

表 3-16 陕西省渭河流域不同时期供水量调查统计

年份	地表水		地下水		其他水源		总供水量 (万 m³)
	供水量 (万 m³)	占总水量比重（%）	供水量 (万 m³)	占总水量比重（%）	供水量 (万 m³)	占总水量比重（%）	
1980	259 297	53.1	228 906	46.9	354	0.07	488 558
1985	223 600	49.8	224 326	50.0	1 020	0.23	448 947
1990	243 864	50.2	240 662	49.6	918	0.19	485 444
1995	204 291	40.6	298 041	59.2	936	0.19	503 268
2000	225 918	43.7	289 146	56.0	1 579	0.31	516 643
2005	237 560	45.2	283 438	54.0	4 271	0.81	525 269
2010	213 695	42.3	288 560	57.1	3 398	0.67	505 652

表 3-17 陕西省渭河流域不同时期地表水源供水量调查统计

年份	蓄水		引水		提水		地表水总供水量（万 m³）
	供水量 (万 m³)	占总水量比例（%）	供水量 (万 m³)	占总水量比例（%）	供水量 (万 m³)	占总水量比例（%）	
1980	39 487	15.2	158 647	61.2	61 164	23.6	259 297
1985	35 237	15.8	135 309	60.5	53 054	23.7	223 600
1990	43 356	17.8	139 917	57.4	60 590	24.8	243 864
1995	42 702	20.9	111 116	54.4	50 473	24.7	204 291
2000	67 646	29.9	112 325	49.7	45 948	20.3	225 918
2005	74 087	31.2	118 204	49.8	45 269	19.1	237 560
2010	82 657	38.7	84 023	39.3	46 971	22.0	213 695

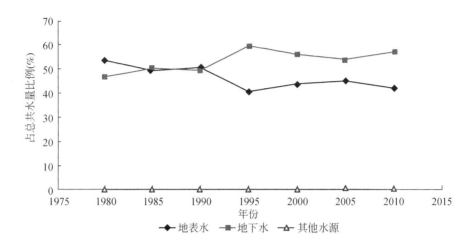

图 3-15　流域不同时期供水量变化

引水工程始终是流域内地表水源供水量中最重要的供水方式。1995 年以前，引水工程占地表供水总量的比例在 50% 以上，1995 年以后流域内蓄水工程供水量有所增加，到 2010 年，蓄水工程供水量达到 8.27 亿 m³，但只占地表水供水比例的 38.7%，由于调蓄能力不足，地表水供水可靠性很低。因此，为满足经济社会发展的用水需求，急需实施跨流域调水工程并加大对支流水资源的开发利用。

3.2.2.3　用水情况及变化趋势

1. 现状用水量

2010 年陕西省渭河流域总用水量为 50.57 亿 m³，其中农业、工业、城镇生活、农村生活、建筑业、第三产业和生态环境的用水量分别为 31.04 亿 m³、9.10 亿 m³、4.96 亿 m³、2.71 亿 m³、0.77 亿 m³、1.08 亿 m³ 和 0.91 亿 m³，分别占总用水量的 61.4%、18.0%、9.81%、5.36%、1.52%、2.14%、1.80%。

2. 用水量变化趋势分析

1980 年以来陕西省渭河流域各业用水量变化统计见表 3-18。可以看出，陕西省渭河流域 1980～2010 年的用水总量是增加的，净增用水量 1.67 亿 m³，增幅 3.42%，30 年用水量年递增率 0.11%。1980～1990 年流域内用水为负增长，主要原因是这一时期农业用水减幅明显。1990～2000 年为流域用水增长的高峰期，年平均增长率为 0.63%，特别是工业、城镇生活、建筑业及第三产业用水增长显著。2000～2010 年流域用水量有所回落，主要是随着工业用水水平的提高，工业用水量大幅削减，此外农业用水量也是先减后增，而城镇生活、农村生活、建筑业及第三产业、生态环境用水仍保持较高增长速度。

表 3-18　陕西省渭河流域不同时期用水情况分析　　　（单位：万 m³）

年份	项目	农业	工业	城镇生活	农村生活	建筑业及第三产业	生态	合计
1980	用水总量	402 271	54 095	12 062	12 732	3 032	4 716	488 908
	%	82.3	11.1	2.5	2.6	0.6	1.0	100.0
1985	用水总量	352 481	57 418	15 836	14 849	3 873	4 840	449 297
	%	78.5	12.8	3.5	3.3	0.9	1.1	100.0
1990	用水总量	367 883	70 312	19 134	17 289	5 953	5 223	485 794
	%	75.7	14.5	3.9	3.6	1.2	1.1	100.0
1995	用水总量	350 220	98 135	23 024	19 606	7 321	5 463	503 768
	%	69.5	19.5	4.6	3.9	1.5	1.1	100.0
2000	用水总量	337 055	115 724	26 973	21 136	10 278	6 031	517 197
	%	65.2	22.4	5.2	4.1	2.0	1.2	100.0
2005	用水总量	323 043	128 869	34 865	18 602	13 859	6 631	525 869
	%	61.4	24.5	6.6	3.5	2.6	1.3	100
2010	用水总量	310 414	90 969	49 554	27 065	18 500	9 150	505 652
	%	61.4	18.0	9.8	5.4	3.7	1.8	100.00
1980~1990 年均变化率（%）		-0.89	2.66	4.72	3.11	6.98	1.03	-0.06
1990~2000 年均变化率（%）		-0.87	5.11	3.49	2.03	5.61	1.45	0.63
2000~2010 年均变化率（%）		-0.82	-2.38	6.27	2.50	6.05	4.26	-0.23
1980~2010 年均变化率（%）		-0.86	1.75	4.82	2.55	6.21	2.23	0.11

　　虽然用水量增加不多，但用水结构变化显著。农业用水量（含林牧渔畜用水）逐年减少，从 1980 年的 40.23 亿 m³ 锐减到 2010 年的 31.04 亿 m³，农业用水占总用水的比例从 1980 年的 82.28% 降低到 2010 年的 61.39%，净减水量 9.19 亿 m³，而灌溉面积变化不大，这与陕西省渭河流域重视灌区节水改造关系密切。改革开放以来，流域内城镇化进程加快，城镇生活、建筑业及第三产业、生态环境用水逐年增加，相应的各业用水占总用水量的比例也越来越大。工业长足发展，2005 年之前工业用水呈增长趋势，2005 年之后随着节水潜力的挖掘，工业用水水平提高，工业用水量有所减少。

　　可见，随着流域经济社会的快速发展，城镇生活、建筑业及第三产业、生态环境用水占总用水的比例越来越大；而伴随着产业结构的不断调整和优化，流域经济发展已由粗放型逐渐向集约型转变。

3. 耗水现状

2010年渭河流域总耗水量29.80亿 m³，其中农田灌溉、林牧渔畜、工业、城镇生活、农村生活、建筑业、第三产业、生态耗水量分别为17.32亿 m³、3.62亿 m³、3.18亿 m³、1.39亿 m³、2.63亿 m³、0.61亿 m³、0.14亿 m³、0.91亿 m³，分别占总耗水量的58.12%、12.15%、10.67%、4.66%、8.83%、2.05%、0.47%、3.05%。

4. 用水水平分析

2010年陕西省渭河流域共有人口2383万人，其中城镇人口1284万人；国内生产总值6434亿元，工业增加值2542亿元。2010年流域总用水量50.57亿 m³，GDP用水量41.99亿 m³。人均用水量和万元GDP用水量分别为212 m³和65m³。

2010年流域农田有效灌溉面积1337.27万亩，实灌1230.86万亩，农灌用水量26.12亿 m³，亩均灌溉定额212m³。当年城镇生活（含城镇公共）用水量为6.81亿 m³，农村生活用水量为2.71亿 m³，城镇和农村人均生活用水量分别为145L/d和68L/d。2010年流域工业用水量9.10亿 m³，万元工业增加值用水量36m³。

依据《中国水资源公报（2010）》，现状黄河流域、陕西全省和全国各行业用水指标如表3-19所示。由表可知，陕西省渭河流域人均用水量远低于黄河流域和全国总体水平，略低于全省人均用水量。万元GDP用水量和农田灌溉亩均用水量与黄河流域、全国以及陕西全省水平相比，均属高效用水地区。城镇和农村人均生活用水量远低于全国平均水平，城镇人均生活用水量与黄河流域基本持平，但低于全省平均水平；农村人均生活用水量较黄河流域和全省平均水平略高。陕西省渭河流域万元工业增加值用水量低于全国和黄河流域平均值，但与全省平均水平相比还有一定差距。

表3-19　陕西省渭河流域现状各部门用水水平横向比较表

项目	人均用水量（m³）	万元GDP用水量（m³）	农田灌溉亩均用水量（m³）	人均生活用水量（L/d）		万元工业增加值用水量（m³）
				城镇生活	农村生活	
渭河流域	212	65	212	145	68	36
黄河流域	344	135	391	159	49	41
全省	220	106	300	164	54	34
全国	450	150	421	193	83	90

注：表中所列黄河流域各部门用水指标为2009年数据

（1）农田灌溉用水水平。陕西省渭河流域综合灌溉用水水平212m³/亩，与全国亩均综合用水量及黄河流域平均定额相比，都是比较低的。四级分区中，除宝鸡峡以上北岸、宝鸡峡至咸阳南岸和咸阳至潼关南岸较渭河流域平均定额略高外，其他各区农田灌溉亩均用水量均低于流域平均值。行政分区中，铜川、延安等地由于受当地水资源条件限制，农田亩均灌溉水平更低，分别为120 m³、134m³。

（2）工业用水水平。陕西省渭河流域万元工业增加值用水量36m³，远低于全国平均定额，但与全省平均工业用水水平相比还有一定差距。四级分区中，主要是北洛河南城里至状头、咸阳至潼关南岸两个分区的万元工业增加值用水量较渭河流域平均水平略高，其余各分区的用水水平都低于流域平均值。行政分区中杨凌、榆林、延安的工业用水水平较低，分别为 5 m³/万元、23 m³/万元、24 m³/万元。陕西省关中地区由于受工业结构影响，原料、粗加工、机械制造业所占比重大，且设备陈旧，用水工艺水平低，万元工业增加值用水定额偏高，还有一定节水潜力。

（3）城镇生活用水水平。从水资源四级区看，陕西省渭河流域除咸阳至潼关南岸城镇生活用水水平较高外，其他区域都远低于全国和黄河流域平均水平。行政分区中，西安市的城镇生活水平最高，综合用水水平达到 186L/d，居民生活用水水平为 133L/d；杨凌区次之，其综合用水水平和居民生活用水水平分别为 170L/d 和 142L/d；城镇生活用水水平较低的是榆林、延安和铜川。

（4）农村生活用水水平。随着农村安全饮水工程的实施，陕西省渭河流域农村生活用水水平有较大提高。现状农村人均生活用水量较全国总体水平偏低，高于黄河流域和全省平均水平。特别是北洛河南城里以上，马莲河、蒲河、洪河，黑河、达溪河、泾河张家山以上等四级区人均用水量不到 40 L/d。各地因水源条件及生活习惯不同，定额差异也较大。其中西安、宝鸡的农村生活水平较高，分别为 108 L/d、82L/d，榆林和延安较低，分别为 27 L/d、34L/d。

3.2.2.4 水资源开发利用程度分析

1. 总资源量利用程度

陕西省渭河流域地表水资源量 56.22 亿 m³，地下水资源量 45.06 亿 m³，扣除两者重复量 28.15 亿 m³ 后，流域水资源总量为 73.13 亿 m³，加上入境水量 33.90 亿 m³，合计为107.03 亿 m³。2010 年陕西省渭河流域实际用水量 50.57 亿 m³，水资源总量开发利用程度达到 47.2%，总体超过国际公认 40% 的最高开发利用率限额，属于用水高度紧张区。

2. 地表水开发利用程度

陕西省渭河流域地表水资源量 56.22 亿 m³，2010 年地表水供水量 21.37 亿 m³，流域总体地表水开发利用程度 38%，各支流开发利用程度差异较大，如漆水河、黑河、石头河开发利用程度超过 40%，千河、石川河开发利用程度已超过 60%，详见表 3-20。

表 3-20　陕西省渭河流域地表水资源开发利用程度分析

水系	地表水供水量（亿 m³）	地表水资源量（亿 m³）	开发利用程度（%）
北洛河	2.33	9.50	24.5
泾 河	3.26	18.44	17.9
漆水河	0.87	2.11	41.2
黑 河	3.90	7.29	53.5
石头河	2.70	4.77	56.6
石川河	1.12	1.85	60.5
千 河	3.47	4.90	70.8
渭河流域	21.37	56.22	38.0

3. 地下水开发利用程度

陕西省渭河流域地下水资源量 45.06 亿 m^3，地下水可开采量 28.26 亿 m^3。2010 年流域浅层地下水开采量 22.62 亿 m^3，开发利用程度达到 80%，详见表 3-21。由于开采条件不同，流域各区开采程度有很大差别，其中黑河、达溪河、泾河张家山以上、渭河宝鸡峡以上南岸、宝鸡峡至咸阳北岸三个水资源分区有不同程度的超采。此外咸阳至潼关北岸、咸阳至潼关南岸开发利用程度也很高，并存在西安市城区、渭南市杜桥严重超采区以及咸阳市秦都区沣东漏斗和三原县鲁桥漏斗。

表 3-21　陕西省渭河流域地下水资源开发利用程度分析

水资源四级区	地下水资源量 （万 m^3）	地下水可开采量 （万 m^3）	现状浅层地下水开采量（万 m^3）	开发利用程度 （%）
北洛河南城里以上	26 039	11 100	3 543.22	31.9
北洛河南城里至状头	15 791	7 300	2 481.22	34.0
马莲河、蒲河、洪河	202	700	30.00	4.3
黑河、达溪河、泾河张家山以上	12 502	100	956.84	超采
渭河宝鸡峡以上北岸	6 863	200	181.77	90.9
渭河宝鸡峡以上南岸	2 459	0	15.63	超采
宝鸡峡至咸阳北岸	93 148	61 100	79 017.70	超采
宝鸡峡至咸阳南岸	118 088	69 900	29 211.16	41.8
咸阳至潼关北岸	74 872	63 800	57 707.61	90.5
咸阳至潼关南岸	100 597	68 400	53 043.82	77.5
渭河流域	450 561	282 600	226 188.97	80.0

可以看出，无论是地表水资源还是地下水资源，陕西省渭河流域水资源开发利用程度都比较高，水资源开发的潜力已经很小。为保证经济社会的可持续发展，加大支流地表水的开发利用并实施跨流域调水已是必然选择。

3.2.2.5　主要水库供用水量及其对河道流量的影响

1. 冯家山水库供用水状况

冯家山水库主要有冯家山灌区灌溉用水、宝鸡市城市供水、宝鸡市第二电厂用水和二级电站发电用水。二级电站尾水进入千河河道，之后进入下游王家崖水库，补给宝鸡峡灌区用水，不计入供水任务，冯家山灌区北干渠的末端有引冯济羊工程输水隧洞，适时补充羊毛湾水库，羊毛湾用水不计入水库供水任务。

据统计，冯家山水库 2001～2011 年灌溉用水多年平均为 7744 万 m^3，城市用水多年平均为 2267 万 m^3，二电厂用水为多年平均 1291 万 m^3；总供水量达到 11 302 万 m^3，其中灌溉用水占比达到 68% 以上；各分项的非汛期用水均占全年用水的 60% 以上。2001～2011 年羊毛湾总用水量为 7336 万 m^3，且在 2004～2009 年大部分时间为 0；2001～2011 年宝鸡峡总用水量为 12 368 万 m³，且在 2007 年以后均为 0；二级电站用水多年平均为 4819 万 m³。

冯家山水库灌溉、城市和二电厂用水量见表 3-22，冯家山水库二级电站发电及宝鸡峡、羊毛湾用水量见表 3-23。水库汛期和非汛期用水量按照调度年份统计，非汛期为前一年 11 月至当年 6 月，汛期为当年 7 月至当年 10 月。

表 3-22　冯家山水库供用水量统计

| 年份 | 灌溉用水（万 m³） | | 城市用水（万 m³） | | 二电厂用水（万 m³） | | 合计 | | |
	全年	非汛期	全年	非汛期	全年	非汛期	全年（万 m³）	非汛期（万 m³）	非汛期占比（%）
2001	9 388	3 700	1 721	1 027	916	616	12 026	5 343	44
2002	8 846	3 323	2 103	1 281	1 002	547	11 951	5 151	43
2003	8 881	7 324	2 094	1 432	1 447	1 011	12 421	9 766	79
2004	10 910	10 236	1 928	1 273	1 658	1 159	14 496	12 668	87
2005	8 834	6 468	1 903	1 258	1 549	1 178	12 286	8 904	72
2006	7 218	3 965	2 001	1 290	1 258	837	10 478	6 092	58
2007	4 267	3 758	2 208	1 493	1 450	1 042	7 925	6 293	79
2008	6 147	3 579	2 324	1 544	1 394	931	9 866	6 054	61
2009	6 931	5 521	2 496	1 573	1 236	902	10 662	7 997	75
2010	6 003	1 794	2 968	1 999	1 013	753	9 983	4 546	46
2011	7 752	6 528	3 196	2 160	1 281	916	12 229	9 604	79
平均	7 744	5 109	2 267	1 485	1 291	899	11 302	7 493	66

表 3-23　冯家山水库发电和引水统计　　　　　（单位：万 m³）

| 年份 | 羊毛湾用水 | | 宝鸡峡用水 | | 二级电站用水 | |
	全年	非汛期	全年	非汛期	全年	非汛期
2001	496	77	4 009	4 009	1 332	1 332
2002	1 828	1 446	3 634	634	3 008	2 402
2003	1 125	789	536	536	3 720	841
2004	0	0	2 126	1 064	4 044	3 992
2005	0	0	0	0	5 989	469
2006	605	0	1 032	0	8 498	6 085
2007	0	0	0	0	4 655	300
2008	0	0	0	0	6 780	5 777
2009	0	0	0	0	1 493	265
2010	1 356	0	0	0	6 117	2 172
2011	1 314	513	0	0	7 374	3 463
平均	611	257	1 031	568	4 819	2 464

2. 羊毛湾水库供用水状况

羊毛湾水库以灌溉为主,结合防洪、养殖综合利用。羊毛湾水库2001～2011年平均灌溉用水量为1746万m³,较1980～2000年下降23.1%,其中非汛期灌溉用水量为1190万m³,较1980～2000年下降17.6%,羊毛湾水库2001～2011年灌溉用水量系列如表3-24所示。在各月分布方面,羊毛湾水库灌溉高峰主要是7月、12月以及1月、8月、6月,如图3-16所示。水库汛期和非汛期用水量按照调度年份统计,非汛期为前一年11月至当年6月,汛期为当年7月至当年10月。

表 3-24　羊毛湾水库灌溉用水量统计　　　　　　　（单位：万 m³）

年份	全年	非汛期
2001	1 436	1 011
2002	1 880	843
2003	2 271	1 254
2004	2 353	1 643
2005	1 761	1 249
2006	1 872	1 210
2007	938	938
2008	1 840	1 546
2009	1 457	848
2010	1 769	1 398
2011	1 627	1 147
2001～2011 年平均	1 746	1 190
1981～2000 年平均	2 270	1 444

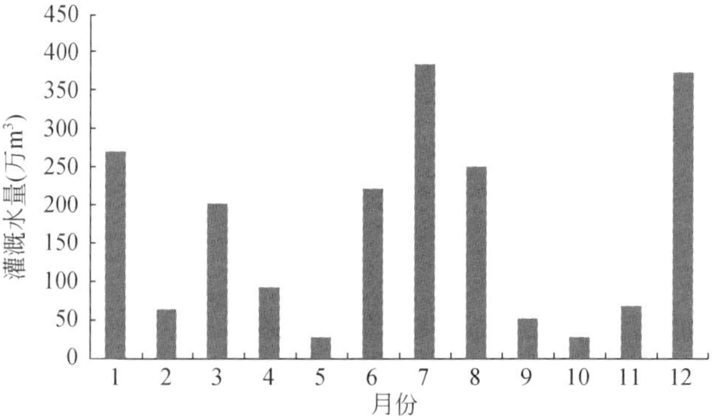

图 3-16　羊毛湾水库灌溉用水月平均值

3. 石头河水库供用水状况

石头河水库供水主要为西安供水、五丈原城镇供水和石头河灌区农业灌溉供水,2011年以来增加了咸阳城市供水,2012年和2013年又分别增加杨凌和宝鸡的城市供水。水库给西安、咸阳、杨凌、宝鸡和五丈原供水量合计作为城市（镇）供水量，石头河灌区的供水量作为灌溉供水量。据统计，石头河水库 2001～2010 年灌溉用水多年平均为 4983 万 m³，城镇供水多年平均为 6209 万 m³；多年平均总供水量达到 11 192 万 m³，其中城镇供水约占 55%，但是在不同年份各分项占比差异较大；各分项的非汛期用水约占全年用水的 70%，如表 3-25 所示。水库汛期和非汛期用水量按照调度年份统计，非汛期为前一年 11 月至当年 6 月，汛期为当年 7 月至当年 10 月。

表 3-25　石头河水库供用水量统计

| 年份 | 城镇供水/万 m³ | | 灌溉用水/万 m³ | | 合计 | | |
	全年	非汛期	全年	非汛期	全年（万 m³）	非汛期（万 m³）	非汛期占比（%）
2001	10 958	7 404	4 258	2 695	15 216	10 099	66
2002	10 115	6 297	4 652	1 872	14 767	8 169	55
2003	6 742	6 222	3 130	2 454	9 871	8 676	88
2004	4 928	3 002	5 593	4 612	10 521	7 614	72
2005	6 411	4 775	5 327	3 919	11 738	8 694	74
2006	4 293	2 518	6 835	4 144	11 128	6 662	60
2007	4 439	2 310	3 784	3 308	8 223	5 617	68
2008	4 031	3 513	5 462	3 537	9 493	7 049	74
2009	4 323	3 202	6 529	4 449	10 852	7 651	71
2010	5 848	3 806	4261	3 435	10 109	7 241	72
平均	6 209	4 305	4 983	3 442	11 192	7 747	70

4. 黑河金盆水库供用水状况

金盆水库是西安黑河引水工程的主要水源地，以城市供水为主，兼顾灌溉，结合发电及防洪等综合利用。据统计，金盆水库 2007～2013 年农业灌溉平均用水量为 2550 万 m³，城镇供水多年平均为 24 924 万 m³；多年平均总供水量达到 27 473 万 m³，城镇供水占总供水量的 90% 左右；非汛期供水约占多年平均全年供水的 63%。金盆水库 2007～2013 年平均发电用水量为 39 058 万 m³；年平均生态用水 22 542 万 m³，非汛期占 25%；防汛弃水较少，如表 3-26 和表 3-27 所示。水库汛期和非汛期用水量按照调度年份统计，非汛期为前一年 11 月至当年 6 月，汛期为当年 7 月至当年 10 月。

表 3-26　金盆水库河道外供用水量统计

| 年份 | 城市供水（万 m³） | | 农业灌溉（万 m³） | | 合计 | | |
	全年	非汛期	全年	非汛期	全年（万 m³）	非汛期（万 m³）	非汛期占比（%）
2007	17 157	11 966	2 006	2 006	19 163	13 972	73
2008	21 204	12 267	3 346	2 288	24 551	14 554	59
2009	22 692	14 853	2 893	1 801	25 586	16 654	65

续表

年份	城市供水（万 m³）		农业灌溉（万 m³）		合计		
	全年	非汛期	全年	非汛期	全年（万 m³）	非汛期（万 m³）	非汛期占比（%）
2010	26 307	15 465	1 565	1 215	27 871	16 680	60
2011	28 041	17 295	1 566	1 373	29 607	18 668	63
2012	30 609	19 453	2 633	2 633	33 242	22 086	66
2013	28 457	16 532	3 837	2 127	32 293	18 660	58
平均	24 924	15 404	2 550	1 920	27 473	17 325	63

表 3-27　金盆水库河道内用水量统计　　　　（单位：万 m³）

年份	发电用水		生态用水		防汛弃水	
	全年	非汛期	全年	非汛期	全年	非汛期
2007	4 253	4 253	15 726	1 760	13 998	0
2008	29 742	14 650	10 519	4 413	4 740	0
2009	40 116	21 394	17 894	7 573	6 068	0
2010	51 394	25 329	9 305	9 098	0	0
2011	48 312	20 421	61 050	2 358	0	0
2012	62 794	34 283	32 982	12 746	0	0
2013	36 792	18 941	10 318	2 618	0	0
平均	39 058	19 896	22 542	5 795	3 544	0

3.2.2.6　水库调节对河道流量的影响

统计并对比主要水库平均入库流量和出库流量，分析水库调节对河道流量的影响。据统计，冯家山水库 2001～2011 年平均入库水量为 2.77 亿 m³，平均河道退水量（二级电站）为 0.48 亿 m³；河道水量减少 2.29 亿 m³，占入库水量的 82.6%；各月河道退水量均较大程度地减小，如表 3-28 和图 3-17 所示。石头河水库 2001～2011 年平均入库水量为 3.23 亿 m³，平均河道退水量为 2.06 亿 m³；河道水量减少 1.18 亿 m³，占入库水量的 36.4%；1～10 月河道退水量均不同程度的减小，11 月和 12 月河道水量有所增加，如表 3-29 和图 3-18 所示。黑河金盆水库 2007～2013 年平均入库水量为 5.84 亿 m³，平均河道退水量为 2.56 亿 m³；河道水量减少 3.30 亿 m³，占入库水量的 56.1%；全年各月河道退水量均小于入库水量，水库调节引起河道水量衰减，如表 3-30 和图 3-19 所示。水库汛期和非汛期入库水量和退水量均按照调度年份统计，非汛期为前一年 11 月至当年 6 月，汛期为当年 7 月至当年 10 月。

现阶段对冯家山水库、石头河水库和金盆水库最小下泄流量的要求为 1m³/s，对比发现，冯家山水库 1～3 月，石头河水库 2 月以及金盆水库 1～3 月的河道退水量均未达到要求。

表 3-28   冯家山水库 2001～2011 年月均入库流量和河道退水量

月份	平均入库水量 （万 m³）	平均河道退水量 （万 m³）	水量差值 （万 m³）	差值占比 （％）	实际流量 （m³/s）
1	719	85	-634	-88.1	0.32
2	520	25	-495	-95.2	0.10
3	721	178	-542	-75.3	0.67
4	823	412	-411	-50.0	1.59
5	912	542	-370	-40.5	2.03
6	625	531	-94	-15.0	2.05
7	3435	458	-2977	-86.7	1.71
8	4 321	530	-3 791	-87.7	1.98
9	7 199	660	-6 539	-90.8	2.55
10	5 497	708	-4 789	-87.1	2.64
11	1 723	412	-1 311	-76.1	1.59
12	1 239	278	-961	-77.6	1.04
合计	27 734	4 819	-22 915	-82.6	1.53

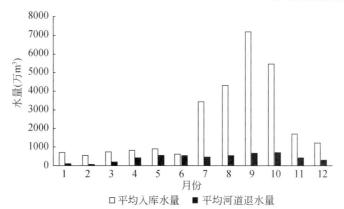

图 3-17   冯家山水库 2001～2011 年月均入库出库水量对比

表 3-29   石头河水库 2001～2011 年月均入库流量和河道退水量

月份	平均入库水量 （万 m³）	平均河道退水量 （万 m³）	水量差值 （万 m³）	差值占比 （％）	实际流量 （m³/s）
1	417	298	-119	-28.6	1.11
2	331	214	-117	-35.4	0.88
3	877	391	-487	-55.5	1.46
4	2 121	533	-1 588	-74.9	2.06
5	3 553	1 504	-2 049	-57.7	5.61
6	2 597	1 506	-1 091	-42.0	5.81

月份	平均入库水量 （万 m³）	平均河道退水量 （万 m³）	水量差值 （万 m³）	差值占比 （%）	实际流量 （m³/s）
7	4 114	1 832	−2 282	−55.5	6.84
8	5 472	3 265	−2 207	−40.3	12.19
9	7 239	4 814	−2 425	−33.5	18.57
10	4 059	3 558	−501	−12.3	13.29
11	978	1 514	536	54.8	5.84
12	575	1 131	555	96.6	4.22
合计	32 334	20 560	−11 774	−36.4	6.52

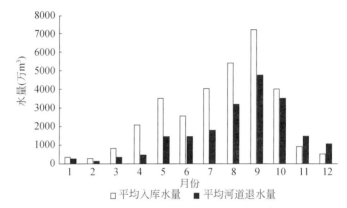

图 3-18 石头河水库 2001~2011 年月均入库出库水量对比

表 3-30 金盆水库 2007~2013 年月均入库水量和河道退水量

月份	平均入库水量 （万 m³）	平均河道退水量 （万 m³）	水量差值 （万 m³）	差值占比 （%）	实际流量 （m³/s）
1	756	157	−598	−79.2	0.59
2	611	127	−484	−79.2	0.53
3	1 503	250	−1 253	−83.3	0.93
4	2 139	422	−1 717	−80.3	1.63
5	5 439	966	−4 473	−82.2	3.61
6	2 718	1 342	−1 376	−50.6	5.18
7	11 850	3 411	−8 439	−71.2	12.73
8	10 210	4 673	−5 536	−54.2	17.45
9	13 966	9 301	−4 665	−33.4	35.88
10	5 335	2 905	−2 430	−45.5	10.85
11	2 435	1 306	−1 129	−46.4	5.04
12	1 262	774	−489	−38.7	2.89
合计	58 424	25 635	−32 789	−56.1	8.13

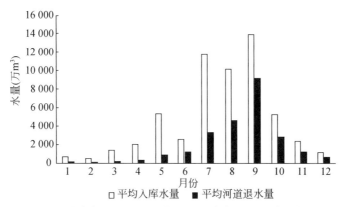

图 3-19 金盆水库 2007～2013 年月均入库水量和河道退水量对比

3.3 渭河流域生态环境调查与评价

3.3.1 水质现状调查评价

3.3.1.1 监测断面现状水质

根据《陕西省 2011 年主要河流水质状况报告》，陕西省渭河流域水系 11 条河流监控 26 个断面（含国控断面 7 个），干流和支流各 13 个断面，2011 年的水质状况及主要污染物状况如表 3-31 所示。可以看出，渭河干流 13 个监控断面，除林家村断面为Ⅱ类水质、卧龙寺桥和常兴桥断面为Ⅲ类水质、虢镇桥断面为Ⅳ类水质，其余断面基本为劣Ⅴ类水质；渭河支流金陵河水质较好，为Ⅲ类，黑河和沣河为Ⅳ类水质，其余支流基本为Ⅴ类或劣Ⅴ类水质。主要污染指标为氨氮、五日生化需氧量、化学需氧量、石油类、挥发酚、高锰酸盐指数。同比水质无明显变化，但主要污染物浓度均有不同程度下降。

表 3-31 2011 年陕西省渭河水系监测断面水质状况表

序号	河流	断面名称	断面所在地	断面水质	主要污染指标
1	渭河干流	林家村	宝鸡市渭滨区	Ⅱ	
2		卧龙寺桥*	宝鸡市金台区	Ⅲ	
3		虢镇桥	宝鸡市宝鸡县	Ⅳ	石油类、五日生化需氧量、化学需氧量
4		常兴桥	宝鸡市眉县	Ⅲ	
5		兴 平	兴平市西吴镇	>Ⅴ	五日生化需氧量、氨氮、石油类、六价铬、化学需氧量
6		南 营	兴平市南营村	>Ⅴ	高锰酸盐指数、五日生化需氧量、化学需氧量、氨氮、石油类

序号	河流	断面名称		断面所在地	断面水质	主要污染指标
7	渭河干流	咸阳铁桥*		咸阳市渭城区	>V	溶解氧、高锰酸盐指数、五日生化需氧量、化学需氧量、氨氮、石油类、挥发酚
8		天江人渡*		西安市未央区	>V	溶解氧、高锰酸盐指数、五日生化需氧量、氨氮、化学需氧量、挥发酚、石油类
9		耿镇桥*		西安市高陵县	>V	溶解氧、高锰酸盐指数、五日生化需氧量、氨氮、化学需氧量、氨氮、石油类
10		新丰镇大桥		西安市临潼区	>V	溶解氧、高锰酸盐指数、五日生化需氧量、氨氮、挥发酚、化学需氧量、石油类
11		沙王渡		渭南市临渭区辛市乡沙王渡口	>V	高锰酸盐指数、化学需氧量、五日生化需氧量、氨氮、挥发酚、石油类
12		树园		渭南市临渭区程家乡	>V	化学需氧量、五日生化需氧量、氨氮、挥发酚、石油类
13		潼关吊桥*		潼关县吊桥渡口	>V	石油类、氨氮、五日生化需氧量
14	渭河支流	金陵河	石油桥	宝鸡市金台区	III	
15		灞河	灞河口*	西安市灞桥区浐灞生态园	IV	氨氮、石油类、化学需氧量
16			三郎村	灞桥区西航花园	>V	溶解氧、高锰酸盐指数、生化需氧量、化学需氧量、挥发酚、氨氮、石油类
17		黑河	黑河入渭口	西安市周至县	IV	石油类
18		沣河	三里桥	咸阳市三里桥	IV	石油类、化学需氧量
19		皂河	农场西站	西安市未央区	>V	溶解氧、高锰酸盐指数、化学需氧量、五日生化需氧量、氨氮、挥发酚、石油类
20		涝河	涝河入渭口	户县大王镇	IV	石油类、氨氮、化学需氧量、五日生化需氧量
21		临河	临河入渭口	西安市临潼区	>V	石油类、五日生化需氧量、化学需氧量、氨氮、高锰酸盐指数
22		沈河	张家庄	渭南市临渭区	V	石油类、高锰酸盐指数、化学需氧量
23		漆水河	金锁	铜川市印台区	II	
24			三里洞	铜川市王益区	>V	溶解氧、高锰酸盐指数、生化需氧量、化学需氧量、挥发酚、氨氮、石油类
25			新村	铜川市王益区	V	氨氮、砷、化学需氧量、五日生化需氧量
26		北洛河	王谦村*	大荔县石槽乡	V	石油类、挥发酚、高锰酸盐指数、五日生化需氧量、化学需氧量

*　表示国控断面

3.3.1.2 河流水质综合评价

根据 2001~2011 年陕西省环境状况公报，渭河干流 13 个水质监测断面水质变化见表 3-32。

表 3-32 2001~2011 年渭河干流 13 个监测断面水质变化统计

年份	水质类型断面数（个）					主要污染物
	Ⅱ	Ⅲ	Ⅳ	Ⅴ	>Ⅴ	
2001				2	11	石油类、氨氮、高锰酸盐指数、生化需氧量
2002			1		12	石油类、氨氮、挥发酚、高锰酸盐指数、生化需氧量
2003		1	1	2	9	石油类、氨氮、挥发酚、高锰酸盐指数、生化需氧量
2004		3	1		9	石油类、氨氮、挥发酚、高锰酸盐指数、生化需氧量
2005	1	1	2		9	石油类、氨氮、挥发酚、高锰酸盐指数、生化需氧量
2006	1	1	2		9	石油类、氨氮、挥发酚、高锰酸盐指数、五日生化需氧量
2007	1	2	1		9	石油类、氨氮、五日生化需氧量、高锰酸盐指数、挥发酚和化学需氧量
2008	1	1	2		9	石油类、氨氮、五日生化需氧量、高锰酸盐指数、挥发酚和化学需氧量，主要污染物浓度均比 2007 年有不同程度的下降
2009	1	2	1		9	主要污染物与 2008 年相同，但浓度均有不同程度下降
2010	1	2	1		9	石油类、氨氮、化学需氧量、五日生化需氧量、高锰酸盐指数，与 2009 年相比，浓度均有不同程度下降
2011	1	2	1		9	氨氮、化学需氧量、五日生化需氧量、高锰酸盐指数，与 2010 年相比，浓度均有不同程度下降

2001~2003 年，13 个监测断面中，100%超过水域功能标准，但水质类型由 2001 年的Ⅴ类、劣Ⅴ类好转至 2003 年出现 1 个Ⅲ类水质断面；2004~2006 年，76.9%的断面超过水域功能标准，2005 年、2006 年出现 1 个Ⅱ类水质断面；2007~2011 年，Ⅱ类水质断面 1 个，Ⅲ类水质断面 2 个，69.2%的断面超水域功能标准，咸阳兴平至渭南潼关吊桥 9 个断面均为劣Ⅴ类。总之，2001~2011 年渭河干流河流水质持续改善，主要污染物浓度明显持续下降。

3.3.1.3 现状水功能区水质分析

2011 年，全年期评价水功能一级区 25 个，达标水功能区 18 个，达标率 72%；总评价河长 1263km，达标河长 740.1km，占 58.6%。渭河宝鸡峡至咸阳、泾河张家山以上水资源三级区全年、汛期、非汛期水质全部达标；北洛河状头以上水资源三级区达标程度低于 50%，其他三级区达标程度全在 50%以上，详见表 3-33。

表 3-33 水资源三级区水功能区水质分析

水资源三级区	时段	水功能一级区						水功能二级区					
		总数	达标个数	百分比	河流（km）			总数	达标个数	百分比	河流（km）		
					评价河长	达标河长	达标河长（%）				评价河长	达标河长	达标河长（%）
渭河宝鸡峡以上	全年	2	1	50	102.1	72.4	70.9	12	2	16.7	402.3	63.9	15.9
	汛期	2	0	0	102.1	0	0	12	2	16.7	402.3	36	8.9
	非汛期	2	1	50	102.1	72.4	70.9	12	2	16.7	402.3	63.9	15.9
渭河宝鸡峡至咸阳	全年	5	5	100	206.2	206.2	100	12	7	58.3	430.9	228.1	52.9
	汛期	5	5	100	206.2	206.2	100	12	7	58.3	430.9	228.1	52.9
	非汛期	5	5	100	206.2	206.2	100	12	8	66.7	430.9	317.4	73.7
渭河咸阳至潼关	全年	9	7	77.8	261.2	215.9	82.7	22	11	50	538.4	200.1	37.2
	汛期	9	8	88.9	261.2	230.9	88.4	22	13	59.1	538.4	229	42.5
	非汛期	9	7	77.8	261.2	215.9	82.7	22	11	50	538.4	200.1	37.2
泾河张家山以上	全年	3	3	100	101	101	100	9	1	11.1	330.7	14.2	4.3
	汛期	3	3	100	101	101	100	9	1	11.1	330.7	14.2	4.3
	非汛期	3	3	100	101	101	100	9	1	11.1	330.7	14.2	4.3
北洛河状头以上	全年	6	2	33.3	592.3	144.6	24.4	5	3	60	342.6	98.1	28.6
	汛期	6	2	33.3	592.3	144.6	24.4	5	3	60	342.6	98.1	28.6
	非汛期	6	1	16.7	592.3	67.1	11.3	5	2	40	342.6	23.4	6.8

全年期评价水功能二级区 60 个，达标水功能区 24 个，达标率 40%；总评价河长 2045km，达标河长 604km，占 29.6%。渭河宝鸡峡以上、渭河咸阳至潼关、泾河张家山以上、北洛河状头以上 4 个水资源三级区达标程度低于 50%。

3.3.1.4 地下水水质现状

渭河流域地下水污染主要在大中城市、重点镇（区）及工矿区。依据《陕西省水资源及其开发利用调查评价》，主要城市和地区污染情况如下：

西安市：地下水污染区主要分布在东郊、西郊的工业区及北郊的污灌区。大部分工业废水和城区居民生活污水未经任何处理，排放至浐、皂、灞、渭河，造成河流局部地段的污染，地下水也受到不同程度污染。挥发酚、六价铬、硝酸盐等超标，超标倍数达到 2.5，近郊地下水污染面积超过 470km², 污灌区水源地附近均发生矿化度、总硬度、氟含量逐年增大趋势。

宝鸡市：地下水污染范围主要集中在姜潭地区的电厂、氮肥厂、造纸厂附近及群众路堨边一带，硝酸盐、氮、挥发性酚超标，超标倍数达 0.5，不宜或不能饮用外，其他地区基本正常。

咸阳市：主要污染物有挥发酚、六价铬等。城区工业废水、生活污水及医院排放的废污水是导致地下水受到污染的主要来源。秦都和渭城等城区出现挥发酚、六价铬、硝酸盐超标。

渭南市：地下水污染范围主要分布在工矿企业和城郊周围，一些工业废水任意排放，使城郊一带的地下水含酚超过国家《生活饮用水卫生标准》（GB14848/93）规定达 1.6 倍，污染了地下水。饮用水方面，临渭区一些地方硝酸盐超标，超标倍数达 0.65。

3.3.1.5 水库水质现状

依据《2010 年陕西省水资源公报》,《陕西省水资源综合规划》专题一成果——《陕西省地表水资源调查评价》和《陕西省城市饮用水水源地安全保障规划报告》，选择渭河流域 6 个重点水库的实测资料，采用单项指标法，按照全年平均、汛期、非汛期分别对水库水质及富营养化现状进行评价。在评价的 6 个水库中，Ⅰ 类水质的水库 1 个，Ⅱ 类水质的水库 5 个，主要超标物为五日生化需氧量。另外水库还进行了营养状态评价，采用了总磷、总氮和高锰酸盐指数 3 项评分值的平均值，评价的 6 个水库，全部水质为中营养，评价结果见表 3-34，评价标准见表 3-35。

表 3-34 渭河流域水库水质类别及富营养化现状表

水库名称	河流名称	所在地		评价时段	水库总库容（亿 m³）	水库水质类别	4~9 月营养化评价	
		三级区	地级行政区				评分值	营养化程度
冯家山	千河	渭河宝鸡峡至咸阳	宝鸡	全年	3.89	Ⅰ	50	中营养
				汛期		Ⅰ		
				非汛期		Ⅰ		
石头河	石头河		宝鸡	全年	1.47	Ⅱ	48	中营养
				汛期		Ⅱ		
				非汛期		Ⅱ		
金盆	黑河	渭河咸阳至潼关	西安	全年	2	Ⅱ	43	中营养
				汛期		Ⅱ		
				非汛期		Ⅱ		
桃曲坡	沮河		铜川	全年	0.572	Ⅱ	45	中营养
				汛期		Ⅱ		
				非汛期		Ⅱ		
石砭峪	石砭峪河	渭河咸阳至潼关	西安	全年	0.28	Ⅱ	46	中营养
				汛期		Ⅱ		
				非汛期		Ⅱ		
沈河	沈河		渭南	全年	0.245	Ⅱ	46	中营养
				汛期		Ⅱ		
				非汛期		Ⅱ		

表 3-35　水库营养状态评价标准表

营养状态	指数（mg/L）	总磷（以P计）（mg/L）	总氮（以N计）（mg/L）	叶绿素（a）（mg/L）	高锰酸盐指数（mg/L）	透明度（m）
贫	10	0.001	0.02	0.005	0.15	10
	20	0.004	0.05	0.001	0.4	5
中	30	0.01	0.1	0.002	1	3
	40	0.025	0.3	0.004	2	1.5
	50	0.05	0.5	0.01	4	1
富	60	0.1	1	0.026	8	0.5
	70	0.2	2	0.064	10	0.4
	80	0.6	6	0.16	25	0.3
	90	0.9	9	0.4	40	0.2
	100	1.3	16	1	60	0.12

3.3.1.6　点源污染入河现状

根据《2010 年陕西省水资源公报》《陕西省黄河流域入河排污口普查登记报告》，并结合渭河流域各区域用水现状数据，分析得到渭河流域生活、工业污水排放系数分别为 0.60~0.71、0.52~0.64，入河系数 0.78~0.87，经计算陕西省渭河流域现状废污水入河量为 8.42 亿 m³，其中工业废水入河量 5.44 亿 m³，生活污水入河量 2.97 亿 m³。废污水中含有的主要污染物为 COD 和氨氮。COD 以点源为主，点源以城镇生活和工业污水为主。据统计，渭河流域现状 COD 入河量为 11.8 万 t，其中工业 COD 入河量 4.60 万 t，生活 COD 入河量 7.19 万 t；氨氮入河量总计 1.05 万 t，详见表 3-36。污染物入河量由大到小的城市依次为宝鸡、西安、咸阳、渭南、铜川、延安，流域内化工、食品酿造、石油加工、炼焦、造纸 5 个行业是排污重点。

根据渭河全线整治的实施及对入河污染物管理，渭河水环境质量将朝好的方向变化。

表 3-36　陕西省渭河流域 2010 年废污水及主要污染物入河量统计表

调查单元		废污水入河量（万 m³/a）		主要污染物入河量（t/a）			
				城镇生活		工业	
水资源三级区	建制市	城镇生活	工业	COD	氨氮	COD	氨氮
北洛河状头以上（D050200）	榆林	—	—	—	—	—	—
	延安	311.69	2 467.68	751.60	72.44	987.07	82.89
	铜川	76.46	46.27	29.72	2.06	25.28	3.57
	渭南	337.24	1 052.98	691.52	51.41	8 782.83	21.06
泾河张家山以上（D050300）	榆林						
	宝鸡						
	咸阳	92.47	227.62	171.43	10.50	405.92	47.42

续表

调查单元		废污水入河量（万 m³/a）		主要污染物入河量（t/a）			
				城镇生活		工业	
渭河宝鸡峡以上 （D050400）	宝鸡	—	—	—	—	—	—
渭河宝鸡峡至咸阳 （D050500）	宝鸡	3 464.12	5 832.53	692.82	34.64	1 166.51	58.33
	咸阳	2 936.62	9 624.19	5 658.27	274.16	3 849.67	204.01
	西安	1 206.97	1 869.67	0.00	0.00	747.87	123.48
渭河咸阳至潼关 （D050600）	咸阳	478.51	1 191.79	1 134.20	9.57	476.72	32.61
	西安	17 573.50	24 097.37	55 971.12	7 395.87	17 484.47	798.40
	渭南	2 421.55	6 358.08	6 480.77	152.13	9 145.50	887.90
	铜川	810.34	1 679.93	359.16	24.90	2 958.18	196.36
合计		29 709.47	54 448.12	71 940.61	8 028.00	46 030.02	2 456.00

3.3.2 生态系统调查评价

3.3.2.1 生态系统

陕西省渭河干流生态系统主要分为湿地生态系统和滩地生态系统。

1. 湿地生态

渭河流域有着丰富的湿地资源，但是由于渭河人类开发历史久远，而且开发程度较高，现存湿地几乎没有原始自然状态的遗迹。为保护稀少而宝贵的湿地资源，全省在渭河干支流上先后建立渭南三河湿地自然保护区、陕西泾渭湿地省级自然保护区、西安浐灞国家湿地公园、陕西省渭河湿地等（图 3-20）。

渭南三河湿地自然保护区是黄河、渭河、洛河的交汇区。北起大荔县华原乡，南到老西铜公路，东以黄河为界，与山西、河南相临，西沿渭河至华阴、潼关三县。南北长约40km，东西约宽15km，总面积 4.67 万 hm²。保护区内森林植被为暖温带落叶、阔叶林，植被群落有芦苇群落、盐蓬群落、杯柳群落、草甸群落等。保护区内共有水禽 42 种，均属《湿地公约》的保护对象，其中国家一类、二类保护动物有 10 多种。保护区内优势种群动物要数雁、鸭类数量多，可达 40 余万只，占到总数的 92%。常见的留鸟有小白鹭、赤嘴潜鸭及燕形目动物。候鸟在保护区也占相当数量，常见的冬候鸟有 26 种，夏候鸟有11 种。在保护区栖息越冬的涉禽中，属于《濒危野生动植物物种国际贸易公约》的有灰鹤、丹顶鹤、黑鹤、白鹤、红胸黑雁等 6 种；属《中华人民共和国野生动物保护法》规定保护的动物有 11 种；属《中日候鸟协定保护鸟类》的有 27 种。

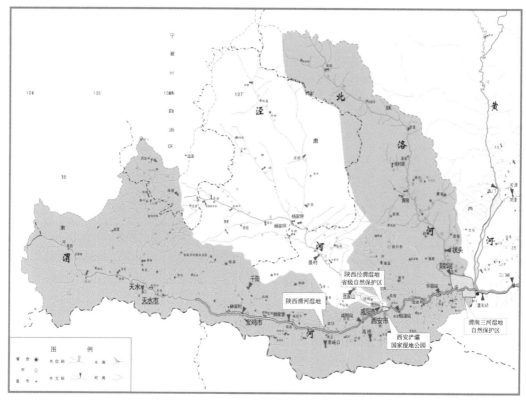

图 3-20　渭河干流湿地分布图

陕西泾渭湿地省级自然保护区始建于 2001 年 11 月，经陕西省人民政府批准成立，被西安市列入国民经济"十五"规划生态环境建设重点工程。保护区位于西安市城北渭河、泾河、灞河交汇区域，东起西韩路渭河大桥，西至西铜路渭河大桥，南以草临路灞河大桥为界，北至渭河北岸台塬以上 200m。总面积 6352.7hm²，其中核心区面积 1588.2hm²、缓冲 2482.4hm²、试验区面积为 2282.1hm²。该湿地是渭河流域重要的河流湿地和水鸟集中分布地，保护区是候鸟良好栖息地和重要迁徙"驿站"，高峰时鸟类种群数量接近 2 万只。保护区内有高等植物 324 种，其中野生植物有 253 种；野生动物 169 种，其中鸟类 91种，国家重点保护野生动物有 18 种，其中一级 2 种，为大鸨和金雕；二级 16 种；陕西省级保护动物 56 种，省级以上保护鸟类占总种数的 70% 以上。

西安浐灞国家湿地公园，2005 年经国家林业局批准成立。位于灞河与渭河交汇口区域，毗邻泾渭湿地省级自然保护区。总规划面积约 5.81km²，具备典型的河口湿地特征，是浐灞生态区湿地系统的重要组成部分。保护区内有 180 种植物，150 种动物，其中国家一级、二级保护动物 13 种，具有较高的生物多样性保护价值。

陕西渭河湿地，2008 年 8 月 6 日被陕西省人民政府列入《陕西省重要湿地名录》。从宝鸡市陈仓区凤阁岭到潼关县港口沿渭河至渭河与黄河交汇处，包括渭河河道、河滩、泛洪区及河道两岸 1km 范围内的人工湿地，包含西安泾渭湿地自然保护区。渭河湿地鸟类资源主要有：大鸨、黄鸭、绿头鸭、绿翅鸭、小白鹭、豆雁、苍鹭、小鹏鹚、雉鸡、红脚隼等；其中大鸨、红脚隼分别为国家一级、二级保护动物。主要植物资源有：臭椿、毛白杨、刺槐、泡桐、国槐、楸树、杨树、白榆等，经济果树有苹果、桃、核桃、梨、猕猴桃、石榴、枣等。

此外，渭河中下游流域还有 11 个湿地列入《陕西省重要湿地名录》，包括陕西北洛河湿地、陕西泾河湿地、千河湿地、宝鸡石头河湿地、陕西黑河湿地、户县涝峪河湿地、长安沣河湿地、长安灞河湿地、长安浐河湿地、桃曲坡水库湿地和蒲城卤阳湖湿地。

渭河流域湿地资源虽然丰富，但是也面临着诸多问题，如湿地水源短缺，面积锐减，保护区植被群落面积逐年缩小，鸟类栖息地破碎化；人为活动较频繁，挖砂现象十分严重，致使湿地生态平衡受到威胁；乱捕现象时有发生，湿地动物等受到严重威胁；湿地保护资金严重不足，基础设施不完善，设备落后等。

2. 滩地生态

渭河滩地经过多次侵蚀和堆积回旋，形成今日具有数级广阔阶地的格局。由于渭河曲流摆荡，在洪水季节，一岸塌陷，一岸涨沙；枯水季节，河水分叉，多在河流内湾处形成暂时固定的半圆形沙洲，久而久之形成滩地。

陕西省渭河滩地涉及陕西省的宝鸡市、杨凌示范区、咸阳市、西安市、渭南市，滩地面积共计 33 922.46hm²，滩地内土地利用类型主要包括耕地、园地等农业生产用地，高尔夫球场、公园等建设用地，以及防洪林、景观林、人工湖等水利设施，分布于渭河干流各市（区）渭河滩地内，面积较大。陕西省渭河干流滩地利用情况详见表 3-37。

表 3-37　陕西省渭河干流滩地利用情况

土地利用类型		面积（hm²）	占滩地总面积比例（%）
耕地		26 283.46	77.48
园林		554.94	1.64
林地		1 137.72	3.35
草地		1 175.11	3.46
建设用地	农村居民点	25.42	0.07
	其他建设用地	608.11	1.79
	河道采砂	2146.25	6.33
风景名胜设施用地		324.85	0.96
水域及水利设施用地	河流水面	196.36	0.58
	沟渠	7.37	0.02
	坑塘	447.76	1.32
	内陆滩涂	499.63	1.47
	水工建筑用地	31.25	0.09

土地利用类型		面积（hm²）	占滩地总面积比例（%）
其他用地	空闲地	273.08	0.81
	设施农用地	211.16	0.62
合计		33 922.46	100.00

渭河中游河段西起宝鸡林家村渠首枢纽大坝，东至咸阳陇海铁路桥，河道全长180km，滩地面积共计5029.27 hm²。其中耕地面积2622.39 hm²，河道采砂面积593.11 hm²，林地面积404.65 hm²，林地主要指的是渭河河道内的防护林，树木以杨树为主。园地面积377.05 hm²，主要是果园。草地面积178.67 hm²，主要为河滩内的荒草地。其他建设用地面积19.80 hm²，为滩地内的建筑物。风景名胜设施用地，主要指的是滩区内的公园，面积324.85 hm²。河流水面分布面积为138.23 hm²，主要是渭河支流的河流水面。沟渠分布面积很小，仅0.65 hm²，为农田灌溉用渠系。坑塘分布面积87.80 hm²，为河道采砂后形成的挖掘地蓄水而成。内陆滩涂分布面积为199.43 hm²，主要是渭河支流的河漫滩。水工建筑面积很小，为宝鸡峡水库坝体所在地，占地0.27 hm²。空闲地分布面积为34.83 hm²，为滩地内地表无植被覆盖的土地。设施农用地分布面积为47.54 hm²，主要为鱼池、莲池及蔬菜大棚等占地。陕西省渭河干流中游滩地利用情况详见表3-38。

表 3-38　陕西省渭河干流中游滩地利用情况

土地利用类型		面积（hm²）	占滩地总面积比例（%）
耕地		2622.39	52.14
园林		377.05	7.50
林地		404.65	8.05
草地		178.67	3.55
建设用地	农村居民点	—	—
	其他建设用地	19.80	0.39
	河道采砂	593.11	11.79
风景名胜设施用地		324.85	6.46
水域及水利设施用地	河流水面	138.23	2.75
	沟渠	0.65	0.01
	坑塘	87.80	1.75
	内陆滩涂	199.43	3.97
	水工建筑用地	0.27	0.01

土地利用类型		面积（hm²）	占滩地总面积比例（%）
其他用地	空闲地	34.83	0.69
	设施农用地	47.54	0.95
合计		5029.27	100.00

渭河下游河段西起咸阳陇海铁路桥，东至潼关渭河入黄口，河道全长 208km，滩地面积共计 28 893.51 hm²。其中耕地面积 23 661.07 hm²，河道采砂面积 1553.13 hm²，草地面积 996.43 hm²，园地分布面积为 177.89 hm²，主要为果园。林地分布面积 733.06 hm²，主要为河道内的防护林。农村居民点为临渭区渭河南岸的西庆屯村，分布面积 25.42 hm²。其他建设用地分布面积为 588.31 hm²，为滩地内建筑物。河流分布面积 58.13 hm²，主要为渭河支流的河流水面。沟渠分布面积 6.71 hm²，为农田灌溉用沟/渠。坑塘分布面积 359.96 hm²，主要为河道采砂后挖掘地蓄水而成。内陆滩涂分布面积 300.20 hm²，主要为渭河支流的河漫滩。水工建筑用地分布面积 31.31 hm²，为渠系、水库坝体所在地。空闲地分布面积 238.25 hm²，为地表裸露、无植被覆盖的土地。设施农用地分布面积 163.62 hm²，主要为鱼池、莲池等用地。陕西省渭河干流下游滩地利用情况详见表 3-39。

表 3-39 陕西省渭河干流下游滩地利用情况

土地利用类型		面积（hm²）	占滩地总面积比例（%）
耕地		23 661.07	81.89
园林		177.89	0.62
林地		733.06	2.54
草地		996.43	3.45
建设用地	农村居民点	25.42	0.09
	其他建设用地	588.31	2.04
	河道采砂	1 553.13	5.38
风景名胜设施用地		—	—
水域及水利设施用地	河流水面	58.13	0.20
	沟渠	6.71	0.02
	坑塘	359.96	1.25
	内陆滩涂	300.20	1.04
	水工建筑用地	31.31	0.11
其他用地	空闲地	238.25	0.82
	设施农用地	163.62	0.57
合计		28 893.49	100.00

3.3.2.2 生态调查点位布设

基于北京师范大学徐宗学教授团队对渭河流域水生态及环境的调查资料[253-255]，对陕西省渭河流域的水生态状况进行分析。陕西省渭河流域生态调查采样点位分布中，渭河干流6个，泾河2个，北洛河5个，渭河其他支流9个，共22个点位。调查时间：2011年10月，2012年4月，2012年10月，2013年4月。主要调查内容：鱼类和底栖生物。鱼类采样方法为电鱼器和刺网；对于可涉水水域，采用电鱼器采集，采样范围为采样点上下游各100m水域，而对于不可涉水水域，采用刺网和电鱼器相结合的方式，采样范围扩大为采样点上下游各300m水域，每次采样持续时间为30分钟。

陕西省渭河流域生态调查时间及点位情况如表3-40和图3-21所示。

表3-40 陕西省渭河流域生态调查时间及点位情况

点位	经度	纬度	海拔（m）	2011年10月	2012年4月	2012年10月	2013年4月	位置
W13	106.97	34.80	876	O	X	X	X	千河
W14	107.66	34.19	676	O	O	O	O	石头河
W15	107.73	34.29	531	O	O	O	O	渭河干流
W16	108.15	33.98	555	O	O	O	O	黑河
W17	108.11	34.33	465	O	O	X	X	漆水河
W18	108.67	34.30	380	O	O	O	O	渭河干流
W19	108.73	34.15	389	O	O	O	O	沣河
W20	109.10	34.29	406	O	O	O	O	浐河、灞河交汇区
W21	109.10	34.47	354	O	O	O	O	渭河干流
W22	108.98	34.90	629	O	O	X	X	石川河
W23	109.57	34.50	361	O	X	O	O	渭河干流
W25	106.78	35.02	1138	X	O	O	O	北河
W26	107.10	34.66	1082	X	O	O	O	千河
W27	109.96	34.63	342	X	O	X	X	渭河干流
W39	108.22	34.21	426	X	X	O	O	渭河干流
J1	108.81	34.50	384	O	O	O	O	泾河
J2	108.12	35.02	819	O	O	O	O	泾河
L1	108.68	36.12	1098	O	X	O	O	北洛河
L2	108.16	36.94	1275	O	O	O	O	北洛河
L6	109.35	35.61	779	O	O	O	O	北洛河
L9	109.94	34.77	350	O	O	O	O	北洛河
L12	109.15	35.88	937	X	O	X	X	北洛河

X表示未采样或无有效数据，O表示进行采样且获取有效数据

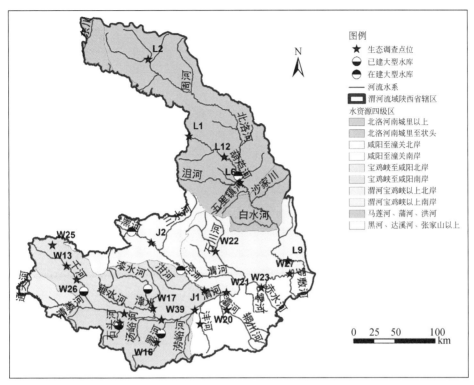

图 3-21　陕西省渭河流域生态调查点位分布

3.3.2.3　鱼类调查结果

对于渭河全流域，调查结果表明，渭河干流及支流鱼类 5 目 10 科 33 属 51 种，其中上游 32 种，中游 39 种，下游 42 种。总的来说，从上游到下游鱼类物种数量越来越丰富，群落结构越来越复杂。在陕西省境内，陕西省渭河流域干流及支流共发现鱼类 5 目 9 科 26 属 41 种。陕西省渭河流域鱼类调查结果点位及分区分类统计结果见表 3-41 和表 3-42 所示。

表 3-41　陕西省渭河流域生态调查点位鱼类数量及种类统计

<table>
<tr><td colspan="3">调查时间</td><td colspan="3">2011 年 10 月</td><td colspan="3">2012 年 4 月</td><td colspan="3">2012 年 10 月</td><td colspan="3">2013 年 4 月</td></tr>
<tr><td colspan="3">调查点位</td><td>数量</td><td>种类</td><td>主要鱼类</td><td>数量</td><td>种类</td><td>主要鱼类</td><td>数量</td><td>种类</td><td>主要鱼类</td><td>数量</td><td>种类</td><td>主要鱼类</td></tr>
<tr><td rowspan="8">渭河干流</td><td>W15</td><td>渭河干流魏家堡下游</td><td>60</td><td>7</td><td>神农栉鰕虎鱼</td><td>21</td><td>8</td><td>泥鳅</td><td>95</td><td>12</td><td>鲫</td><td>26</td><td>7</td><td>波氏栉鰕虎鱼</td></tr>
<tr><td>W39</td><td>渭河干流汤峪河入渭口</td><td>—</td><td>—</td><td>—</td><td>—</td><td>—</td><td></td><td>115</td><td>6</td><td>棒花鮈</td><td>22</td><td>3</td><td>清徐胡鮈</td></tr>
<tr><td>W18</td><td>渭河干流咸阳站</td><td>37</td><td>5</td><td>鲫</td><td>17</td><td>3</td><td>鲫</td><td>33</td><td>7</td><td>鲫</td><td>2</td><td>2</td><td>贝氏餐条</td></tr>
<tr><td>W21</td><td>渭河干流泾河入渭口</td><td>100</td><td>9</td><td>餐条</td><td>79</td><td>6</td><td>餐条</td><td>73</td><td>5</td><td>餐条</td><td>2</td><td>1</td><td>餐条</td></tr>
</table>

调查时间			2011 年 10 月			2012 年 4 月			2012 年 10 月			2013 年 4 月		
调查点位			数量	种类	主要鱼类	数量	种类	主要鱼类	数量	种类	主要鱼类	数量	种类	主要鱼类
渭河干流	W23	渭河干流沣河入渭口	179	2	餐条	—	—		176	4	餐条	7	3	泥鳅
	W27	渭河干流华县下游	—	—		138	5	鲤	—	—		—	—	
渭河支流	W25	千河上游支流北河				626	5	粗壮高原鳅	284	7	贝氏高原鳅	207	5	达里湖高原鳅
	W13	千河冯家山水库上游	1089	9	短须颌须鮈	—	—		—	—		—	—	
	W26	千河冯家山水库上游	—	—		257	9	似鮈	150	18	棒花鱼	85	12	棒花鮈
	W17	漆水河羊毛湾水库下游	63	7	泥鳅	40	4	逆鱼	—	—		—	—	
	W22	石川河桃曲坡水库下游	10	4	泥鳅	3	2	大鳞副泥鳅	—	—		—	—	
	W14	石头河水库下游	189	7	洛氏鱥	328	3	洛氏鱥	96	8	洛氏鱥	181	8	短须颌须鮈
	W16	黑河金盆水库上游	53	6	洛氏鱥	96	5	逆鱼	62	5	多鳞铲颌鱼	22	8	陕西高原鳅
	W19	沣河秦渡镇站	159	11	短须颌须鮈	234	12	逆鱼	423	12	餐条	52	11	短须颌须鮈
	W20	灞河马渡王站	62	9	多鳞铲颌鱼	86	11	片唇鮈	230	12	鲫	87	8	麦穗鱼
泾河	J1	泾河桃园站上游	20	5	鲤	25	4	泥鳅	6	5	泥鳅	4	3	大鳞副泥鳅
	J2	泾河景村站	117	6	马口鱼	42	4	粗壮高原鳅	65	6	马口鱼	18	3	棒花鱼
北洛河	L1	北洛河支流葫芦河中游	37	6	背斑高原鳅	—	—		73	11	洛氏鱥	45	7	粗壮高原鳅
	L2	北洛河上游	0	0		1	1	贝氏高原鳅	8	3	达里湖高原鳅	14	1	达里湖高原鳅
	L6	北洛河交口河站	324	11	中华鳑鲏	67	6	贝氏高原鳅	93	10	马口鱼	27	4	泥鳅
	L9	北洛河南荣华站	21	3	餐条	56	5	黄尾鲴	9	1	餐条	23	9	麦穗鱼
	L12	北洛河支流葫芦河下游	—	—		42	8	黑鳍鳈	—	—		—	—	
合计			2520	34		2158	29		1991	35		824	32	

表 3-42　陕西省渭河流域鱼类调查结果分区分类统计

水系	分类	2011 年 10 月	2012 年 4 月	2012 年 10 月	2013 年 4 月	合计
渭河干流中游	目	3	3	4	2	4
	科	4	5	5	3	6
	属	8	8	14	10	18
	种	9	10	17	11	23
	数量	97	38	243	50	428
渭河干流下游	目	2	2	2	1	4
	科	2	2	3	2	5
	属	8	8	7	3	16
	种	9	8	7	4	18
	数量	279	217	249	9	754
渭河北岸支流	目	2	2	3	2	3
	科	3	3	4	3	5
	属	13	12	15	11	23
	种	13	15	21	15	36
	数量	1162	926	434	292	2814
渭河南岸支流	目	3	3	3	4	5
	科	4	5	4	5	7
	属	18	19	18	18	22
	种	23	21	22	23	34
	数量	463	744	811	342	2360
泾河	目	1	2	2	1	2
	科	2	3	3	2	3
	属	9	5	7	5	12
	种	9	8	10	6	18
	数量	137	67	71	22	297
北洛河	目	2	2	2	4	4
	科	3	4	4	5	6
	属	12	14	14	13	19
	种	15	17	20	16	28
	数量	382	166	183	109	840
合计	目	4	3	4	5	5
	科	6	7	7	7	9
	属	25	23	23	23	26
	种	34	29	35	32	41
	数量	2520	2158	1991	824	7493

在陕西省境内,渭河干流中游鱼类共 4 目 6 科 18 属 23 种,以鲤科和鰕虎鱼科为主,主要鱼种为棒花鱼、鲫、神农栉鰕虎鱼等。渭河干流下游鱼类共 4 目 5 科 16 属 18 种,以鲤科和鳅科为主,主要鱼种为餐条、鲫、泥鳅等。渭河北岸支流鱼类共 3 目 5 科 23 属 36 种,以鲤科和鳅科为主,主要鱼种为短须颌须鮈、洛氏鱥、粗壮高原鳅等。渭河南岸支流鱼类共 5 目 7 科 22 属 34 种,以鲤科为主,主要鱼种为洛氏鱥、餐条、短须颌须鮈等。泾河鱼类共 2 目 3 科 12 属 18 种,以鲤科和鳅科为主,主要鱼种为马口鱼、粗壮高原鳅等。北洛河鱼类共 4 目 6 科 19 属 28 种,以鲤科和鳅科为主,主要鱼种为中华鳑鲏、麦穗鱼、粗壮高原鳅等。可以看到,渭河干流及主要支流(不含泾河、北洛河)鱼类物种较为丰富,个体数量也较多,北洛河次之,泾河鱼类种类和数量均较少。被《中国濒危动物红皮书》列为国家Ⅱ级保护野生动物细鳞鲑(Brachymystax lenok),属濒危物种,在本次黑河调查中出现。

渭河流域鱼类群落结构与黄河流域相似,鲤科鱼类是渭河流域的优势类群,其次为鳅科,属于黄河中上游鱼类区系。从空间分布看,渭河、泾河和北洛河的鱼类群落组成较为相似,其鱼类群落均以鲤科和鳅科为优势类群。渭河干流源头至宝鸡及南岸支流(藉河和黑河)、北岸支流(通关河和千河)的鱼类完整性较高,渭河关中地区、泾河中下游和北洛河干流源头和下游鱼类完整性较差。从季节上看,渭河流域的鱼类多样性指数秋季高于春季。

渭河自西向东流,上游与西北高原区接壤,中下游为江河平原区,地形地貌对鱼类区系成分有显著影响。根据研究,陕西省渭河、泾洛水系的鱼类可以分为延安黄土高原区和渭河谷地两个区系。上游及北岸支流是以高原鳅属为主的中亚高原区系鱼类,中下游主要分布有马口鱼(Opsariichthys bidens)、餐条(Hemiculter leucisculus)、中华鳑鲏(Rhodeus sinensis)、麦穗鱼(Pseudorasbora parva)等江河平原鱼类。关中地区鱼类分布以棒花鱼(Abbottina rivularis)、波氏栉鰕虎鱼(Ctenogobius cliffordpopei)、餐条(Hemiculter leucisculus)、鲤(Cyprinus carpio)、鲫(Carassius auratus)为主。

陕西省渭河流域生态调查主要鱼类分布统计结果如表 3-43 所示。

表 3-43 陕西省渭河流域生态调查主要鱼类分布

区域	渭河干流中游		渭河干流下游		渭河北岸支流		渭河南岸支流	泾河		北洛河	
目	鲤形目		鲤形目		鲤形目		鲤形目	鲤形目		鲤形目	
科	鲤科	鰕虎鱼科	鲤科	鳅科	鲤科	鳅科	鲤科	鲤科	鳅科	鲤科	鳅科
属	鮈属 / 鲫属	栉鰕虎鱼属	餐属 / 鲫属	泥鳅属	颌须鮈属 / 鱥属	高原鳅属	鱥属 / 餐属 / 鮈属	马口鱼属	高原鳅属	鳑鲏属 / 麦穗鱼属	高原鳅属
种	棒花鮈 / 鲫	神农栉鰕虎鱼	餐条 / 鲫	泥鳅	短须颌须鮈 / 洛氏鱥	粗壮高原鳅	洛氏鱥 / 餐条 / 短须颌须鮈	马口鱼	粗壮高原鳅	中华鳑鲏 / 麦穗鱼	粗壮高原鳅

与渭河流域的历史调查资料对比，20 世纪 80 年代许涛清等结合文献和调查对渭河鱼类进行了实地调研和统计分析，渭河流域鱼类调查结果包括 5 目 9 科 42 属 58 种，其中上游 23 种（河源至天水），中游 27 种（天水至宝鸡），下游 54 种（宝鸡至河口）。鱼类物种数量明显减少，个体数量和渔获减少，但鱼类群落结构基本相似。

与临近流域的历史调查资料对比，汉江鱼类调查结果包括 8 目 18 科 85 属 78 种（2005 年），嘉陵江鱼类调查结果包括 7 目 18 科 86 属 156 种（2012 年）。主要原因是秦岭山脉的阻隔导致秦岭南北气候差异较大，造成鱼类区系成分差异极为明显。

3.3.2.4　底栖动物调查结果

渭河流域共计采到底栖动物 102 种，其中丰水期采集到 93 种；枯水期采集到 44 种，隶属于 7 纲 16 目 56 科。水生昆虫 91 种，占 78.4%；软体动物 12 种，占 10.3%；环节动物 9 种，占 7.8%；甲壳动物 4 种，占 3.4%。

渭河全流域底栖动物群落的多样性表现为支流高于干流的趋势，渭河、泾河和洛河的上游物种多样性高于下游。渭河全流域底栖动物密度均较低，渭河流域底栖动物密度较高的区域位于渭河干流及支流，而密度较低的区域集中于泾河全流域及洛河下游。从季节上看，丰水期渭河水系、泾河水系和洛河水系底栖动物在种类和密度上要明显高于枯水期。

3.3.3　水土保持调查评价

陕西省渭河流域是黄河流域水土流失较为严重的地区之一，部分地区受土壤、地形、植被等因素影响，土壤侵蚀强度大、水土流失较为严重。流域内水土流失面积共计 4.8 万 km²，其中多沙粗沙区面积 0.7831 万 km²。水土流失重点区主要分布在陕北丘陵沟壑区、渭北黄土高原沟壑区。

渭河流域多年平均天然来沙量 6.09 亿 t，其中泾河 3.06 亿 t，北洛河 1.06 亿 t，干流咸阳站 1.97 亿 t。渭河泥沙主要来自泾河、北洛河和渭河上游，其中泾河泥沙主要来自马莲河，其集水面积占泾河流域面积的 41%，产沙量占泾河泥沙的 55%，该流域属黄河流域多沙粗沙区范围；北洛河泥沙主要来自干流志丹县刘家河水文站以上，该区也属于多沙粗沙区范围，来沙量占北洛河泥沙的 88%，集水面积仅占北洛河流域面积的 29%。渭河流域产沙量年内分配相对集中，其中汛期沙量占全年的 75%~94%。可见整个渭河流域水土流失的重点地区在泾河、北洛河及渭河上游地区。陕西境内渭河流域水土流失的重点地区在北洛河上游多沙粗沙区、泾河中游黄土高原沟壑区。

"十一五"期间，陕西省规划治理水土流失面积 3 万 km²，实际共治理水土流失面积 3.1 万 km²，建设淤地坝 5355 座。截至 2010 年底，陕西省水土流失初步综合治理面积累计达到 4.8 万 km²。

3.4　水资源调度管理体制分析

新《水法》确定了"国家对水资源实行流域管理与行政区域管理相结合的管理体

制"，突出了水资源的统一管理和流域管理。在流域管理的法律地位得到明确后，当务之急是构建流域管理的管理体系。

3.4.1 水资源管理主要法律、法规评析

为了加强对水资源的管理和保护，我国颁布施行了水法、防洪法、水污染防治法、取水许可和水资源费征收管理条例等多部法律、法规，陕西省也出台相关法规、规章，并针对渭河颁布施行陕西省渭河水量调度办法、陕西省渭河流域管理条例，这些法律体系的建立，在一定程度上解决了水资源的开发、利用、保护、调度、防止水害和防治水污染的问题，可以说一个比较完备的水资源管理法律制度框架已经初步建立。

3.4.1.1 《水法》《防洪法》《水污染防治法》的相关规定

2002 年新修订的《水法》"亮点"之一，就是强化水资源的流域管理，确立了"国家对水资源实行流域管理与行政区域管理相结合的管理体制"，加强流域管理职能，并专章规定水资源规划，在水资源规划中突出流域规划的主导地位。《防洪法》是水法体系中防治水害的第一部法律，该法共有 15 个条款涉及流域管理，其中 12 个条款规定了流域管理机构在防洪和河道管理中的职责，明确河道湖泊管理实行按水系统一管理和分级管理相结合的体制。《水污染防治法》确立了"防治水污染应当按流域或者按区域进行统一规划"的原则，明确规定，建设单位在江河、湖泊新建、改建、扩建排污口的，应当取得水行政主管部门或者流域管理机构同意，这为我们加强水环境的监督管理提供了法律依据。

3.4.1.2 取水许可和水资源费征收管理条例、黄河水量调度条例的相关规定

《取水许可和水资源费征收管理条例》是继 2002 年新《水法》颁布后，水资源管理领域又一部重要法规。该条例进一步明确了流域和行政区域总量控制的要求和措施，明晰取水许可分级审批管理权限；简化和规范了取水许可程序；强化监督管理措施；落实和健全国家水资源有偿使用制度。《黄河水量调度条例》是国家在黄河治理开发方面的第一部行政法规，把《水法》关于水量调度的基本制度落实在了黄河上，确立国家对黄河水量实行统一调度，遵循总量控制、断面流量控制、分级管理、分级负责的原则，推进渭河等支流水量调度工作。

3.4.1.3 地方法规、政府规章的相关规定

陕西省现行涉及水资源管理的地方法规有：《陕西省实施〈中华人民共和国水法〉办法》（2006）、《陕西省水文管理条例》（2005）和《陕西省渭河流域管理条例》（2013）。政府规章有：《陕西省节约用水办法》（2003）、《陕西省水资源费征收办法》（2004）、《陕西省取水许可制度实施细则》（2004）、《陕西省渭河水量调度办法》（2008）、《陕西省渭河流域生态环境保护办法》（2009）。

陕西省实施《中华人民共和国水法》办法，相对于《中华人民共和国水法》，淡化了

流域管理，缺乏流域管理的具体内容，流域与区域相结合的管理制度并没有完全体现出来。

《陕西省渭河流域管理条例》于 2013 年 1 月 1 日实施，是我国第一部内容较全面系统的流域管理综合性地方法规。该条例紧密结合渭河管理实际，立足于流域管理，对陕西省渭河流域内水资源管理和利用、水污染防治、防汛抗洪、河道管理、生态建设和保护等活动进行了规范，明确渭河流域实行流域管理和行政区域管理相结合、统一管理和分级管理相结合的管理体制，授予陕西省渭河流域管理机构在渭河陕西全段的综合协调、管理监督和行政执法权，并明确界定省、市、县三级水利部门和陕西省渭河流域管理机构的管理职权。条例的颁布实施，将对完善流域管理与区域管理相结合的管理体制，强化渭河流域统一管理起到重要作用，有待积极宣贯落实。

《陕西省渭河水量调度办法》是省政府 2008 年 3 月 1 日颁布实施的关于渭河水资源管理工作第一部行政法规，也是确立渭河流域管理机构职能职责的重要政府规章，该办法从渭河水量分配、水量调度、应急调度、监督检查等方面皆赋予了渭河流域管理机构一定的职能职责。

其他的法规、规章都从不同角度加强或服务于水资源管理，针对性较强，未涉及流域管理的内涵。

虽然以上法律、法规相继加入了有关流域管理制度或流域管理机构的内容，但从执行情况来看，流域管理与行政区域管理之间的关系、事权划分与职责分工还不够明确，流域管理的法律地位还没有得到充分认可。

3.4.2 渭河水资源管理现状与体制分析

3.4.2.1 流域水资源管理体制现状

目前涉及渭河水资源管理的机构主要有黄河水利委员会、省水利厅及其直属的省江河局、省水文局、省地下水监测管理局、流域各市（区、县）水利（务）局，流域管理模式框架如图 3-22 所示。黄河水利委员会按照水利部划分的职责权限对渭河限额以上的取水许可和排污口设置实施管理，审批渭河年度水量调度计划，指导渭河水量调度工作；省水利厅负责渭河流域水资源的统一管理和监督，指导、统筹、协调全流域城乡水务工作；省江河局主要负责渭河水量调度的组织实施和监督检查；省水文局主要负责渭河流域内的水文勘测、规划和水资源调查评价、监测、保护；省地下水监测管理局负责渭河地下水勘察规划、开发利用、监测和动态管理以及机井建设与管理工作，承担全省地下水资源调查评价、地下水开发利用规划的拟定工作；流域各市（区、县）水利（务）局负责其行政区域范围内水资源的配置、节约、保护和监督检查等水资源管理工作。

从渭河流域当前的管理现状来看，现行的流域管理体制仍是以政府行为和分级管理为主，以行政管理与行业管理的手段实施管理，流域管理仍显得比较薄弱。

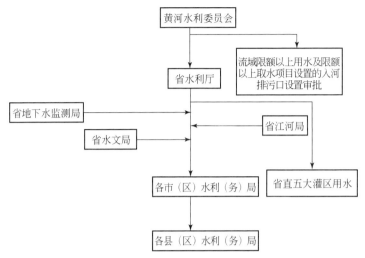

图 3-22　渭河流域水资源管理模式框架

3.4.2.2　渭河水量调度体制现状分析

按照黄河水量统一调度的要求，陕西省积极开展了渭河水量调度工作，通过省政府颁布实施了《陕西省渭河水量调度办法》，明确调度职责和工作机制，初步建立流域管理与行政区域管理相结合的水量调度管理体制。其管理体系见图 3-23。

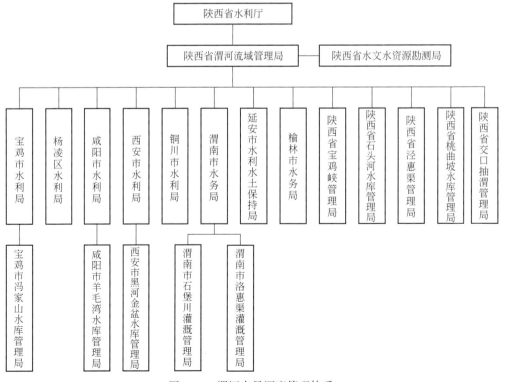

图 3-23　渭河水量调度管理体系

各单位渭河水量调度管理相关业务划分如下：

省水利厅：负责组织、协调、指导和监督全省渭河水量调度工作。主要包括：各市区人民政府制订渭河水量分配方案，报省人民政府批准；组织制定渭河水量调度相关规章制度；下达年度调度计划和月水量调度方案；确定省内各市区行政区界水文断面和断面流量控制指标；组织向黄河水利委员会（简称黄委）报送年度、月度用水计划和用水统计等资料。

陕西省渭河流域管理局：在省水利厅的领导下，具体负责全省渭河水量调度的组织实施和监督检查工作。主要包括：提出渭河水量分配初步方案；编制上报年度调度计划；编制与下达月旬水量调度方案；下达调度指令，组织实施实时和应急水量调度；组织进行监督检查，确保水量调度指令的执行；负责流域用水统计、情况通报和对调度工作的总结。

省水文局：负责水量监测和水情预报工作；按要求提供水量监测信息和水情预报成果；按要求提供水文监测资料。

各市区水利（务）局：组织实施和监督检查本市区范围内渭河水量调度；按要求向省渭河流域管理局编报年度、月度用水计划建议和实际用水量；按要求组织实施本市区范围内实时水量调度和应急水量调度。

各灌区管理单位：实施本灌区范围内渭河水量调度；按要求向省渭河流域管理局编报年度、月度用水计划建议和实际用水量；按要求实施本灌区范围内实时水量调度和应急水量调度。

渭河水量统一调度的实施，在流域内建立了计划用水制度，规范了取用水行为，已形成良性运转机制的业务管理流程。渭河水量调度管理业务流程如图 3-24 所示。

3.4.3 渭河水利工程分布与调度运行现状分析

3.4.3.1 渭河流域水利工程建设现状分析

渭河流域水利事业历史悠久，早在战国时期，就兴修了郑国渠引泾水灌溉农田。新中国成立前，已建成引泾、洛、渭、梅、黑、涝、沣、泔等灌溉工程，被称为"关中八惠"，初步形成 200 万亩的灌溉规模。新中国成立后，进行了大规模的水利建设，改造扩建原来的老灌区，兴建新的灌溉工程，目前已形成以宝鸡峡、冯家山、石头河、羊毛湾、桃曲坡、泾惠渠、交口抽渭、洛惠渠、石堡川为主的九大灌区（简称关中九大灌区），流域内形成自流引水和井灌为主、地表水和地下水相结合的灌溉供水网络。20 世纪 90 年代以后又先后建成一批城镇供水工程，包括冯家山水库向宝鸡市供水、马栏引水——桃曲坡水库向铜川市供水、黑河水库向西安市供水以及引冯济羊等供水工程。目前，正在筹备建设的大型工程有：引汉济渭调水工程和泾河东庄水库工程。

截至 2010 年，陕西省流域共建成大中小型水库 441 座，其中大型水库 4 座，中型水库 22 座，小型水库 415 座，总库容 21.79 亿 m^3，兴利库容 14.24 亿 m^3，设计供水能力 17.21 亿 m^3，现状供水能力 12.85 亿 m^3；引水工程 2071 座，现状供水能力 15.47 亿 m^3；提水工程 4293 座，现状供水能力 9.12 亿 m^3。

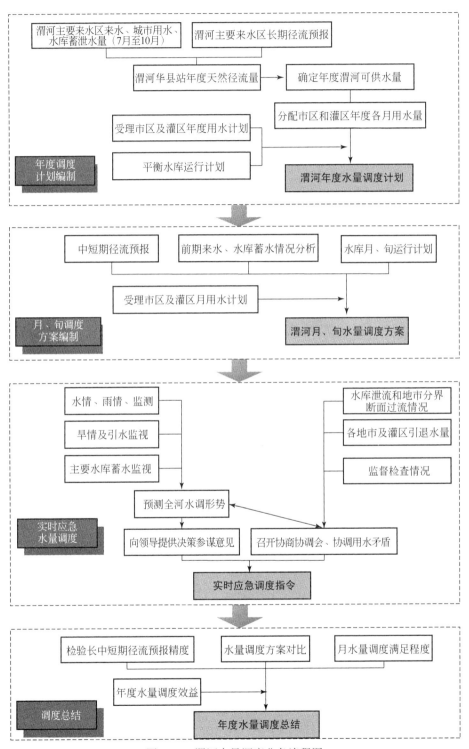

图 3-24 渭河水量调度业务流程图

陕西省渭河流域现状蓄水工程多分布在支流上，并以中小型水库为主。大型水库皆分布在渭河中游，仅有冯家山水库、石头河水库、羊毛湾水库、黑河水库 4 座，冯家山水库、羊毛湾水库分别位于渭河北岸的千河和漆水河上，石头河水库、黑河水库分别位于渭河南岸的石头河和黑河上。渭河干流仅有中型水库 1 座（宝鸡峡水库），渭河中游支流有中型水库 7 座，渭河下游支流有中型水库 14 座，其中 17 座中型水库分布在渭河北岸支流。渭河流域 26 座大中型水库中，除冯家山、羊毛湾水库为多年调节，其余水库均为年调节水库。这些水库在防洪、灌溉、发电、城市供水、养殖等兴利方面发挥了巨大作用，在一定程度上提高了流域的防洪能力，并初步实现水资源的年内和年季调节。一直以来，这些水库库容设计和水库调度是以防洪与兴利为主，没有考虑河流生态系统需求。加之，渭河流域属于资源型缺水地区，水资源时空分布不均，这些水库在非汛期难以兼顾河道生态用水需求，在汛期主要以防洪安全为主执行防汛指挥机构的统一调度，洪水资源化利用率低，不能针对时代发展以及环境变化而有针对性地发挥兴利作用。应加强对水库控制流域汛期分期规律及水库汛限水位动态调整进行研究，以实现洪水资源化，获得经济效益和环境收益。

总体来说，渭河流域水资源短缺，蓄水工程少，调蓄能力差，洪水资源化利用率低，缺乏有效实施水资源配置和生态水量调度的基础。

3.4.3.2 渭河水量调度管理现状分析

渭河流域是陕西最重要灌溉农业和旱作农业区，农田面积占全省的 72%，现有设施灌溉面积 1749 万亩，有效灌溉面积 1337 万亩。根据陕西省水资源公报，2011 年陕西省渭河流域地表水总用水量 23.16 亿 m^3，其中农田灌溉地表用水量 13.89 亿 m^3，占地表总用水量的 59.97%。经过对关中九大灌区和黑河金盆水库地表水用水量分析，其多年平均用水量合计约 18.5 亿 m^3，占陕西省渭河流域地表水总用水量的 80%。结合流域用水实际，考虑水资源管理基础薄弱，监测设施不健全等客观实际，确定渭河水量调度适用地市（区）为流域内西安市、宝鸡市、咸阳市、铜川市、渭南市、榆林市、延安市和杨凌示范区八市（区），适用的河流区域为渭河干、支流，调度的主要对象为关中九大灌区和黑河金盆水库，调度时段为每年 11 月 1 日至翌年 6 月 30 日的枯水期调度，每年 7 月 1 日至 10 月 31 日为防汛调度期，由防汛指挥机构的统一调度。

渭河水量调度遵循总量控制、断面流量控制、分级管理、分级负责的原则，实行年度水量调度计划与月、旬水量调度方案和实时调度指令相结合的调度方式。渭河年度水量调度计划和月水量调度方案是正常情况下实施渭河水量调度的基本方式；旬水量调度方案和实时调度指令是在用水高峰期和应急情况下水量调度的有效补充；水文断面流量控制制度是确保调度方案和调度计划得以实施的有效手段。

2006 年实施渭河水量调度以来，以用水总量和断面流量双控制为核心，以关中九大灌区和黑河金盆水库统一调度为重点，加强需水分析和计划用水管理，强化调度责任落实，构建完善的监督检查和情况通报机制，不断提高调度方案执行力，实现了渭河连续七年不断流、水环境明显改善、最小流量和总量控制指标达到黄委规定要求的阶段目标，渭河水量调度工作取得了明显社会、生态环境和经济效果。

目前，渭河流域内已基本建立了计划用水制度，调度所涉及的八市（区）、关中九大灌区和黑河金盆水库管理单位均能按要求执行水量调度计划，做好各自管辖范围内的水量调度工作，及时上报年度、月度用水计划建议、水工程运行计划建议和实际用水量，渭河水量调度运行机制基本流畅。

3.5 国内外典型河流治理与管理经验借鉴

3.5.1 国内外典型流域管理概述

3.5.1.1 国外典型流域管理概述

目前，世界各国普遍存在的流域管理形式大致可分为 3 种：流域管理局、流域协调委员会、综合性流域机构。

1. 流域管理局

以 1933 年美国成立的田纳西流域管理局为代表，其管理职能大大超出水资源管理的范围，从水电开发和土地利用开始对全流域的自然资源开发进行统一规划和综合治理，有效促进了该地区的经济、农业和社会发展。它是理论上较为理想的管理模式。

2. 流域协调委员会

由国家立法或由流域各省区政府，通过协议建立起来的河流协调组织。主要职责是协调、规划。委员会一般实行协商一致的原则。澳大利亚墨累—达令河流域委员会、菲律宾马里基纳河流域协调委员会、墨西哥河域水文委员会等都是采用这类管理模式。

3. 综合性流域机构

1974 年英国的泰晤士河水管局，依照 1973 年颁布的英国水法，它负责流域统一治理和水资源统一管理。该局由环境国务大臣及渔业、食品部大臣任命董事会主席和成员（董事会是水务局的领导机构），主席每周到水务局工作，委员会负责制订计划（长期和短期）、方针和政策。水务局的主要工作定期由有关职能部门向主席报告。由董事会聘任经理，负责水务局的全面工作，若干名副经理分别负责各部门的工作。

3.5.1.2 国内典型流域管理概述

我国各流域的水情与实际情况不尽相同，流域管理机构实施管理的形式和内容有所区别，管辖的范围、方法与目标等存在差异，因此也形成具有不同特色的流域管理。

1. 长江

长江流域实行流域管理与行政区域管理相结合的体制，流域管理机构主要实施以流域规划管理为主的宏观管理模式。长江水利委员会长期以来主要从事流域综合规划的编制工作，并负责流域规划实施情况的监督管理。长江水利委员会没有直属江务管理机构，长江干支流防洪工程和设施的建设与管理，水、水域（含河口）、水工程的管理由地方实施统一管理，长江水利委员会负责对其进行监督管理。我国取水许可制度实施以后,按照水利部授权,长江水利委员会对长江干流及跨省(区)重要支流指定河段限额以上取水许可管理等实施直接管理。

2. 黄河

黄河流域管理是由流域管理机构和地方水行政主管部门共同构成对流域水资源的管理,流域管理机构与地方水行政主管部门有相对明确的事权划分。黄河流域管理机构实施流域宏观管理与直接管理相结合的管理模式。按照流域管理机构和地方水行政主管部门的权限和职责分工,流域管理机构对黄河流域规划、防汛抗洪、水资源分配、水量调度、水资源保护和水土保持等实施宏观管理和统一管理;地方水行政主管部门则在流域统一管理的前提下,在区域内按照权限实施省、市、县分级管理。

3. 淮河

淮河流域是典型的多灾地区,水旱灾害极为频繁。淮河流域水污染防治采用"领导小组模式"。由国务院九部门和流域内河南、山东、江苏和安徽四省地方政府组成,国家环境保护总局和水利部负责人共同担任组长。领导小组通过召开会议开展工作。这种组织和会议形式能比较好地将与流域水资源保护有关的单位负责人集中起来,便于协调和落实工作,也有利于监督实施情况。领导小组办公室实际上就设在流域水资源保护管理局。办公室设在淮河水利委员会(简称淮委)水资源保护局,通过领导小组会议进行决策和监督管理。

4. 塔里木河

塔里木河流域管理委员会是塔里木河流域综合治理与水资源统一管理的协调、决策机构,办公室设在塔里木河流域管理局,由新疆维吾尔自治区人民政府主要领导担任主任委员。塔里木河流域管理局是塔里木河流域管理委员会的执行机构,行使塔河流域水行政主管部门的职能,主要职责是贯彻落实流域水利委员会的决策决议,组织编制流域综合规划和专业规划,编制流域水量分配方案和年度水量调度计划,负责流域水量适时调度,负责流域重要控制性工程及干流河道和跨地(洲)的重要水工程的建设管理,负责实施流域取水许可制度,协调处理各地区间和部门间的水事纠纷等。我国大江大河流域管理情况见表3-44。

表 3-44　我国大江大河流域管理对比表

流域名称	长江	黄河	淮河	塔里木河
模式	宏观管理	综合管理(宏观管理+直接管理)	淮河水资源保护领导小组	既有委员会又有流域管理机构
决策	长江水利委员会从事流域综合规划的编制工作,并负责流域规划实施情况的监督管理	黄河水利委员会是水利部在黄河流域和新疆、青海、甘肃、内蒙古内陆河区域内的派出机构,代表水利部行使所在流域内的水行政主管职责,是具有行政职能的事业单位。按照统一管理和分级管理的原则,统一管理流域水资源及河道。负责流域的综合治理,开发管理具有控制性的重要水利枢纽工程,搞好规划、管理、协调、监督、服务	淮河水利委员会是水利部在淮河流域和山东半岛区域内的派出机构,代表水利部行使所在流域内的水行政主管职责,国家环保总局和水利部共同担任组长,国务院9个部门和河南、安徽、江苏、山东四省政府分管省长任成员,自上而下的领导机制	塔里木河流域管理委员会是塔里木河流域综合治理与水资源统一管理的协调、决策机构

续表

流域名称	长江	黄河	淮河	塔里木河
管理实施	长江流域规划、防汛抗洪、水资源保护和水土保持等的宏观管理，主要通过长江上游水土保持委员会、长江防汛指挥部等机构进行组织协调。长江干支流防洪工程和设施的建设与管理，水、水域（含河口）、水工程的管理由地方实施统一管理。长江水利委员会对长江干流及跨省（区）重要支流指定河段限额以上取水许可管理等实施直接管理	水量调度，水资源保护、用水监测及规划等，流域管理机构和地方水行政主管部门相互配合，互相协调。黄河水利委员会在黄河中下游重要河段，设立地（市）、县（市）级各级黄河管理（河务）机构，对黄河禹门口以下干流河段水、水域（含河口）、水工程、防洪工程和设施等实施直接管理。对黄河禹门口以上干流河段及跨省（区）重要支流，按照水利部的授权，对河道建设项目实施审批管理，对其他水事活动和行为则实施宏观监督管理	办公室设在淮委水资源保护局，通过领导小组会议进行决策和监督管理，双方组长易产生矛盾，与中央污染控制主管部门缺乏有效沟通	办公室设在塔里木河流域管理局，塔里木河流域管理局是塔里木河流域管理委员会的执行机构，行使塔河流域水行政主管部门的职能

3.5.2 总结分析

3.5.2.1 国外流域管理经验

1. 完善的法律保障是流域管理的前提

如美国的田纳西河流域最初的开发治理没有相应的法律保障，导致大量的无效投资。1993 年 4 月 10 日，罗斯福总统建议国会制定《田纳西河流域管理法》。依法管理使田纳西河流域开发治理很快走上良性循环的发展轨道。

2. 建立水资源管理体制必须与国情相吻合

从各国水资源流域管理的成功经验看，建立与国情吻合的水资源管理体制是其成功的基础。尽管各国都实行了流域管理，管理机构都是流域管理的执行、监督和技术支撑主体，但流域管理模式和管理机构的组织存在多样化，不同管理机构在管理方式上也存在很大差别，这与各个国家及各流域的政治体制、历史变迁、自然文化特点有关。

3. 设置统一的组织管理机构是流域管理的趋势

流域管理的复杂性客观上要求建立流域综合管理机构，并赋予流域管理机构特殊权力。如英国泰晤士河水务局作为泰晤士河的流域管理机构，其职责也是由法律明确规定的，即水资源管理与保护。

4. 政策和资金支持是实施有效管理的保障

流域开发离不开资金投入，没有资金投入，再好的流域规划也只是纸上谈兵。流域管理机构要把合理的流域规划顺利实施，离不开国家的政策和资金支持。美国田纳西河流域管理局在开发治理田纳西河流域的过程中，得到美国联邦政府的政策和资金的大力支持，使田纳西河流域开发治理很快走上良性经营的发展轨道。

5. 推广利益主体广泛参与的协商对话机制

流域作为一个复杂的人地系统，包含流域内层次不同的众多追求各自利益最大化的经济主体。流域开发治理直接影响不同主体的利益得失，因此流域开发治理客观上要求有关各方利益主体的广泛参与。

3.5.2.2 国内流域管理经验

1. 流域管理是我国水资源管理制度的必然选择

我国重要江河湖泊流域的治理、开发和管理直接关系到我国国民经济和社会发展的全局。即使"文化大革命"期间，流域管理机构被削弱或被撤销，黄河、长江等流域管理机构仍得到继存，流域管理仍得以持续，这充分说明我国如不实行流域管理，实施行政区域管理会影响国家的大局。

2. 流域管理必须与行政区域管理相结合

我国江河流域的水问题交织复杂，流域管理任务相当艰巨，流域管理机构不可能也没有那么多的人、财、物和时间去管理每个行政区域的水务，应该把各行政区域的水资源管理作为流域管理的组成部分。

3. 建立健全协调组织机构是流域管理的成功模式

流域管理是综合性、高层次的水资源管理方式，当前的流域管理都比较重视跨部门、区域的流域协调机构建设，并取得了一定的成功经验。例如，黄河流域在防汛抗洪、水土保持、水量调度和水资源保护等方面，建立或筹建相应的协调组织或协调机制，并收到了较好的效果。

4. 流域性的法规制度建设是实施流域管理的保障

流域法规、制度建设是实施流域管理的根本保障。例如，国家为黄河管理出台一系列规定：1963 年国务院专门为黄河中游水土流失的重点治理地区颁发了《国务院关于黄河中游地区水土保持工作的决定》，1994 年水利部发布《关于授予黄河水利委员会取水许可管理权限的通知》等。

3.5.3 国内外流域管理对渭河流域管理的启示

1. 依法治水

尽管世界各国的水管理体制不尽一致，但有一个共同的成功之处就是水管理是有序的，归结到一点就是水的法律法规比较健全，社会各界和一切水事活动都能严格遵守。

目前，《陕西省渭河流域管理条例》作为渭河管理的一部综合法规已经颁布实施，为了进一步确立渭河流域管理机构的法律地位，充分发挥其职能职责，建议依据该条例进一步积极开展相关配套法律法规的研究制定，细化流域管理的职能职责和管理措施，建立健全流域管理法规体系。

2. 加强渭河治理规划的科学论证

流域规划必须强调综合效益，必须从全流域出发，进行统一规划，进行充分的科学论证。

目前，按照实行最严格水资源管理制度的要求，相对于流域经济社会可持续发展而言，渭河流域性的水资源规划工作相当滞后，到目前为止，从 2002 年开始编制的陕西省水资源综合规划还未出台，渭河流域还没有一部权威性的水资源综合规划，现有的一些非流域专项规划没有强调综合效益，缺乏超前性，缺少跨行政区域水量分配方案等可操作性的措施，对行政区域的水资源开发利用、节约保护与配置管理的指导和约束作用并不是很强。建议尽快编制渭河流域水资源综合规划及设立有关专业，提高流域规划的科学性，同时加强对流域和区域规划实施的监督管理。

3. 加强渭河流域管理机构建设

美国、法国等发达地区以及一些发展中国家，皆通过组建流域管理机构，按流域进行统一管理，我国也设立了一些流域管理机构，并在流域统一管理方面取得一些成功的经验。由于陕西省渭河流域管理机构隶属陕西省水行政主管部门下属事业单位，对流域进行统一管理缺少权威性，建议充分借鉴世界各国的经验，创新渭河流域综合管理模式，建立有效的区域利益协调机制，加强渭河流域管理机构的组织机构建设，充分发挥流域管理机构的职能。

4. 流域管理的公众参与

公众参与到有关水问题的立法和管理过程中将提高水管理的效率和效果，这方面的缺乏是我国流域管理许多问题存在的根源，应该作为今后渭河流域管理工作的重点。对于用水户如何参与水管理，也可开展试点工作，摸索经验，以便推广。

3.6　主要水问题分析

3.6.1　资源型缺水，供需矛盾突出

陕西省渭河流域自产水资源总量 73.13 亿 m^3，人均、亩均占有水资源量分别为 $307m^3$ 和 $318m^3$，相当于全国平均水平的 17.0% 和 24.0%，水资源总量不足，承载能力有限，属资源型缺水地区。现状 75% 代表年情况下渭河流域缺水 20.9 亿 m^3，缺水率达 29.2%，供需矛盾十分突出。

3.6.2　生态环境问题严重，亟待解决

一是水污染问题依然严峻。2010 年渭河流域废污水入河量 8.42 亿 m^3，除宝鸡林家村以上河段外，从咸阳市兴平断面至渭南潼关吊桥断面，9 个断面均不能满足水域功能标准，现状渭河干流卧龙寺桥以上为 Ⅲ 类水质，卧龙寺桥以下为 Ⅴ 类或劣 Ⅴ 类水质。

二是地下水超采严重。由于地表水供水不足，大量开采地下水，以沿渭城市为中心，现已形成多处地下水降落漏斗或超采区，总面积达 $298.3km^2$。

三是河道生态建设方面存在不足。在大关中规划中，缺乏渭河河道生态建设方面的专项整体规划，堤防、河道工程绿化措施单调，标准不一，渭河河道生态环境建设不能满足渭河沿岸关中经济社会发展对生态环境的需求。

四是生态用水被挤占。随着流域经济社会的快速发展，用水量持续增加，加之境内来水减少，致使生态环境用水被挤占，甚至局部河段几乎断流。例如，渭河干流林家村站多年平均径流量为 23.52 亿 m^3，近十年的平均年径流量下降至 16.61 亿 m^3，年径流量减幅达 30%，且这一趋势仍在继续加剧。为了保证宝鸡咸阳渭北旱塬的农田灌溉，在渭河林家村对宝鸡峡枢纽工程进行了加坝加闸改造，渭水被引入灌溉渠道，从而导致从宝鸡峡大坝到魏家堡渠首超过 80km 渭河河道在枯水期严重缺少生态水，基本处于断流状态，沿河 23 个抽水站因无法引水而报废，河道内主要容纳的是工业、生活污水和少量支流补给水，无法发挥天然水体的自净能力，生态环境恶化，此段被当地人称为"渭河改道段"。

3.6.3 统一管理的体制尚未理顺，科学管理的机制还不健全

一是流域与区域管理相结合的管理体制还不健全。主要体现在：流域管理法规尚不完善，流域与区域之间业务联系单一，结合不够紧密，流域管理的职责职能未得到完全落实，流域、区域事权不尽明确，流域管理的地位还未完全确立，作用还不能充分发挥，加上长期以来形成行政区域的强势管理状况，流域机构难以协调上下游、左右岸之间的用水关系。

二是水利与环保部门在水资源保护方面缺乏协作机制。主要表现在：缺乏联合监督检查制度、流域水量调度与污染源治理信息通报制度、重大水污染事件应急处理制度、流域水污染防治与水资源保护重大问题会商制度、水资源保护信息共享制度和协调沟通工作机制等。由于缺乏协作沟通机制，在水质监测、入河排污口管理、水污染防治等水资源保护实际工作中，往往造成责权不清、互相推诿，不利于水资源的保护。

三是现行的灌区管理体制和用水机制不利于节水和保证生态基流。以宝鸡峡灌区为例，第一，灌区管理单位属于自收自支单位，其经费来源主要靠农灌用水收入，灌区为了尽可能获得较多的收益来保障职工工资和福利，往往将河道来水尽可能全部蓄滞、利用，鼓励多用水，在一定程度上难以兼顾河道下游用水和河道生态流量。第二，灌区水费计量为斗口水量，斗口以下末级渠系管理体制不顺，投入严重不足，灌溉方法仍采用传统的大水漫灌方式，灌区节水也多是干支渠道衬砌，措施单一，水量损失严重。第三，对农业灌溉不征收水资源费，导致节水意识淡薄，不利于节水机制的形成。

3.6.4 渭河水量调度管理基础薄弱，能力建设有待加强

一是水量调度所需水量信息采集、传输、接收、处理等基础设施匮乏。主要表现在：监测站点不足，现状仅利用现有的 17 处水文监测站对取水情况进行监测，监测还不够全面，退水监测、墒情监测、远程监控及水量调度信息系统建设几乎处于空白。用水统计主

要依靠地方或单位汇总报送，精度、时效和全面性难以适应调度管理的需要，水量调度工作常常处于被动状态，需要尽快推动渭河水量调度系统工程建设。

二是基础研究工作薄弱，调度工作缺乏技术支撑。随着渭河流域经济社会的快速发展和渭河综合整治工程的全面实施，解决渭河生态水问题为渭河水量调度工作提出了更高要求，社会各界对渭河水量调度的期望愈来愈高，需要加大生态用水的研究和配置力度，围绕渭河生态水量调度开展大量的探索性和基础性工作。

三是水量调度主要依靠行政命令、通过下达调度指令进行调度，缺乏制约因素，加之渭河流域管理局是水利厅的下属单位，虽然拥有一定的行政职能，但其并不属于行政机构，而属于事业单位，地位较低，缺少独立的自主管理权，难以直接介入地方水资源开发活动利用与保护的管理，协调力度也受到限制。

四是人员、经费、装备和执法能力不足，监管乏力，队伍建设滞后，人员配备不合理，专业性和能力不强，缺乏培训。目前，参与水量调度的省属灌区管理单位没有专门的水资源管理人员，都是由从事灌溉、供水等工程技术岗位的人员兼任。应加强人员培训，加大基础投资，加强水资源管理的软硬件建设。

第4章 渭河干支流生态环境治理目标

4.1 背景情况

渭河全长 818km，在陕 502km，流经关中宝鸡、杨凌、咸阳、西安、渭南五市（区）。渭河流域以占全省 1/3 的面积，集聚全省 64％的人口、56％的耕地、75％的灌溉面积和 65％以上的生产总值，被誉为三秦儿女的"母亲河"。然而，在流域社会经济快速发展的同时，"水多""水少""水浑""水脏"四大水问题日益凸显，成为陕西经济社会可持续发展和关天经济区建设的最大制约因素。治理渭河一直是沿渭群众期盼已久的一件大事，是历届陕西省委、省政府着力解决的一大难题，也是贯彻科学发展观、建设和谐社会面临的现实而迫切的要求。这一问题得到了党中央、国务院及各级党委、政府的高度重视和有关专家及社会各界的普遍关注。早在 2001 年 10 月，时任全国政协副主席的钱正英就带领国家有关部委和多位两院院士对渭河流域进行了全面考察；2001 年 12 月温家宝总理批示："渭河治理要列入重要议程，首先要充分论证，做好规划。"2002 年 5 月温家宝总理再次批示："渭河流域综合治理应统筹考虑环保和生态问题。"2002 年 12 月，陕西省将渭河重点治理规划上报水利部，经过多方协调，国务院于 2005 年 12 月批复了《渭河流域重点治理规划》。

2011 年，陕西省委、省政府审时度势，从"坚持科学发展、建设西部强省、富裕三秦百姓"的战略高度，作出渭河全线整治的战略部署。秉承"安澜惠民、健康和谐、环境改善、持续发展"的理念，通过加宽堤防、疏浚河道、整治河滩、水量调度、绿化治污、开发利用，实现渭河"洪畅、堤固、水清、岸绿、景美"的治理目标，把渭河打造成关中防洪安澜的坚实屏障、路堤结合的滨河大道、清水悠悠的黄金水道、绿色环保的景观长廊、区域经济的产业集群，重现渭河新的历史辉煌。

具体规划目标：

防洪建设目标：通过建设堤路结合防洪体系，实现"常遇洪水不成灾、设防洪水保安全、超标洪水有对策"的安澜渭河，同时以堤防为基础，形成便捷畅通的沿渭交通圈，服务于沿岸经济产业和社会文化发展。

河道整治目标：通过清障疏浚、河滩整理、水量调度和建设河道水景观、滩区绿地、生态湿地、滨河公园、堤岸绿化、治污工程，形成自然河流景观为主，人工景观点缀，自然水体与景观湖面相映衬，河水四季清新怡人，堤防沿线"四季常绿、三季有花、层次丰富、一望无际"的渭河特色风光带。

经济产业带目标：建成以旅游观光、滨河小镇、新兴产业为主体的低碳环保经济产业带，形成大城市、卫星城、滨河小镇、新农村星罗棋布的渭河城镇带。

全线整治建设规划工期为 5 年，计划按照"一年全面启动、两年进入高潮、三年大干快变、四年主体完工、五年全部建成"的要求，全面推进实施步伐。2011～2013 年优先建设防洪、河道清障整理工程，2012～2015 年同步建设生态景观、水污染防治工程。

4.2 生态环境功能分区

生态环境功能分区是实施区域生态环境分区管理的基础和前提，是以正确认识区域生态环境特征，生态问题性质及产生的根源为基础，以保护和改善区域生态环境为目的，依据区域生态系统服务功能的不同，生态敏感性的差异和人类活动影响程度，分别采取不同的对策。按照水利部和环保部的要求，陕西省对渭河流域已经划分了相关的分区，省水利部门划分了水文分区、水资源分区、水功能分区，省环保部门划分了水环境功能分区，经批准的各种区划是确定渭河治理目标的重要依据，本节就直接采用已经批复的各种区划成果。

4.2.1 水文分区

水文分区是水文现象在地域分布上的综合反映。根据气候、水文特征和自然地理条件，陕西省将水文分区划分为一级水文地区和二级水文小区。一级水文地区以年降水、年径流为主要指标，参照地貌特征，全省共分为 3 个水文地区，即陕北贫水区、关中少水区、陕南足水区。二级水文小区以各水文地区内的主要水文特征为指标，参照其他地理因素等，全省共分为 18 个水文小区。陕北贫水区以侵蚀模数为主要指标划分为 8 个小区；关中少水区以径流系数和干燥指数为主要指标划分为 4 个小区；陕南足水区以暴雨洪水为主要指标划分为 6 个小区，详见表 4-1。

表 4-1　陕西省水文分区表

水文地区名称	地区水文特征		水文小区名称
	年降雨深（mm）	年径流深（mm）	
陕北贫水地区	350～600	20～100	山陕峡谷重沙区 陕北中部多沙区 长城沿线风沙区 陕北南部中沙区 黄龙山地轻沙区 子午岭轻沙区 北山中沙区 陇山轻沙区
关中少水地区	600～800	40～400	渭河北岸阶地贫水区 渭河谷地低产流区 渭河南岸台地少水区 渭河南岸山地足水区

续表

水文地区名称	地区水文特征		水文小区名称
	年降雨深（mm）	年径流深（mm）	
陕南足水地区	800～1200	300～400	汉江北岸较低产流区 汉江沿岸中等产流区 汉中、西乡、月河盆地低产流区 丹江上游低产流区 汉江南岸高产流区 米仓山最高产流区

4.2.2　水资源分区

依据陕西省水资源综合规划专题成果——《陕西省水资源及其开发利用调查评价》，在遵循全国统一的水资源分区体系基础上，将流域与行政区域有机结合，保持行政区域和流域分区相对完整性，并充分考虑水资源管理的长远要求，制定陕西省水资源分区。分区时充分参照了1980年以来陕西省已有的水资源评价分区和水资源利用分区成果，以及"九五"攻关项目中水资源利用三级分区方案。

渭河流域采用两种分区，即行政分区和水资源分区。行政分区包括9个市（区）行政二级区，详见表4-2，其中渭河干流涉及宝鸡市、杨凌区、咸阳市、西安市、渭南市五个行政二级区。水资源分区中，陕西省渭河流域属黄河流域一级区，分为二级区1个，三级区5个，四级区10个。陕西省渭河流域水资源四级分区套行政分区见表4-3及图4-1。

表4-2　陕西省渭河流域行政分区　　　　　　（单位：km²）

地级行政区	代码	总面积	其中平原区面积
西安市	610100	9 812	4 759
铜川市	610200	3 882	
宝鸡市	610300	13 068	2 918
杨凌区	610403	94	94
咸阳市	610400	10 119	3 604
渭南市	610500	9 411	7 018
延安市	610600	17 907	
榆林市	612700	2 690	
商洛市	612500	76	
合计		67 059	18 393

表 4-3　陕西省渭河流域水资源四级分区套行政分区

水资源分区			总面积（km²）	计算面积（km²）	平原区面积（km²）	地级行政区划
二级区	三级区	四级区				
龙门—三门峡	北洛河状头以上	小计	22 801	22 801	62	
		北洛河南城里以上	18 471	18 471	0	榆林、延安、铜川
		北洛河南城里至状头	4 330	4 330	62	延安、铜川、渭南
	泾河张家山以上	小计	7 065	7 065	0	
		马莲河、蒲河、洪河	1 413	1 413	0	榆林
		黑河、达溪河张家山以上	5 652	5 652	0	咸阳、宝鸡
	渭河宝鸡峡以上	小计	1 704	1 704	0	
		渭河宝鸡峡以上北岸	1 330	1 330	0	宝鸡
		渭河宝鸡峡以上南岸	374	374	0	宝鸡
	渭河宝鸡峡至咸阳	小计	17 872	17 872	6 856	
		宝鸡峡至咸阳北岸	11 392	11 392	4 925	西安、宝鸡、咸阳、杨凌
		宝鸡峡至咸阳南岸	6 480	6 480	1 931	西安
						宝鸡
	渭河咸阳至潼关	小计	17 617	17 617	10 724	
		咸阳至潼关北岸	9 739	9 739	6 468	西安、铜川、咸阳、渭南
		咸阳至潼关南岸	7 878	7 878	4 256	西安、咸阳、渭南、商洛

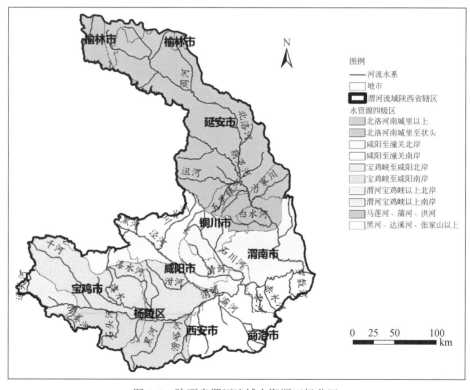

图 4-1　陕西省渭河流域水资源四级分区

4.2.3 水功能分区

按照《水法》的规定，陕西省制定了《陕西省水功能区划》，并经省人民政府批准。

陕西省水功能区划的划分依据可持续发展、全面规划统筹兼顾突出重点、实用可行便于管理、水质水量统一考虑四大原则，采用一级区划和二级区划两级体系，一级功能区分四类，即保护区、保留区、开发利用区、缓冲区；二级功能区的划分在一级区划的开发利用区内进行，分七类，即饮用水源区、工业用水区、农业用水区、渔业用水区、景观娱乐用水区、过渡区、排污控制区。

渭河干流及主要支流的水功能区划包含保护区 22 个，保留区 5 个，开发利用区 77 个，缓冲区 6 个。陕西省内渭河干流一级功能区划分为 3 段，分别是：①甘陕缓冲区，由省界至颜家河段，河长 72.4km，水质目标为 Ⅱ 类。②宝鸡至渭南开发利用区，颜家河至王家城子段，河长 402.3km，水质目标为 Ⅳ 类。③华阴市入黄缓冲区，王家城子至入黄口，河长 29.7km，水质目标为 Ⅳ 类。二级功能区划干流有 12 个。陕西省渭河干支流水功能区分布见图 4-2，陕西省渭河干流水功能区划及水质目标见表 4-4，渭河支流水功能区划及水质目标见表 4-5。

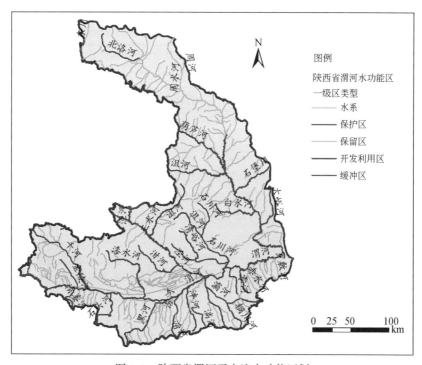

图 4-2　陕西省渭河干支流水功能区划

表 4-4　陕西省渭河干流一级、二级水功能区划及水质目标表

一级功能区名称	二级功能区名称	起始断面	终止断面	长度（km）	水质目标
甘陕缓冲区	—	太碌	颜家河	83	Ⅲ
宝鸡—渭南开发利用区	宝鸡农业用水区	颜家河	林家村	43.9	Ⅲ
	宝鸡市景观区	林家村	卧龙寺	20	Ⅳ
	宝鸡市排污控制区	卧龙寺	虢镇	12	Ⅳ
	宝鸡市过渡区	虢镇	蔡家坡	22	Ⅲ
	宝眉工业、农业用水区	蔡家坡	汤峪入渭口处	44	Ⅳ
	杨凌农业、景观用水区	汤峪入渭口	漆水河入口	16	
	咸阳工业用水区	漆水河入口	咸阳公路桥	63	Ⅳ
	咸阳市景观用水区	咸阳公路桥	咸阳铁路桥	3.8	Ⅳ
	咸阳排污控制区	咸阳铁路桥	沣河入口	5.4	Ⅳ
	咸阳西安过渡区	沣河入口	210国道桥	19	Ⅳ
	临潼农业用水区	210国道桥	零河入口	56.4	Ⅳ
	渭南农业用水区	零河入口	王家城子	96.8	Ⅳ
华阴缓冲区	—	王家城子	入黄口	29.7	Ⅳ

表 4-5　陕西省渭河支流水功能区划及水质目标

序号	河流	一级功能区名称	起始断面	终止断面	长度（km）	水质目标	区划依据
1	小水河	陈仓区开发利用区	源头	入渭口	43	Ⅲ	取水
2	千河	甘陕源头水保护区	省界	固关	13.6	Ⅱ	源头水
		宝鸡市开发利用区	固关	入渭口	111.5	Ⅲ	取水、排污
3	漆水河	麟游县源头水保护区	源头	良舍	23.8	Ⅲ	源头水
		武功县开发利用区	良舍	入渭口	127.8	Ⅲ	取水、排污
4	清姜河	宝鸡市源头水保护区	源头	杨家湾	21	Ⅲ	源头水
		宝鸡市开发利用区	杨家湾	入渭口	12	Ⅲ	取水
5	石头河	太白山源头保护区	源头	鹦鸽咀	34.6	Ⅱ	源头水
		眉县开发利用区	鹦鸽嘴	入渭口	34	Ⅲ	取水
6	汤峪河	眉县保留区	源头	入渭口	43.9	Ⅲ	基本未开发利用
7	黑河	周至县源头水保护区	源头	陈家河	76	Ⅱ	源头水
		周至县开发利用区	陈家河	入渭口	49.8	Ⅲ	取水、排污
8	涝河	户县源头水保护区	源头	涝峪口	35	Ⅱ	源头水
		户县开发利用区	涝峪口	入渭口	47	Ⅳ	取水、排污
9	石川河	铜川市源头水保护区	源头	金锁关	15	Ⅱ	源头水
		耀县、富平县开发利用区	金锁关	入渭口	122	Ⅲ	取水、排污

序号	河流	一级功能区名称	起始断面	终止断面	长度（km）	水质目标	区划依据
10	沣河	西安市源头水保护区	源头	沣峪口	30.3	Ⅱ	源头水
		西安市开发利用区	沣峪口	入渭口	47.7	Ⅲ	取水、排污
11	浐河	西安市源头水保护区	源头	鸣犊镇	40.1	Ⅱ	源头水
		西安市开发利用区	鸣犊镇	入灞口	24.5	Ⅲ	取水、排污
12	灞河	蓝田源头水保护区	源头	九间房	35.2	Ⅱ	源头水
		西安开发利用区	九间房	入渭口	68.9	Ⅲ	取水、排污
13	零河	临潼区源头水保护区	源头	龙河入口	35	Ⅲ	源头水
		临潼区开发利用区	龙河入口	入渭口	18.9	Ⅲ	取水、排污
14	沋河	渭南市源头水保护区	源头	史家村	23.9	Ⅲ	源头水
		渭南市开发利用区	史家村	入渭口	21.4	Ⅲ	取水、排污
15	赤水河	渭南市保留区	源头	入渭口	40.2	Ⅲ	基本未开发利用
16	罗敷河	华阴市保留区	源头	入渭口	47.2	Ⅲ	基本未开发利用
17	泾河	甘陕缓冲区	司家河	胡家河村	34	Ⅲ	甘陕省界
		咸阳开发利用区	胡家河村	入渭口	323.5	Ⅲ	取水、排污
18	北洛河	富县、渭南开发利用区	富县	入渭口	361.7	Ⅲ	取水、排污

4.2.4 水环境功能分区

依据《渭河流域重点治理规划》，渭河干流划分 16 个水环境功能区。其中：Ⅰ级水环境功能区 1 个，河长 14km，占干流河长的 1.6%；Ⅱ级水环境功能区 2 个，河长 130km，占干流河长的 15.0%；Ⅲ级水环境功能区 7 个，河长 449.1km，占干流河长的 51.8%；Ⅳ级水环境功能区 6 个，河长 273.9km，占干流河长的 31.6%。渭河干流水环境功能区划及水质保护目标见表 4-6。

表 4-6 渭河干流水环境功能区划及水质保护目标

省份	控制城镇	水域	断面名称	长度（km）	功能区类型	水质目标
甘肃	渭源县	源头—五竹乡	五竹	14	自然保护区	Ⅰ
甘肃	渭源县	五竹乡—清源镇	路园	21	饮用水水源保护区	Ⅱ
甘肃	陇西县	清源镇—文峰镇	西二十里铺	58	渔业用水区	Ⅲ
甘肃	陇西县	文峰镇—鸳鸯镇	土店子、桦林	22	工业用水区	Ⅳ
甘肃	天水市	鸳鸯镇—牛背村	葡萄园、北道桥、伯阳桥	245	渔业用水区	Ⅲ
陕西	宝鸡县	林家村以上	林家村	109	渔业用水区	Ⅱ

省份	控制城镇	水域	断面名称	长度（km）	功能区类型	水质目标
陕西	宝鸡市辖区、宝鸡县	林家村至千河入渭口	卧龙寺桥	26.8	景观娱乐用水区	III
陕西	宝鸡县、岐山县	千河入渭口至蔡家坡	虢镇桥	33.4	工业用水区	IV
陕西	岐山县、扶风县	蔡家坡至咸阳行政区界	常兴桥	44.3	景观娱乐用水区	III
陕西	武功县、兴平市、西安市	咸阳界—兴平	兴平	45.5	工业用水区	IV
陕西	兴平市、西安市	兴平—南营	南营	25	饮用水水源保护区	III
陕西	咸阳市辖区、西安市	南营—铁桥	咸阳铁桥、铁桥	10	景观娱乐用水区	IV
陕西	咸阳市辖区、西安市	铁桥—天江	天江人渡、中隆	20	饮用水水源保护区	III
陕西	西安市辖区、高陵县	天江—交口提水站	耿镇桥、新丰镇大桥	40	工业用水区	IV
陕西	临渭区	交口提水站至渭南白杨水源地	交口抽渭自动监测站	30	饮用水水源保护区	III
陕西	临渭区、华县、华阴市、潼关县	渭南白杨水源地至潼关入黄口	潼关吊桥、树园、沙王渡	123	工业用水区	IV

4.2.5　生态功能分区

依据《全国生态功能区划》和《陕西省生态功能区划》，陕西省渭河流域共分为三类，即秦岭北暖温带森林生态区、黄土高原水土流失敏感区以及渭河河谷农业生态区。其中，秦岭北暖温带森林生态区包括秦岭北落叶阔叶、针阔混交林生物多样性保护功能区和珍稀鱼类生物多样性保护功能区；黄土高原水土流失敏感区包括黄土高原落叶阔叶原始森林保护区、陇东南黄土高原水土流失敏感生态区、陕北黄土丘陵沟壑土壤保持功能区以及陕中黄土塬梁土壤保持功能区。陕西省渭河流域生态功能区划如图4-3所示。

4.2.6　水生态分区

一级分区以反应气候地理特点为主，鉴于水生生物随水的流动性，所以要考虑流域分区。我国一级鱼类区划是按照鱼类区系划分，大部分边界与一级流域边界接近；二级鱼类区划是在一级区划的基础上，按照鱼类内部分异特点，进行区划，反映主要河流上的典型鱼类。

鱼类是水生态系统的顶级生物，是生物适应综合环境要素自然选择的结果，反映生态

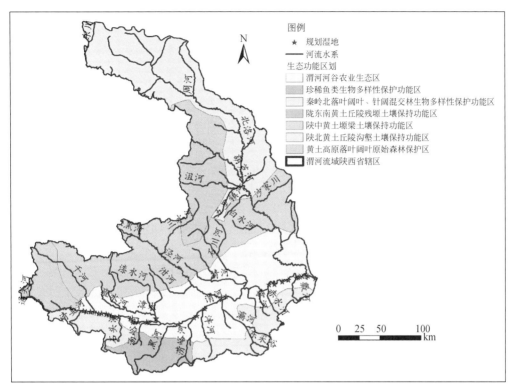

图 4-3 陕西省渭河流域生态功能区划

系统的特点，因此本次研究以一级、二级鱼类分区作为水生态系统的一级、二级分区，其边界与流域边界相差不超过 200km 的距离，取流域边界作为水生态分区的边界。分区名称直接采用鱼类分区的名称。渭河流域一级水生态分区为Ⅱ华西区与Ⅳ华东区；二级分区属于Ⅱ华西区的Ⅱ8 陇西亚区，以及Ⅳ华东区的Ⅳ8 河海亚区。一级、二级分区的边界完全一致，见图 4-4。

在生物区系确定之后，尺度较小的水生态系统分异是由具体的地貌决定。水生态系统属于完全的侵蚀地貌，其侵蚀、搬用与堆积物主要是第四纪沉积物与第三纪出露的分化物，土壤属性对河流地貌与径流中营养盐作用明显，土壤又是陆面生态系统综合作用的产物，因此，水生态系统的三级分区依据区域土壤属性来划分。三级水生态区名称 = 一级鱼类分区名称 + 二级鱼类分区名称 + 土壤类型区，本次划分依据 1∶100 万土壤图，分区边界尽量取流域边界，见图 4-5。

本次研究主要是针对渭河干流陕西段，都属于华东区—河海亚区—暗棕壤土区（分区编码Ⅳ-14-4），渭河宝鸡农业用水区水质标准为Ⅲ类，而且该河段底质为卵砾石，适合产沉性卵的鱼类产卵，可以扩展其功能到渔业用水区，成为渭河宝鸡农业、渔业用水区；临潼农业用水区，因为灞河与泾河汇入，使其汇入河段成为重要湿地，汇入河口成为较好的鱼类产卵场，因此扩展其功能到渔业用水区，成为临潼农业、渔业用水区。水生态分区见图 4-6。

图 4-4　二级水生态分区

注：1mi=1.609 344km

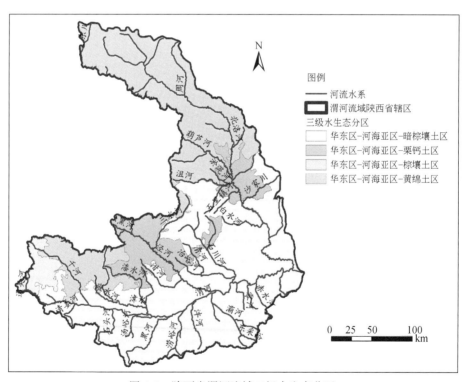

图 4-5　陕西省渭河流域三级水生态分区

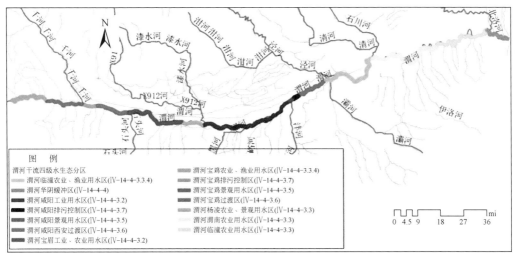

图 4-6 渭河干流水生态四级分区图

注：1mi = 1.609 344km

4.2.7 生态环境功能分区及保障断面

4.2.7.1 渭河干流生态断面

由于各个区划划分的部门不一样，结果也不一样，按照渭河全线整治规划中任务分解，在渭河流域已有各种区划的基础上，为了本项目的研究，为了渭河全线整治目标的实现，提出渭河生态环境功能分区，对渭河干流逐段进行划分。渭河生态环境功能分区以地市进行分区，地市内以水功能区划进行分区。渭河干流生态保护目标主要是保护各四级生态分区的流量过程，同时保障引渭的水景观工程需水。考虑供水保障的需求，除了断面位置选择各功能区的起始断面外，还要考虑各支流入河口断面，共计 24 个断面，生态保护要求保障各断面的生态需水过程。各断面位置见表 4-7 和图 4-7。

表 4-7 各断面位置属性

序号	断面描述	水资源三级区	行政区	经度	纬度
0	渭河入黄断面	渭河咸阳至潼关	渭南	110.30	34.62
1	华阴缓冲区首断面（北洛河入渭断面）	渭河咸阳至潼关	渭南	110.17	34.64
2	渭南农业用水区罗敷河入口断面	渭河咸阳至潼关	渭南	110.03	34.63
3	渭南农业用水区区首断面（华县水文站断面）	渭河咸阳至潼关	渭南	109.76	34.58
4	临潼农业用水区沈河入渭断面	渭河咸阳至潼关	渭南	109.56	34.51
5	临潼农业用水区零河入渭断面	渭河咸阳至潼关	临潼	109.38	34.53

序号	断面描述	水资源三级区	行政区	经度	纬度
6	临潼农业用水区区首断面（石川河入渭断面）	渭河咸阳至潼关	临潼	109.30	34.54
7	临潼农业、渔业用水区临潼水文站断面	渭河咸阳至潼关	临潼	109.20	34.43
8	临潼农业、渔业用水区泾河入渭断面	渭河咸阳至潼关	西安	109.08	34.47
9	临潼农业、渔业用水区灞河入渭断面	渭河咸阳至潼关	西安	109.03	34.44
10	临潼农业、渔业用水区区首断面	渭河咸阳至潼关	西安	108.97	34.43
11	咸阳、西安过渡区区首断面（沣河汇入断面）	渭河咸阳至潼关	咸阳	108.79	34.36
12	咸阳排污控制区区首断面	渭河咸阳至潼关	咸阳	108.75	34.34
13	咸阳景观用水区区首断面	渭河咸阳至潼关	咸阳	108.72	34.33
14	咸阳工业用水区涝河入渭断面	渭河宝鸡峡至咸阳	咸阳	108.62	34.26
15	咸阳工业用水区黑河入渭断面	渭河宝鸡峡至咸阳	宝鸡	108.42	34.20
16	咸阳工业用水区区首断面	渭河宝鸡峡至咸阳	宝鸡	108.13	34.22
17	杨凌农业、景观用水区区首断面	渭河宝鸡峡至咸阳	宝鸡	108.00	34.23
18	宝眉工业、农业用水区魏家堡水文站断面	渭河宝鸡峡至咸阳	宝鸡	107.70	34.30
19	宝眉工业、农业用水区区首断面（石头河入渭断面）	渭河宝鸡峡至咸阳	宝鸡	107.63	34.30
20	宝鸡市过渡区区首断面	渭河宝鸡峡至咸阳	宝鸡	107.40	34.34
21	宝鸡市排污控制区区首断面（千河入渭断面）	渭河宝鸡峡至咸阳	宝鸡	107.31	34.35
22	宝鸡市景观用水区区首断面（金陵河入渭断面）	渭河宝鸡峡至咸阳	宝鸡	107.17	34.35
23	宝鸡市景观用水区区首断面	渭河宝鸡峡以上	宝鸡	107.05	34.38
24	宝鸡农业、渔业用水区区首断面（朱园断面）	渭河宝鸡峡以上	宝鸡	106.86	34.39

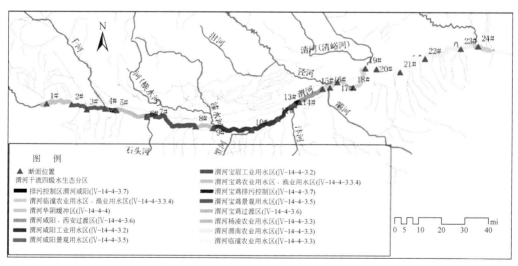

图 4-7　各生态需水断面位置图

注：1mi＝1.609 344km

4.2.7.2 渭河支流生态断面

研究选取渭河 18 条重点支流作为研究对象，包括小水河、千河、漆水河、清姜河、石头河、汤峪河、黑河、涝峪河、石川河、沣河、浐河、灞河、零河、沈河、赤水河、罗敷河以及泾河和北洛河。综合考虑科学性和可操作性，研究选定的陕西省渭河流域重点支流生态断面如表 4-8 和图 4-8 所示。

表 4-8 陕西省渭河流域重点支流生态断面

序号	支流	生态断面	水功能区/断面类型
1	小水河	朱园站	小水河入渭断面
2	千河	千阳站	千河宝鸡饮用工业农业用水区
3		冯家山水库	千河宝鸡农业用水区区首断面
4		千河入渭口	千河宝鸡排污控制区
5	漆水河	羊毛湾出库	漆水河乾武农业用水区区首断面
6		漆水河入渭口	漆水河乾武农业用水区
7	清姜河	清姜河入渭口	清姜河宝鸡饮用工业用水区
8	石头河	石头河水库	石头河眉县饮用工业农业用水区
9		石头河入渭口	石头河眉县饮用工业农业用水区
10	汤峪河	汤峪河入渭口	入渭口
11	黑河	金盆水库	黑峪口、周至工业农业用水区区首断面
12		黑河入渭口	周至工业农业用水区
13	涝峪河	涝峪河入渭口	涝河户县排污控制区
14	石川河	桃曲坡水库	沮河耀县农业用水区区首断面
15		石川河入渭口	石川河富平工业、农业用水区
16	沣河	秦渡镇	沣河西安农业用水区区首断面
17		沣河入渭口	沣河西安农业用水区
18	浐河	浐河入灞口	浐河西安排污控制区
19	灞河	马渡王	灞河西安农业用水区区首断面
20		灞河入渭口	灞河西安过渡区，重要产卵场
21	零河	零河入渭口	零河临潼农业用水区
22	沈河	沈河入渭口	沈河渭南排污控制区
23	赤水河	赤水河入渭口	赤水河渭南市保留区
24	罗敷河	罗敷河入渭口	罗敷河华阴市保留区

序号	支流	生态断面	水功能区/断面类型
25	泾河	景村站	泾河彬县过渡区区首断面
26		张家山站	泾河泾阳农业工业用水区
27		桃园站	泾河泾阳农业工业用水区、泾河入渭口
28	北洛河	交口河	北洛河延安、渭南农业用水区区首断面
29		状头	北洛河大荔农业用水区区首断面
30		北洛河入渭口	北洛河大荔农业用水区

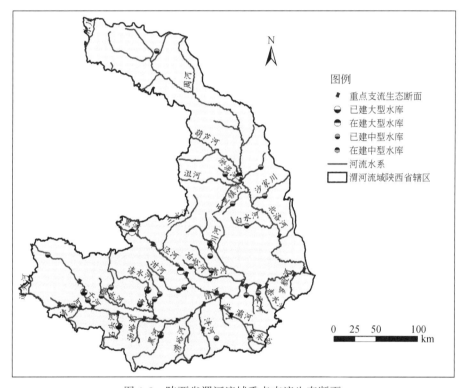

图 4-8　陕西省渭河流域重点支流生态断面

渭河重点支流生态环境流量研究的断面选取证据要考虑以下因素：

（1）位置因素：考虑到水文流量数据、实测断面资料的可获取性，以及研究成果在重要控制节点（如水库出库、支流入渭口）应用中的可操作性，在重要支流上选取水文测站、主要水库以及重点支流入渭口作为生态断面，在其他支流上主要选取入渭口作为生态断面。

（2）生态因素：考虑到某些支流水生态保护目标的重要性，结合渭河流域水生态三级分区成果以及水功能区划、生态功能区划，重点关注水产种质资源保护区以及重要的产卵场的上游断面，兼顾断面分布的科学合理性，确定具有水生态保护目标的支流生态断面。

（3）与已有规划的结合：2013 年《陕西省渭河水量调度实施细则》对陕西省渭河干流省界、市界和重要支流控制断面的最小流量和预警流量作出规定，考虑到研究成果对渭河流域管理工作的支撑，在生态断面的选取中考虑与已有规划紧密结合，结合监测能力和管理需求综合确定支流生态断面。

4.3　水生态修复目标

生态修复是指对生态系统停止人为干扰，以减轻负荷压力，依靠生态系统的自我调节能力与自组织能力使其朝有序的方向进行演化，或者利用生态系统的这种自我恢复能力，辅以人工措施，使遭到破坏的生态系统逐步恢复或使生态系统朝良性循环方向发展；主要指致力于那些在自然突变和人类活动影响下受到破坏的自然生态系统的恢复与重建工作，恢复生态系统原本的面貌，如砍伐的森林要种植上，退耕还林，让动物回到原来的生活环境中。这样，生态系统得到了更好的恢复，称为"生态修复"。

水生态修复是一项理论复杂、因素众多、操作困难的工作，既要因地制宜，又要符合科学，更要讲究实效。按照水生态系统的理论，结合渭河实际情况，对修复水生态系统，创造水边和水中生物多样性环境，提出目标与操作性措施。

渭河整治是民生安全的需要，也是生态保障的需要，治理好渭河，可以为沿渭人民群众提供良好的生态环境，可以吸引更多投资，带动关中城市群及其周边经济社会持续快速发展。因此说，采用多种途径，依据自然生态规律和社会发展规律，立足渭河实际生态承载能力，在满足防洪要求的基础上，充分考虑防洪、水资源、生态等条件，保证水生态系统良性循环，深度挖掘历史文化内涵，从生态修复角度出发，恢复、新建湿地、公园、绿地等生态斑块。

分区生态保护目标的确定原则：

（1）保护区、保留区、饮用水源区（有生态扩展功能）、农业用水区（有生态扩展功能）、渔业用水区四类分区需要的生态需水过程包括生态基流、鱼类产卵的流量脉冲、维护河道稳定的流量，水质在Ⅲ类或以上。

（2）工业用水区、农业用水区（没有生态扩展功能）、景观娱乐用水区、过渡区、排污控制区与缓冲区生态需水包括生态基流、维护河道稳定的流量。

近期目标：水生态退化趋势得到遏制，主要水源地水质全部合格，主要骨干河道水质明显改善，河网湖泊生物多样性有所改善，建设湿地保护区，加快滨水区环境建设，清除垃圾、回填沙坑、种植草皮、整治河道。

远期目标：主要是水污染得到全面控制，水环境得到全面改善，水生态系统初步趋于良性循环，基本能够达到 20 世纪 70 年代末水平，城市水生态水环境质量得到全面改善，实现水资源的可持续利用，保障国民经济可持续发展。

4.3.1 滩区整治

目前，渭河滩区存在很多问题，河道内乱采、乱挖、乱倒现象严重。河道滩区清障整理标准是稳定中小洪水主槽流路，清除河道内违章设施，整理凹凸不平滩面，清除滩面杂草、垃圾，栽植适生草皮绿化近堤滩面，固沙固土保持河道整洁卫生，逐步实行河滩地退耕，使河道内生态系统逐渐恢复。

清障的主要内容有：

1. 滩区清障整治

按照谁设障谁清除的原则，限期对河道内违章设施进行清除；对坑洼不平的滩面进行整理，对滩面杂草进行清除，对滩区栽植适生草皮进行绿化美化，起到固沙、固土作用。

按照渭河全线整治规划及各个地市的实施方案，对渭河河道内滩区进行全面清障整理，合计清滩总面积 280.43km²，其中宝鸡市清滩面积 17.81km²；杨凌滩区清障 5.23km²，咸阳滩区清障 8.5km²，西安滩区清障 64.27km²，渭南滩区清障 184.97km²。

2. 违章采砂整治

按照渭河采砂规划，划定采砂范围，规范河道采砂行为，随开采随平整，成品砂运出河道外堆放。加大执法力度，坚决制止违章采砂，对滥采砂石造成的河道障碍全部彻底清除。

3. 河道滩地退耕

逐步停止河道内滩地耕种，中游段全部退耕还河，下游段分阶段实施：第一阶段，城市段结合水面或河滨公园建设全部停止耕种；第二阶段，农防段停止耕种秋粮作物，不影响河道行洪；第三阶段，有条件的河段或县（区），采取政策补偿措施，让群众停止耕种河滩地。

4.3.2 湿地建设

湿地被称为"地球之肾"、物种储存库、气候调节器，在保护生态环境、保持生物多样性以及发展经济社会中，具有不可替代的重要作用。首先，湿地是蓄水调洪的巨大储库，每年汛期洪水到来，众多的湿地以其自身的庞大容积、深厚疏松的底层土壤（沉积物）蓄存洪水，从而起到分洪削峰，调节水位，缓解堤坝压力的重要作用。

渭河全线整治规划在陕西省渭河干流及支流入渭口建设生态湿地，通过植物的修复和搭配，用于恢复生态动植物多样化，改善自然环境，增强污染物过滤和净化功能，减少水土流失。规划共建湿地 32 处，总面积 1020 万 m²。其中宝鸡段 16 处，面积 737 万 m²；杨凌 1 处，面积 4 万 m²；咸阳 1 处，面积 5 万 m²；西安 6 处，面积 140 万 m²；渭南 8 处，面积 134 万 m²，详见表4-9。

表 4-9　生态湿地统计表　　　（单位：万 m²）

地市	序号	水系	名称	面积
宝鸡	1	金陵河	金陵河入渭口生态湿地	16.5
	2	茵香河	茵香河入渭口生态湿地	15.7
	3	清水河	清水河入渭口生态湿地	13.0
	4	千河	千渭之汇	101.0
	5	雍峪河	雍峪河入渭口生态湿地	16.5
	6	同峪河	同峪河入渭口生态湿地	15.7
	7	石头河	石头河入渭口生态湿地	88.3
	8	渭河干流	干沟河段生态湿地	97.0
	9	渭河干流	常兴滨河生态湿地	34.8
	10	霸王河	霸王河入渭口生态湿地	47.9
	11	饮马河	饮马河入渭口生态湿地	42.4
	12	西沙河	西沙河入渭口生态湿地	95.0
	13	汤峪河	汤峪河入渭口生态湿地	103.0
	14	磻溪河	磻溪河入渭口生态湿地	17.5
	15	伐鱼河	伐鱼河入渭口生态湿地	16.0
	16	马尾河	马尾河入渭口生态湿地	16.4
	小计			736.7
杨凌	17	清水河	清水河口湿地公园	4.5
咸阳	18	漆水河	漆水河湿地	5.0
西安	19	黑河	入渭口湿地公园	12.0
	20	涝河	入渭口活水湿地公园	5.0
	21	新河	入渭口湿地公园	42.0
	22	沣河	入渭口湿地公园	9.0
	23	皂河	入渭口湿地公园	14.0
	24	泾河	入渭口湿地公园	58.0
	小计			140.0
渭南	25	遇仙河	入渭口湿地公园	15.0
	26	石缇河	入渭口湿地公园	28.0
	27	罗纹河	入渭口湿地公园	21.0
	28	方山河	入渭口湿地公园	18.0
	29	罗敷河	入渭口湿地公园	18.0
	30	柳叶河	入渭口湿地公园	6.0
	31	长涧河	入渭口湿地公园	17.0
	32	三河口	三河口汇流湿地	11.0
	小计			134.0
合计				1020.2

4.3.3 蓄滞洪区及放淤区

蓄滞洪区是防洪体系的重要组成部分，在历史上，其形式主要是天然洼淀、湖泊或湿地，一般周围人口相对稀少，在调蓄洪水、净化水质、保持生物多样性等方面发挥着重要作用。通过蓄滞洪区和生态建设相结合，达到生态修复的目的。

根据确定的重点城市、重点保护区和渭河中下游地区地形条件，初步选定以下地区为分滞洪区。

（1）武功—兴平蓄滞洪区（武功何家堡—兴平张耳河段）：位于武功至周至的渭河大桥下游，临河侧现有已成的防护堤及护基短丁坝，离堤防较远有稍高的老岸坎，下游渭河河道贴着老岸坎而行。蓄滞洪面积 80km²，区内现有武功普集街、小村镇等 3 个乡镇 44 个自然村，兴平桑镇、汤坊乡、丰仪乡、庄头、阜寨乡 5 个乡镇 69 个自然村，堤内多为耕地。

（2）临渭—大荔蓄滞洪区（临渭区苍渡—大荔苏村河段）：位于华县防护区对岸，下游以大华公路为边界，临河侧有苍渡、朱家、新兴、下沙洼和苏村等五处河道工程。蓄滞洪面积 40km²，涉及临渭区孝义镇的 5 个村庄、大荔县张家乡和苏村乡的 8 个村庄，堤内多为耕地。

4.3.4 地下水保护目标

依据陕政发〔2006〕69 号文件《陕西省人民政府关于印发沿渭（河）主要城市地下水超采区划定及保护方案的通知》，陕西省沿渭主要城市地下水划分了地下水超采区、禁采区、限采区，其对地下水保护的总体目标是：有效控制地下水超采，实现采补平衡，延缓或避免环境地质灾害，到 2012 年在目前年均地下水开采量 52 291 万 m³ 的基础上，压缩开采量 20 824 万 m³，允许最大开采量为 31 467 万 m³。具体分类要求如下：

（1）对于划定的西安市城区禁采区和浐、灞河间纺织城禁采区，要结合城市给水工程建设，强制、有序、有计划地封停各类水源井，到 2012 年，禁采区内的各类水源井全部封停，年压缩地下水开采量 13 262 万 m³；禁采区内新建、改建、扩建的建设项目，禁止取用地下水。

（2）对于划定的限采区，要结合水资源及给水工程设施建设，到 2010 年使限采区地下水开采量保持在可开采量的允许范围之内，年压缩地下水开采量 3179 万 m³，年允许最大开采量为 8679 万 m³（含农业用水开采量）。

西安市：浐、灞河间限采区年压缩地下水开采量 290 万 m³，年允许最大开采量为 745 万 m³；灞东水源地限采区年压缩地下水开采量 640 万 m³，年允许最大开采量为 1189 万 m³；沣、皂河水源地限采区年压缩地下水开采量 962 万 m³，年允许最大开采量为 2631 万 m³。

咸阳市：咸阳市城区中心限采区年压缩地下水开采量 1028 万 m³，年允许最大开采量为 3136 万 m³；西北橡胶厂水源地限采区年压缩地下水开采量 26 万 m³，年允许最大开采量为 245 万 m³。

渭南市：杜桥限采区年压缩地下水开采量 233 万 m³，年允许最大开采量为 704 万 m³。

（3）对一般超采区，按《水法》规定，要采取有效措施，严格控制地下水开采。对取用地下水的新建、改建、扩建的建设项目，要按照《建设项目水资源论证管理办法》，进行严格的水资源论证，禁止高耗水、重污染的建设项目取用地下水；对已有的地下水取水工程，要根据水源替代工程建设情况、水资源条件、节水潜力，逐步消减取水量，年压缩地下水开采量 4383 万 m³，年允许最大开采量为 22 788 万 m³（含农业用水开采量）。

西安市：西安市郊区超采区年压缩地下水开采量 3556 万 m³，年允许最大开采量 16 172 万 m³。

宝鸡市：石坝河水源地超采区年压缩地下水开采量 183 万 m³，年允许最大开采量为 367 万 m³。

咸阳市：咸阳市郊区超采区年压缩地下水开采量 138 万 m³，年允许最大开采量为 1544 万 m³；秦都区沣东超采区年压缩地下水开采量 338 万 m³，年允许最大开采量为 2811 万 m³。

渭南市：渭南市城区超采区年压缩地下水开采量 168 万 m³，年允许最大开采量为 1864 万 m³。

4.4 水景观工程建设目标

渭河全线整治将来要实现的目标是拉近水利与城市的关系，拉近水利工程与人的关系，在河道治理中，将充分融入亲水理念，把亲水主题贯穿于治理规划之中，为城镇居民提供休憩、娱乐的良好场所，满足人们见水、居水、戏水的需要，也让群众在亲水中切身感受水对生存发展的重要意义。同时，渭河文化景观设计将充分挖掘人文、历史素材，突出沿岸各市区特点，通过对历史人文资源深厚底蕴的挖掘与创意，以雕塑、石刻、小品、历史遗迹等方式展示，打造较高文化层次的人文景观。贯彻可持续发展思想，从水环境质量改善到生态系统恢复，对渭河生态建设有序渐进，逐步实施，达到"岸绿""景美"的目标，带动沿线经济快速发展，最终实现社会发展与渭河生态环境的和谐共存。

渭河景观建设将着眼于合理利用水资源、滩涂资源及环境资源。以渭河为轴线，通过用足用活河滩资源、合理开发、堤防绿化、防护林种植及滨河公园建设，共同构筑沿渭两岸绿色生态景观长廊，把渭河建成西部"最长、最大的生态走廊和河滨公园"；堤防两侧林带建设背河侧乡村段布置经济林，城镇段布置生态景观林。依据因地制宜、协调发展、有序渐进原则，将渭河滩地生态治理与水景观建设、南北两岸绿色生态走廊、滨河生态园区建设及河道治理工程相结合，以保持滩面整洁美观为原则，农防段基本以草皮绿化固土、固沙为主，有组织地建设设施农业、生态农业、生态湖泊等，城市段建设滩区公园、滨河公园、生态湿地、健身运动场所、城市绿地等休闲娱乐场所。

4.4.1 生态林带建设

生态景观林带是重要的景观资源和生态屏障，是展示区域形象的重要载体，是体现渭河自然地貌特色的主要手段之一。随着渭河全线整治建设工作的推进，根据地形地势和区域经济发展状况，在渭河两岸建设一定的生态林带，对渭河环境的改变具有重要作用。

渭河堤防加高加固工程完成后，按河道防洪规定及沿堤生态建设的要求，规划在堤防临水侧20m护堤地种植低矮景观树木，在堤防背水侧50m护堤地内栽种经济林和绿化林带，迎水坡和背水坡坡比为1：3，最大不超过1：2，堤坡种植草皮，城市段可适当增大堤防背水侧绿化林带宽度。最终建成渭河两岸各宽50～100m，长度约400km的沿堤生态长廊，形成"一望无际、四季常绿、花果飘香"的美丽景致。

堤防林带包括临水侧防浪林绿化、堤顶行道林、背水侧防护林绿化。渭河全线临水侧绿化长195.8km，宽50m，主要种植低矮景观树木，堤顶行道林长475.6km，宽6m，种植景观树木及会开花的树木，背水侧绿化长474km，宽30m，栽种经济林和绿化林带。其中宝鸡市堤顶行道林133.5km，背水侧绿化114.4km；杨凌区堤顶行道林11.8km，背水侧绿化11.8km；咸阳市堤顶行道林69.9km，背水侧绿化30.5kmm；西安市临水侧绿化58.2km，堤顶行道林99.6km，背水侧绿化152.9km；渭南市临水侧绿化137.7km，堤顶行道林160.9km，背水侧绿化164.3km，具体见表4-10。

表4-10　生态林带建设情况表

地区	临水侧防浪林	堤顶行道林	背水侧防护林
全线	长195.8km，宽50m	长475.6km，宽6m	长474km，宽30m
宝鸡市	无	长133.5km	长114.4km
杨凌区	无	长11.8km	长11.8km
咸阳市	无	长69.9km	长30.5km
西安市	长58.2km	长99.6km	长152.9km
渭南市	长137.7km	长160.9km	长164.3km

4.4.2 水面景观

水面景观有河道滩地内的，还有河道堤防外，位于城区的，旨在改变人文居住环境。

4.4.2.1 河道内水面景观工程

通过水面工程的建设，营造河流美景，调节小气候，增加周边居民生活质量，提升两岸地块价值。渭河干流已经建成水面景观工程4处，总面积373万 m²。渭河全线整治规划新建水面景观4处，面积390万 m²，其中宝鸡市境内3处，分别为虢镇水面工程130万 m²，龚刘水面工程80万 m²，眉县北湖20万 m²；杨凌区境内城区的梯级蓄水工程160万 m²。

具体见表 4-11 和表 4-12。

表 4-11　渭河干流建成水面工程一览表　　　（单位：万 m²）

行政区		工程名称	水面面积
宝鸡	城区	金渭湖生态景观工程	140
	城区	石鼓山水面工程	67
杨凌	城区	杨凌水上运动中心	46
咸阳	城区	咸阳湖	120
合计		4 处	373

表 4-12　渭河干流规划水面工程一览表　　　（单位：万 m²）

行政区		工程名称	水面面积
宝鸡	陈仓区	虢镇水面工程	130
	岐山眉县界	龚刘水面工程	80
	眉县	眉县北湖	20
杨凌	城区	梯级蓄水工程	160
合计		4 处	390

4.4.2.2　河道外水面景观工程

各个地市都根据区内的水资源条件和经济发展状况，已经建成和规划了很多水面景观工程，西安市在浐河、灞河上规划 23 座橡胶坝，形成水面 1029 万 m²，已经建成 13 座，形成水面 706 万 m²，详见表 4-13、表 4-14，这些水面工程对改善城市小环境起到重要作用。

根据《西安市"八水润长安"规划》，西安市已经建成水面 13 处，合计水面面积 513 万 m²，年需水量 1637 万 m³，规划再建 15 处，合计水面面积 1547 万 m²，预测年需水量 5339 万 m³，具体见表 4-15。渭南市在《关中水乡规划》中，结合渭南段河道现状特性及城市总体规划，建设乐天生态湖、渭水湖和渭北千亩荷塘生态园三处以水面景观为主的生态公园，形成水面面积约 360 万 m²。

表 4-13　灞河拦河造湖工程统计表

序号	项目名称	回水长度（km）	形成水面（万 m²）	蓄水量（万 m³）	备注
1	灞河入渭口橡胶坝	2.5	120.0	200.0	
2	灞河入渭口新筑桥上游橡胶坝	2.5	115.0	200.0	
3	浐灞河交汇区灞河 A#橡胶坝	3.7	160.2	300.0	
4	浐灞河交汇区灞河 B#橡胶坝	2.8	112.0	210.0	建成
5	C1 坝	0.3	9.6	19.2	
6	灞河城市 1#橡胶坝（现已建 C#溢流坝）	1.3	55.0	83.0	
7	灞河城市 2#橡胶坝	1.0	44.1	93.0	

序号	项目名称	回水长度（km）	形成水面（万 m²）	蓄水量（万 m³）	备注
	小计	14.1	615.9	1105.2	
8	灞河北绕城高速桥下游灞河Ⅱ号橡胶坝	2.3	92.3	138.4	规划
9	灞河城市 3#橡胶坝	1.8	70.8	110.0	
10	灞河城市 4#橡胶坝	2.1	90.9	115.0	
11	灞河蓝田段橡胶坝	0.7	16.2	30.1	
	合计	21.0	886.1	1498.7	

表 4-14　灞河拦河造湖工程统计表

序号	项目名称	回水长度（km）	形成水面（万 m²）	蓄水量（万 m³）	备注
1	浐灞河交汇区浐河 A#橡胶坝	2.8	20.0	40.0	建成
2	浐灞河交汇区浐河 B#橡胶坝	1.5	12.0	18.0	
3	浐河市区 4#橡胶坝	1.6	19.0	31.0	
4	浐河市区 3#橡胶坝	0.9	12.0	21.0	
5	浐河市区 2#橡胶坝	1.4	18.0	34.2	
6	浐河市区 1#橡胶坝	0.7	8.6	12.9	
	小计	8.8	89.6	157.1	
7	浐河雁塔 1#橡胶坝	0.8	7.5	14.0	规划
8	浐河雁塔 2#橡胶坝	1.3	11.0	17.0	
9	浐河雁塔 3#橡胶坝	0.7	6.0	9.0	
10	浐河雁塔 4#橡胶坝	0.8	7.0	11.0	
11	浐河雁塔 5#橡胶坝	1.1	11.0	16.5	
12	浐河雁塔 6#橡胶坝	1.1	11.0	16.5	
	合计	14.5	143.1	241.1	

表 4-15　八水润西安湖池指标数据表

序号	建设现状	名称	位置	水源	退水	水面面积（万 m²）	蓄水量（万 m³）	年需水量预测（万 m³）
1	建成	汉城湖	汉城湖水利风景区	沣河	漕运明渠	56.7	137.0	310.1
2		护城河	明城墙周边	大峪河	西北角退水经管道入汉城湖	28.0	90.0	290.5
3		未央湖	未央区未央湖公园	现状：地下水 改造：灞河水源	幸福渠	32.0	64.0	313.9

续表

序号	建设现状	名称	位置	水源	退水	水面面积（万 m²）	蓄水量（万 m³）	年需水量预测（万 m³）
4	建成	丰庆湖	丰庆公园	利用再生水	市政排水管	3.6	5.0	22.0
5		雁鸣湖	雁塔区浐河	浐河	浐河	70.4	141.0	51.2
6		广运潭	浐灞生态区	灞河	灞河	211.9	278.0	123.2
7		曲江南湖	曲江新区	大峪引水	芙蓉湖	46.7	55.0	189.1
8		芙蓉湖	曲江新区	大峪引水	护城河	17.1	36.0	118.2
9		兴庆湖	兴庆公园	大峪水库	经九路污水管	10.0	20.0	65.9
10		太液池	大明宫遗址公园	大峪引水	灞河	17.3	16.0	72.8
11		美陂湖	户县玉蝉乡	涝河左岸锦绣沟泉水	涝河	现状 3.3，规划 10.7	现状 7，规划 21	0.5
12		樊川湖	潏河城市段	潏河	潏河	8.3	10.0	2.4
13		阿房湖（兰池）	未央区阿房宫公园	现状：地下水改造：再生水（2 污）	现状：回灌地下水新规划：市政排水管	7.9	16.0	67.4
小计						513.1	875.0	1627.0
14	规划	昆明池	丰东新城	引汉济渭、沣惠渠	沣河、太平河	1040.1	4400.0	3298.7
15		汉护城河	汉长安城遗址周边	再生水（1 污）	皂河、漕运明渠	63.4	174.0	564.6
16		仪祉湖	长安区沣惠渠渠首	沣河	沣河	33.3	90.0	296.0
17		三星湖	高新三星产业园	潏河	潏河	18.7	32.0	6.6
18		沧池	汉长安城遗址内	再生水（1 污）	皂河	20.0	40.0	171.7
19		航天湖	南郊航天产业基地内	大峪引水	曲江南湖	12.7	16.0	130.3
20		天桥湖	户县	涝河	涝河	54.0	162.0	28.6
21		太平湖	太平河上游草堂基地	太平河	太平河、化羊河、黄柏河、多桑河	10.1	15.0	2.6
22		荆峪湖	红旗水库	红旗水库		15.6	255.0	5.9
23		常宁湖	长安区	潏河漫滩	潏河	10.8	11.0	3.3
24		西安湖	未央区	渭河漫滩	渭河	110.9	167.0	38.3
25		杜陵湖	曲江新区	大峪水库、再生水（9 污）	推入曲江南湖/市政雨水管网	67.1	101.0	337.6
26		高新湖	高新区	再生水（7 污）	太平河	68.4	118.0	391.6
27		幸福湖	西安东郊	浐河附近雨污水	市政管网至浐河	15.0	12.0	43.0
28		南三环河	南三环	大峪引水	退水入皂河	7.2	6.0	20.5
小计						1547.3	5599.0	5339.1
合计						2060.3	6474.0	6966.2

4.4.3 滨河公园

滨河公园是以滨河景观为主体，融自然、人文景观于一体，具有良好的生态环境及地形、地貌特征，具有较大的面积与规模，较高的观赏、文化、科学价值，经科学保护和适度开发，可为人们提供一系列森林游憩活动及科学文化活动的特定场所。建设滨河森林公园，整合水系和森林功能，营造城市"绿肺"和市民休闲健身的亲水绿色空间，不仅可以极大改善城市的生态环境，而且能够优化产业布局，对创建城市品牌、拉动经济发展起着不可估量的作用。

渭河全线整治规划在城市和小城镇段河道滩地修建适宜大众健身运动、休闲娱乐、文化旅游为主题的滨河公园。同时也可利用河滩地开发建设高尔夫、沙滩运动等经营性健身场所。建设滨河公园 40 处，总面积 1874.7 万 m²。

宝鸡市根据渭河宝鸡段目前的滩区现状，修建景观公园 10 处，面积为 550 万 m²，具体如表 4-16 所示。

表 4-16　宝鸡市景观公园规划表　　　　（单位：万 m²）

序号	岸别	名称	面积	主要功能
1		宝鸡峡水库休闲区	150	位于宝鸡峡水库周边，服务于本地居民和游客
2	右岸	生态居住区滨河公园	40	位于城市居住区内，服务于本地城市居民，具有散步、游玩、交流、集会等功能
3	左岸	代家湾行政中心滨河公园	30	为城市居民提供
4	左岸	陈仓物流园滨河绿地	25	产业公园，为区域工作、居住人群提供休闲、休憩、观光功能
5	左岸	高新工业园滨河绿地	20	位于高新产业开发区、工业园区内，服务于高科技人才、工厂工作人员等
6	左岸	高新区科技新城滨河公园	50	产业、城市公园特征兼有
7	左岸	蔡家坡汽车产业园滨河公园	55	居住工作休闲观光功能
8	右岸	眉县工业园滨河绿地	27	产业公园特征
9	右岸	眉县新城滨河公园	80	注重亲水空间的创造，重视滨水空间的可达性
10	左右岸	常兴滨河公园	73	着重培育特色滨水村镇，创建生态农业、观光农业、新农村示范区

杨凌区：结合已有的水上运动公园，建设左岸农科城滨河公园、杨凌广场、农业观光园景观公园 3 处，面积 4.1 万 m²。农科城滨河公园 2.4 万 m²，杨凌广场 1.0 万 m²，农业观光园 0.7 万 m²，见表 4-17。

咸阳市：修建景观公园 10 处，面积 594.6 万 m²。在武功县左岸背水侧漆水河口—兴咸界河段，有 436 万 m²，在咸阳城区左岸兴咸界—尹家工程末端，有 37.0 万 m²，尹家工程末端—陇海铁桥，有 57.0 万 m²，右岸户咸界—咸阳铁桥，有 64.6 万 m²，见表 4-18。

表 4-17 杨凌区景观公园年规划表 　　　　(单位：万 m²)

序号	名称	面积
1	农科城滨河公园	2.4
2	杨凌广场	1.0
3	农业观光园	0.7

表 4-18 咸阳市景观公园年规划表 　　　　(单位：万 m²)

序号	行政区	河段	面积
1	武功县	左岸背水侧漆水河口—兴咸界河段	436
2	咸阳城区	左岸兴咸界—尹家工程末端	37
3	咸阳城区	尹家工程末端—陇海铁桥	57
4	咸阳城区	右岸户咸界—咸阳铁桥	65

西安市：修建景观公园 15 处，面积 520 万 m²。西安城区西咸界—灞河有 456 万 m²，临潼区高临界—临渭界有 64 万 m²。左岸建设：南寺荷塘公园、渭滨公园、长兴休闲运动公园、大寨休闲运动公园、城市休闲广场公园、临潼古镇风情园。右岸建设：休闲运动公园、沣渭三角洲湿地公园、奥林匹克运动公园、水文化博览园、城市休闲运动公园、城市文化主题公园、桥头公园、未央湖游乐园、泾渭生态公园。

渭南市：修建景观公园 2 处，面积 206 万 m²。其一为民俗风情园，面积为 190 万 ㎡；其二为桥头公园，面积为 16 万 ㎡。

4.4.4 滩地利用

在保证防洪安全的前提下，为了改善河道环境，营造良好的河流景观，利用河道滩区内可以利用的空间范围，对滩区进行开发利用建设。总共开发河道滩面 122.17km²，主要建设内容有生态旅游休闲用地（生态景观旅游带、渔场、天然浴场等）、休闲健身用地（沙滩排球场等）、生态农业用地（农业示范区、农业观光区、农业体验区等）等。

1. 宝鸡段

开发滩面 20.13km²，规划城市段主要绿化区 3 块、运动健身区 1 块、文化主题区 2 块、亲水主题区 2 块；其他段主要规划运动健身区 1 块、文化主题区 1 块、县城绿化区 2 块和农防绿化区 2 块。

2. 杨凌段

开发河道滩面 5.2km²，规划绿化区 1 块和亲水主题区 1 块。

3. 西咸段

开发河道滩面 84.91km²，规划西咸核心段绿化区 8 块、运动健身区 3 块、文化主题区 3 块、亲水主题区 3 块、临潼高陵段规划绿化区 6 块。

4. 渭南段

开发河道滩面 16.61km²，规划渭南城市段绿化区 3 块、运动健身区 1 块、亲水主题区 2 块。农防段规划县城绿化区 3 块和农防绿化区 14 块。

4.5 水环境治理目标

近几年来，陕西省加大渭河流域水污染治理力度，一大批污水处理厂建成投产，同时环保部门也加大了造纸等重点工业污染源的治理，大部分河段已经消灭了劣 V 类水体。但是，要使渭河水质全面达到水功能区水质标准，实现"水清"目标，仍然任重而道远。

按照《陕西省渭河全线整治规划及实施方案》确定的水质整治标准，渭河干流要满足水功能区划确定的水质目标，即除宝鸡景观娱乐用水区、宝眉工业农业用水区和杨凌区农业景观用水区为 III 类外，其余均为 IV 类水质目标。为达到目标，需要对入河污染物的总量进行控制、进一步加强污水处理设施建设、进一步提高排污口的排放标准、设置生态净化设施、严格排污口设置。

依据渭河流域综合治理规划专题规划之一成果——《水资源开发利用规划》《陕西省城市饮用水水源地安全保障规划报告》以及陕西水资源综合规划专题四成果——《陕西省水资源保护评价》，结合渭河流域实际情况，确定近期、远期水环境治理目标如下。

1. 近期目标

在生态基流保障的前提下，渭河干流杨凌以上段保持 III 类水质（即主要污染物化学需氧量 20mm/L，氨氮 1mm/L），杨凌以下全段基本达到 IV 类水质（即主要污染物化学需氧量 30mm/L，氨氮 1.5mm/L），渭河入黄断面稳定达到 IV 类水质，实现水质基本变清。

宝鸡市：渭河干流出境断面达到 III 类水质。魏家堡引水渠水质达到 V 类标准内（即主要污染物化学需氧量 40mm/L，氨氮 2mm/L）；小韦河出境断面水质化学需氧量达到 50mm/L 以内，氨氮达到 5mm/L 以内。其他支流达到水功能区划要求。

杨凌示范区：渭河干流出境断面达到 III 类水质。杜绝不达标废水排入小韦河、渭惠渠。

咸阳市：渭河干流全程断面水质基本达到 IV 类。在上游水质达到控制目标的前提下，泾河、漆水河及其他支流达到水功能区划要求。

西安市：渭河干流全程断面水质基本达到 IV 类。新河市界断面和皂河入渭断面水质化学需氧量达到 50mm/L 以内，氨氮达到 5mm/L 以内。其他支流达到水功能区划要求。

渭南市：渭河干流华县以上断面水质基本达到 IV 类，潼关出境断面水质稳定达到 IV 类。支流水质全部达到地表水标准。

2. 远期目标

2020 年集中式供水水源地河段（水域）水质达到地面水 II ～ III 类水质标准；排污口全部达标排放，干流及大支流岸边污染带得到控制；一般河流水质达到规划功能目标。

对渭河流域水量、水质实施统一管理，由水利部门牵头，环保部门参与，实施入河污染物总量控制。以纳污能力为依据确定各市、县所辖区段主要入河污染物排放的控制指标，并制订污染物入河和排放控制实施方案，实施方案由各级政府批准后严格监督执行。

4.5.1 渭河干流纳污能力分析

实施最严格水资源管理制度"三条红线"的管理目标中，水功能区限制纳污是其中之一，水功能区的纳污能力，指在设计水文条件下，某种污染物满足水功能区水质目标要求所能容纳的该污染物的最大数量，以 t/a 表示。

渭河干流 2009 年现状年共有 69 个直接排污口（通过支流汇入的另计），废污水入河量 5.55 亿 m^3，其中，COD 入河量 13.75 万 t/a，氨氮入河量 1.10 万 t/a。依据陕西省水文水资源勘测局完成的《渭河干流纳污能力与限制排污总量分析》报告成果，根据水功能区水质目标，计算不同设计流量下渭河干流水功能区的纳污能力，依据核定渭河纳污能力，结合流域经济社会发展规划和水资源保护与水污染控制要求，提出限制排污总量意见。

依据《陕西省渭河流域综合规划》，污染物排放量控制指标：当渭河干流各控制断面均达到低限生态基流量时，全段 COD 纳污能力为 16.1 万 t，氨氮为 0.98 万 t；当各控制断面均达到良好流量时，全段 COD 纳污能力为 32.2 万 t，氨氮为 1.96 万 t。

在渭河干流上的排污口及各支流入渭口设置水质自动监测设施，对主要入河污染物进行监测分析，分时段统计入河污染物的总量，作为考核监督各市、县水污染防治及入河污染物总量控制效果的依据，污染物排放总量超标的要根据超标值的多少实行经济、行政处罚，处罚费用由所在市、县政府财政负担。

依据《渭河流域重点治理规划》，入河污染物总量控制要根据黄河流域水资源保护和水污染防治的统一要求，按照黄河入河污染物总量控制目标，加强渭河干流各项污染物入河总量的控制监督管理。各省、自治区要制定落实总量控制目标具体方案和措施，加大水污染防治力度，保障渭河干流水质保护的目标要求。

依据《陕西省渭河全线整治规划及实施方案》，水污染防治主要包含四个方面的目标任务。

4.5.2 入河污染物总量控制

污染物入河控制量是可以进入水功能区的最大污染物量。污染物排放控制总量是在入河控制总量基础上进行的，它对应的是水功能区陆域范围的污染物排放量。

依据《陕西省渭河流域综合规划》水资源部分，陕西省渭河流域 2010 年、2020 年、2030 年水平年 COD 年入河控制量分别为 13.44 万 t、10.68 万 t、8.54 万 t，COD 年排放控制量分别为 17.21 万 t、13.57 万 t、10.79 万 t；陕西省渭河流域 2010 年、2020 年、2030 年水平年氨氮年入河控制量分别为 1.61 万 t、1.18 万 t、0.76 万 t，氨氮年排放控制量分别为 2.08 万 t、1.49 万 t、0.94 万 t。渭河干流功能区污染物入河控制量和削减量计算成果见表 4-19。

表 4-19　渭河流域污染物入河控制量和排放控制量计算规划成果表

水平年	COD（万 t/a）				氨氮（万 t/a）			
	入河控制量	入河削减量	排放控制量	排放削减量	入河控制量	入河削减量	排放控制量	排放削减量
2010	13.44	9.12	17.21	6.55	1.61	0.98	2.08	1.29
2020	10.68	11.97	13.57	12.86	1.18	1.99	1.49	2.58
2030	8.54	13.06	10.79	16.01	0.76	2.54	0.94	3.27

4.5.3　实施污染物排放指标有偿使用制度

制定推行污染物排放指标有偿使用制度，严格污染物排放管理，没有排放指标不得排污。对实施渭河生态水量保障措施后新增的污染物排放指标，及各单位通过节能减排节余的污染物排放指标，可进行拍卖，拍卖的资金可用于奖励减排单位，或补充渭河水量保障项目资金。城市段污水应集中排入渭河，有支流的城市段，污水由支流排入渭河，渭河干流不再新设入渭排污口。

4.5.4　进一步加强城镇生活污水处理设施建设

加快配套污水收集管网设施、中水回用能力建设，将县级城镇及重点工业园区的污水处理率提高到 70% 以上，中水利用率达到 20% 以上；将宝鸡市、渭南市、杨凌区等城市的生活污水处理率提高到 80%，中水利用率提高到 30% 以上；西安市、咸阳市的生活污水处理率达到 80%，中水利用率达到 40% 以上。并尽快编制重点集镇区生活污水处理设施建设规划，要求向渭河及支流河道排污的建制镇、大的住宅小区等配套建设生活污水处理设施，到 2015 年，达到污水处理率不小于 50%。修编沿渭小城镇生活污水处理设施建设规划，对县城已有污水处理厂进行脱氮技术装备改造；到 2015 年沿渭小城镇生活污水处理率不小于 60%，污水处理后水质标准达到一级。到 2013 年底前，全部达到一级 B 标准，污染物排放量大于排放控制指标的单位，出水标准应达到一级 A 标准。对造纸行业严格按照新的排放标准执行，污染排放不达标的应限期整改，整改不达标的应强制停产或关闭。

4.5.5　设置生态防污工程

拟在排污量较大的渭河支流上或支流口渭河滩地上，设置人工湿地治污工程，对支流水污染物进行生物净化，对净化效果及污染物削减量实施监测统计，按照污染物削减量实施费用补偿，采用市场化方式，吸引社会投资参与建设。规划初步选定在宝鸡高新区污水处理厂排污口、陈仓区污水处理厂排污口、蔡家坡污水处理厂排污口、咸阳漆水河、新河、武功及兴平污水处理厂排污口、咸阳市东郊污水处理厂排污口，西安涝河、皂河口渭河滩区、漕运明渠渭河滩区、幸福渠渭河滩区、临潼临河口，渭南沋河口渭河滩区、华阴长涧河、华县方山河等处进行建设，具体见表4-20。

表4-20 渭河干流生态防污工程规划表

地市	序号	规划工程地点	备注
宝鸡	1	高新区污水处理厂排污口	—
	2	陈仓区污水处理厂排污口	—
	3	蔡家坡污水处理厂排污口	—
咸阳	4	漆水河入渭河口	—
	5	新河入渭口	—
	6	武功县污水处理厂排污口	—
	7	兴平市污水处理厂排污口	—
	8	东郊污水处理厂排污口	—
西安	9	涝河入渭口	—
	10	皂河口渭河滩区	—
	11	漕运明渠渭河滩区	—
	12	幸福渠渭河滩区	—
	13	临潼临河入渭口	—
渭南	14	临渭区沈河入渭口渭河滩区	—
	15	华阴市长涧河入渭口	—
	16	华县方山河入渭口	—

4.6 支流水生生物保护

考虑渭河流域支流的水产种质资源保护区、自然保护区、水功能分区、生态功能分区等的规划，结合渭河支流鱼类生态调查结果，确定支流各生态断面的水生态功能和水生生物保护目标，如表4-21所示。

表4-21 渭河主要支流水生态保护目标

序号	支流	生态断面	生态保护区	鱼类调查主要分布
1	小水河	朱园站	—	—
2	千河	千阳站	千河国家级水产种质资源保护区	短须颌须鮈、棒花鱼、似鮈、棒花鮈
3		冯家山出库		
4		千河入渭口	水生生物栖息地	—
5	漆水河	羊毛湾出库		泥鳅、逆鱼
6		漆水河入渭口	—	
7	清姜河	清姜河入渭口		

序号	支流	生态断面	生态保护区	鱼类调查主要分布
8	石头河	石头河出库	水生生物栖息地	洛氏鱥、短须颌须鮈
9		石头河入渭口	水生生物栖息地	—
10	汤峪河	汤峪河入渭口	—	
11	黑河	金盆水库出库	黑河多鳞铲颌鱼国家级水产种质资源保护区	多鳞铲颌鱼、洛氏鱥、逆鱼
12		黑河入渭口	水生生物栖息地	—
13	涝峪河	涝峪河入渭口	—	
14	石川河	桃曲坡水库出库	—	泥鳅、大鳞副泥鳅
15		石川河入渭口	—	
16	沣河	秦渡镇	—	短须颌须鮈、餐条
17		沣河入渭口	水生生物栖息地	
18	浐河	浐河入灞口	—	
19	灞河	马渡王	水生生物栖息地	鲫、多鳞铲颌鱼、片唇鮈、麦穗鱼
20		灞河入渭口	重要产卵场	
21	零河	零河入渭口	—	
22	沈河	沈河入渭口	—	
23	赤水河	赤水河入渭口	—	
24	罗敷河	罗敷河入渭口	—	
25	泾河	景村站	—	马口鱼、粗壮高原鳅、棒花鱼
26		张家山站	—	
27		桃园站	水生生物栖息地	鲤、泥鳅、大鳞副泥鳅
28	北洛河	交口河	—	中华鳑鲏、马口鱼、贝氏高原鳅、泥鳅
29		状头	—	
30		北洛河入渭口	水生生物栖息地	黄尾鲴、餐条、麦穗鱼

4.7 小　结

本章以渭河干流目前划分的水文分区、水资源分区、水功能分区、水环境功能分区为基本单元，划分出水陆域生态环境功能耦合分区，即水环境功能分区。在此基础上，结合现状情况及其未来发展需求，提出渭河干流的生态环境治理的目标，通过加宽堤防、疏浚河道、整治河滩、水量调度、绿化治污、开发利用等措施，实现渭河"洪畅、堤固、水清、岸绿、景美"的治理目标，把渭河打造成关中防洪安澜的坚实屏障、路堤结合的滨河大道、清水悠悠的黄金水道、绿色环保的景观长廊、区域经济的产业集群，重现渭河新的历史辉煌。

　　渭河干流生态环境治理指标包括水生态修复、水景观工程建设、水环境治理，具体为：合计清滩总面积 280.43km²；建设湿地 32 处，总面积 1020.16 万 m²；建设蓄滞洪区两处，总面积 120km²；地下水允许最大开采量为 31 467 万 m³；临水侧防浪林长 195.8km，宽 50m，堤顶行道林长 475.6km，宽 6m，背水侧防护林长 474km，宽 30m；新建水面景观 22 处，合计面积 2297 万 m²；建设滨河公园 40 处，总面积 1874.7 万 m²；总共开发利用河道滩面 122.17km²；在生态基流保障的前提下，渭河干流杨凌以上段保持Ⅲ类水质（即主要污染物化学需氧量 20mm/L，氨氮 1mm/L），杨凌以下全段基本达到Ⅳ类水质（即主要污染物化学需氧量 30mm/L，氨氮 1.5mm/L），渭河入黄断面稳定达到Ⅳ类水质，实现水质基本变清。

第5章 渭河干流生态环境需水指标

基于第4章内容确定的分区以及生态环境治理目标，分别计算渭河干流生态基流、非汛期河道渗漏与蒸发量、重点断面产卵期生态流量过程、河道冲沙需水、湿地与景观生态需水、环境流量等，综合确定渭河干流各断面生态环境需水量及年内过程分配，以此作为渭河干流生态调度的目标。

5.1 生态基流计算

渭河干流中游主河槽不明显，下游主河槽深近20m，河道形态差异较大，生态流量不适合用水文学方法计算。本书从水生生物生存的需求考虑，用实测断面形态与鱼类生长所需水深进行计算。

5.1.1 过水断面深度与宽度的确定

根据渭河现状断面实测数据，点绘宝鸡峡—咸阳段、咸阳—泾河入口段以及泾河入口—潼关段的河道横断面图，见图5-1、图5-2与图5-3。在最大水深50cm时，宝鸡峡—咸阳段断面宽度是20~50m，咸阳—泾河入口段的断面宽是16~54m，泾河入口—潼关段的绝大部分断面宽是16~56m，只有渭淤断面1、渭淤断面2和渭淤断面37宽度在100m以上。因此，保证50m宽的河道水深50cm，再进行局部3个断面的整治，就可满足渭河鱼类生存需要。

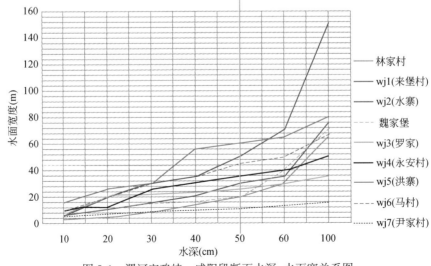

图 5-1　渭河宝鸡峡—咸阳段断面水深–水面宽关系图

| 134 |

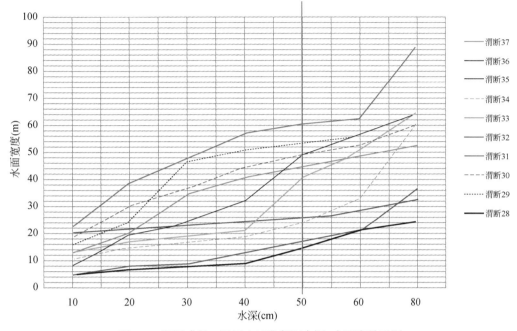

图 5-2　渭河咸阳—泾河入口段断面水深–水面宽关系图

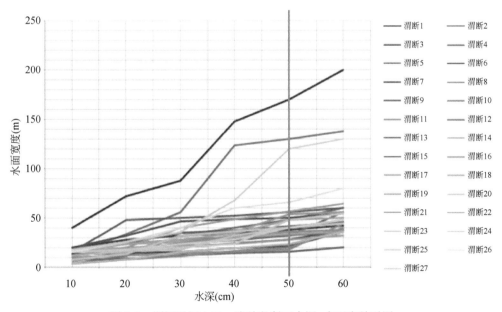

图 5-3　渭河泾河入口—潼关段断面水深–水面宽关系图

5.1.2 满足水生生物生存的河道基流

利用曼宁公式进行流速计算，曼宁公式：

$$V = \frac{1}{N} \times R^{2/3} \times J^{1/2} \qquad (5-1)$$

式中，N 为渭河河道天然糙率，根据天然沙砾石河床特性，取值为 0.038；R 为水力半径，渭河干流河道宽是深的 40~100 倍，水力半径取河道水深 0.5m；J 为比降，根据各河段起始断面计算。

考虑宽深比接近 100，所以用断面宽与水深的矩形面积计算流量。各断面生态基流量见表 5-1，泾河入渭以下断面形态接近，比降都比较缓，所以进行平均断面的计算。

表 5-1 基于基本水深（50cm）的生态基本流量

河段	断面编号	断面名称	比降	河宽（m）	流速（m/s）	流量（m³/s）
宝鸡峡—咸阳段	1#	渭河宝鸡农业、渔业用水区区首断面（小水河汇入断面）	0.002 23	20	0.78	7.83
	2#	渭河宝鸡市景观用水区区首断面（林家村水文站断面）	0.002 23	20	0.78	7.83
	3#	渭河宝鸡市景观用水区区首断面（金陵河入渭断面）	0.002 23	20	0.78	7.83
	4#	渭河宝鸡市排污控制区区首断面（千河入渭断面）	0.002 23	20	0.78	7.83
	5#	渭河宝鸡市过渡区区首断面	0.001 63	30	0.67	10.04
	6#	渭河宝眉工业、农业用水区区首断面（石头河入渭断面）	0.000 78	50	0.46	11.57
	7#	渭河宝眉工业、农业用水区魏家堡水文站断面	0.001 91	20	0.72	7.24
	8#	渭河杨凌农业、景观用水区区首断面	0.000 95	25	0.51	6.39
	9#	渭河咸阳工业用水区区首断面	0.001 32	35	0.60	10.54
咸阳—泾河入渭口段	10#	渭河咸阳工业用水区黑河入渭断面	0.000 91	60	0.50	15.00
	11#	渭河咸阳工业用水区涝河入渭断面（咸阳水文站断面上 2.55km）	0.000 9	16	0.49	3.90
	12#	渭河咸阳景观用水区区首断面	0.000 9	25	0.50	6.22
	13#	渭河咸阳排污控制区区首断面	0.000 9	25	0.50	6.22
	14#	渭河咸阳、西安过渡区区首断面（沣河汇入断面）	0.000 7	48	0.45	10.68
	15#	渭河临潼农业、渔业用水区区首断面	0.000 6	48	0.40	9.67

续表

河段	断面编号	断面名称	比降	河宽（m）	流速（m/s）	流量（m³/s）
咸阳—泾河入渭口段	16#	渭河临潼农业、渔业用水区灞河入渭断面	0.0012	54	0.58	15.75
	17#	渭河临潼农业、渔业用水区泾河入渭断面	0.0019	14	0.71	4.99
	18#	渭河临潼农业、渔业用水区临潼水文站断面	0.0002	60	0.22	6.54
泾河入渭口—潼关段	19#	渭河临潼农业用水区区首断面（石川河入渭断面）	0.0002	60	0.22	6.54
	20#	渭河临潼农业用水区零河入渭断面				
	21#	渭河临潼农业用水区沈河入渭断面				
	22#	渭河渭南农业用水区区首断面（华县水文站断面）				
	23#	渭河渭南农业用水区罗敷河入口断面				
	24#	渭河华阴缓冲区区首断面（北洛河汇入断面）				

从林家村水文站 2013 年实测结果中选水深接近计算水深 50cm 的流量值集中在 5~10m³/s，见图 5-4。

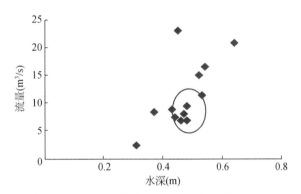

图 5-4 林家村实测平均水深与流量的关系图

5.2 非汛期河道渗漏与蒸发量

5.2.1 河道渗漏量计算

根据已有的研究结果（关中盆地地下水模型研究），关中盆地地下水局部超采，超采区与地下水流场见图 5-5 与图 5-6。

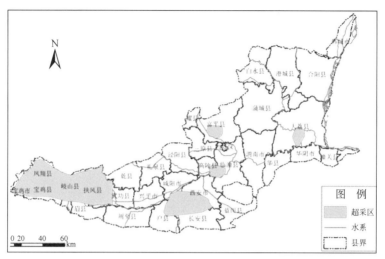

图 5-5　地下水位持续下降区

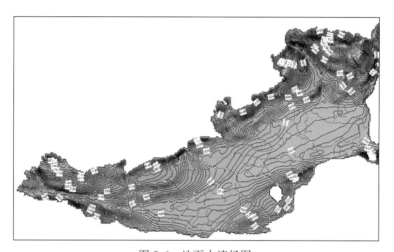

图 5-6　地下水流场图

根据该研究成果，采用渭河干流与其相邻网格的水头差，采用达西原理进行计算，其中渗透系数见图 5-7，水位与网格间距见表 5-2。

表 5-2　河流渗漏量

断面编号	枯水期河水位 h1（m）	枯水期地下水位 h2（m）	水位差 Δh（m）	渗透系数 K（m/d）	单元格间距（m）	格数	间距	水力梯度 J	V（m/d）	河流补地下 Q（m³/s）
1#	580.00	564.68	15.32	10.00	1 689.69	1.50	2 534.54	0.006 046	0.060	0.240
2#	582.04	553.00	29.04	10.00	1 689.69	1.50	2 534.54	0.011 459	0.115	4.002
3#	535.87	535.59	0.28	20.00	1 689.69	1.00	1 689.69	0.000 167	0.003	0.025
4#	514.60	514.53	0.07	15.00	1 689.69	1.00	1 689.69	0.000 039	0.001	0.003

续表

断面编号	枯水期河水位 h1（m）	枯水期地下水位 h2（m）	水位差 Δh（m）	渗透系数 K（m/d）	单元格间距（m）	格数	间距	水力梯度 J	V（m/d）	河流补地下 Q（m³/s）
5#	470.17	473.08	-2.91	15.00	1 689.69	—	0.00	-0.001 722	-0.026	—
6#	482.14	480.25	1.89	15.00	1 689.69	1.00	1 689.69	0.001 116	0.017	0.074
7#	422.99	418.76	4.22	15.00	1 689.69	3.00	5 069.07	0.000 833	0.013	0.546
8#	408.95	397.67	11.28	80.00	1 689.69	2.00	3 379.38	0.003 338	0.267	3.499
9#	395.00	392.59	2.41	80.00	1 689.69	2.00	3 379.38	0.000 713	0.057	1.655
10#	385.00	379.67	5.33	10.00	1 689.69	5.00	8 448.45	0.000 631	0.006	0.139
11#	386.06	386.22	-0.16	10.00	1 689.69	—	—	-0.000 097	-0.001	—
12#	373.95	386.42	-12.47	80.00	1 689.69	—	—	-0.007 382	-0.591	—
13#	381.89	385.73	-3.84	80.00	1 689.69	—	—	-0.002 271	-0.182	—
14#	368.65	369.81	-1.16	15.00	1 689.69	—	—	-0.000 687	-0.010	—
15#	366.17	361.73	4.44	15.00	1 689.69	2.00	3 379.38	0.001 314	0.020	0.202
16#	359.46	364.91	-5.45	60.00	1 689.69	—	—	-0.003 228	-0.194	—
17#	334.87	343.87	-9.00	60.00	1 689.69	—	—	-0.005 329	-0.320	—
18#	341.96	338.93	3.03	5.00	1 689.69	1.00	1 689.69	0.001 795	0.009	0.215
19#	340.27	336.35	3.92	5.00	1 689.69	3.00	5 069.07	0.000 773	0.004	0.066
20#	333.67	334.98	-1.31	50.00	1 689.69	2.00	—	-0.000 774	-0.039	—
21#	328.70	320.68	8.02	30.00	1 689.69	1.00	1 689.69	0.004 745	0.142	6.063
22#	319.17	318.32	0.85	30.00	1 689.69	4.00	6 758.76	0.000 125	0.004	0.196
23#	312.09	312.92	-0.84	30.00	1 689.69	1.50	2 534.54	-0.000 496	-0.015	—
24#	284.60	314.17	-29.57	30.00	1 689.69	1.00	1 689.69	-0.017 499	-0.525	—
合计										16.925

注：编号对应名称同表 5-1

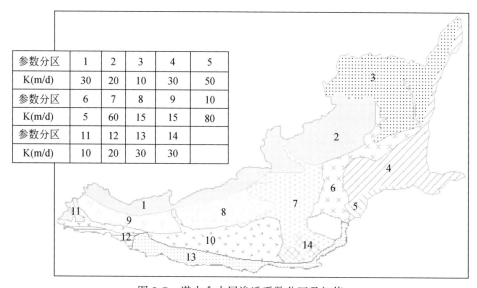

参数分区	1	2	3	4	5
K(m/d)	30	20	10	30	50
参数分区	6	7	8	9	10
K(m/d)	5	60	15	15	80
参数分区	11	12	13	14	
K(m/d)	10	20	30	30	

图 5-7　潜水含水层渗透系数分区及初值

5.2.2 河流渗漏量验证

选用林家村和魏家堡水文站 1974 年 1 月 1～31 日的流量数据，基本不受人类干扰，沿途汇入的河流包括千河（千阳站）、石头河（鹦鸽站）以及清姜河（益门镇站）、金陵河、清水河、伐鱼河、麦梨河等诸小河，金陵河与南山诸小河无水文站，其流量根据其他河流的控制面积按比例计算。

枯季流量从林家村到魏家堡大约需要 30 多小时，流量差计算错开一天时间，每天的流量差见表 5-3。

表 5-3 魏家堡和林家村枯季流量差比较

日期	1	2	3	4	5	6	7	8	9	10	11	12	13	14	15	16
林家村	0.15	0.15	0.15	0.15	0.11	0.11	0.11	0.11	0.11	0.11	0.11	0.11	0.11	0.11	0.11	0.11
魏家堡	4.23	4.23	4.23	3.55	4.57	4.57	4.57	4.57	4.57	3.95	3.95	3.37	3.95	3.95	4.57	4.57
鹦鸽	0.47	0.47	0.45	0.47	0.47	0.47	0.42	0.39	0.39	0.39	0.39	0.39	0.39	0.39	0.39	0.39
千阳	1.56	1.56	1.56	1.56	1.56	1.56	1.56	1.56	1.56	1.56	1.56	1.75	1.75	1.97	2.18	2.65
益门镇	0.26	0.26	0.23	0.21	0.26	0.21	0.23	0.26	0.32	0.51	0.32	0.32	0.37	0.44	0.37	0.37
金陵河	0.31	0.31	0.31	0.31	0.31	0.31	0.31	0.31	0.31	0.31	0.31	0.35	0.35	0.39	0.43	0.53
其他南山诸小河	1.88	1.88	1.8	1.88	1.88	1.88	1.68	1.56	1.56	1.56	1.56	1.56	1.56	1.56	1.56	1.56
流量差	—	0.4	0.29	1.01	0.06	−0.03	−0.21	−0.35	−0.32	0.49	0.3	1.11	0.58	0.91	0.47	1.04
日期	17	18	19	20	21	22	23	24	25	26	27	28	29	30	31	—
林家村	3.94	0.49	0.11	0.11	0.11	0.11	0.11	0.11	0.11	0.11	0.11	0.11	0.11	15.4	9.3	—
魏家堡	5.26	5.96	5.96	5.96	5.96	5.26	5.26	4.57	4.57	4.57	4.57	4.57	5.96	5.26	11.4	—
鹦鸽	0.39	0.39	0.39	0.39	0.39	0.39	0.39	0.39	0.39	0.39	0.39	0.39	0.37	0.37	0.37	—
千阳	2.41	2.41	2.41	2.41	2.18	2.41	2.41	2.41	2.18	2.18	2.41	2.18	2.18	2.41	2.18	—
益门镇	0.37	0.33	0.38	0.40	0.60	0.32	0.37	0.37	0.30	0.35	0.33	0.32	0.32	0.37	0.32	—
金陵河	0.48	0.48	0.48	0.48	0.44	0.48	0.48	0.48	0.44	0.44	0.48	0.44	0.44	0.48	0.44	—
其他南山诸小河	1.56	1.56	1.56	1.56	1.56	1.56	1.56	1.56	1.56	1.56	1.56	1.56	1.48	1.48	1.48	—
流量差	0.06	3.15	−0.25	−0.61	−0.68	0.01	0.06	0.75	0.41	0.46	0.71	0.43	−1.04	−0.04	8.79	—

根据流量差的计算，林家村至魏家堡段在最枯季仍存在较大的地表水补给地下水过程，不考虑 30 日来水量突然增大，一个月累计渗漏 80 万 m^3，平均渗漏量 $0.3 m^3/s$。

近 20 年来，从林家村到魏家堡一直处在宝鸡的超采区，考虑在生态流量的补给下，计算从林家村到魏家堡的渗漏量是 $4.1 m^3/s$。

5.2.3 河道蒸发量

根据渭河流域关中区域多个观测站点 1989~2009 年 1~12 月的蒸发量，求得各月的多年平均蒸发量，陕西省境内渭河干流河长按国家 1∶25 万地理数据库量测计，其中关中平原区域段为 379km。宝鸡峡至咸阳段河长 171km，河道宽，多沙洲，水流分散，在遥感图上进行多处采样量算，将宽度取均值，该段河道为 100m 宽；咸阳至潼关河长 208km，河道淤积宽广，该段河道取 200m 宽。渭河干流上游段蒸发量折算到以秒为单位，见表 5-4。根据计算结果，认为蒸发量对干流来水量影响极小，可以忽略不计。

表 5-4 渭河流域关中区域多年平均蒸发量

月份	观测站蒸发量（mm）	上游蒸发量（m³/s）	下游蒸发量（m³/s）	渭河干流合计（m³/s）
1	44.10	0.0029	0.0071	0.0100
2	62.08	0.0041	0.0100	0.0141
3	105.59	0.0070	0.0169	0.0240
4	139.09	0.0092	0.0223	0.0316
5	186.66	0.0124	0.0300	0.0423
6	215.79	0.0143	0.0346	0.0490
7	217.75	0.0144	0.0349	0.0494
8	157.07	0.0104	0.0252	0.0356
9	105.60	0.0070	0.0169	0.0240
10	82.06	0.0054	0.0132	0.0186
11	62.22	0.0041	0.0100	0.0141
12	43.81	0.0029	0.0070	0.0099
合计	1421.81	0.0943	0.2282	0.3225

5.3 重点断面产卵期生态流量过程

5.3.1 鱼类产卵条件分析

鱼是水生生态系统的顶级生物，鱼类繁殖是鱼类生活史中的重要一节，因而保证有满足其繁殖条件的产卵场是维持水生态系统的重要措施。

5.3.1.1 渭河鱼类产卵习性

渭河流域鱼类按照繁殖习性大致可分为产漂流性卵、产黏性卵、产沉性卵、产浮性卵和产卵于软体动物体内五类。

1. 产漂流性卵的鱼类

渭河流域产漂流性卵的鱼类有青、草、鲢、鳙，以及铜鱼、北方铜鱼、银鲴、翘嘴红鲌、蛇鮈、鳡等。

漂流性卵的比重大于水，吸水后围卵腔增大，故可漂流在流水层中，在静水中则下沉水底。

产漂流性卵鱼类一般栖息于江河和湖泊的中下层，在江河干流的河流汇合处、河曲、激流处产卵，卵随水流而下。在孵化后，幼鱼再进入湖泊或河流的支流中发育，成熟后返回干流。

2. 产黏性卵的鱼类

渭河流域产黏性卵的鱼类主要有三角鲂、团头鲂、鲤、鲫、红鳍鲌、马口鱼、花鱼骨、唇鱼骨、拉氏鱥、白鲦、麦穗鱼等。

黏性卵入水后具黏性，黏附在水草、木块和石块等物体上。产黏性卵鱼类的产卵场可以分为两类，一类是在静水缓流中产黏性卵的鱼类，如鲤、鲫、红鳍鲌、团头鲂、三角鲂、鲇、白鲦等，产卵场往往分布有水生植物，多是湖湾河湾等江河湖泊的缓流区或河川沿岸水草丛生的浅水区。另一类则是在急流滩上产卵，如拉氏鱥、唇鱼骨等，产卵场为多分布砾石的激流处等。

3. 产沉性卵的鱼类

渭河流域产沉性卵的鱼类主要有秦岭细鳞鲑、多鳞铲颌鱼、宽鳍鱲等。

沉性卵比重大于水但不具黏性，故沉在水底埋在沙砾中。因此产沉性卵鱼类的产卵场一般分布在水质清新、低温、高氧及沙砾质基质的河段。

本流域的秦岭细鳞鲑和多鳞铲颌鱼的产卵场多在山涧溪流中产卵。

4. 产浮性卵的鱼类

渭河流域产浮性卵的鱼类种类较少，有乌鳢和黄鳝。

浮性卵比重小于水，依靠油球依附于水表面。黄鳝卵是个特例，虽比重大于水，但附于亲鱼口腔分泌"泡沫团"浮于水中，黄鳝多栖息于稻田和沟塘中。乌鳢在陕西合阳洽川的黄河湾湿地分布较多，在淡水江河、湖泊、沟塘、池沼中均产，产卵场一般分布在水草茂盛的浅水区。

5. 产卵于软体动物内的鱼类

产卵于软体动物内的鱼类主要为鳑鲏亚科的鱼类，如中华鳑鲏、高体鳑鲏、彩石鳑、兴凯刺鳑鲏等，渭河流域约有10种左右。该亚科鱼类多栖息于溪流或者江河缓流浅水湖泊中水草较茂盛地区，为小型鱼类，在淡水蚌类的外套腔内产卵。

5.3.1.2 产卵条件综合分析

泾河入渭以下底质为细沙，沉性卵或漂流性卵沉水后，容易被泥沙覆盖，导致缺氧无法孵化。

对产黏性卵鱼类的保护需要在特定缓流区河段对水生植被进行保护，以提供产卵后黏性卵的附着物，这就需要保护河流的边滩。在保护区保护的同时，应对保护鱼类的洄游通道进行保护，保证在产卵期可以洄游到产卵场。

根据泾河入渭以上河段在河道深 60cm 时都有突然变宽的特点，说明在这个深度都有小边滩存在。从林家村的断面来看，水深 60cm，可以覆盖近 70m 宽的边滩。

5.3.2 产卵期生态需水过程

（1）根据水文站实测数据推算。依据横断面覆盖大部分边滩的水位是 601.2m，根据水文站水位流量关系分析对应流量为 5.9m³/s。

（2）计算产卵期最小流量。根据断面形态计算，水深 0.6m 时，产卵期流量 16m³/s。

（3）流量脉冲过程。产卵期 3~6 月林家村断面天然流量过程与现状流量过程（图 5-8）都具有 2 个较明显的脉冲，产卵期生态流量过程取 16m³/s、历时 7 天两个脉冲。

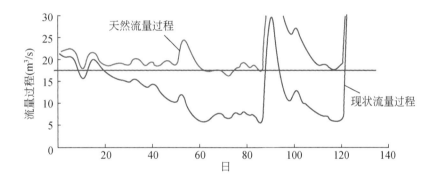

图 5-8 林家村断面 3~6 月天然与实测流量日过程

5.4 河道输沙需水

5.4.1 关键断面冲淤变化分析

渭河下游的冲淤变化与三门峡水库建设和运行调度密切相关。自三门峡水库建库以来，泥沙淤积不断发展，河道滩面上延抬升，"悬河"态势仍在加剧。1960~2009 年汛后渭河下游淤积体分布统计见表 5-5。

表 5-5　渭河下游淤积体分布表

时期		时段	渭河下游分段淤积体（亿 m³）					
			渭拦–渭淤 1	渭淤 1-10	渭淤 10-26	渭淤 26-28	渭淤 28-37	渭拦-渭淤 37
二期改建以前		1960.4 ~ 1973.10	0.3963	6.6307	3.0685	−0.0021	−0.0188	10.0746
蓄清排浑运用期	其中	1973.10 ~ 1981.10	0.0591	0.0449	−0.2173	0.1103	0.0711	0.0681
		1981.10 ~ 1991.10	0.0567	0.2624	0.0163	−0.0337	−0.0053	0.2964
		1991.10 ~ 2000.10	0.0561	1.3737	0.7938	0.0892	0.0885	2.4013
		2000.10 ~ 2002.10	0.0321	0.2694	0.1041	−0.0375	0.0097	0.3778
		2002.10 ~ 2009.10	−0.0550	−0.3000	0.4140	−0.0248	−0.5096	−0.4754
		1973.10 ~ 2002.10	0.204	1.9504	0.6969	0.1283	0.164	3.1436
		1973.10 ~ 2009.10	0.149	1.6504	1.1109	0.1035	−0.3456	2.6682
建库以来		1960.4 ~ 2009.10	0.5453	8.2811	4.1794	0.1014	−0.3644	12.7428

可以看出，建库初至 2009 年汛后，渭河下游共淤积泥沙 12.74 亿 m³。就发生时段而言，二期改建以前（1960 年 4 月至 1973 年 10 月）淤积 10.07 亿 m³，1973 年 10 月至 1981 年 10 月淤积 0.068 亿 m³，1981 年 10 月至 1991 年 10 月淤积 0.296 亿 m³，1991 年 10 月至 2000 年 10 月淤积 2.401 亿 m³，2000 年 10 月至 2002 年 10 月淤积泥沙达 0.378 亿 m³，2002 年 10 月至 2009 年 10 月冲刷泥沙 0.475 亿 m³。

就沿程分布而言，建库以来渭淤 10 断面以下河段淤积 8.826 亿 m³，占总淤积体的 69.3%，渭淤 10~26 断面间淤积 4.179 亿 m³，占总淤积体的 32.8%。渭河下游单位河长冲淤分布也反映了这种溯源淤积特征（图 5-9）。

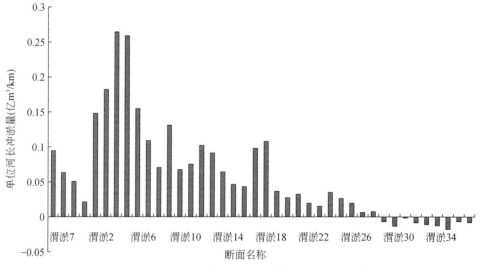

图 5-9　渭河下游（1960~2009 年）单位河长冲淤分布

就断面横向分布而言，自 1971 年汛后至 2003 年汛后，渭河下游渭拦 5—渭淤 37 断面淤积泥沙 3.961 亿 m³, 其中河槽淤积量 0.861 亿 m³, 占 21.7%, 滩地淤积量 3.10 亿 m³, 占 78.3%。

1. 泥沙淤积的横向分布

从淤积的横向分布来看, 泥沙主要淤积在滩地上, 图 5-10 给出了典型断面 1960 年汛前至 2001 年汛后间河床横断面变化。数千米宽的滩地上普遍抬高了 3 ~ 5 m, 河槽也变得窄小, 滩地淤积量约占总淤积量的 90%, 主槽淤积相对很小。

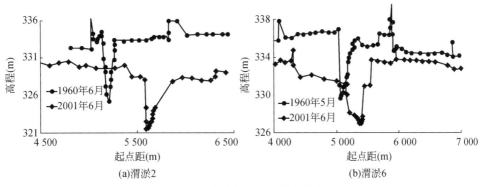

图 5-10　典型断面河床淤积分布

2. 特征水位与平槽过洪能力

依据 2003 ~ 2009 年渭河下游各水文水位站实测资料, 分析各站汛后常水位 ($Q = 200$m³/s) 见表 5-6。可以看出, 耿镇至临潼河段, 常水位总的趋势是降低的, 耿镇站降低了 1.17m, 临潼站降低了 0.56m; 交口至华县河段, 常水位是抬升的, 抬升值为 0.30 ~ 0.66m; 陈村至吊桥河段, 常水位有所下降, 下降值为 0.04 ~ 0.29m。2003 ~ 2009 年汛后各站平槽过洪能力分析见表 5-7。可知, 2003 年汛后以来, 临潼、华县站平槽过洪能力变化不大, 分别为 3200m³/s、2500m³/s 左右。

表 5-6　**2003 ~ 2009 年汛后渭河下游常水位变化表**　　　　（单位: m）

年份	耿镇	临潼	交口	渭南（二）	华县	陈村	吊桥
2003	357.36	353.28	345.51	341.88	336.49	332.44	329.28
2004	356.87	353.14	345.96	341.96	336.54	332.79	329.36
2005	356.82	353.13	346.03	342.08	336.28	332.14	328.99
2006	356.40	352.96	345.63	342.02	336.37	332.8	328.42
2007	356.56	352.95	346.29	341.97	336.46	332.74	328.62
2008	356.40	352.86	346.86	342.36	336.89	333.08	328.67
2009	356.19	352.72	345.81	342.24	337.15	332.40	328.99
升降值	-1.17	-0.56	0.30	0.36	0.66	-0.04	-0.29

表5-7 渭河下游各站2003～2009年汛后主槽过洪能力变化表

（单位：m, m³/s）

年份	站名	咸阳	耿镇	临潼	交口	渭南	华县	陈村	华阴
2003	平槽高程	386.0	360.5	357.5	350.9	346.6	341.3	337.0	333.2
	过洪能力	1500	3000	3300	3400	2700	2700	2500	2800
2004	平槽高程	386.0	360.5	357.5	350.9	346.6	341.3	337.0	333.2
	过洪能力	1700	2750	3300	3180	3200	2650	2600	2400
2005	平槽高程	386.0	360.5	357.5	350.9	346.6	341.3	337.0	333.2
	过洪能力	2000	2800	3400	3200	3200	2650	2650	2500
2006	平槽高程	386.0	360.5	357.5	350.9	346.6	341.3	337.0	333.2
	过洪能力	2000	2800	3200	3000	2480	2500	2500	2500
2007	平槽高程	386.0	360.5	357.5	350.9	346.6	341.3	337.0	333.2
	过洪能力	2000	3400	3400	2700	2700	2800	2500	2500
2008	平槽高程	386.0	360.5	357.5	350.9	346.6	341.3	337.0	332.2
	过洪能力	2000	3200	3200	2800	2800	2500	2500	2400
2009	平槽高程	386.0	360.5	357.5	350.9	346.6	341.3	337.0	332.2
	过洪能力	2000	3200	3200	2800	2700	2400	2400	2200

5.4.2 输沙需水量及其过程

输沙水量是河道治理和水资源配置过程中，减轻河道淤积、维持河道稳定与提高河道输沙能力的重要的控制指标。为此保持干流河道一定的输沙水量显得尤为重要。

输沙水量的计算方法：输沙水量是指在一定河段内，一定来水来沙条件下，将全部或部分泥沙输移至下一河段所需要的水量。视水沙条件、输沙效率的不同，输沙水量是净水量的部分或全部，它特指净水量中用来输移泥沙的那部分水量。计算输沙水量必须考虑输沙效率，而输沙效率与河道冲淤密切相关。如果整个河段内发生冲刷，则输沙水量小于净水量。如果整个河段内冲淤平衡或泥沙淤积，则意味着净水量全部用于泥沙输移，此时输沙水量等于净水量。根据上述原理河道输沙水量可按式（5-2）和式（5-3）计算：

$$W' = \eta^{\alpha} \cdot W_w \tag{5-2}$$

$$W_w = W - W_s / \gamma_s \tag{5-3}$$

式中，W'为输沙水量（m³）；η为输沙效率；α为指数（其值由输沙效率η确定）；W_w为净水量（m³）；W为径流量；W_s为输沙量（t）；γ_s为泥沙容重（通常取为2.65t/m³）

输沙水量的计算方法可分为输沙量法、含沙量法和冲淤比修正法，输沙效率η及系数α可分别按输沙量法、含沙量法和冲淤比修正法确定。

输沙量法中的输沙效率η_1和含沙量法中的输沙效率η_2可分别由式（5-4）和式（5-5）表达：

$$\eta_1 = W_{s进} / W_{s出} \tag{5-4}$$

$$\eta_2 = S_{进} / S_{出} \tag{5-5}$$

式中，$W_{s进}$ 和 $W_{s出}$ 分别为进、出口站输沙量（t），$S_{进}$ 为进入河段的含沙量（kg/m^3），$S_{出}$ 流出河段的含沙量（kg/m^3）。当 $\eta_1 < 1$ 时，进口站输沙量 $W_{s进}$ 小于出口站输沙量 $W_{s出}$，河段冲刷，取 $\alpha = 1$；当 $\eta_1 \geqslant 1$ 时，进口站输沙量 $W_{s进}$ 大于或等于出口站输沙量 $W_{s出}$，河段淤积或冲淤平衡，取 $\alpha = 0$。当 $\eta_2 < 1$ 时，进口站含沙量小于出口站含沙量，河段冲刷，取 $\alpha = 1$；当 $\eta_2 \geqslant 1$ 时，进口站含沙量大于或等于出口站含沙量，河段淤积或冲淤平衡，取 $\alpha = 0$。

因冲淤平衡状态是一个范围，通常难以精确把握，对黄河下游这种淤积性河道，可适当放宽对冲淤平衡状态的要求，如认为淤积比等于 0.1 或 0.2 时河道近似处于冲淤平衡状态（即 $\eta'_{临界} = 0.1$ 或 0.2），引入与 $\eta'_{临界}$ 相关的冲淤比修正系数 A，计算不同淤积比时的输沙水量。

$$W' = (A \cdot \eta)^{\alpha} \cdot W_w \tag{5-6}$$
$$A = 1 - \eta'_{临界} \tag{5-7}$$

冲淤比修正法中的净水量 W' 和输沙效率 η 分别由式（5-6）和式（5-7）计算，冲淤比 η' 则由式（5-8）计算：

$$\eta' = \Delta W_s / W_{s进} = (W_{s进} - W_{s出}) / W_{s进} \tag{5-8}$$

式中，$W_{s进}$、$W_{s进}$ 分别为河段进口和出口输沙量（t）。

冲淤比 η' 与输沙效率 η 之间存在如下关系：

$$\eta = 1/(1 - \eta') \tag{5-9}$$

由于渭河下游河势变化剧烈，且取水点分布较多，运用输沙量法和冲淤比修正法泥沙输移量计算受傍岸取水影响较大。研究采用含沙量法计算输沙效率。应用该方法对渭河下游输沙需水量做了计算。采用咸阳站、张家山站、临潼站、状头站和华县站水文泥沙资料计算渭河下游的临潼、华县两个断面，时间尺度为三个代表年的年内月均需水量，分 $p = 25\%$（2003 年）、$p = 50\%$（1990 年）、$p = 75\%$（2007 年）。计算结果分析表明：渭河各断面汛期月均输沙需水量大于非汛期月均输沙需水量。相较而言，在不同代表年的汛期和非汛期，从临潼断面至华县断面输沙需水量在增加。在丰水年（$p = 25\%$），渭河下游临潼、华县断面年输沙需水量分别为 78.69 亿 m^3 和 83.77 亿 m^3；在平水年（$p = 50\%$），渭河下游临潼、华县断面年输沙需水量分别为 75.82 亿 m^3 和 75.96 亿 m^3；在枯水年（$p = 75\%$），渭河下游临潼、华县断面年输沙需水量分别为 30.68 亿 m^3 和 39.99 亿 m^3。由丰水年到枯水年，渭河下游各断面年输沙需水量变小。具体计算结果见表 5-8。

表 5-8 渭河下游主要断面输沙需水量表

代表年	断面	输沙需水量过程（亿 m^3）												合计	汛期（6~10 月）
		1 月	2 月	3 月	4 月	5 月	6 月	7 月	8 月	9 月	10 月	11 月	12 月		
$p = 25\%$（2003 年）	临潼	0.01	0.06	0.04	1.24	1.74	0.28	3.37	12.64	24.48	23.50	6.80	4.53	78.69	64.27
	华县	1.02	0.90	0.80	1.99	1.27	0.47	3.85	11.17	29.44	27.80	1.09	3.97	83.77	72.73

代表年	断面	输沙需水量过程（亿 m³）													
		1 月	2 月	3 月	4 月	5 月	6 月	7 月	8 月	9 月	10 月	11 月	12 月	合计	汛期（6 ~ 10 月）
$p=50\%$（1990 年）	临潼	1.49	1.93	4.94	5.88	9.59	3.95	14.41	8.60	11.60	8.61	3.19	1.64	75.82	47.17
	华县	0.48	1.24	4.18	5.31	10.17	4.19	14.70	9.28	11.51	9.40	4.09	1.42	75.96	49.08
$p=75\%$（2007 年）	临潼	0.17	0.01	0.03	0.00	0.27	1.04	5.88	7.19	6.31	9.16	0.61	0.01	30.68	29.58
	华县	0.14	1.17	2.06	1.00	0.69	1.09	7.37	6.69	5.27	9.08	3.62	1.82	39.99	29.50

计算结果分析表明：丰水年（$p=25\%$）渭河下游临潼、华县断面年输沙量分别为 2.9557 亿 t 和 2.995 亿 t；在平水年（$p=50\%$），分别为 2.4977 亿 t 和 2.9477 亿 t；在枯水年（$p=75\%$），分别为 0.7060 亿 t 和 0.9198 亿 t。输沙过程见表 5-9。渭河下游各断面输沙过程基本集中在 6 ~ 10 月，占全年输沙量的 97% 以上。

因冲淤平衡状态是一个范围，通常难以精确把握。渭河下游河道依据三门峡水库运行以来经历的"蓄水拦沙"（1960 年 9 月至 1962 年 3 月）、"滞洪排沙"（1962 年 3 月至 1973 年 10 月）和"蓄清排浑"（1973 年 11 月至今）等不同运行阶段，可以分为快速淤积、淤积和轻微淤积的变化阶段。目前在不同的水文年，多表现为轻微淤积、轻微冲刷交替出现但以淤积为主的情况。自三门峡水库开始"蓄清排浑"运行以来，渭拦-渭淤 37 河段间累计淤积 2.6682 亿 m³，约 4.27 亿 t。年平均淤积量约为 0.08 亿 t。根据上述情况，多年平均状态下的输沙需水量可只考虑汛期的输沙需水量。渭河下游主要断面输沙需水量如表 5-10 所示。

表 5-9　渭河下游主要断面输沙量过程表

代表年	断面	输沙量过程（万 t）													
		1 月	2 月	3 月	4 月	5 月	6 月	7 月	8 月	9 月	10 月	11 月	12 月	合计	汛期（6 ~ 10 月）
$p=25\%$（2003 年）	临潼	10	8	6	136	20	4	3 081	18 378	4 074	3 789	34	17	29 557	29 324
	华县	0	0	0	244	78	1	2 937	15 072	5 438	5 924	208	48	29 950	29 372
$p=50\%$（1990 年）	临潼	1	3	145	118	841	664	8 536	6 914	6 590	1 076	85	3	24 977	23 781
	华县	0	8	215	189	1 326	349	8 743	8 216	8 027	2 221	178	5	29 477	27 556
$p=75\%$（2007 年）	临潼	1	14	29	18	9	8	2 525	2 537	1 242	637	27	14	7 060	6 949
	华县	6	2	16	3	0	9	2 919	3 125	1 835	1 212	62	10	9 198	9 099

表 5-10 渭河下游主要断面输沙需水量表

代表年	断面	输沙需水量过程（亿 m³）					
		6 月	7 月	8 月	9 月	10 月	合计
p=25% (2003 年)	临潼	0.28	3.37	12.64	24.48	23.50	64.27
	华县	0.47	3.85	11.17	29.44	27.80	72.73
p=50% (1990 年)	临潼	3.95	14.41	8.60	11.60	8.61	47.17
	华县	4.19	14.70	9.28	11.51	9.40	49.08
p=75% (2007 年)	临潼	1.04	5.88	7.19	6.31	9.16	29.58
	华县	1.09	7.37	6.69	5.27	9.08	29.50

5.4.3 输沙水量合理性分析

5.4.3.1 已有研究成果

宋进喜等以水文频率分析为基础，通过对渭河陕西段近 40 年（1960～2000 年）平均年径流量的分析计算，选定丰水年（p=25%，1963 年）、平水年（p=50%，1990 年）、枯水年（p=75%，1982 年）和特枯水年（p=90%，1979 年），作为典型代表年。基于对河流输沙运动特性的分析，认为最小河流输沙需水量是当河流输沙基本上处于冲淤平衡状态时输送单位重量的泥沙所需要的水量，通过河段进口即上游断面水流挟沙力（Su^*）与含沙量（Su）比较，分 $Su \leqslant Su^*$ 和 $Su > Su^*$ 两种情况，分别建立了最小河段输沙需水量的计算方法。应用该方法对渭河下游输沙需水量做了计算。计算的空间尺度为渭河下游的咸阳、临潼、华县三个断面，时间尺度为四个代表年的年内月均需水量。计算结果分析表明：渭河各断面汛期月均输沙需水量大于非汛期月均输沙需水量。相比较而言，在不同代表年的汛期和非汛期，从咸阳断面至华县断面输沙需水量在增加。在丰水年（p=25%），渭河下游咸阳、临潼、华县等 3 个断面年输沙需水量分别为 63.67 亿 m³、97.95 亿 m³ 和 103.25 亿 m³；在平水年（p=50%），渭河下游咸阳、临潼、华县等 3 个断面年输沙需水量分别为 49.71 亿 m³、83.27 亿 m³ 和 85.08 亿 m³；在枯水年（p=75%），渭河下游咸阳、临潼、华县等 3 个断面年输沙需水量分别为 30.17 亿 m³、55.14 亿 m³ 和 65.32 亿 m³；在特枯水年（p=90%），渭河下游咸阳、临潼、华县等 3 个断面年输沙需水量分别为 23.96 亿 m³、37.91 亿 m³ 和 38.92 亿 m³。由丰水年到枯水年，渭河下游各断面年输沙需水量变小。

国务院批复的《渭河流域近期重点治理规划》中提出渭河下游河道淤积 0.1 亿 m³ 时，汛期输沙用水量为 45 亿 m³；张翠萍等在《渭河下游河道近期冲淤概况及输沙水量初步分析》一文中采用输沙用水量与含沙量相关法、输沙率法、平均水量法等多种方法计算得：渭河下游淤积 0.1 亿 m³，汛期需要输沙用水量为 45 亿 m³ 左右；杨丽丰等根据一维恒定流非饱和输沙方程和渭河下游的来水来沙特点和冲淤规律，建立了渭河下游汛期输沙用水量计算公式计算得出同等淤积水平下，汛期输沙用水量为 43.0 亿～48.6 亿 m³（对应华县平滩流量为 1500 ~ 3000m³/s）。

张翠萍等采用单位输沙水量与来水含沙量相关法、输沙率与流量相关法、平均单位输沙量法等研究得出，在渭河下游多年平均淤积水平条件下，华县站年输沙水量需要 51 亿 m³，其中汛期为 45 亿 m³，6 月份为 6 亿 m³。

王菊翠等取 1964 ~ 1983 年这一时期的水文资料，通过水沙特性分析，采用公式 Wsand = St /Cmax（式中，Wsand 为输沙用水量，St 为多年平均输沙量，Cmax 为多年最大月平均含沙量的平均值）计算得出渭河下游河流输沙需水量为 38.1424 亿 m³。

王会肖等使用最大月输沙法和均衡输沙计算法，利用 1935 ~ 1969 年的水沙资料计算了渭河下游输沙需水量。其中采用最大月平均含沙量法计算的输沙需水量为 29.123 亿 m³，采用汛期平均含沙量法计算的输沙需水量为 57.033 亿 m³。

5.4.3.2　合理性分析

从已有成果的分析看，计算河流输沙需水量的方法各异，研究得出的输沙需水量变化范围较大，以华县断面为例，年输沙需水量位于 38.14 亿 ~ 103.25 亿 m³。本书得出的各断面输沙需水量处于合理区间之内。

5.4.4　输沙用水调控原则

根据对渭河下游河道输沙需水量分析，可采用以下输沙用水调控原则。

（1）优先选用输沙效率高的平滩流量进行输沙过程调控。需要指出的是，一般认为河流输沙效率最高的情况出现在满河槽洪水的情况下，超过这个流量的洪水虽然流量较大，但是由于漫滩水流输沙效率大大降低，其河水输沙效率也将大大降低。因此，开展输沙调度的关键在于形成平滩流量洪水，提高河水的输沙效率。

（2）在高效输沙的具体过程中，还应注意以下几点：①避免流量过程的"坦化"，应在水流强度较大的情况下集中输沙；②即使是按冲淤平衡的水沙条件调控，也应保证下游河道维持相对稳定的流量，以免因流量沿程衰减导致河道淤积；③使流量过程维持足够的时间，确保下游河道输沙顺畅。

总之，河流输沙需水量是随来水来沙及河床演变等条件的变化而变化的。近年来，渭河水量减少明显，而沙量减少并不稳定。多沙区发生大暴雨的年份，综合治理的减沙作用减弱；多沙区发生小暴雨的年份，综合治理的减沙作用就强。因此，来沙量大时，输沙需水量就大。渭河河川径流的补给形式决定了渭河径流量年际、年内分布不均。而不同的水沙条件和河床条件使得输沙需水量也各不相同。由于渭河河床边界条件在发生变化，尤其是渭河下游随着泥沙累积淤积及潼关高程等影响其变化更加明显，这样，在不同的时期，即使在相同的来水来沙条件下，其水流挟沙能力也不尽相同，其冲淤变化也不完全一样。因此，由过去年份实测资料而计算的输沙需水量并不能完全反映未来相应频率年输沙需水量，只能作为渭河水资源开发利用保护及渭河生态环境治理改善等方面中的参考数据。

5.5 湿地与景观生态需水

5.5.1 湿地生态需水

湿地都为支流入渭形成的河口湿地，其需水是针对各支流的来水，其中，河口湿地需水为流量过程，湿地公园主要保障湿地水量消耗。其中，各支流的生态基流取所在支流天然径流量的 10%，重要湿地产卵期流量取支流天然年径流的 30%；湿地公园需水考虑水量消耗与水域的换水周期，换水周期按两个月计算，湿地植被与水面的比例按 7∶3 计算，计算湿地公园年需要补水量 2482 万 m³，见表 5-11。

表 5-11 湿地生态需水

序号	所属水系	湿地名称	面积（万 m²）	生态基流（m³/s）	产卵期流量（m³/s）	湿地公园补水（万 m³）	备注
1	金陵河	金陵河入渭河口湿地	16.5			70	
2	茵香河	茵香河入渭河口湿地	15.7			67	
3	清水河	清水河入渭河口湿地	13			55	
4	千河	千河入渭河口湿地	101	1.56			*
5	雍峪河	雍峪河入渭河口湿地	16.5			70	
6	同峪河	同峪河入渭河口湿地	15.7			67	
7	石头河	石头河入渭河口湿地	88.3	1.51			
10	霸王河	霸王河入渭口生态湿地	47.9			203	*
11	饮马河	饮马河入渭河口湿地	42.4			180	
12	西沙河	西沙河入渭河口湿地	95			403	
13	汤峪河	汤峪河入渭河口湿地	103			437	
14	磻溪河	磻溪河入渭河口湿地	17.5			74	
15	伐鱼河	伐鱼河入渭河口湿地	16			68	
16	马尾河	马尾河入渭河口湿地	16.4			70	
17	清水河	清水河口湿地公园	4.46			19	
18	漆水河	漆水河湿地	5	0.79			
19	黑河	黑河入渭河口湿地公园	12	2.31			*
20	涝河	涝河入渭口活水湿地公园	5	0.63			*
21	新河	新河入渭河口湿地公园	42			178	
22	沣河	沣河入渭河口湿地公园	9	1.54			
23	皂河	皂河入渭河口湿地公园	14				
24	灞河泾河	灞河泾河入渭河口重要湿地	58	8.38	25.14		*

序号	所属水系	湿地名称	面积 （万 m²）	生态基流 （m³/s）	产卵期流量 （m³/s）	湿地公园 补水（万 m³）	备注
25	遇仙河	遇仙河入渭河口湿地公园	15			64	
26	石堤河	石堤河入渭河口湿地公园	28			119	
27	罗纹河	罗纹河入渭河口湿地公园	21			89	
28	方山河	方山河入渭河口湿地公园	18			76	
29	罗敷河	罗敷河入渭河口湿地公园	18			76	
30	柳叶河	柳叶河入渭河口湿地公园	6			25	
31	长涧河	长涧河入渭河口湿地公园	17			72	
32	三河口	三河口汇流湿地	11				

＊表示重要产卵场

5.5.2 水面景观生态需水

5.5.2.1 河道景观换水周期

按照渭河干流水功能区划分标准，各水景观的汇入水质一般在Ⅲ类、Ⅳ类，且管理较为完善，生活垃圾的干扰较少，属于较优水质。水体交换周期是自然界水文循环的效应反映，参照其他类似人工景观和湖泊的换水周期，以景观水深平均2.5m计，换水周期确定为60天左右，以更好地保证水质和景观效果。

5.5.2.2 河道景观生态需水

通过以上分析，结合各水景观的实际情况和规划目标，确定了各景观的容积和换水周期，进而确定各景观的生态流量，具体见表5-12。

表5-12 各景观的生态流量

工程名称	生态断面位置	水面面积 （万 m²）	水深 （m）	景观容积 （m³）	换水周期 （d）	生态流量 （m³/s）
金渭湖生态景观工程	1-2	140	2.5	350	60	0.68
石鼓山水面工程	2-3	67	2.5	167.5	60	0.32
杨凌水上运动中心	7-8	46	5.0	230	60	0.44
咸阳湖	10-11-12	120	2.0	240	60	0.46
虢镇水面工程	3-4	130	2.5	325	60	0.63
龚刘水面工程	5-6	80	2.5	200	60	0.39
眉县北湖	6-7	20	2.5	50	50	0.12
梯级蓄水工程	7-8	160	2.5	400	60	0.77
共计	—	—	—	1962.5	—	3.81

5.6 环 境 流 量

根据已有成果，渭河水环境功能区的设计流量见表 5-13。该流量的计算，是根据 1956~2005 年已有水文站的实测流量资料，对历年最枯月流量进行统计，将其从大到小排列，将频率计算结果点绘成对数频率曲线，用 p-Ⅲ 型曲线与之适配，根据 p-Ⅲ 型曲线查 90%、75%、50% 保证率所得流量。

表 5-13　渭河干流功能区各保证率最枯月设计流量、流速成果表

水功能区		设计流量（m³/s）			设计流速（m/s）		
一级	二级	90% 保证率	75% 保证率	50% 保证率	90% 保证率	75% 保证率	50% 保证率
宝鸡渭南开发利用区	宝鸡农业用水区	7.47（0.34）	10.57（0.34）	15.67（0.35）	0.57（0.36）	0.60（0.36）	0.63（0.36）
	宝鸡景观用水区	7.47（0.34）	10.57（0.34）	15.67（0.35）	0.57（0.36）	0.60（0.36）	0.63（0.36）
	宝鸡市排污控制区	7.47（0.34）	10.57（0.34）	15.67（0.35）	0.57（0.36）	0.60（0.36）	0.63（0.36）
	宝鸡市过渡区	7.47（0.34）	10.57（0.34）	15.67（0.35）	0.57（0.36）	0.60（0.36）	0.63（0.36）
	宝眉工业、农业用水区	3.33	4.82	9.34	0.38	0.40	0.46
	杨凌农业、景观用水区	3.33	4.82	9.34	0.38	0.40	0.46
	咸阳工业用水区	3.33	4.82	9.34	0.38	0.40	0.46
	咸阳市景观用水区	8.10	12.10	20.29	0.37	0.39	0.42
	咸阳排污控制区	8.10	12.10	20.29	0.37	0.39	0.42
	咸阳西安过渡区	8.10	12.10	20.29	0.37	0.39	0.42
	临潼农业用水区	18.85	25.83	37.41	0.54	0.55	0.57
	渭南农业用水区	12.09	18.05	28.68	0.32	0.33	0.35

注：括号中的数字为林家村不加渠道计算的结果

研究试图了解各功能区现状排污负荷下的流量要求，根据渭河干流各分区段的现状废污水排放量以及污染物 COD 与 NH_3-H 排放量，采用水质模型，计算下游水功能水质目标条件下的各断面流量。对于一般河流来说，其深度和宽度相对于它的长度是非常小的，排入河流的污水，经过一段距排污口很短的距离，便可在断面上混合均匀。因此，绝大多数的河流水质计算常常简化为一维水质问题，即假定污染浓度在断面上均匀一致，只随流程方向变化。本次计算选用一维水质模型，各单元的降解系数需要根据水流条件相应变化。推求方法如下：

忽略弥散项的稳态一维移流扩散方程：

$$\bar{u} \frac{\partial C}{\partial X} = -k \cdot C \tag{5-10}$$

解得：

$$C(x) = C_0 \exp(-k \cdot x/u) \tag{5-11}$$

式中，$C(x)$ 为控制断面污染物浓度（mg/L）；C_0 为起始断面污染物浓度（mg/L）；k 为污染物综合自净系数（1/d）；x 为排污口下游断面距控制断面纵向距离（m）；u 为设计流量下岸边污染带的平均流速（m/s）。

以功能区达标水质要求反推所需流量，见表5-14。

表 5-14　渭河 24 个生态断面环境流量

断面序号	废污水量（万 t）	COD		NH_3-N		设计环境流量（m^3/s）	90% 天然径流量（m^3/s）
		排污量（t）	Qmin（m^3/s）	排污量（t）	Qmin（m^3/s）		
1	—	—	—	—	—	7.47（0.34）	30.9
2	—	—	119.3	—	1000	7.47（0.34）	31.5
3	2 754.60	6 475.75	12.4	1 634.20	18	7.47（0.34）	32.7
4	2 184.68	4 973.32	30.5	344.31	95	7.47（0.34）	43.4
5	1 152.66	1 936.13	15.4	206.67	54	7.47（0.34）	43.7
6	888.30	2 570.96	16.1	315.77	19	3.33	46.9
7	513.70	843.22	4.40	34.30	6.90	3.33	46.9
8	847.52	2 183.83	—	154.43	—	3.33	48.8
9	—	—	3.50	—	6.50	3.33	57.6
10	1 985.28	1 690.52	44.00	149.09	279.90	3.33	64.1
11	2 996.28	7 101.18	102.80	1 566.13	202.00	3.33	65.6
12	4 652.40	12 730.69	61.50	868.69	23.80	8.10	65.8
13	1 049.76	2 418.84	98.10	32.78	332.80	8.10	69.8
14	2 864.16	4 684.24	217.00	549.26	636.00	8.10	69.9
15	24 958.02	46 006.91	163.20	4 778.25	480.00	18.85	70.2
16	2 901.31	7 018.02	—	716.51	—	18.85	73.8
17	—	—	—	—	—	18.85	97.6
18	—	—	—	—	—	18.85	97.8
19	—	—	—	—	—	18.85	100.1
20	—	—	17.40	—	28.00	18.85	100.1
21	2 007.20	3 579.16	0.02	192.82	0.04	18.85	100.5
22	28.00	3.45	—	0.323 2	—	12.09	102.8
23	—	—	—	—	—	12.09	103.0
24	—	—	—	—	—	12.09	110.2

注：序号对应断面描述同表4-7

可见，按照现状排污情况，在设计流量下只有临潼农业用水区的 COD 可以达标，其他都不达标。即便是按照天然径流的 90% 枯水流量作为环境流量，也有部分断面不能达标。

5.7　相关规划成果的生态流量

5.7.1　国务院批复的《渭河流域重点治理规划》

国务院批复的《渭河流域重点治理规划》，从维持渭河河道基本形态，以及保证一定基流量、维持渭河一定的稀释自净能力和基本的生态环境等方面考虑，确定林家村断面非汛期（11 月至次年 6 月）河道内低限生态环境流量为 10m³/s，全年最小水量为 2 亿 m³。

5.7.2 陕西省水资源综合规划

5.7.2.1 总报告成果

根据《陕西省渭河流域综合治理规划》（2002 年 12 月），河道内生态环境用水主要是维持河道的基本功能，保持河流一定的自净能力，防止河道萎缩、淤积等。随着渭河来水量的减少，渭河干流尤其是宝鸡峡以下河段的水生态环境的逐渐恶化，在非汛期维持一定的河道基流，对保护渭河水生态环境至关重要。结合渭河的实际情况，在确定河道内生态环境水量时主要考虑了维持渭河河道基本功能，保证一定基流量，维持渭河一定的稀释自净能力，兼顾满足景观用水等方面的要求，根据黄委规划数据和西安理工大学研究成果确定渭河干流林家村、咸阳和华县三个断面非汛期的低限环境用水最小流量分别为 10m³/s、15m³/s 和 20m³/s，年最小水量分别为 3 亿 m³、4.5 亿 m³ 和 6.1 亿 m³。

5.7.2.2 专题报告成果

河流系统生态需水量受到河流系统生态功能的制约，对生态环境的功能要求越高，河流的生态需水量也就越大，即使属于同一河流系统，在不同的区段起到的生态功能也不同，因而不同的区段上，其生态需水也相应不同。为此，选择渭河干流林家村断面、咸阳断面和华县断面，泾河张家山断面和洛河交口河断面分别进行生态基流量计算，如表 5-15 所示。

表 5-15 多年平均值下渭、泾、洛河典型断面生态基流计算表

河流	河流生态基流				
	水文测站	时段（年）	年数	最小月平均流量的多年均值（m³/s）	年河流生态基流（亿 m³/a）
渭河	林家村	1934~2000	60	12.75	4.02
	咸阳	1960~2000	40	31.22	9.85
	华县	1960~2000	40	34.00	10.72
泾河	张家山	1932~1990	59	5.147	1.623
洛河	交口河	1952~1990	39	3.865	1.219

5.7.3 黄河水量调度条例实施细则（试行）

根据《黄河水量调度条例》，水利部制定了《黄河水量调度条例实施细则（试行）》，并于 11 月 20 日以水资源〔2007〕469 号文颁布实施。其中，第十八条规定，黄河重要支流控制断面最小流量指标及保证率按照表 5-16 确定。

表5-16　黄河重要支流控制断面最小流量指标及保证率表

河流	断面	最小流量指标（m³/s）	保证率（%）	河流	断面	最小流量指标（m³/s）	保证率（%）
洮河	红旗	27	95	渭河	北道	2	90
湟水	连城	9	95		雨落坪	2	90
	享堂	10	95		杨家坪	2	90
	民和	8	95		华县	12	90
汾河	河津	1	80	沁河	润城	1	95
伊洛河	黑石关	4	95		五龙口	3	80
大汶河	戴村坝	1	80		武陟	1	50

5.7.4 《陕西省渭河水量调度实施细则》

2013年5月发布的《陕西省渭河水量调度实施细则》，其中第十六条规定渭河干流省界、市界和重要支流控制断面最小流量和预警流量按照表5-17～表5-19确定。

表5-17　渭河干流省界控制断面最小流量和预警流量表　（单位：m³/s）

省界控制断面	入省控制断面			出省控制断面	保证率
	北道	杨家坪	雨落坪	华县	
最小流量	2	2	2	12	90%
预警流量	4	3	3	25	—

表5-18　渭河干流市界和重要控制断面最小流量和预警流量表　（单位：m³/s）

市界控制断面	林家村	魏家堡	咸阳	临潼	保证率
最小流量	2.0	5.0	10	37	90%
预警流量	3.0	6	15	70	—

表5-19　渭河重要支流控制断面最小流量和预警流量表　（单位：m³/s）

河流	水文断面	最小流量控制要求		预警流量
		最小流量指标	保证率	
泾河	张家山	1.5	90	2.0
	桃园	1.5	90	2.0
北洛河	交口河	3.0	90	4.0
	状头	1.0	90	1.5
	南荣华	1.0	90	1.5

河流	水文断面	最小流量控制要求		预警流量
		最小流量指标	保证率	
千　河	冯家山水库以下河段	1.0	90	2.0
石头河	石头河水库入渭断面	1.0	90	2.0
黑　河	黑峪口	1.0	90	2.0

5.8　功能区断面生态环境需水综合分析

5.8.1　生态基流三级管理目标划分

生态基流计算是根据断面形态与鱼类生存需要计算的，没有考虑上下游的关系，也没有考虑河道渗漏，中途景观建设引水与目前的管理要求。该流量是保证鱼类生存的低限流量。华县断面最小下泄流量为 $12m^3/s$，控制华县及其以下断面，该流量大于鱼类生存要求，即能够满足低限流量要求，可作为华县断面的低限流量。

从现状的生态调查结果来看，在南岸支流汇入口都有鱼类生存，即在现状干支流联动情况下，河流生态系统尚没有全线崩溃。考虑水文丰枯变化与渭河枯季用水紧缺的实际情况，可允许个别枯水年份鱼类生存空间的缩小，在南岸支流能保证现在流量过程的前提下，水深 30cm 可以保障鱼类在某些河段生存，相应的流量可作为最小生态流量，或称基本生态流量。

适宜的生态基流与天然生态状况接近，取最小月天然径流均值作为适宜生态基流。

5.8.2　低限流量与各种流量需求的比较分析

在分别考虑渗漏和不考虑渗漏的情况下，考虑支流计算生态流量，以保障下游断面需求为前提，综合上下游，计算生态基流见表 5-20。

河道渗漏量随着水资源严格管理的实施减小，在不考虑渗漏的情况下，上游断面所需流低限流量为 $8.6m^3/s$，最小生态流量为 $5.4m^3/s$。需要指出，在石头河入渭、黑河入渭后的渭河干流断面处，以鱼类生存生境计算的生态流量略高于低限生态流量，这需要对两处断面略加整治，否则会使上游林家村断面所需低限生态流量过高，难以实现。

对照国务院批复的《渭河流域重点治理规划》《陕西省渭河流域综合治理规划》（2002 年 12 月）、黄河水量调度条例实施细则（试行），低限流量基本能够满足各规划需求。

相对于环境设计流量，除了临潼农业用水区外，低限流量值均大于设计环境流量，但就目前的排污情况来看，仍然有多数断面不能达标。

表 5-20　渭河干流各断面生态需水量

（单位：m³/s）

断面编号	断面名称	汇入支流生态基流				景观湖泊需流量	渗漏量	蒸发量	水功能区设计流量	干流综合低限生态流量			最小生态流量	低限生态流量	适宜流量（最小月均天然径流量均值）	备注
		以鱼类生存生境计算流量	以生境初步计算的低限流量	以现状管理为的理想最小流量	以年均天然径流10%为适宜流量					不考虑渗漏	考虑渗漏	考虑交口魏家堡引水后				
1#	小水河入渭	7.83				0	0.2	0.02		8.6	12.8	8.6		8.6	11.8	
2#	林家村	7.83				0.7	4.0	0.02	7.47	8.6	12.8	8.6	5.4	8.6	12.8	
3#	金陵河入渭	7.83				0.3	0	0.02		8.6	12.8	8.6	5.4	8.6	13.0	
4#	千河入渭	7.83	1.5	1.0	1.56	0.6	0	0.02		8.6	12.8	8.6	5.4	8.6	13.6	
5#	潘溪河入渭	10.04				0	0	0.02		10.1	13.8	10.1	5.4	10.1	20.7	
6#	石头河入渭	11.57	1.5	1.0	1.51	0.4	0.1	0.02		10.0	13.8	10.1	6.9	10.1	21.2	需要整治河道
7#	魏家堡	7.24				0.1	0.5	0.02	3.33	10.6	14.8	11.6	8.4	11.6	23.5	
8#	汤峪河入渭	6.39				1.2	3.5	0.02		10.6	14.8	10.6	8.4	10.6	26.3	
9#	漆水河入渭	10.54	0.5		0.79	0	1.7	0.02		10.6	14.8	11.1	8.4	11.1	26.2	
10#	黑河入渭	15.00	2.0	1.0	2.31	0	0.1	0.02		10.8	14.8	13.1	8.4	13.1	29.7	需要整治河道
11#	涝峪河入渭	3.90			0.63	0.3	0	0.02		12.8	15.8	13.6	8.9	13.6	31.2	
12#	咸阳铁路桥	6.22	1.5		1.54	0.2	0	0.02	8.10	12.8	15.8	15.1	10.0	15.1	31.7	
13#	咸阳排污	6.22				0	0	0.02		14.3	15.8	15.1	10.0	15.1	31.8	
14#	沣河入渭	10.68				0	0	0.02		14.3	15.8	15.1	10.0	15.1	31.8	
15#	皂河入渭	9.67				0	0.2	0.02		14.3	15.8	15.1	10.0	15.1	31.8	
16#	灞河入渭	15.75	1.5		2.18	0	0	0.02		15.8	15.8	15.1	10.0	15.1	31.8	
17#	泾河入渭	4.99	1.5		6.20	0	0	0.02		10.5	11.1	17.1	10.0	17.1	31.4	
18#	临潼	6.54				0.2	0.2	0.02	18.85	12.0	12.6	20.1	12.0	20.1	33.9	
19#	交口引水	6.54			0.63	0.1	0.1	0.02		12.0	12.6	20.1	12.0	20.1	34.3	
20#	零河入渭	6.54				0	0	0.02		12.0	12.6	12.0	12.0	12	33.6	
21#	沈河入渭	6.54				0	6.1	0.02		12.0	12.6	12.0	12.0	12	34.1	
22#	华县	6.54				0.2	0.2	0.02	12.09	12.0	12.0	12.0	12.0	12	33.3	
23#	罗敷河入渭	6.54				0	0	0.02		12.0	12.0	12.0	12.0	12	33.9	
24#	北洛河入渭	6.54	1.00		3.09	0	0	0.02		12.0	12.0	12.0	12.0	12	38.7	

5.8.3 不同水文年的流量管理建议

正常来水年及一般枯水年，要保证低限生态流量；特枯年份，下泄流量不低于最小生态流量；丰水年份，要保证适宜流量。

5.8.4 生态流量过程

各月的生态流量过程见表 5-21，其中河道基流取不考虑长期渗漏的流量。

表 5-21 生态流量过程 （单位：m³/s）

序号	功能区断面	1~4月		5~6月			7月	8月	9月	10月	11~12月
		低限	最小	3天	7天	其余时间	输沙流量				
1#	小水河入渭	8.6	5.4	16	16	8.6					8.6
2#	林家村	8.6	5.4	16	16	8.6					8.6
3#	金陵河入渭	8.6	5.4			8.6					8.6
4#	千河入渭	8.6	5.4			8.6					8.6
5#	潘溪河入渭	10.1	5.4			10.1					10.1
6#	石头河入渭	10.1	6.9			10.1					10.1
7#	魏家堡	11.6	8.4			11.6					11.6
8#	汤峪河入渭	10.6	8.4			10.6					10.6
9#	漆水河入渭	11.1	8.4			11.1					11.1
10#	黑河入渭	13.1	8.4			13.1					13.1
11#	涝峪河入渭	13.6	8.9			13.6					13.6
12#	咸阳铁路桥	15.1	10.0			15.1					15.1
13#	咸阳排污	15.1	10.0			15.1					15.1
14#	沣河入渭	15.1	10.0			15.1					15.1
15#	皂河入渭	15.1	10.0	60	60	15.1					15.1
16#	灞河入渭	17.1	10.0	70	60	17.1					17.1
17#	泾河入渭	20.1	10.0	110	110	20.1					20.1
18#	临潼	20.1	12.0			20.1	538.01	321.09	433.09	321.46	20.1
19#	交口引水	20.1	12.0			20.1					20.1
20#	零河入渭	12.0	12.0			12.0					12.0
21#	沈河入渭	12.0	12.0			12.0					12.0
22#	华县	12.0	12.0			12.0	548.84	346.48	444.06	350.96	12.0
23#	罗敷河入渭	12.0	12.0			12.0					12.0
24#	北洛河入渭	12.0	12.0			12.0					12.0

1~4月、11~12月，正常来水年及一般枯水年要保证低限流量，特枯年要保证最小流量；5~6月，除了满足低限流量外，在个别断面还要满足鱼类产卵需要的两次流量脉冲过程；7~10月在临潼、华县断面要满足输沙流量。

5.9 重点断面生态流量现状满足情况分析与分阶段控制目标

渭河干流生态调度主要考虑林家村、魏家堡、咸阳、临潼和华县等5个重点控制断面，生态流量情况如表5-22所示。

表5-22 重点断面生态控制指标

断面编号	断面	基本流量（m³/s）	低限生态流量（m³/s）	最小生态流量（m³/s）	适宜流量（m³/s）
2#	林家村	7.8	8.6	5.4	12.8
7#	魏家堡	7.2	11.6	8.4	23.5
12#	咸阳	6.2	15.1	10.0	31.7
18#	临潼	6.5	20.1	12.0	34.3
22#	华县	6.5	12.0	12.0	34.1

5.9.1 现状生态流量满足情况分析

5.9.1.1 林家村

林家村断面综合低限生态流量为8.6m³/s，对历史1973~2010年系列枯季流量分析，在枯季242天中，平均破坏天数为175天，保证率为27.6%，多年平均缺水量1.11亿m³，逐年保证率情况如图5-11所示。

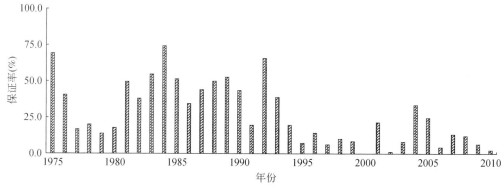

图5-11 林家村水文站综合低限生态流量

可以看出，林家村流量要达到综合低限生态流量，保证率在 90% 以上，难度很大。

5.9.1.2 魏家堡

魏家堡断面综合生态低限生态流量为 11.6m³/s，对历史 1973～2010 年系列枯季流量分析，在枯季 242 天中，平均破坏天数为 104 天，保证率为 56.9%，多年平均缺水量 0.43 亿 m³，逐年保证率情况如图 5-12 所示。

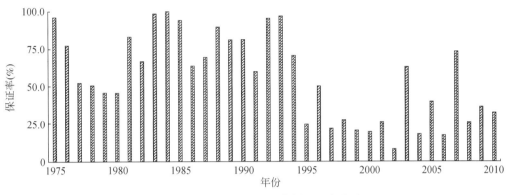

图 5-12　魏家堡水文站综合低限生态流量

可以看出，魏家堡流量要达到综合低限生态流量，保证率在 90% 以上，需要采取一定的措施。

5.9.1.3 咸阳

咸阳断面综合生态低限生态流量为 15.1m³/s，对历史 1973～2010 年系列枯季流量分析，在枯季 242 天中，平均破坏天数为 50 天，保证率为 79.3%，多年平均缺水量达到 0.28 亿 m³，逐年保证率情况如图 5-13 所示。

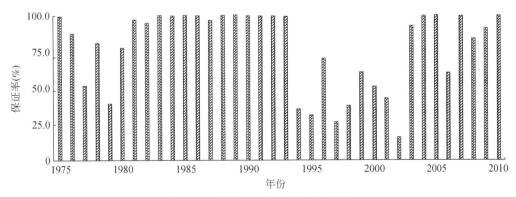

图 5-13　咸阳断面综合低限生态流量

可以看出，咸阳流量要达到综合低限生态流量，保证率在 90% 以上，实现难度不大。

5.9.1.4 临潼

临潼断面综合生态低限生态流量为 20.1m³/s，对历史 1973～2010 年系列枯季流量分析，在枯季 242 天中，平均破坏天数为 13 天，保证率为 94.4%，多年平均缺水量 0.06 亿 m³，逐年保证率情况如图 5-14 所示。

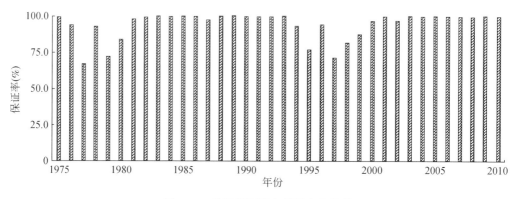

图 5-14　临潼断面综合低限生态流量

可以看出，临潼流量要达到综合低限生态流量，保证率在 90% 以上，已经基本实现。

5.9.1.5 华县

华县断面综合生态低限生态流量为 12.0m³/s，对历史 1973～2010 年系列枯季流量分析，在枯季 242 天中，平均破坏天数为 21 天，保证率为 91.4%，多年平均缺水量 0.13 亿 m³，逐年保证率情况如图 5-15 所示。

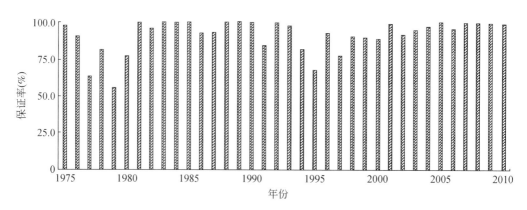

图 5-15　华县断面综合低限生态流量

可以看出，华县流量要达到综合低限生态流量，保证率在 90% 以上，已经基本实现。

5.9.2 不同水平年分阶段生态流量控制目标确定

5.9.2.1 重点断面历史流量分析

分析五个重点断面，不同年代、不同频率下的实测流量如表 5-23 所示。

表 5-23 重点断面历史流量分析 （单位：m³/s）

断面	1973~1990 年			1991~2000 年			2001~2010 年			1973~2010 年		
	90%	75%	50%	90%	75%	50%	90%	75%	50%	90%	75%	50%
林家村	0.14	0.45	2.55	0.16	0.29	0.75	0.29	0.48	0.79	0.18	0.40	1.15
魏家堡	6.20	11.40	26.70	4.60	6.30	11.00	4.12	5.40	8.25	4.73	7.13	14.00
咸阳	14.20	23.60	45.45	4.10	8.02	21.15	9.95	17.68	35.05	8.69	17.68	34.90
临潼	25.30	46.38	84.15	20.20	29.98	49.55	43.99	65.38	90.25	26.00	43.08	77.00
华县	12.10	36.15	81.95	8.66	22.70	44.40	28.39	45.40	65.75	14.30	33.70	65.00

5.9.2.2 重点断面生态环境流量不同水平年控制目标

根据对历史系列重点断面实测和还原流量分析，考虑可达性，重点断面生态环境流量不同水平年控制目标如表 5-24 所示。

表 5-24 不同水平年生态环境流量目标 （单位：m³/s）

断面	近十年实测流量 （2001~2010 年，90%）	鱼类基本	2015 年		2020 年	
			最小	低限	低限	适宜
林家村	0.29	7.8	5.4	8.6	8.6	12.8
魏家堡	4.12	7.2	8.4	11.6	11.6	23.5
咸阳	9.95	6.2	10.0	15.1	15.1	31.7
临潼	43.99	6.5	12.0	20.1	20.1	34.3
华县	28.39	6.5	12.0	12.0	12.0	34.1

5.10 考虑生态环境流量的污染物总量控制

5.10.1 现状流量下污染物总量控制

陕西省渭河干流现状污染物 COD 入河量 13.8 万 t，纳污能力为 7.5 万 t，污染物限排总量为 3.8 万 t，需要削减的污染物量 10.0 万 t；氨氮入河量 1.10 万 t，纳污能力 0.24 万 t，污染物限排总量为 0.18 万 t，需要削减的污染物量 0.93 万 t。

5.10.2 考虑生态流量的污染物总量控制

本次提出的陕西省渭河干流的主要控制断面的生态环境流量，均不同程度的高于历史系列的设计流量，如宝鸡段可由现状 7.47m³/s（林家村加渠道计算）提高至 8.6m³/s。本次生态环境流量实现后，水功能区 COD 纳污能力可提高 1.78 万 t，限排总量可增加 1.04 万 t，可减少削减量 1.04 万 t；水功能区氨氮纳污能力可提高 591t，限排总量可增加 432t，可减少削减量 432t。本次计算的生态环境流量下，各水功能区纳污能力和污染物削减量见表 5-25。

表 5-25　陕西省渭河干流水功能区纳污能力和削减量

水功能区		现状流量（90%，m³/s）	生态流量（m³/s）	CODcr（t/a）		氨氮（t/a）	
一级区	二级区			纳污能力	削减量	纳污能力	削减量
甘陕缓冲区							
宝鸡渭南开发利用区	宝鸡农业用水区	7.5	8.6	6 512.7	0.0	420.3	0.0
	宝鸡景观用水区	7.5	8.6	1 552.4	8 459.6	52.7	806.4
	宝鸡市排污控制区	7.5	8.6	898.8	27.2	30.9	120.3
	宝鸡市过渡区	7.5	10.1	2 023.7	5 426.3	68.6	220.8
	宝眉工业、农业用水区	3.3	10.1	7 447.3	0.0	236.6	0.0
	杨凌农业、景观用水区	3.3	10.6	2 337.7	0.0	78.9	0.0
	咸阳工业用水区	3.3	11.1	13 464.3	2 211.9	408.7	955.3
	咸阳市景观用水区	8.1	15.1	749.2	10 431.1	25.9	276.6
	咸阳排污控制区	8.1	15.1	1 076.2	0.0	37.1	23.0
	咸阳西安过渡区	8.1	15.1	4 160.0	20 772.6	139.4	2 057.7
	临潼农业用水区	18.9	15.1	9 738.7	42 295.3	312.3	4 363.2
	渭南农业用水区	12.1	12.0	39 807.9	0.0	1 055.1	0.0
华阴缓冲区							
合计				89 768.9	89 624.1	2 866.4	8 823.1

注：本次生态环境流量的计算共有 24 个控制断面，涵盖了渭河干流所有的水功能区。若某一功能区对应多个控制断面时，取该多个控制断面生态流量的最小值

第6章 渭河重点支流生态环境需水指标

6.1 渭河生态水文本底条件模拟

河流生态需水量分析及生态调度应遵循以下几项基本原则：①以河流本底条件为基准。河流的自然水文情势是塑造和维护河流生态系统完整性的决定性因素，在长期演化过程中，与河流物理化学特性、河湖地貌、生物群落之间相互影响、反馈、适应，共同构成了河流生态系统的本底条件。在河流生态需水量分析中，河流水资源、水环境、水生态天然状况和实际状况的调查和评价是必要的前期工作。在此基础上确定的河流生态修复目标应切实可行，不宜超过河流自然状态下的本底条件。②遵循生活、生产和生态用水共享的原则。生态需水只有与社会经济发展需水相协调，才能得到有效保障。生态系统对水的需求有一定的弹性，在生态系统需水阈值区间内，应结合区域社会经济发展的实际情况，兼顾生态需水和社会经济需水，合理地确定生态用水比例。水利工程的主要功能是兴利除害，生态调度中必须要考虑防洪、供水、发电、灌溉、航运等经济社会目标。同时，在河流水流情势与河流生态响应关系的基础上，权衡社会经济可承受力，尽可能地保留对河流生态系统影响重大的流量组分，恢复河流的生态完整性。③因时、因地制宜的原则。不同河流具有自身独特的生态环境状况和水资源开发利用状况，同时又支撑着不同发展水平、不同社会文化传统的人类社会，使得每条河流所受胁迫类型和程度各不相同，河流生态需水量分析及生态调度实践中所需要解决的重点问题也不同。同时，河流生态系统中受影响的物种以及受影响的生活史阶段也各不相同，需要针对不同河段、不同时段、不同恢复目标对应的生态环境需水做具体分析。因此，生态调度目标设置和调度方案必须结合区域生态环境现状、经济社会发展水平和水资源开发利用条件，因时、因地、因物种而异，逐步达到人与自然和谐发展的最终目的。

研究采用二元水循环模型模拟陕西省渭河流域天然水循环状况，一方面为河流生态系统的近自然水流情势恢复准则提供可参照的基准状态，另一方面为缺资料河流提供流量过程，在此基础上分析不同河流生态环境需水量。采用分布式水文模型模拟天然状态和"自然–人工"二元驱动下的流域水循环状况，分析陕西省渭河流域水文条件改变，识别人类活动对河流生态系统的影响机理和关键要素，结合高强度人类活动影响之前的河流生态本底状况，为河流生态修复目标提供参考状态。

6.1.1 WEP-L 模型

6.1.1.1 模型概述

采用 WEP-L 分布式水文模型进行变化环境下流域水循环演变规律研究。WEP-L 是贾仰文等为进行水资源评价而构建的分布式水文模型。该模型同集总式水资源配置模型进行耦合，组成水资源二元演化模型，用以描述在"自然–社会"二元驱动力作用下的流域水循环过程。WEP-L 模型是从 WEP（water and energy transfer process）模型发展而来的，可用于大尺度水文模拟[256]。WEP 模型最早开发于 1995 年，于 2002 年完成，并获日本国著作权登记。WEP 是基于栅格划分的分布式水文模型，能够有效模拟流域水和能量的运移过程，先后在日本、韩国多个流域进行应用验证，模型效果显著。2003 年，在 WEP 模型基础上，添加融雪积雪模块和农田灌溉模块，形成 IWHR-WEP 模型。2003~2004 年，舍弃栅格模式，采用子流域套等高带作为最小计算单元，同时添加人工取用水模拟过程，形成 WEP-L 模型。2006~2010 年，又同多目标决策分析模型（DAMOS）和水资源配置模型（ROWAS）耦合形成流域二元水循环模型，用于强人类活动影响下的流域水循环过程模拟。

6.1.1.2 模型结构

WEP-L 采用子流域套等高带作为基本计算单元进行模拟计算，反映参数的空间变异性。针对大尺度流域（面积在几十万平方千米以上），舍弃网格划分，采用子流域套等高带划分结构，主要是因为：①采用小网格单元模拟会导致计算灾难；②采用大网格单元模拟则会导致流域模拟计算失真、效率降低；③采用子流域套等高带划分结构有助于减少模型运算时间，而且能够保持一定的模拟精度。

子流域是根据流域河网水系划分提取获得的，确保每个子流域内有且只有一条河道。等高带划分主要用以描述高程对水循环的影响（主要是坡面产汇流过程）。每个子流域内只有山区才进一步分割成等高带，平原区不再划分，而是作为一个等高带进行处理。因此，模型最基本的计算单元就是等高带。以下所提及的计算单元，如不加说明，均指的是子流域内的等高带。黄河流域、海河流域的应用说明子流域套等高带的划分结构能够满足大尺度流域模拟的需求。

WEP-L 模型具有陆面模型的特点，可以有效模拟不同下垫面情况。为了描述不同土地利用/覆盖的水文过程，模型使用"马赛克"法将计算单元下垫面分成 5 大类，且对各类别进行独立水文过程模拟，最后使用面积加权累加到整个计算单元。5 大类下垫面分别为：水域、裸地–植被域、不透水域、灌溉农田域、非灌溉农田域。其中裸地–植被域又可细分为：高植被（林木）、低植被（草地）以及裸地。不透水域主要由城市建筑、城市不透水地表以及农村不透水地表组成，其中城市建筑和城市不透水地表统称为城市不透水域。灌溉农田域和非灌溉农田域具有相同的结构划分及模拟过程，差别仅在于灌溉农田域额外提供灌溉用水，作用等效于降水。

WEP-L 垂向结构如图 6-1 所示。从上到下，主要分为截留层、根系土壤层、土壤过渡带以及地下含水层。不同下垫面类型具有相似的垂向结构。截留层又可细分为：高空截留层（植被冠层和城市建筑截留层）和地表洼地储留层（林地、草地、作物、裸地、城市不透水地表和农村不透水地表）。根系土壤层可细分为上中下三层，主要用以区分不同层次的土壤蒸腾蒸发量：土壤表层主要涉及裸地蒸发、植被蒸腾（林木、草地、作物）；土壤中层主要涉及植被蒸腾（林木、草地、作物）；土壤下层主要满足森林蒸腾（模型假定草地和作物根系仅能覆盖土壤表层和中层）。水域和不透水域由于其特殊性，并没有相应土壤层划分，即土壤层划分仅属于透水区域。土壤过渡带是根系土壤层和地下含水层的过度区域，具体厚度取决于浅层地下水水位；如果地下水位较高，则可能不存在过度层，此时地下水含水层和根系土壤层存在交叠。地下含水层由两部分组成：浅层地下水层和承压层，其中只有浅层地下水才同河道发生水量交换。

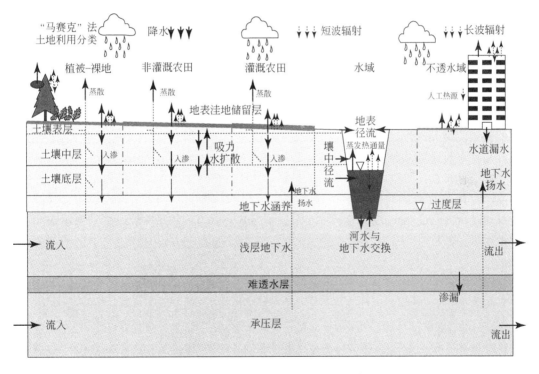

图 6-1　WEP-L 模型计算单元垂向结构

WEP-L 的下垫面划分及垂向结构主要用于产流计算。产流计算完成后将按图 6-2 所示，进行汇流过程演算。子流域内各等高带之间进行坡面汇流演算，从最高等高带开始顺坡而下，最终汇入河道。子流域之间进行河道汇流演算，从流域最上游开始依次向下直到流域出口。

除自然水循环之外，WEP-L 还进行人工水循环模拟。每个计算单元内使用经验统计方法进行人工水循环模拟，需要通过外部输入各计算单元内相关社会用水量（农业灌溉用

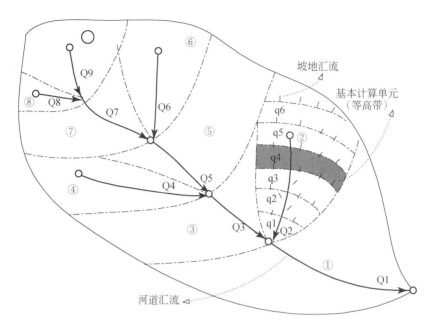

图 6-2   WEP-L 模型汇流结构

水量以及工业生活用水量），进行"自然–社会"二元水循环过程模拟，反映人类活动影响下的流域水循环过程。其中，社会用水量可以是历史数据，也可以是规划预测数据。输入的社会用水量都必须展布到各计算单元上，以反映社会用水的空间变化。在 WEP-L 模型中，社会用水功能上同降水一样，属于输入条件，模型本身并不能实现水资源的配置调度功能，对社会水循环的模拟完全取决于社会用水的输入。因此在二元水循环模型中，WEP-L 模型需要通过外部交互文件同 DAMOS 以及 ROWAS 进行松散耦合，实现水利计算和水资源评价及规划一体化，实现统筹考虑水资源、宏观经济以及生态环境的综合管理分析功能。

6.1.1.3   社会水循环过程模块

WEP-L 社会水循环模块受外部输入的社会取用水量驱动，需要知道每个计算单元每天的社会取用水量。然而，通常可获取的社会用水数据往往是某个省市的年统计数据。因此，社会用水时间、空间展布是社会水循环的基础。此外，本节还对社会水循环取水、用水、排水环节进行改进，反映社会用水取用耗排的空间、时间变异性[257,258]。

1. 社会用水数据展布

社会用水按用途可分为农业灌溉用水、居民生活用水、工业生产用水以及生态用水，其中农业灌溉用水和工业生产用水占据比重较大。按来源可分为地表水、地下水、跨流域调水。按时间可分为历史用水和预测用水，历史数据来自统计年鉴，预测数据通过其他方法估算（如海河二元模型中的 ROWAS 模型）。社会用水根据三级区套地市数据展布到计算单元上，供 WEP-L 社会水循环模拟使用。

农业灌溉用水历史数据主要来自统计年鉴，一般为各省或各地市年数据，需要降尺度展布到 WEP-L 计算单元上。根据统计年鉴，灌溉用水类型主要有水田、水浇地、林果地、草场、菜田以及鱼塘补水。WEP-L 模型将 6 类用水重新归类成 4 类：水田用水、水浇地用水（含菜田）、林草用水和鱼塘补水，各类农业用水又包含地下、地表两个部分，即农业用水数据共 8 个类型。其中水田用水、水浇地用水属于灌溉农田域，林草用水归属植被–裸地域，鱼塘补水属于水域。水田、水浇地用水以农业灌溉面积作为指导进行展布。首先，根据年灌溉面积以及土地利用分布图估算各计算单元灌溉面积。其次，根据年降水量估算单位面积灌溉定额以及整个计算单元灌水定额。最后，将水田、水浇地地表用水按灌水定额加权平均分配到计算单元内。其他类型农业用水则按计算单元面积加权平均分配。时间尺度上，根据当地作物种植结构及灌溉制度，将年农业用水分配到旬，从而反映年内灌溉不均匀性，而旬内则按日进行平均分配。

工业生活用水历史数据也来自统计年鉴。空间尺度上，农业生活用水使用农村面积进行面积加权平均分配；工业及城市生活则使用城市面积进行加权平均。时间尺度上，则年内平均分配。

2. 社会水循环模拟改进

社会水循环是以"取水—输水—用水—耗水—污水回用—排水"为环节的独立于自然水循环以外的侧支循环过程，水循环通量是受社会经济因素驱动影响的。社会水循环过程是从自然水循环过程中独立出来的不同的循环过程，分析各环节同自然水循环的关系发现，只有"取水、排水"两个环节直接同自然水循环相关，其他环节属于社会水循环内部环节，同自然水体之间无交互关系。因此，在模型拟合自然–社会二元水循环过程中，将社会水循环划分成三个模块分别进行模拟：取水模块、用水模块以及排水模块。取水模块主要计算自然水循环不同水体在取水过程中的减少量；用水模块包括输水、耗水以及污水回用等环节；排水模块则将排泄的污水作为一个输入项添加到自然水循环过程中，参与后期自然水循环。

1）取水过程模拟

取水模块中认为地下水用水直接从计算单元获取，直接引发的效果是降低地下水位；而地表水用水则来自河道或水库，主要导致河道、水库水量的减少。由于 WEP-L 以等高带为计算单元进行水量平衡计算，还需考虑本地河道取水和异地河道取水（即是否从计算单元所在子流域河道取水），模型构建过程中，需要对灌区及计算单元分别进行地表灌溉水来源设置，即指定取水子流域编号及水库编号，优先从水库取水，如果没有水库（或水库没有修建）则从其他子流域取水，如果前两者都没有，则从当地子流域取水。其中对灌区的设置主要用于农业灌溉地表用水过程计算；而对计算单元的设置主要用于工业、生活地表用水过程计算。

2）用水过程模拟

用水模块使用损失消耗系数进行社会水循环用水分量的估算，包括管道输水损失（含管道蒸发及下渗）、工业生活耗水率（主要指用水过程中蒸发掉的部分，含产品带走的部分；分农村生活、城镇生活、工业生产三个耗水系数）。首先，使用管道损失系数，将社会用水量划分成损失量和净用水量（或农业净灌溉量），其中损失量又进一步划分为下渗量和蒸发量。其次，农业净灌溉量作为额外用水加入到计算单元的水循环过程；工业生活净用水量则使用耗水率划分成蒸发量和污水排放量。原程序中，所有年份所有地区用水损耗系数只有一个值，无法反映社会用水的时间变化，改进后，可以对每个计算单元、每一年设置不同的用水损耗系数。

3）排水过程模拟

排水模块主要功能是按污水来源将用水模块计算所得污水排放量返还到自然水循环过程。农村排放污水直接参与当地坡面汇流过程，即认为农村排水是计算单元坡面汇流的来源之一。由于城市污水通过管网输送到污水处理厂处理后再进行排放，模拟过程中将工业、城镇生活污水使用污水回用率划分成污水回用部分和污水排泄部分（指处理后的）。由于城市污水主要经城市管网进行排泄，模拟过程中认为污水排泄部分直接进入河道。污水回用部分主要作为工业用水、生态用水的一个来源，以模拟城市化过程中的污水回用。详细说明见图6-3。

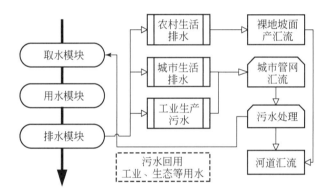

图6-3　社会水循环排水模块改进

6.1.2　WEP-L模型构建步骤

6.1.2.1　模型构建过程

WEP-L模型采用子流域套等高带作为计算单元，在模型运行前需要获取所有计算单元相关参数数值。为提高模型运行速率，将气象要素展布、社会用水展布等过程同WEP-L主程序分离，使用展布后数据文件进行WEP-L模拟，详细构建过程见图6-4。

（1）河网提取过程。该过程主要通过DEM提取流域模拟河网，以便后期子流域划分及相关地形信息统计。由于基于DEM提取的模拟河网往往同实际河网相差很大，一般都需要使用实际河网对DEM进行修正，增加实际河网所在栅格的汇水能力，从而提取出同实际河网相似度高的模拟河网。本书对基于实际河网修正的河网提取算法进行了深入研究，发现现有算法存在三大类潜在问题，影响河网提取精度。因此，提出一种新的修正算

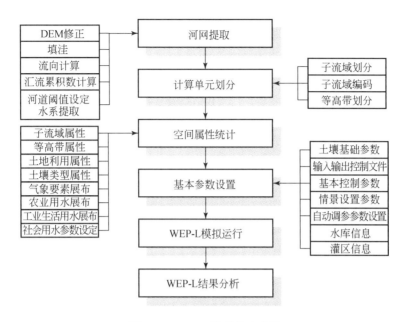

图6-4　WEP-L模型构建步骤

法解决相关问题。对 DEM 进行修正后，使用 O'Callaghan 和 Mark 提出的坡面流累积算法提取模拟河网；使用 D8 算法计算栅格流向，使用流向计算栅格汇流累积数，设置河网阈值提取河网。

（2）计算单元划分过程。该过程主要使用已提取的模拟河网进行流域计算单元的划分，包括子流域划分、子流域编码和等高带划分。其中子流域划分是根据模拟河网将流域划分成一系列相互独立的子流域以反映区域的空间异质性；子流域编码则将划分的子流域进行编码标识以反映子流域之间的空间拓扑关系；等高带划分则将各子流域内山区按高程分为一系列等高带以反映高程的影响。本书对子流域编码算法进行了改进，提出一种新的编码方法用于分布式水文模型子流域编码应用。

（3）空间数据统计过程。该过程又可细分为一系列子过程，均采用外置程序加以实现，通过生成属性文件供 WEP-L 主程序调用。"子流域属性"统计过程主要计算子流域级别相关信息，如子流域面积、子流域拓扑关系、河道坡降、河道曼宁系数等参数。"等高带属性"主要计算等高带级别相关信息（即计算单元相关信息），如等高带面积、坡度、所属三级区套地市等。"土地利用属性"主要指统计计算单元内不同类型土地利用面积百分比，在 WEP-L 主程序中用以划分五大类下垫面面积，反映下垫面的空间变异性。"土壤类型属性"主要指统计计算单元内土壤类型，该过程采用计算单元内最大面积的土壤类型作为整个计算单元土壤类型。具体土壤类型对应参数则从土壤基础参数文件中读取。"气象要素展布"过程主要使用 ARDS 算法将气象站数据展布到各子流域形心，作为整个计算单元气象数据输入。"农业用水展布"过程和"工业生活用水展布"过程根据具体展布规则将社会用水展布到计算单元。"社会用水参数设定"过程则主要设定各计算单元相关社会水循环参数，如工业生活取水子流域、输水损失系数、耗水系数等。

（4）基本参数设置过程。该过程主要设置相关非空间类参数。"土壤基础参数"表示土壤相关的基本参数信息，如饱和导水率、田间持水率、饱和持水率等。WEP-L 模型中将土壤类型概化成四类：沙土类、壤土类、黏壤土类以及黏土类。"输入输出控制文件"用于记录模型所使用的相关输入输出文件信息。"基本控制参数"主要指模拟时间、是否考虑用水、是否考虑水库等控制参数。"情景设置参数"主要指用以描述特定情景的参数。"自动调参参数设置"主要用以程序自动调参相关功能。"水库信息"指水库月蓄变量资料以及水库基本信息（如兴利库容、修建年份等），主要用于水库调节及水库取用水。"灌区信息"指灌区相关取水子流域和取水水库编号信息。

经以上步骤则可以构建所有 WEP-L 模拟所需文件。模型输入文件构建过程大多采用外置程序实现相关功能，手动操作步骤较少，基本实现模型构建的自动化处理。模型构建完成后，则可以根据相关问题进行 WEP-L 主程序模拟运算，完成后进行模拟结果的分析，解决具体问题。

6.1.2.2 模型循环结构

WEP-L 模型采用项目管理方式组织模型所有数据文件，即对特定流域而言，所构建的 WEP-L 模型所有数据均位于相同的工程主目录下。WEP-L 主程序运行所需输入文件以及生成的输出文件分开放置在不同目录下，便于模拟结果查阅以及管理，见图 6-5。

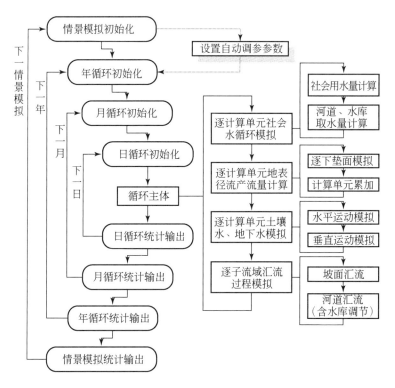

图 6-5　WEP-L 模型循环模拟结构

各情景模拟开始时读取相关输入数据并进行参数初始化，如子流域信息、等高带信息、水库信息等，这些参数信息最主要的特征是在年月日循环中不会被改变。可通过设置自动调参开关，决定是否进行自动调参模拟。模型支持 GLUE 调参方式。设置好相关自动调试参数后，进入模型年月日循环体进行具体模拟。如果不自动调试，则直接进入年月日循环体。

WEP-L 模型以日为基本单元进行模拟，分年、月、日三个级别进行嵌套循环，每个级别循环开始都进行相关初始化，主要工作是相关功能参数初始化以及和年月日相关的数据读取，如土地利用类型数据的设置以及社会年用水的读取均在年循环初始化中实现；而计算单元日气象数据则在日循环初始化中完成。后续扩展中，只需知道参数变量的时间尺度，只要在对应尺度循环初始化模块进行设置即可。各尺度循环模拟结束后，按要求输出逐日、逐月、逐年相关参数，用以结果展示。

逐日循环中的"循环主体"模块是 WEP-L 模型核心所在，用于实现"自然–社会"二元水循环。概括而言，循环主体可以分为四个子模块：社会水循环模块、产流模块、土壤水地下水模拟模块、汇流模块。

1）社会水循环模块

社会水循环模拟包括两个部分：社会用水量的计算和河道、水库取水量计算。其中社会用水量的计算指使用输入数据进行相关分量的累加，获取水域、植被–裸地域、灌溉农田域相关地表水、地下水使用量。如果存在跨流域调水，则相应减少受水区域地表、地下水开采量。根据统计所得地表水使用量分别从本地河道、异地河道以及水库中减去相应数值，模拟社会水循环的地表取水过程。地下水取水量则在地下水模块使用。

2）产流模块

模型产流模拟分暴雨期和非暴雨期分别进行，其中暴雨期采用逐小时模拟，而非暴雨期采用逐日模拟。分五类下垫面分别进行产流模拟，通过面积加权平均累加到整个计算单元。

3）土壤水地下水模拟模块

模型土壤水、地下水模块主要进行土壤水、地下水相关垂直运动、水平运动模拟以及地下水位变化情况。该模块模拟地下水补给、土壤水动态变化、壤中流出流、地下径流等一系列土壤中相关水分运移，同时也模拟土壤蒸散发过程。对地下水而言，通过输入输出水量平衡计算日尺度地下水位变化。

4）汇流模块

模型汇流过程主要包括坡面汇流过程和河道汇流过程。汇流过程以六小时为一个时段进行模拟，采用"牛顿下山法"进行运动波方程求解。河道汇流计算输入项包括坡面产流和上游来水，输出项主要是水域蒸发（其中人工河道取水量在模拟开始社会水循环模块进行了削减）。根据方程计算出河道流量后，还需根据是否有水库进行水库调蓄计算。水库调蓄使用月蓄变资料进行调蓄，根据逐日计算流量累加计算，使得全月蓄变量满足历史资料。如果没有月蓄变量资料，则使用最小下泄流量进行调蓄，即如果计算流量小于最小下泄量，则实际计算流量等于最小下泄量，否则使用计算值。

6.1.3 渭河流域 WEP-L 模型构建及验证

6.1.3.1 数据来源及前期处理

WEP-L 所需数据主要分为五类：水文气象数据、下垫面数据（包括土地利用、水土保持等）、地形土壤数据（包括 DEM、土壤类型等）、河道信息数据（水系结构、水库等）以及社会用水量（灌溉用水、工业生活用水等）。

1）水文气象数据

水文气象数据主要来自于中国气象局和黄河水利委员会水文局。中国气象局提供全国主要气象站点（渭河流域内 41 个站点）日气象数据，主要有降雨、平均气温、日照、相对湿度以及风速 5 个项目。黄河水利委员会水文局提供渭河流域内日降雨（261 个站）以及主要水文站月径流量数据。

数据系列为 1956～2005 年，个别站点因建站较晚或撤站等因素，数据不足 55 年，在使用 ARDS 方法进行气象展布时，展布程序会自动剔除相关无数据站点后进行插值。

2）下垫面数据

土地利用类型数据来自于中国科学院地理科学与资源研究所的 LANDSAT TM 数据（1∶100，000），主要包括 6 大类共 31 小类土地利用类型。模型使用分期年份为 1980 年、1985 年、1995 年、2000 年以及 2005 年共 5 年数据，其他年份采用年内线性插值方法推求获取（1980 年以前采用 1980 年数据替代）。

水土保持措施主要有：人工林、人工草地、梯田以及淤地坝等，相关数据来自于流域内各省市水利统计年鉴。在 WEP-L 应用中，将土地利用和水土保持相关数据进行处理后，重新分类为 9 类：森林（高植被）、草地（低植被）、裸地、坡耕地、水田、平原灌溉农田（水浇地）、平原非灌溉农田（旱地）、梯田以及坝地，其中梯田和坝地面积通过水土保持数据计算获取。

WEP-L 模型中，下垫面的影响主要体现在不同年份拥有不同的土地利用和水土保持措施面积比例，从而影响着地表洼地储留深度，进而影响流域产流过程。图 6-6 为渭河流域 2005 年土地利用图，图中对各土地利用类型进行了重新组合分类。

3）地形土壤数据

流域 DEM 数据采用美国地质调查局的 GTOPO30 数据，数据采用 WGS84 坐标系统，水平分辨率为 30″（http：//edcdaac. usgs. gov/gtopo30/gtopo30. asp）。模型构建过程中，使用 Albert 等面积投影将数据重采样为 1km×1km，见图 6-7。

水文地质参数（如土壤导水系数、土壤水给水度等）来自于黄河水利委员会。其中，土壤类型图来自第二次全国土壤普查结果，分辨率 1∶100 000。WEP-L 模型实际应用中，将土壤类型重新分类为 4 种：沙土类、壤土类、黏壤土类以及黏土类，流域重分类后土壤类型见图 6-8。渭河流域主要位于黄土高原，黄绵土是这里的主要土壤类型，属于黏壤土类。

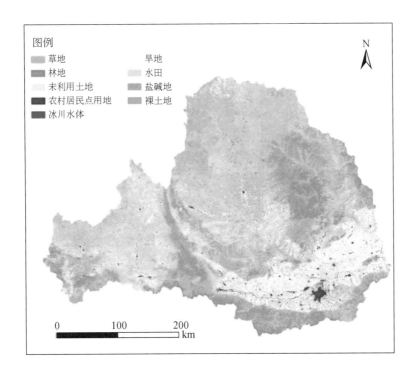

图 6-6　渭河流域 2005 年土地利用

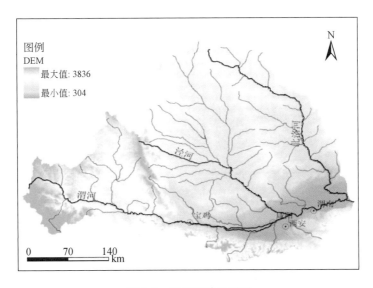

图 6-7　渭河流域地形图

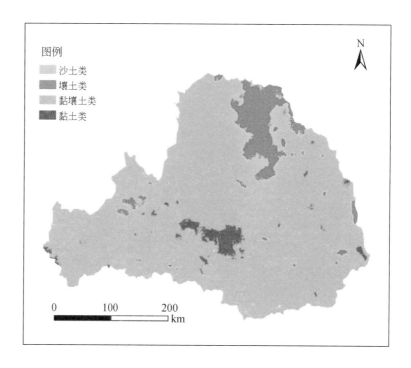

图 6-8　渭河流域重分类土壤类型

4）河道信息数据

流域实际水系图来自国家地理信息数据库，分辨率 1：250 000，见图 6-7。模型中主要使用实际河网对 DEM 进行修正后，提取高相似度的模拟河网。

根据水利年鉴获取了渭河流域上中下游典型河道断面参数，并计算相关参数同控制断面汇流面积之间的回归方程，而后使用回归方程计算所划分的各子流域内河道断面参数。模型中主要将河道断面概况为倒等腰梯形，主要参数有上底宽、下底宽以及河深。

从黄河水利委员会获取渭河流域灌区分布资料以及大中型水库资料（包括位置坐标、修建时间、兴利库容、月蓄变量资料等）见图 6-9。

5）社会用水量

社会用水数据来自第二次全国水资源综合规划，包括农业用水量（包括水田、水浇地、菜田、人工林、草场以及鱼塘）和工业生活用水量（包括城市生活、农村生活以及工业生产）。各类型用水数据又细分为地表水和地下水。

6.1.3.2　流域划分及数据空间展布

1. 模拟河网提取

根据模型构建步骤，使用基础数据逐步构建出整个渭河流域 WEP-L 模型所需的输入数据文件，用于模拟应用。模型构建过程中，发现在 1000m 分辨率下，使用实际河网修正

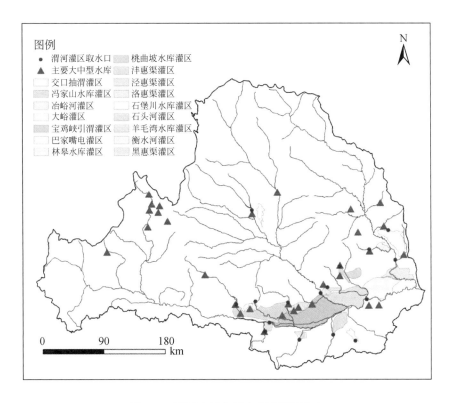

图 6-9　渭河流域主要水库及灌区分布

后的 DEM 所提取的模拟河网不连续，主要是泾河上游马莲河出现断裂现象。为解决该问题，对河网提取算法进行了深入研究。研究发现，常规的基于实际河网修正提取算法存在着潜在隐患。这些问题在水系提取过程中一般出现的概率很小，但现有提取程序算法无法自动解决。本书提出的改进算法可以有效解决河网"断裂"问题实现程序自动化处理，且可同原有河网修正算法组合使用。

根据汇流累积数阈值法提取河网，设定渭河模拟河网阈值为 50km²，以确保模型模拟的精度，提取的模拟河网相关过程见图 6-10 ～图 6-13。可以看出所提取的模拟河网同实际河网具有非常高的相似度，符合模拟应用要求。

2. 计算单元划分

根据所提取的模拟河网，使用干支拓扑码编码规则，同时考虑水库、水文站等要素，对整个渭河流域进行计算单元划分。渭河流域总共划分子流域 1584 个，平均面积 84.2km²。每个子流域最多划分为 15 个等高带，每个等高带平均面积在 20km² 左右，全流域共划分 6113 个子流域套等高带（即计算单元），如图 6-14、图 6-15 所示。由于等高带主要是用以反映流域内不同高程对产流过程的影响，因此只有山区才进一步进行等高带划分，平原区子流域则不进行细分。

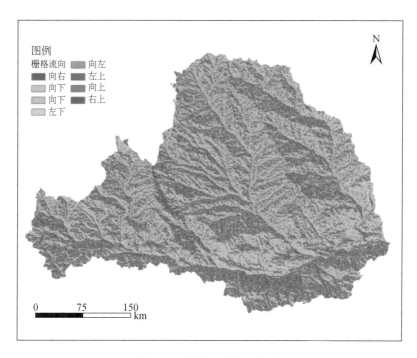

图 6-10　流域汇流方向提取

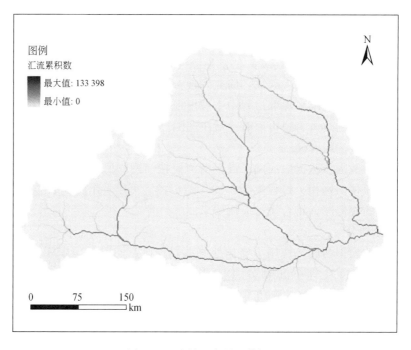

图 6-11　流域汇流累积数提取

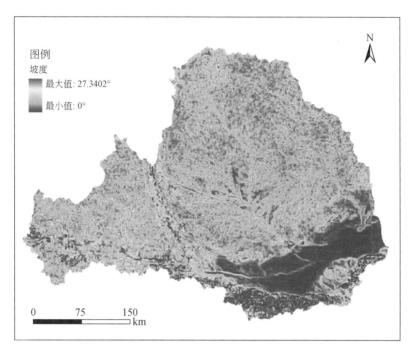

图 6-12　流域坡度提取

图 6-13　模拟河网提取

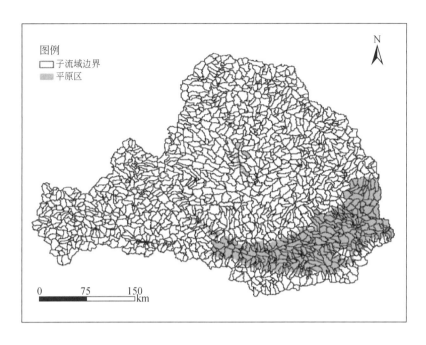

图 6-14　渭河流域 WEP-L 模型子流域划分

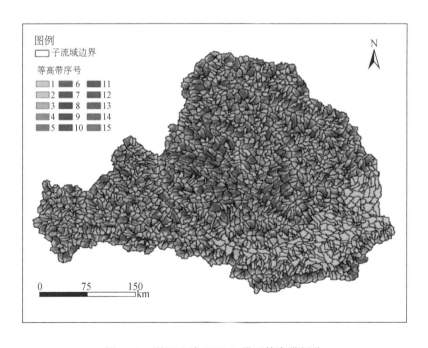

图 6-15　渭河流域 WEP-L 模型等高带划分

3. 基础数据空间展布

根据划分的计算单元（指子流域套等高带）对相关数据进行空间展布，获取了每个计算单元上各类型输入数据。主要包括以下几个方面：

（1）以划分的计算单元（或子流域）对原始 DEM 进行统计，获取各计算单元（或子流域）的基本参数信息，如面积、平均坡度、子流域上下游拓扑关系等。每个计算单元（或子流域）各参数仅有一个值，即通过子流域的空间分布反映对应参数的空间变异性。

（2）以子流域形心点为插值点进行降水、气温等气象要素的空间展布。1956～2005年气象要素多年平均值空间分布结果如图 6-16～图 6-20 所示。

（3）统计计算单元内不同土地利用面积百分比；计算单元内不同土壤类型面积，以最大面积类型作为计算单元的土壤类型。

（4）根据各子流域汇流面积计算对应子流域内河道断面参数，采用根据实际断面推求的回归方程估算。

（5）将农业灌溉用水、工业生活用水展布到各计算单元。渭河流域 2000 年相关用水展示结果见图 6-21～图 6-24。

（6）计算水库、灌区取水口等所在的具体子流域位置。设定华县水文站控制面积所包含的子流域起止范围。设定相关情景参数。

6.1.3.3　模型率定及验证

模型率定主要对高敏感参数进行率定。高敏感参数主要包括不同土地利用洼地最大储留深，土壤孔隙率，土壤层厚度，土壤以及河床材质水力传导系数。采用华县控制断面年平均径流量（由月径流数据计算获得）对整个渭河流域进行参数率定和验证，其中以1956～1980 年为率定期，以 1981～2005 年为验证期。

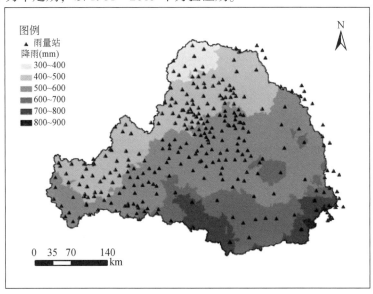

图 6-16　渭河流域 1956～2005 年多年平均降雨量空间展布

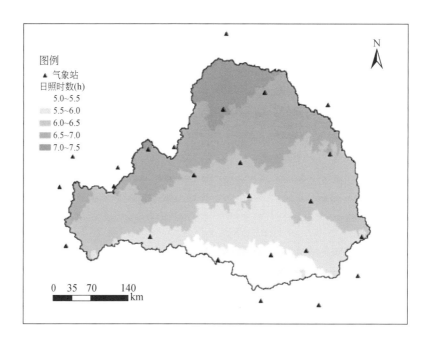

图 6-17　渭河流域 1956～2005 年多年平均日照时数空间展布

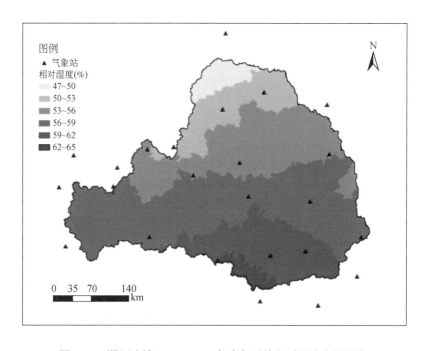

图 6-18　渭河流域 1956～2005 年多年平均相对湿度空间展布

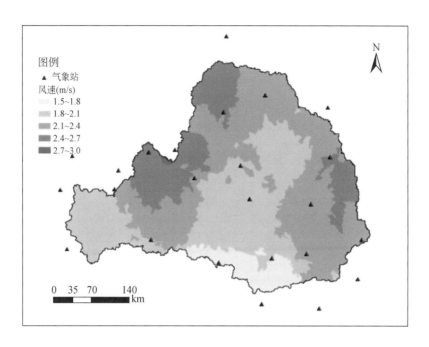

图 6-19　渭河流域 1956～2005 年多年平均风速空间展布

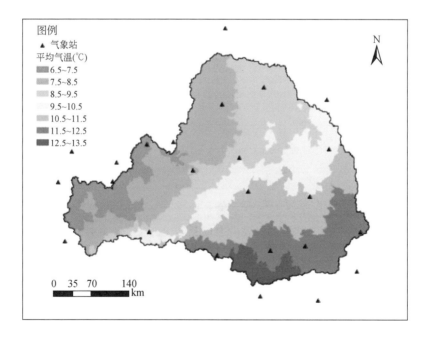

图 6-20　渭河流域 1956～2005 年多年平均气温空间展布

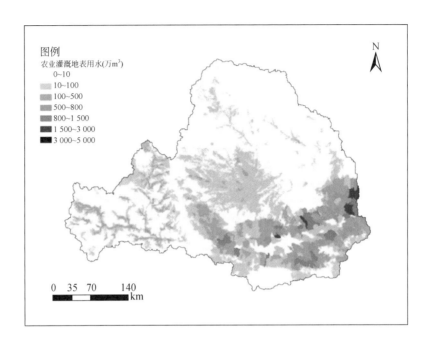

图 6-21　渭河流域 2000 年农业灌溉地表用水

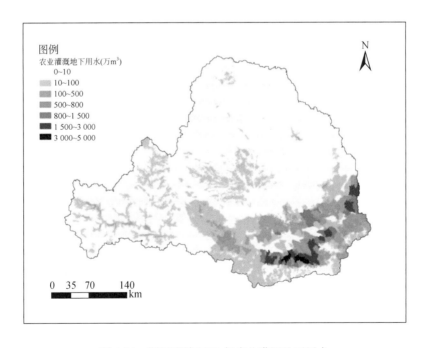

图 6-22　渭河流域 2000 年农业灌溉地下用水

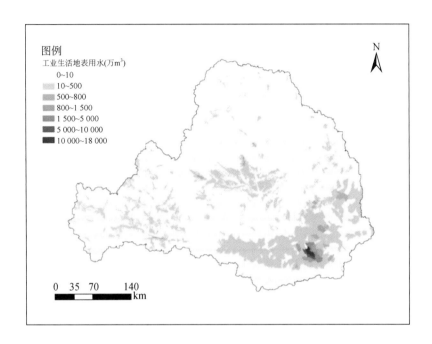

图 6-23　渭河流域 2000 年工业生活地表用水

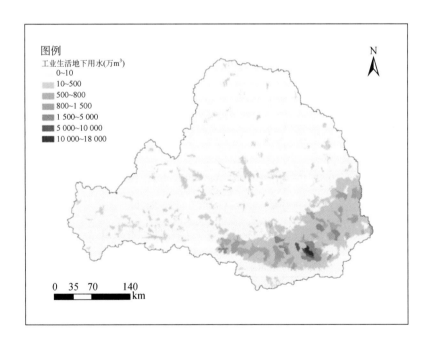

图 6-24　渭河流域 2000 年工业生活地下用水

模型率定效果标准如下：①模拟年径流量总量相对误差尽可能小；②模拟年径流 Nash-Sutcliffe 效率系数尽可能大。计算公式如下：

$$RE = \frac{\sum\limits_{i=1}^{N} Q_{sin,\,i} - \sum\limits_{i=1}^{N} Q_{obs,\,i}}{\sum\limits_{i=1}^{N} Q_{obs,\,i}} \times 100\% \qquad (6\text{-}1)$$

$$NSE = 1 - \frac{\sum\limits_{i=1}^{N} (Q_{sim,\,i} - Q_{obs,\,i})}{\sum\limits_{i=1}^{N} (Q_{obs,\,i} - \overline{Q_{obs}})^2} \times 100\% \qquad (6\text{-}2)$$

式中，RE 表示模拟径流总量的相对误差（%）；NSE 表示 Nash-Sutcliffe 效率系数；Q_{sin} 表示模拟年均径流量（m³/s）；Q_{obs} 表示实测年均径流量（m³/s）；N 表示模拟系列月份数；$\overline{Q_{obs}}$ 表示模拟系列实际年均径流量多年平均值（m³/s）。

由于农业灌溉取用水以及工业生活取用水只有年统计数据，用水展布方法并不能完全反映人工取用水年内的变化趋势，而且基于模型的水循环演变研究仅关注多年平均模拟值，因此，对于渭河流域研究采用年模拟数据进行率定和验证。表 6-1 是渭河华县断面率定期、验证期相关效率系数。可以看出，模型效率系数 NSE 均在 0.85 以上，相对误差不超过 5%，基本符合应用要求。图 6-25 则是华县 1956~2005 年系列逐年实测流量过程模拟。

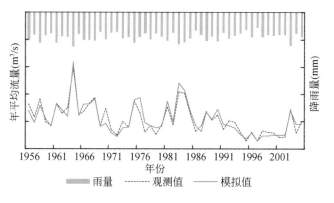

图 6-25　渭河流域华县逐年实测流量过程模拟

表 6-1　渭河流域华县控制断面率定验证

时段（年）	类型	相对误差（%）	Nash 效率系数
1956~1980	率定期	-0.6	0.85
1981~2005	验证期	3.3	0.91
1956~2005	验证期	1.1	0.87

6.2 生态环境需水指标分析

6.2.1 多年平均天然流量计算分析

采用 WEP 模型模拟了各生态断面的天然流量过程，采用水文学方法对支流生态环境流量进行初步分析，见表 6-2。

表 6-2 渭河主要支流天然流量

支流	生态断面	天然流量（m³/s）
小水河	朱园站	1.94
千河	千阳站	12.28
	冯家山出库	13.83
	千河入渭口	15.37
漆水河	羊毛湾出库	2.08
	漆水河入渭口	7.69
清姜河	清姜河入渭口	4.53
石头河	石头河出库	12.55
	石头河入渭口	14.76
汤峪河	汤峪河入渭口	6.73
黑河	金盆水库出库	17.47
	黑河入渭口	24.92
涝峪河	涝峪河入渭口	6.90
石川河	桃曲坡水库出库	1.36
	石川河入渭口	6.00
沣河	秦渡镇	8.50
	沣河入渭口	17.11
浐河	浐河入灞口	7.92
灞河	马渡王	16.00
	灞河入渭口	21.87

支流	生态断面	天然流量（m³/s）
零河	零河入渭口	0.72
沈河	沈河入渭口	1.17
赤水河	赤水河入渭口	1.62
罗敷河	罗敷河入渭口	1.18
泾河	景村站	51.27
	张家山站	57.33
	桃园站	60.44
北洛河	交口河	17.21
	状头	26.60
	北洛河入渭口	29.68

渭河主要支流天然径流量从大到小为：泾河、北洛河、黑河、灞河、沣河、千河、石头河、浐河、漆水河、涝峪河、汤峪河、石川河、清姜河、小水河、赤水河、罗敷河、零河、沈河。

6.2.2　湿地景观需水

湿地都为支流入渭形成的河口湿地，湿地公园需水考虑水量消耗与水域的换水周期，换水周期按两个月计算，湿地植被与水面的比例按 7∶3 计算，计算湿地公园年需要补水量 3762 万 m³。

6.2.3　水生生物需水

本次研究从水生生物生存的需求考虑，采用水力学方法，用实测断面形态与鱼类生存所需水深进行计算。

研究中选用千河千阳站作为典型断面，计算不同水深下的流量和栖息地适宜度，以此确定渭河支流适合的生态水深。

6.2.3.1　水文学法计算

根据 Tennant 法，取河道断面年平均天然流量的 10% 为最小生态流量。对千河流域进行 WEP 建模，采用千阳站 1973～2010 年实测流量过程进行率定，年径流过程 nash 效率系数为 0.78，月径流过程 nash 效率系数为 0.56，基本达到使用要求。千阳站 1973～2010 年实测和模拟流量对比如图 6-26 所示。

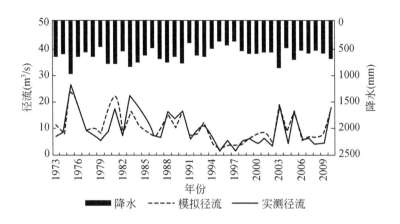

图 6-26　千河千阳站模拟流量与实测流量对比

在此基础上，计算千阳断面 1956～2010 年系列年平均天然径流量为 12.28m³/s，取 10% 作为最小生态流量为 1.23 m³/s。通过 WEP 模型同时获得断面天然流量的逐月过程系列，作为河流本底条件，分析生态需水计算结果的合理性。

6.2.3.2　水力学法

根据湿周法，计算千阳断面流量 Q 和湿周 Z 之间的对应关系曲线，取斜率为 1 的点对应的流量为最小生态流量，其含义是确保河道断面湿周在一定的水平，防止河道湿周随流量的减少而显著降低，导致河流生态环境严重受损。

首先，收集千阳站河道断面信息，包括河道断面形状（查询水文年鉴）、糙率（查询水文年鉴）、河道比降（查询相关资料，DEM 验证）。千阳断面实测高程如图 6-27 所示，计算中取 2012 年实测断面结果。

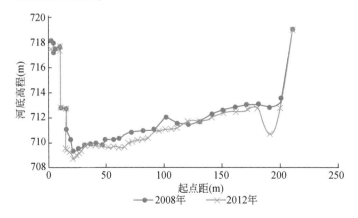

图 6-27　千河千阳站模拟流量与实测流量对比

其次，计算不同水深对应的河道湿周，同时采用曼宁公式通过水深计算流速和流量，建立河道湿周和流量的关系曲线，结果见图 6-28 所示，流量和湿周均采用相对值（与最大值的比值），以避免计量单位的影响。然后，采用幂函数拟合，并计算斜率为 1 的点对应的流量值，计算结果为 2.46 m^3/s。

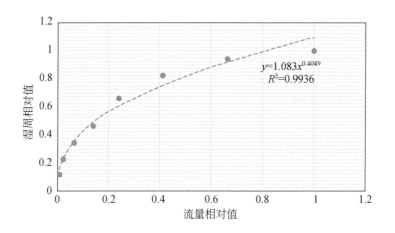

图 6-28　千河千阳站流量与湿周对应关系

6.2.3.3　栖息地模拟法

在水力学方法的基础上，增加考虑鱼类和底栖生物对水深、流速等的要求，计算考虑生态保护目标的生态流量。结合千河生态调查数据，鱼类中选择鲤鱼，底栖生物中选择蜉蝣目，作为指示物种。

查阅文献，收集生态保护目标对水深、流速等指标的适应性曲线。蜉蝣目的水深、流速适宜性曲线如图 6-29 所示。计算不同水深对应的流量值和加权可利用面积，如图 6-30 所示。

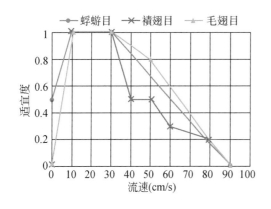
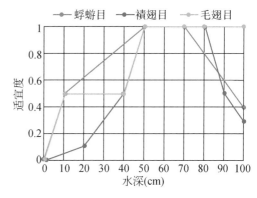

图 6-29　蜉蝣目底栖动物的水深、流速适宜性曲线

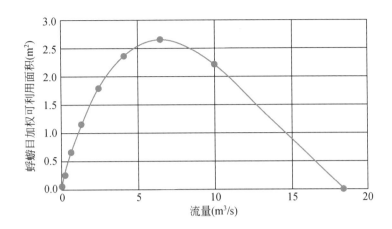

图 6-30 蜉蝣目底栖动物的流量与栖息地可利用面积曲线

采用理想点法，权衡生态和社会经济之间的用水。选择（0，WUAmax）为理想点，权重取（0.2，0.8），计算得到 50cm 水深（流量为 2.36m³/s）时为最优。

6.2.3.4　重点支流断面生态水量计算方法

考虑到渭河流域社会经济快速发展的需求以及生态流量的可操作性，确定当前阶段下渭河流域重点支流断面生态水量计算依据和计算方法。

对于具有水生生物栖息地功能的生态断面，选取鱼类生存所需水深为 30cm；对于其他生态断面，选取 20cm 水深作为基本生态水深要求。

利用曼宁公式进行流速计算，曼宁公式：

$$V = \frac{1}{N} \times R^{2/3} \times J^{1/2} \tag{6-3}$$

式中，N 为渭河河道天然糙率，根据天然沙砾石河床特性，取值为 0.038；R 水力半径；J 为比降，根据各河段起始断面计算。

6.2.4　环境设计流量

考虑河流纳污的基本环境设计流量，采用大型水利工程建设的环境影响评价中广泛应用的 7Q10 法，选取近 10 年实测最枯月平均流量作为本次渭河重点支流的初步环境设计流量。

6.3　现有规划要求

根据《黄河水量调度条例实施细则（试行）》《陕西省渭河水量调度实施细则》，其中第十六条规定渭河干流省界、市界和重要支流控制断面最小流量和预警流量如图 6-31 所示。

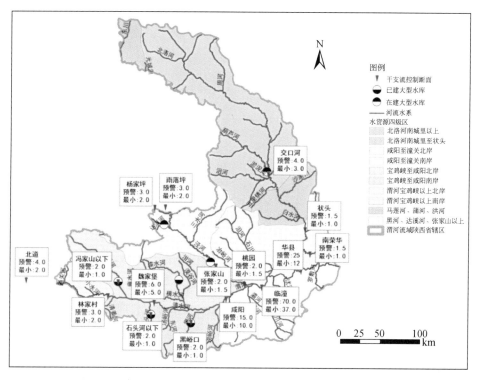

图 6-31　陕西省渭河干支流控制断面现有的预警流量及最小流量

6.4　生态流量综合分析

在渭河重点支流生态环境目标的基础上，计算各生态断面的基础流量、生态流量、环境流量以及景观湿地补水，综合确定断面低限生态流量。其中，基础流量是维持河道基本功能的最小流量，取值为断面多年平均天然流量的 10%；生态流量是断面水生生物生存所需要的最小流量，根据基于生态水深的水力学方法计算，对于水生生物重点保护断面，最小生态水深取 30cm，其他断面生态水深取 20cm；环境流量是维持河道自净功能的最小流量，根据 90% 保证率最枯月平均流量计算。基础流量、生态流量和环境流量均属于河道内生态需水，三项取最大值即为河道需水量；再加上景观湿地补水，即为断面的综合生态环境流量。渭河重要支流生态断面需水计算结果见表 6-3。

与现有规划中已有规定的断面最小流量进行比较，渭河重点支流各生态断面综合生态环境流量计算结果均较大，冯家山水库、石头河水库、金盆水库规定的最小出库流量均为 1m³/s，本次计算的低限生态流量分别为 1.4 m³/s、1.3 m³/s、1.8 m³/s。

与水文学方法计算结果相比较，大多数断面的低限生态流量均在相应天然径流量的 10% ~ 30%，处于 Tennant 法推荐的最小、一般和好的状态之间，计算结果较为合理。

表 6-3 渭河重要支流生态断面需水计算结果

（单位：m³/s）

支流	生态断面	基流 A	生态流量 B	环境流量 C	河道内需水 D=MAX（A，B，C）	景观湿地补水 E	综合需水 F=D+E	规定最小流量 G	干流所需流量 H
小水河	朱园站	0.19	0.46	0.36	0.46		**0.5**		8.60
千河	千阳站*	1.23	0.62	0.53	1.23		**1.2**		
	冯家山出库*	1.38	0.44	0.23	1.38		**1.4**	1.00	
	千河入渭口	1.54	0.12	0.25	1.54	0.13	**1.7**		8.60
漆水河	羊毛湾出库	0.21	0.65	0.14	0.65		**0.7**		
	漆水河入渭口	0.77	0.46	0.44	0.77	0.00	**0.8**		11.10
清姜河	清姜河入渭口	0.45	0.14	0.21	0.45		**0.5**		
石头河	石头河出库*	1.25	0.49	0.04	1.25		**1.3**	1.00	
	石头河入渭口*	1.48	0.28	0.09	1.48	0.12	**1.6**		10.10
汤峪河	汤峪河入渭口	0.67	0.07	0.13	0.67	0.14	**0.8**		10.60
黑河	金盆水库出库*	1.75	0.22	0.14	1.75		**1.8**	1.00	
	黑河入渭口*	2.49	0.15	0.14	2.49	0.00	**2.5**		13.10
涝峪河	涝峪河入渭口	0.69	0.08	0.24	0.69	0.01	**0.7**		13.60
石川河	桃曲坡水库出库	0.14	1.38	0.07	1.38		**1.4**		
	石川河入渭口	0.60	0.98	0.17	0.98		**1.0**		
沣河	秦渡镇	0.85	1.04	0.35	1.04		**1.0**		
	沣河入渭口*	1.71	1.80	0.29	1.80	0.19	**2.0**		15.10

续表

支流	生态断面	基流 A	生态流量 B	环境流量 C	河道内需水 D=MAX (A, B, C)	景观湿地补水 E	综合需水 F=D+E	规定最小流量 G	干流所需流量 H
浐河	浐河入灞口	0.79	0.83	0.16	0.83	0.02	0.8		
灞河	马渡王*	1.60	1.49	1.18	1.60		1.6		
	灞河入渭口*	2.19	1.05	0.61	2.19	0.00	2.2		17.10
零河	零河入渭口	0.07	0.05	0.03	0.07		0.1		12.00
沋河	沋河入渭口	0.12	0.06	0.04	0.12		0.1		12.00
赤水河	赤水河入渭口	0.16	0.05	0.06	0.16		0.2		
罗敷河	罗敷河入渭口	0.12	0.07	0.03	0.12		0.1		12.00
泾河	景村站	5.13	0.34	5.72	5.72		5.7		
	张家山站	5.73	0.39	1.50	5.73		5.7	1.50	
	桃园站*	6.04	0.90	1.72	6.04	0.00	6.0	1.50	20.10
北洛河	交口河	1.72	0.06	3.87	3.87		3.9	3.00	
	状头	2.66	0.05	1.10	2.66		2.7	1.00	
	北洛河入渭口*	2.97	0.14	0.52	2.97		3.0	1.00	12.00

*表示水生生物重点保护断面

6.5 现状保证率分析

6.5.1 监测断面现状保证率分析

基于收集的水文站观测数据以及综合分析得到的断面最小生态环境流量，分析监测断面生态环境流量不同阶段的保证率情况，如表 6-4～表 6-9 所示。

表 6-4 泾河张家山站现状保证率分析

保证率	时段（年）	最小生态环境流量（m³/s）	
		1.5（规定）	5.7（本次计算）
全年日保证率（%）	1980～2012	94.2	69.2
	1991～2012	91.3	67.5
	2001～2012	85.0	44.6
非汛期（11～6 月）日保证率（%）	1980～2012	92.9	61.2
	1991～2012	89.2	59.3
	2001～2013	81.2	30.1

表 6-5 北洛河状头站现状保证率分析

保证率	时段（年）	最小生态环境流量（m³/s）	
		1.0（规定）	2.7（本次计算）
全年日保证率（%）	1980～2012	96.1	83.3
	1991～2012	94.1	78.8
	2001～2012	88.6	72.7
非汛期（11～6 月）日保证率（%）	1980～2012	95.4	78.0
	1991～2012	93.0	72.2
	2001～2012	86.5	65.4

表 6-6 黑河黑峪口站现状保证率分析

保证率	时段（年）	最小生态环境流量（m³/s）	
		1.0（规定）	1.8（本次计算）
全年日保证率（%）	1973～2013	86.8	84.5
	1981～2013	83.5	80.6
	1991～2013	75.9	71.8
	2001～2013	68.0	65.1

保证率	时段（年）	最小生态环境流量（m³/s）	
		1.0（规定）	1.8（本次计算）
非汛期（11~6 月）日保证率（%）	1973~2013	80.1	77.7
	1981~2013	75.2	72.2
	1991~2013	64.4	60.1
	2001~2013	57.3	55.2

表 6-7 千河千阳站现状保证率分析（最小生态环境流量 1.2m³/s）

时段（年）	全年（%）	非汛期（%）
1973~2013	87.3	85.0
1981~2013	86.6	84.4
1991~2013	81.5	78.4
2001~2013	90.6	87.7

表 6-8 沣河秦渡镇站现状保证率分析（最小生态环境流量 1.0m³/s）

时段（年）	全年（%）	非汛期（%）
1973~2013	81.9	77.8
1981~2013	86.6	83.1
1991~2013	92.4	91.6
2001~2013	99.5	98.8

表 6-9 灞河马渡王站现状保证率分析（最小生态环境流量 1.6m³/s）

时段（年）	全年（%）	非汛期（%）
1973~2013	91.0	90.0
1981~2013	91.5	89.9
1991~2013	89.7	87.6
2001~2013	97.4	96.2

在目前管理规定的要求下，泾河张家山站、北洛河状头站的流量保证率均可以达到 80% 以上，但是按照本书计算的低限生态流量要求，泾河张家山站的最小流量由 1.5m³/s 大幅提高到 5.7m³/s，相应的流量保证率也大大降低，2001 年以来的日流量保证率仅为 30% 左右。随着上游东庄水库的建成运行以及生态调度的实行，泾河张家山站的流量保证率可以得到较大的提高。而北洛河状头站在本报告的低限生态流量 2.7m³/s 要求下仅有 70% 左右，较当前管理规定 1m³/s 的 85% 以上也有一定程度的降低，可以通过上游的用水管理和生态调度来提高其流量保证率。

对于黑河金盆水库出库站黑峪口，自 2000 年开始出现零流量，2000~2013 年平均零流量日数为 101 天。在目前管理规定的 1.0m³/s 以及本报告的低限生态流量 1.8m³/s 下均只有不足 60% 的保证率，需要通过改进黑河金盆水库的调度方式来满足河流的基本生态需求。

千河千阳站、沣河秦渡镇站、灞河马渡王站的现状流量保证率均在 80% 以上，对于河道生态需求有较好的满足，可以通过上游水利工程的优化调度和取水单元的需水管理来进一步提高其保证率。

6.5.2 重点水库下泄流量保证率分析

现阶段对冯家山水库、石头河水库和金盆水库最小下泄流量的要求为 1m³/s，分析近年来各水库下泄情况发现，冯家山水库 1~3 月，石头河水库 2 月以及金盆水库 1~3 月的河道退水量均未达到要求。

若按照本次计算的最小下泄流量（冯家山水库 1.4 m³/s、石头河水库 1.3 m³/s、金盆水库 1.8 m³/s），冯家山水库 12 月至次年 3 月，石头河水库 1~2 月，金盆水库 1~4 月的河道退水量均未达到要求。

|第7章| 渭河可调水量分析

本章针对"渭河流域保障补水来源不明"的问题,通过分析渭河流域水资源现状、工程调度能力,研究人类活动对渭河流域水资源的影响,开展陕西省渭河流域经济社会用水分析,提出渭河流域自产水和外调水给生态环境的可调水潜力,分析渭河干流生态环境流量的盈缺。研究首先分析变化环境对渭河流域水资源的影响;结合近期渭河流域社会经济用水分析,预测未来水平年社会经济发展对水资源的需求;在此基础上以渭河地表水资源量为本底,识别在水循环供用耗排过程之后渭河干流可用于生态的所有潜在水量;之后,结合生态环境需水指标和水利工程,计算面向生态的渭河水量调蓄过程,分析渭河干流生态环境流量的盈缺状况,最后,对比现状调蓄作用和理想调蓄作用下渭河生态可利用水量,提出工程调蓄作用下渭河干流非汛期可调水量。

7.1 变化环境下水循环演变机制分析

自然和人工因素是影响水循环的驱动因子。容易发生变化的自然因素主要包括降水、气温、日照、风速和相对湿度等气象要素和天然覆被状况,人工因素主要包括人类活动对流域下垫面的改变和人类对水资源的开发利用。对水资源影响较大的驱动因子主要有气候变化、人工取用水和下垫面条件。气候变化影响垂向和水平向上水分循环的强度,进而引起水分循环的变化及水资源时空分布;人工取用水改变了水资源的赋存环境,也改变了地表水和地下水的转化路径,使得蒸发、产流、汇流、入渗、排放等流域水循环特性发生了改变;下垫面条件变化通过改变产汇流条件来影响水资源的演变特性。本节着重对气象要素、下垫面条件以及人工取用水这三个主要驱动因子对水循环演变的驱动影响进行分析。由于渭河流域开展水土保持比较多,因此,也研究水土保持对水循环演变的驱动。

在水循环过程中,气候变化是水循环的最为主要的驱动因子。下垫面条件变化会引起地面空气动力输送过程的一些重要变化,从而引起水量的变化。下垫面条件变化引起截留、蒸发等过程的变化,同时也改变了土壤水的利用方式。"取水—输水—用水—排水—回归"的人工取用水过程全面改变了流域水循环的产流特性、汇流特性、蒸散发特性,成为影响水循环的主要驱动力之一。为科学识别出各项自然和人工因子对于渭河流域水资源演变的影响,采取情景对比模拟的方式,具体是在模型中只考虑某种因子变化,保持其他因子不变,然后对比模拟结果来评价该项因子的水资源演化效应。另外,考虑到未来不同的气候变化情景,采用全球气候模型的输出结果,评估未来气候变化对渭河流域水资源的影响。

7.1.1 气象要素对水资源的影响

对 2005 年现状下垫面、分离用水条件下各年代水资源量进行模拟，对比分析各年代气象要素对水资源的影响，结果如表 7-1 所示。

表 7-1　渭河流域气象要素对水资源的影响　　　　（单位：亿 m³）

时段（年）	年降水量	地表水资源	地下水总量	不重复地下水	水资源总量	有效蒸散发	无效降水
1956~1959	771.7	94.4	53.7	25.3	119.7	494.4	118.1
1960~1969	779.2	117.2	82.0	27.4	144.7	505.0	116.3
1970~1979	715.9	78.0	49.6	13.7	91.8	498.2	115.4
1980~1989	745.2	107.4	79.6	25.7	133.1	492.4	111.9
1990~1999	661.4	52.8	29.9	16.4	69.2	489.1	114.6
2000~2010	714.4	69.7	39.0	13.1	82.8	496.0	113.5
1956~1979	751.6	97.1	63.8	21.4	118.5	500.4	116.2
1980~2010	707.2	76.4	49.2	18.3	94.7	492.6	113.4

从表 7-1 可以看出，渭河流域 1980~2010 年系列年均降水量较 1956~1979 年系列低 5.9%，径流性水资源减少 20.1%，其中地表水资源偏少 21.3%，不重复地下水资源偏少 14.5%。90 年代降雨衰减导致水资源衰减厉害，1990~1999 年系列年均降水量较 1956~1979 年系列低 12.0%，径流性水资源减少 41.6%，其中地表水资源偏少 45.6%，不重复的地下水资源偏少 23.3%。

7.1.2 人工取用水对于流域水资源演变影响

人工取用水对于流域水资源演变的定量考察，可以在模拟试验中，保持其他输入因子不变（如气象条件、下垫面等），而对有取用水、无取用水两种情景分别进行模拟，然后对比其结果，即可获得人工取用水对流域水资源演变的定量影响。

本书分别对历史系列下垫面和历史取用水水平以及 2005 年现状下垫面和现状取用水水平两种情况进行了模拟。

以 1956~2010 年气象系列、历史系列过程下垫面条件和历史取用水水平为基础，渭河流域有、无取用水两种情景下的 55 年系列水资源评价结果见表 7-2。

表 7-2　历史状况有、无取用水情景下的水资源评价对比　　（单位：亿 m³）

分区	有人工取用水情景					无人工取用水情景				
	地表水资源	地下水总量	不重复地下水	水资源总量	有效蒸散发	地表水资源	地下水总量	不重复地下水	水资源总量	有效蒸散发
北洛河状头以上	9.8	6.5	2.3	12.1	94.9	9.8	7.0	2.8	12.6	94.5
泾河张家山以上	17.5	9.2	4.4	21.9	155.0	17.4	10.6	5.7	23.1	154.2

分区	有人工取用水情景					无人工取用水情景				
	地表水资源	地下水总量	不重复地下水	水资源总量	有效蒸散发	地表水资源	地下水总量	不重复地下水	水资源总量	有效蒸散发
渭河宝鸡峡以上	22.8	6.4	2.5	24.3	102.0	23.4	8.0	3.7	27.1	100.9
渭河宝鸡峡至咸阳	19.5	15.7	15.6	35.1	76.5	21.0	16.8	13.8	34.8	74.2
渭河咸阳至潼关	21.4	18.2	13.1	34.5	73.8	22.9	20.3	14.9	37.8	70.9
总计	91.0	56.0	37.9	128.9	502.2	94.5	62.7	40.9	135.4	494.7

从表 7-2 可以看出，人工取用水对于渭河流域水资源演变有重要影响。从整个流域来说，地表水资源量减少 3.6%，不重复的地下水资源量减少 7.3%，地下水资源量减少 10.7%，狭义水资源总量减少 4.8%，广义水资源量略微增加。但从各个分区来看，差别很大。前三个区地表水资源和地下水资源减少，不重复的地下水资源量增加，狭义水资源总量、有效降水利用量和广义水资源有增有减。后两个区地表水资源、地下水资源、不重复地下水资源减少，狭义水资源总量减少，有效蒸发增加很多，这和前三个区有所不同。产生差别的原因在于，前三个区属于山丘区，水资源开发利用少，后两个区大部属于平原区，对水资源开发利用量大。特别是后两个区，大量开采地下水导致地下水位下降很多，包气带加厚，降雨不容易补给到地下水，因而地下水资源大量减少、有效土壤蒸发大量增加。渭河咸阳至潼关区间由于地下水开采比渭河宝鸡峡至咸阳区间更加充分，地下水资源减少的幅度更大，地下水位下降更多，导致潜水蒸发减少很多，所以不重复地下水反而减少。

以 1956~2010 年气象系列、2005 年现状下垫面条件和现状取用水水平为基础，渭河流域有、无取用水两种情景下的 55 年系列水资源评价结果见表 7-3。

表 7-3　2005 年现状有、无取用水情景下的水资源评价对比　（单位：亿 m³）

分区	有人工取用水情景					无人工取用水情景				
	地表水资源	地下水总量	不重复地下水	狭义水资源总量	有效蒸散发	地表水资源	地下水总量	不重复地下水	狭义水资源总量	有效蒸散发
北洛河状头以上	9.9	6.4	3.0	12.9	93.7	10.5	7.0	2.5	13.0	93.3
泾河张家山以上	16.7	8.9	4.8	21.5	153.6	17.9	11.0	4.4	22.3	152.8
渭河宝鸡峡以上	20.7	6.1	2.6	23.3	102.1	23.3	7.8	2.5	25.8	101.0
渭河宝鸡峡至咸阳	18.8	14.5	5.8	24.6	76.2	21.1	16.6	5.5	26.6	74.0
渭河咸阳至潼关	20.7	17.0	14.9	35.6	73.4	23.2	20.2	13.0	36.2	70.6
总计	86.8	52.9	31.1	117.9	499.0	96.0	62.6	27.9	123.9	491.7

从表 7-3 可以看出，整个流域地表水资源量减少 9.6%，不重复的地下水资源量增加 11.4%，地下水资源量减少 15.7%，狭义水资源总量减少 4.8%，广义水资源量略微增

加。从各个分区来看，2005 年现状条件下人工取用水对于渭河流域水资源演变的影响与在历史条件下基本一致，只是因为取用水更多，后效更加明显一些。

从对比结果我们可以看到，人工取用水改变了产水条件，影响了水资源量的构成，主要表现在：①改变狭义水资源的构成。人工取用水通过袭夺基流减少了地下水的河川排泄量，从而使得河川径流量有明显减少。开采地下水导致包气带加厚，地表水不容易补给地下水，则会减少地下水资源量，减少潜水蒸发。如果集中开采地下水，由于影响范围不大，潜水蒸发减少的幅度小于开采净消耗增加的幅度，导致不重复地下水增加。②改变广义水资源的构成，主要表现在有效降水利用量的增加上。人工取用水造成地下水位下降，包气带增厚，一定程度上增加了有效的土壤水资源量，有利于降雨的就地利用。虽然总的广义水资源量没有太大变化，但水资源的构成变化会带来一系列生态环境后效，包括河流生态系统的维护以及地下水超采负面生态环境后效等问题。

7.1.3 水保措施对水资源的影响

水保措施对于流域水资源演变的定量影响，可以在模拟试验中，保持其他输入因子不变，对"屏蔽"和"解屏蔽"水保因子两种情景分别进行模拟，然后对比其结果，即可获得水保措施对流域水资源演变的定量结果。

以 1956 ~ 2010 年气象系列、2005 年现状下垫面和分离用水条件为基础，渭河流域有、无水保措施两种情景下的 55 年系列水资源评价结果见表 7-4。

表 7-4   现状下垫面有、无水保措施情景下的水资源评价对比   （单位：亿 m³）

分区	有水保措施情景					无水保措施情景				
	地表水资源	地下水总量	不重复地下水	狭义水资源总量	有效蒸散发	地表水资源	地下水总量	不重复地下水	狭义水资源总量	有效蒸散发
北洛河状头以上	9.7	7.3	2.6	12.3	93.6	10.5	7.0	2.5	13.0	93.3
泾河张家山以上	15.9	10.2	4.7	20.6	153.5	17.9	9.5	4.4	22.3	152.8
渭河宝鸡峡以上	22.2	7.1	2.8	25.0	101.9	23.3	6.4	2.5	25.8	101.0
渭河宝鸡峡至咸阳	20.7	16.6	5.8	26.5	74.5	21.2	15.6	5.5	26.7	74.0
渭河咸阳至潼关	22.4	20.0	13.3	35.7	70.9	23.2	18.2	13.0	36.2	70.6
总计	90.9	61.2	29.2	120.1	494.4	96.1	56.7	27.9	124.0	491.7

从表 7-4 可以看出，水保措施对于渭河流域水资源演变发生重要影响，有水保措施和无水保措施相比，地表水资源量减少 5.4%、不重复的地下水资源量增加 4.6%、地下水资源量增加 7.9%，狭义水资源总量减少 3.1%。水保措施通过改变局部地形、地表糙度、拦截沟道水量减少水分的水平运动，同时增加垂直入渗和蒸发，在水资源构成上表现为地表水资源量减少、地下水资源量增加，虽然狭义水资源减少，但是为生态系统和农作物直接利用的水量增加。

7.1.4　下垫面变化对于流域水资源演变影响

下垫面对于流域水资源演变的定量考察，可以在模拟试验中，保持其他输入因子不变（如气象、用水等），而对不同时期下垫面情景分别进行模拟，然后对比其结果，即可获得下垫面对流域水资源演变的定量影响。

为对比下垫面变化对于流域水资源演变影响，以1956~2010年气象系列和2005年无人工取用水为背景，分别对20世纪80年代和2005现状年两期下垫面条件下的水资源进行评价。不同下垫面情景下的水资源评价结果对比情况分别见表7-5。

从表7-5可以看出，2005年下垫面与20世纪80年代下垫面相比，地表水资源量减少2.5%，不重复量增加2.1%，狭义水资源总量减少1.5%，地下水资源量增加10.2%。

表7-5　20世纪80年代和2005年下垫面水资源评价结果对比　（单位：亿 m³）

分区	20世纪80年代下垫面					2005年下垫面				
	地表水资源	地下水总量	不重复地下水	狭义水资源总量	有效蒸散发	地表水资源	地下水总量	不重复地下水	狭义水资源总量	有效蒸散发
北洛河状头以上	11.1	6.5	2.3	13.4	92.6	10.5	7.0	2.5	13.0	93.3
泾河张家山以上	18.1	9.2	4.3	22.4	152.5	17.9	11.0	4.4	22.3	152.8
渭河宝鸡峡以上	24.2	6.4	2.5	26.7	100.8	23.3	7.8	2.5	25.8	101.0
渭河宝鸡峡至咸阳	21.5	15.6	5.4	26.9	73.6	21.1	16.6	5.5	26.6	74.0
渭河咸阳至潼关	23.5	18.5	12.8	36.3	70.0	23.2	20.2	13.0	36.2	70.6
总计	98.4	56.2	27.3	125.7	489.5	96.0	62.6	27.9	123.9	491.7

7.1.5　综合环境变化对于流域水资源演变影响

对综合环境变化下各年代水资源量进行模拟，分析综合环境变化对水资源的影响，结果如表7-6所示。其中综合环境变化指的是采用历史下垫面变化、考虑人工取用水和水土保持措施，以历史气象数据作为驱动进行模拟。

表7-6　综合环境变化对水资源的影响　（单位：亿 m³）

时段（年）	降水量	地表水	地下水	不重复地下水	总量	有效蒸散发	无效降水
1956~1959	771.7	104.3	66.2	19.8	124.1	502.9	120.7
1960~1969	779.2	131.0	104.1	31.9	163.0	511.0	118.5
1970~1979	715.9	95.0	77.9	24.7	119.8	507.8	118.0
1980~1989	745.2	124.2	109.9	39.4	163.6	499.4	114.3
1990~1999	661.4	63.1	54.2	20.8	83.9	500.4	119.6

时段（年）	降水量	地表水	地下水	不重复地下水	总量	有效蒸散发	无效降水
2000~2010	714.4	73.4	60.3	26.8	100.2	509.1	116.5
1956~1979	751.6	111.6	86.9	26.9	138.5	508.3	118.6
1980~2010	707.2	86.5	74.3	28.9	115.4	503.2	116.8

从表 7-6 可以看出，渭河流域 1980~2010 年系列较 1956~1979 年系列，由于降水的减少，导致地表水资源偏少 22.2%，地下水资源偏少 14.5%，不重复地下水资源增加 7.4%。变化趋势同气象要素变化对水资源的影响基本一致，说明气象要素变化是引起渭河流域水资源变化的主要原因，相对而言，人工取用水、下垫面变化和水土保持措施对水资源的影响比较小。

7.1.6 未来气候变化对于流域水资源的影响

目前气候模式是进行气候变化预估的最主要工具。在 GCM 的选取方面，采用国家气候中心提供的多模式平均数据，共包括 IPCC 第四次评估报告（IPCC Fourth Assessment Report，IPCC AR4）中的 20 多个复杂的全球气候模式；在 GCM 的预测结果应用方面，为减少不确定性，本书不直接采用 GCM 的预测结果，而采用其预测的变化趋势，即采用其预测结果中未来气候变化条件下各气候要素相对多年平均值的波动值；在未来排放情景的确定方面，选用 IPCC 于 2000 年提出的 SRES（Special Report on Emissions Scenarios）排放情景中的 A1B、A2 和 B1 情景。

由于多模式集合平均数据是格点数据，需要通过线性内插得到站点数据，包括 1961~1990 年系列和 2021~2050 年系列三个情景的降雨和气温数据；在此基础上，利用距离平方反比法结合泰森多边形法将站点数据插入到各个子流域上；最后，利用分布式水文模型，基于现状下垫面条件和用水水平，研究了未来 3 个气候情景下渭河流域水资源演变规律，具体结果如下。

7.1.6.1 年际变化规律

按照上述方法，可以得到未来 3 个情景下渭河流域未来 2021~2050 年主要水循环要素特征值与历史系列 1961~1990 年的比较结果，包括降雨量、蒸发量和径流量的多年平均值、年最大值和年最小值，具体如表 7-7 所示。

可以看出，对于未来 3 个情景，从多年平均值来看，未来 30 年的降雨量略有增加，降雨量的极值波动不大；蒸发量均比历史平均要高，约增加 2%~3%；而径流量则均比历史平均少，约减少了 6%~16%，3 个情景下的径流量年最大值均没有超过历史水平，而径流量年最小值 3 个情景下的结果不尽相同。因此，在 2021~2050 年，由于气温的普遍升高，虽然降雨量较历史平均略有增加，但蒸发量普遍加大，且其增加幅度高于降雨量的增加幅度，导致径流量比历史平均较少，并且出现超过历史规模的大洪水的可能性不大，而出现极端干旱的情况则有一定的可能性。

表 7-7　历史及未来情景下主要水循环要素特征值（多年平均）　（单位：mm）

情景	降雨量平均值	降雨量最大值	降雨量最小值	蒸发量平均值	蒸发量最大值	蒸发量最小值	径流量平均值	径流量最大值	径流量最小值
历史系列	565.94	780.15	407.21	499.77	601.69	427.53	25.00	67.08	4.84
SRES-A1B	569.27	792.79	419.42	510.9	617.72	440.57	21.17	55.88	2.82
SRES-A2	569.90	713.40	407.18	510.82	592.89	429.53	21.65	65.98	4.76
SRES-B1	580.14	747.16	414.87	516.62	609.95	443.74	23.63	60.04	6.34

7.1.6.2　年内变化规律

表 7-8 ~ 表 7-11 列出了历史系列及未来 3 个情景下渭河流域 12 个月的平均气温、平均降雨量、平均蒸发量和平均径流量。

表 7-8　历史系列及未来 3 个情景下各月平均气温　（单位：℃）

情景	1月	2月	3月	4月	5月	6月	7月	8月	9月	10月	11月	12月
历史系列	-4.6	-1.6	4.2	10.7	15.7	19.9	21.9	20.6	15.5	9.7	2.9	-2.8
SRES-A1B	-2.6	-0.4	5.6	12.1	17.3	21.4	23.2	22.4	16.9	11.4	4.4	-1.3
SRES-A2	-2.9	-0.4	5.4	12.0	17.2	21.3	23.1	22.1	16.7	11.1	4.2	-1.5
SRES-B1	-3.1	-0.8	5.3	11.7	16.9	21.1	23.0	22.0	16.5	10.9	4.0	-1.8

表 7-9　历史系列及未来 3 个情景下各月平均降雨量　（单位：mm）

情景	1月	2月	3月	4月	5月	6月	7月	8月	9月	10月	11月	12月
历史系列	4.7	8.1	20.1	39.5	55.0	60.7	108.6	103.0	96.6	47.6	18.1	4.0
SRES-A1B	5.1	8.9	21.8	42.3	58.8	60.8	109.4	100.4	94.3	45.0	18.0	4.6
SRES-A2	5.0	9.3	22.0	43.0	55.7	62.4	108.1	103.5	91.8	45.8	18.9	4.4
SRES-B1	5.0	8.9	21.4	44.7	57.8	61.7	109.6	101.4	97.7	48.1	19.4	4.4

表 7-10　历史系列及未来 3 个情景下各月平均蒸发量　（单位：mm）

情景	1月	2月	3月	4月	5月	6月	7月	8月	9月	10月	11月	12月
历史系列	1.8	6.8	30.8	44.2	58.9	66.9	91.5	82.8	57.9	37.6	16.7	4.0
SRES-A1B	3.2	8.5	29.1	42.8	60.3	68.3	93.1	84.3	59.3	37.7	18.7	5.5
SRES-A2	2.9	8.8	29.7	43.2	60.0	68.4	92.9	84.2	58.8	38.0	18.6	5.5
SRES-B1	3.1	8.5	30.5	44.3	61.0	68.9	93.1	84.6	59.6	38.6	19.2	5.4

表7-11　历史系列及未来3个情景下各月平均径流量　　（单位：mm）

情景	1月	2月	3月	4月	5月	6月	7月	8月	9月	10月	11月	12月
历史系列	0.1	0.16	0.33	0.51	0.84	0.87	3.59	5.04	8.5	4.46	0.49	0.11
SRES-A1B	0.1	0.15	0.3	0.54	1.1	0.9	3.36	4.09	6.57	3.54	0.42	0.11
SRES-A2	0.1	0.16	0.31	0.56	0.78	0.82	3.46	5.0	6.79	3.1	0.48	0.12
SRES-B1	0.1	0.15	0.31	0.62	0.99	0.85	3.77	4.41	7.61	4.16	0.54	0.12

由表7-8可以看出，在2021～2050年，3个情景下的各月平均温度都比历史要高，平均约升高1.5℃左右；由表7-9可以看出，在非汛期期间的11月至次年5月，各月降雨量较历史情况有所增加，最多增加了约15%，而在汛期期间的6～10月，各月降雨量较历史情况则有所减少，最多减少约5%；由表7-10可以看出，除3月和4月蒸发量略有减少外，其他各月的蒸发量均比历史情况有所增加，最多增加了约78%（SRES-A1B情景下1月）；由表7-11可以看出，在汛期期间的6～10月，各月径流量较历史情况有所减少，最多减少了约30%（SRES-A2情景下10月），而在非汛期的4月和5月，各月径流量较历史情况有所增加，最多增加约31%（SRES-A1B情景下5月），而在其他月份，各月径流量较历史情况变化不大。

因此，从年内变化来看，蒸发量的波动幅度最大，且主要是增加，其次是径流量，降雨量的波动最小。在未来30年间，由于温度的普遍升高，各月的蒸发量普遍增加，汛期的降雨量和径流量有所减少，而非汛期的降雨量虽有所增加，除个别月份径流量有所增加外，其余各月径流量较历史情况有所减少。

7.2　渭河流域经济社会用水分析

7.2.1　陕西省渭河流域用水变化规律

根据调查统计分析结果，2000～2010年陕西省渭河流域用水量详见表7-12。

表7-12　陕西省渭河流域流域用水量表

年份	用水量（亿m³）	耗水量（亿m³）
2000	48.00	31.80
2001	46.98	26.74
2002	46.12	26.22
2003	43.21	24.96
2004	44.95	26.53

年份	用水量（亿 m³）	耗水量（亿 m³）
2005	46.89	27.88
2006	50.82	30.20
2007	50.71	30.24
2008	50.59	30.28
2009	49.67	29.67
2010	49.08	29.20

通过图 7-1 可以看出，陕西省渭河流域近 10 年（2000~2010 年）用水量波动较为平稳，没有出现明显上升或下降的趋势，用水量与耗水量呈同步变化的趋势，耗水率基本维持在 0.6 左右。

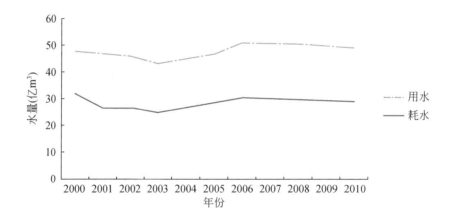

图 7-1　用水量与耗水量变化趋势图

为了进一步分析渭河流域用水耗水变化，将近十年用水耗水信息细化至三级区套地市的单元上，以分析不同计算单元用耗水规律及其对渭河用水耗水变化的影响。

通过图 7-2、图 7-3 可以看出，近十年用水出现剧烈变化的主要有"渭河咸阳至潼关–西安""渭河咸阳至潼关–渭南"两个主要单元，其原因主要是这两个单元集中了主要的人口以及工业和农业用水户。以灌区为例，"渭河咸阳至潼关–渭南"分布了交口抽渭灌区、泾惠渠灌区、洛惠渠灌区、石堡川水库灌区、桃曲坡水库灌区等大型灌区，"渭河咸阳至潼关–西安"境内也有交口抽渭灌区和泾惠渠灌区。"渭河咸阳至潼关–西安"单元年均用水量是 11.25 亿 m³，占全区用水量的 25%，"渭河咸阳至潼关–渭南"单元年均用水量是 84% 亿 m³，也占到了全区用水量的 1/6。相应的，这两个主要用水单元的耗水量分别为 6.2 亿 m³ 和 4.8 亿 m³，占全区耗水量的 25% 和 19%。

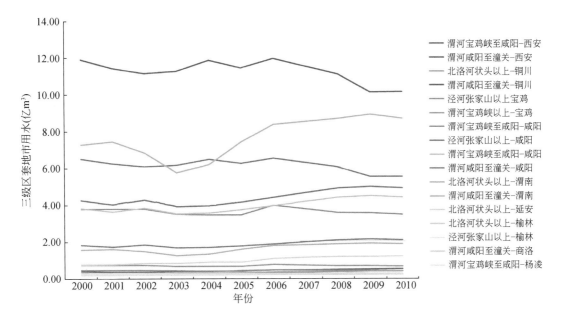

图 7-2　陕西省渭河流域三级区套地市用水量

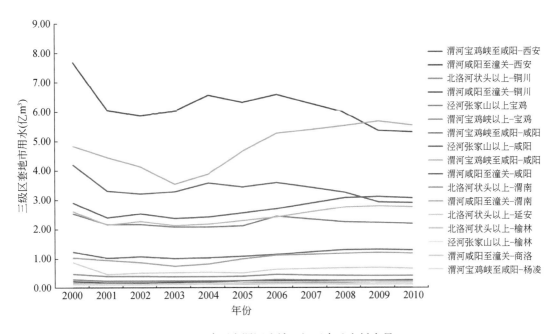

图 7-3　陕西省渭河流域三级区套地市耗水量

7.2.2　分行业用水规律分析

通过对 2000~2010 年的陕西省渭河流域分行业用耗水分析，农业用水所占比重最大，其多年平均耗水量为 25.1 亿 m^3，且在近几年呈缓慢上升趋势。工业用水和生活用水所占比重相当，多年年平均耗水分别为 4.2 亿 m^3 和 4.7 亿 m^3，其中工业耗水量呈逐年减少趋势，生活耗水量逐年缓慢增加。城镇公共耗水和生态环境耗水在所有行业中所占比重最小，多年平均耗水量仅为 1.09 亿 m^3 和 0.49 亿 m^3。其中城镇公共耗水量逐年减少而生态环境耗水量在逐年缓慢增加。

2000～2010 年，陕西省渭河流域降水量总体呈上升趋势，多年平均降雨量为 542mm，通过图 7-4 可以看出，降水的波动对工业、城镇公共、居民生活、生态环境耗水的影响较小，对农业耗水的影响较为明显，在 2000～2005 年，农业用水与降水的年际变化相关性较好，相关系数达到 0.85。为了能够进一步识别行业耗水的地区间差异，研究分析了各行业耗水量在各个地市的逐年变化情况，如图 7-5 所示。

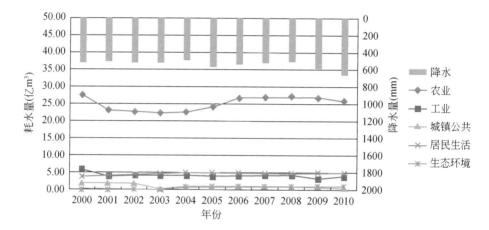

图 7-4　分行业耗水–降水趋势

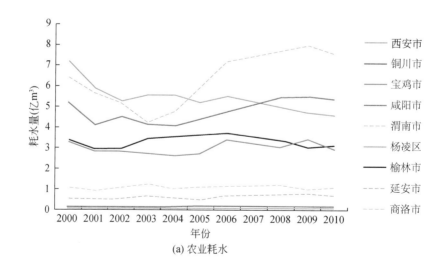

(a) 农业耗水

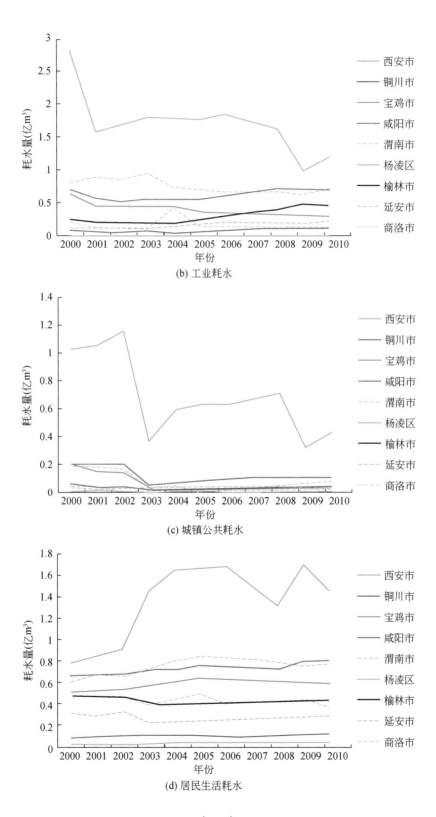

(b) 工业耗水

(c) 城镇公共耗水

(d) 居民生活耗水

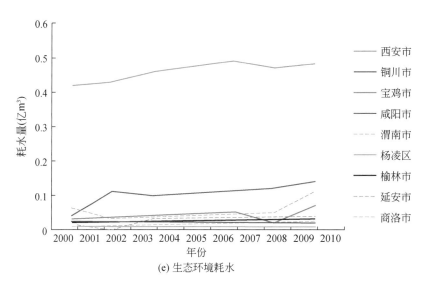

(e) 生态环境耗水

图 7-5　陕西省渭河流域各地市分行业逐年用水量

通过图 7-5 可以看出，2000～2010 年各地市农业耗水量成增加趋势，其中农业耗水量最大的是渭南市，年均农业耗水量为 6.4 亿 m³，主要原因如前所述，这里分布了交口抽渭灌区、泾惠渠灌区、洛惠渠灌区、石堡川水库灌区、桃曲坡水库灌区等大型灌区；其次是西安市，年均农业耗水量为 5.4 亿 m³，黑惠渠灌区、交口抽渭灌区和泾惠渠灌区对该地区的农业耗水具有重要贡献。这两个地区的农业耗水量占到了研究区农业耗水量的近 50%。

工业、城镇公共、居民生活及生态环境耗水均以西安市最多，这四个行业用水分别占到全区的 40%、70%、30% 和 80%，这与西安市的城市规模、人口密不可分。其中工业用水和城镇公共耗水呈现缓慢下降趋势，而各地市居民生活耗水和生态环境耗水在近十年均表现出上升趋势，其原因主要是生产工艺的进步和节水措施的推广。

7.2.3　用水边际效益分析

分行业用水分析的基础上，为了识别在有限的水资源条件下如何产生最大的价值，即单方水的价值最大化，本书引入了水资源边际生产价值，将水资源作为生产函数的一种投入要素，通过建立以资本、劳动力、水资源为生产要素的生产函数，估算案例区三产及综合生产用水的产出弹性、价格弹性以及水资源边际生产价值。

水资源生产函数形式如下：

$$Y = AK^{\alpha}L^{\beta}W^{\gamma} \tag{7-1}$$

式中，Y 为国民经济生产总值；A 为技术进步对生产总值增长的贡献率；K、L、W 分别为资本、劳动力、用水量；α、β、γ 分别表示资本产出弹性、劳动产出弹性和用水产出弹性，说明当投入生产的资本、劳动力和用水量增加 1% 时，产出平均增长分别为 $\alpha\%$、$\beta\%$

和 $\gamma\%$。

通过对用水量的自然对数求偏导，即可获得用水的产出弹性，用产出弹性乘以单方水 GDP，即可得到水资源边际生产价值，计算公式如下：

$$\rho \frac{\partial \ln Y}{\partial \ln W} \cdot \frac{Y}{W} = \gamma \cdot \frac{Y}{W} \tag{7-2}$$

本专题所用陕西三产及全省市的生产总值（GDP）数据源自《陕西省 2010 年统计年鉴》，而劳动报酬数据源自陕西省投入产出表，部分年份的数据通过线性插值获得，为了保证劳动报酬数据的可靠性，陕西拟参数据的时间序列为 1987～2009 年。

通过计算可得到陕西省三次产业及综合用水的产出弹性、价格弹性和水资源边际生产价值，如表 7-13 所示。

表 7-13 陕西省用水的产出弹性、边际生产价值及价格弹性

行业	产出弹性	边际生产价值 （元/m³）	价格弹性
综合产业	0.114	9.18	−1.128
第一产业	0.394	4.07	−1.651
第二产业	0.097	22.36	−1.107
第三产业	0.060	153.66	−1.064

分析上述结果可以看出：

（1）陕西三次产业的产出弹性分别为 0.394、0.097、0.060；其表示当三次产业及综合生产的用水量增加 1% 时，相应的生产总值增加 0.394%、0.097%、0.060%。

（2）陕西三次产业用水的价格弹性分别为 −1.651、−1.107、−1.064；其表示各产业水价增长 10% 时，相应产业的需水量将下降 16.51%、11.07%、10.64%。

（3）陕西省各产业的水资源边际生产价值第三产业>第二产业>第一产业，而根据用水量变化分析，第三产业、第二产业和第一产业的用水量是递增趋势，可以看出用水多的产业其边际生产价值往往较用水少的产业小，说明导致水资源边际生产价值不同的原因是各产业不同的用水水平、生产技术水平、节水水平及产出。这更近一步说明水资源边际生产价值与用水属性及各产业产出有密切关系。

7.2.4 社会经济发展对水资源的需求

7.2.4.1 社会经济发展预测

1. 人口与城镇化进程

渭河流域现状年（2010 年）总人口为 3484 万人，预计到 2030 年将达到 3828 万人，比现状增加了 344 万人。在人口增长的同时，城镇化进程加快发展。基准年渭河流域的城

镇化率为41.6%。到2030年全流域城镇化人口将增长到2222万人，同时城镇化率将到达58.0%，农村人口减少428万人。人口及城镇化进程详见表7-14。

表7-14　渭河流域人口增长预测　　　　　　　　　　（单位：万人）

分区		2010年			2020年			2030年		
		总人口	城镇人口	农村人口	总人口	城镇人口	农村人口	总人口	城镇人口	农村人口
省级行政区	甘肃	984	233	751	1026	362	664	1052	452	600
	宁夏	113	18	95	127	28	99	139	37	102
	陕西	2387	1198	1189	2541	1481	1060	2637	1732	905
水资源分区	北洛河状头以上	175	76	99	185	95	90	191	113	78
	泾河张家山以上	552	136	416	581	202	379	600	256	344
	渭河宝鸡峡以上	664	144	520	697	227	470	720	285	435
	渭河宝鸡峡至咸阳	830	366	465	890	476	414	926	562	364
	渭河咸阳至潼关	1264	728	535	1341	871	471	1390	1005	385
合计		3484	1449	2035	3694	1870	1824	3828	2222	1607

2. 国民经济发展指标预测

渭河流域是我国的重要的农业生产基地之一，早在战国时期就修建了郑国渠引泾水灌溉农田。新中国成立前，已建成泾、洛、渭、梅、黑、涝、沣、泔等引水灌溉工程，被称为"关中八惠"，初步形成200万亩的灌溉规模。新中国成立后，不仅改建了原来的老灌区，而且新建大批的巴家嘴、宝鸡峡、冯家山、石头河、交口抽渭等大中型水利工程。20世纪90年代以来又先后建成一批城镇供水工程。流域内形成了以自流引水为主和井灌为主、地表水地下水相结合的灌溉供水网络。在第二产业和第三产业方面，近年来，高科技、高新技术工业发展很快，关中已经形成西起宝鸡、东至渭南的高新技术产业开发带。在渭河北岸有以铜川为中心的煤田，是著名的"黑腰带"地区。在甘肃省庆阳地区也形成以能源为主的产业开发带。

关中地区，作为渭河流域经济文化最为发达的地区，素有"八百里秦川"之称，在渭河流域国民经济中占有重要的地位。作为陕西省政治、经济、文化的中心，区内土壤肥沃、地势平坦、气候宜人、灌溉条件优越。改革开放以来，一个以西安为中心，东联西进、南北拓展的开放、开发格局已经形成，机械、电子、纺织、化工、电力、航空高科技等门类齐全的工业体系得到了迅速的发展。陕西省在渭河流域的经济发展中占有举足轻重的地位。

现状（2010年）条件下，渭河流域GDP总量为4036.6亿元。根据各省区和对应流域片区的各业发展指标进行预测，流域产业结构发展趋势如表7-15所示。

表 7-15　渭河流域国民经济及产业发展预测

分区		水平年	增加值（亿元）							
			一产	二产					三产	总计
			农业	高用水工业	火（核）电	一般工业	工业小计	建筑业	小计	
省级行政区	甘肃	现状	84.5	15.3	3.9	147.5	166.7	52.1	180.9	484.2
		2020	129.9	30.3	3.9	374.6	408.9	110.8	401.8	1 051.3
		2030	197.8	58.7	3.9	892.5	955.1	207.0	867.7	2 227.6
	宁夏	现状	6.9	1.8	0	6.6	8.4	1.6	11.0	27.9
		2020	11.7	4.0	0	16.6	20.6	3.1	25.6	60.9
		2030	19.3	7.5	0	35.1	42.5	5.7	52.7	120.2
	陕西	现状	282.1	172.9	10.4	1 233.5	1 416.7	345.1	1 480.7	3 524.5
		2020	434.7	383.8	13.4	3 082.0	3 472.2	711.0	3 448.2	8 073.0
		2030	638.7	688.3	17.0	5 728.8	6 434.1	1 357.1	6 673.9	15 103.7
水资源分区	北洛河状头以上	现状	35.0	44.2	0.5	49.9	94.6	5.0	69.7	204.3
		2020	51.9	96.0	0.5	133.7	230.1	10.1	157.7	449.8
		2030	73.4	172.9	0.5	235.2	408.6	19.0	296.0	796.9
	泾河张家山以上	现状	55.5	7.0	4.0	84.9	96.0	32.3	98.4	282.5
		2020	85.2	14.1	4.0	215.5	233.6	73.7	219.3	611.8
		2030	127.7	27.4	7.6	501.0	535.9	142.5	463.1	1 269.2
	渭河宝鸡峡以上	现状	48.5	10.1	0.0	78.6	88.6	25.7	109.4	272.3
		2020	75.6	20.3	0.0	199.4	219.7	54.6	244.1	593.9
		2030	116.6	38.8	0.0	469.2	508.0	102.2	524.9	1 251.7
	渭河宝鸡峡至咸阳	现状	102.8	82.0	7.7	319.6	409.3	107.7	391.9	1 011.8
		2020	160	177.1	7.7	826.0	1 010.7	217.9	902.2	2 290.5
		2030	236.4	317.1	7.7	1 528.9	1 853.7	409.0	1 725.8	4 224.9
	渭河咸阳至潼关	现状	131.2	46.6	2.1	854.6	903.3	228.0	1 003.1	2 265.7
		2020	203.8	110.7	5.2	2 098.6	2 214.5	468.6	2 352.2	5 239.1
		2030	301.7	198.3	5.2	3 922.1	4 125.6	897.0	4 584.4	9 908.8
合计		现状	373.5	190.0	14.3	1 387.6	1 591.8	398.8	1 672.6	4 036.6
		2020	576.5	418.2	17.4	3 473.2	3 908.6	824.9	3 875.5	9 185.2
		2030	855.8	754.5	21.0	6 656.4	7 431.8	1 569.7	7 594.3	17 451.5

　　渭河流域灌溉工程的修建历史悠久，新中国成立后，不仅对老灌区进行扩建改造而且修建了巴家嘴、宝鸡峡、冯家山、石头河、交口抽渭、羊毛湾等一批大中型水利工程，20世纪 90 年代以来，由于水资源短缺、水利工程破坏等原因，灌溉面积发展较慢。渭河流域 2000 年耕地面积 7303 万亩，其中有效灌溉面积 1680 万亩，占耕地面积的 23.0%。

　　考虑受到水土资源以及资金等条件的限制，以后灌溉面积的发展将难度更大。按照近

20年发展速度外延，再考虑现有灌区的改造，根据预测，2020年和2030年流域有效灌溉面积将分别达到1749万亩和1788万亩，新增灌溉面积主要为关中地区宝鸡峡、泾惠渠、交口抽渭、桃曲坡、石头河、冯家山、羊毛湾、洛惠渠、石堡川等九大灌区节水改造以及禹门口电灌和东雷二期引黄工程增加的部分灌溉面积。流域新增灌溉面积分布见表7-16。

表7-16 渭河流域灌溉面积发展预测

分区		水平年	耕地面积（万亩）	灌溉面积（万亩）							鱼塘面积（万亩）	牲畜头数（万头）
				农田有效灌溉面积				灌溉林果地 小计	灌溉草场 小计	合计		
				水田	水浇地	菜田	小计					
省级行政区	甘肃	现状	3056	0	217	16	233	7	0.7	241	1	661
		2020	3018	0	220	17	237	8	1	246	1	754
		2030	2980	0	219	18	237	9	2	248	2	822
	宁夏	现状	431	0	33	8	41	1	0.3	42	0	101
		2020	426	0	33	8	41	1	0	42	0	136
		2030	420	0	32	10	42	1	0	44	0	167
	陕西	现状	3816	21.7	1242	143	1407	139	0.2	1546	7	954
		2020	3769	2	1324	146	1471	139	0	1610	7	1069
		2030	3721	2	1359	148	1509	139	0	1648	7	1197
水资源分区	北洛河状头以上	现状	486	2	60	2	64	20	0	84	0	212
		2020	480	2	81	2	85	20	0	105	0	238
		2030	474	2	91	2	95	20	0	115	0	268
	泾河张家山以上	现状	1906	0	116	11	127	8	0	136	1	448
		2020	1882	0	116	11	127	9	1	137	1	538
		2030	1859	0	115	14	129	9	2	140	1	606
	渭河宝鸡峡以上	现状	1967	0	154	15	169	4	1	173	0	374
		2020	1943	0	157	16	173	4	0	177	1	419
		2030	1918	0	157	16	173	4	0	177	1	456
	渭河宝鸡峡至咸阳	现状	1272	14	513	53	578	64	0	642	2	312
		2020	1256	0	533	55	588	64	0	652	2	349
		2030	1240	0	532	56	588	64	0	652	2	391
	渭河咸阳至潼关	现状	1672	8	649	85	742	51	0	793	5	371
		2020	1651	0	690	86	776	51	0	827	5	415
		2030	1630	0	717	87	804	51	0	855	5	465
合计		现状	7303	22	1492	167	1680	147	1	1828	8	1716
		2020	7212	2	1576	171	1749	148	2	1899	8	1959
		2030	7121	2	1611	175	1788	149	2	1939	9	2186

7.2.4.2 需水预测方案

经济社会发展、产业结构调整、用水水平提高、节水政策的落实、生态环境保护目标等诸多因素造成经济社会对水的需求可能有较大的差异。因此，规划用"一般节水模式"和"强化节水模式"两套方案进行预测。

根据对现状用水效率的分析，结合未来技术发展和经济社会发展影响，分析各流域片区主要用户"一般节水模式""强化节水模式"需水净定额指标如表7-17、表7-18所示。

表 7-17　渭河流域一般节水模式主要需水净定额变化表

分区	城镇生活（L/d）			农村生活（L/d）			水浇地（m³/亩）p=75%			菜田（m³/亩）p=75%		
	现状	2020年	2030年	现状	2020年	2030年	现状	2020年	2030年	现状	2020年	2030年
北洛河状头以上	67	77	87	53	63	73	220	220	220	330	330	330
泾河张家山以上	74	84	94	48	58	68	209	209	209	311	311	311
渭河宝鸡峡以上	75	85	95	52	62	72	190	190	190	285	285	285
渭河宝鸡峡至咸阳	88	101	114	57	67	77	153	153	153	230	230	230
渭河咸阳至潼关	86	99	111	57	70	81	170	170	170	255	255	255
小计	78	89	100	53	64	74	188	188	188	282	282	282

分区	工业（m³/万元）			三产（m³/万元）			建筑业（m³/万元）			林果地（m³/亩）		
	现状	2020年	2030年	现状	2020年	2030年	现状	2020年	2030年	现状	2020年	2030年
北洛河状头以上	90	45	24	25	20	15	52	30	18	160	147	133
泾河张家山以上	89	45	23	15	13	10	22	18	14	185	185	185
渭河宝鸡峡以上	118	58	29	23	17	13	27	18	12	185	185	185
渭河宝鸡峡至咸阳	83	41	21	17	11	8	16	9	5	120	120	120
渭河咸阳至潼关	113	55	29	15	10	8	8	6	4	120	120	120
小计	99	49	25	19	14	11	25	16	11	154	151	149

表 7-18　渭河流域强化节水模式主要需水净定额变化表

分区	城镇生活（L/d）		农村生活（L/d）		水浇地（m³/亩）p=75%		菜田（m³/亩）p=75%	
	2020年	2030年	2020年	2030年	2020年	2030年	2020年	2030年
北洛河状头以上	75	85	63	73	209	207	313	311
泾河张家山以上	82	92	58	68	202	199	300	296
渭河宝鸡峡以上	83	93	62	72	186	185	279	277
渭河宝鸡峡至咸阳	98	110	67	77	145	143	218	215
渭河咸阳至潼关	96	107	70	81	160	157	240	236
小计	87	97	64	74	180	178	270	267

分区	工业（m³/万元）		三产（m³/万元）		建筑业（m³/万元）		林果地（m³/亩）	
	2020 年	2030 年	2020 年	2030 年	2020 年	2030 年	2020 年	2030 年
北洛河状头以上	43	22	19	14	29	17	142	127
泾河张家山以上	43	22	12	10	17	13	179	179
渭河宝鸡峡以上	56	27	16	13	17	12	183	183
渭河宝鸡峡至咸阳	39	19	11	8	9	5	114	112
渭河咸阳至潼关	53	27	9	8	6	4	113	112
小计	47	23	13	10	16	10	146	143

根据经济社会发展和用水定额指标预测，预测未来渭河流域一般节水模式和强化节水模式下的水量需求。根据正常发展需求预测，未来渭河流域净需水量在 2020 年和 2030 年将分别达到 76.94 亿 m³ 和 82.08 亿 m³，分别比现状增加 8.63 亿 m³ 和 13.76 亿 m³。这种模式得出的净需水量方案可以作为需水量预测的基本方案。考虑在现状节水模式基础上加强产业结构调整和节约用水力度，控制需求过快增长，形成节水方案，至 2030 年需水量相比基本方案降低 4.5 亿 m³，到 77.54 亿 m³，比现状增加 9.23 亿 m³。两个方案下各区域的水量需求分布如表 7-19 所示。由需水预测结果可以看出，未来水平年，从需水部门来看，城镇生活需水和工业需水增幅较大，从需水的区域分布来看，渭河咸阳至潼关的需水增加较为明显。

表 7-19　渭河流域净需水量预测

方案名称	编号	水平年	分区	需水（亿 m³）						合计
				城镇			农村			
				生活	工业	生态	生活	农业	生态	
基本方案	B10	2010	北洛河状头以上	0.19	1.07	0.03	0.19	2.05	0.00	3.53
			泾河张家山以上	0.42	1.73	0.04	0.79	3.51	0.00	6.49
			渭河宝鸡峡以上	0.43	1.52	0.04	0.99	4.34	0.00	7.32
			渭河宝鸡峡至咸阳	1.19	5.37	0.13	0.95	12.03	0.01	19.68
			渭河咸阳至潼关	2.52	11.37	0.29	1.16	15.95	0.02	31.30
			合计	4.76	21.05	0.51	4.09	37.88	0.03	68.31
	B20	2020	北洛河状头以上	0.31	1.32	0.04	0.21	2.61	0.00	4.49
			泾河张家山以上	0.79	2.31	0.08	0.86	3.63	0.00	7.66
			渭河宝鸡峡以上	0.88	1.91	0.08	1.07	4.43	0.00	8.36
			渭河宝鸡峡至咸阳	2.01	6.41	0.22	1.00	11.45	0.01	21.10
			渭河咸阳至潼关	4.06	13.71	0.44	1.17	15.92	0.02	35.32
			合计	8.05	25.67	0.85	4.30	38.03	0.03	76.94

方案名称	编号	水平年	分区	需水（亿 m³）						合计
				城镇			农村			
				生活	工业	生态	生活	农业	生态	
基本方案	B30	2030	北洛河状头以上	0.42	1.53	0.06	0.21	2.86	0.00	5.08
			泾河张家山以上	1.09	2.84	0.11	0.90	3.82	0.00	8.77
			渭河宝鸡峡以上	1.19	2.26	0.11	1.15	4.46	0.00	9.17
			渭河宝鸡峡至咸阳	2.59	6.73	0.30	1.01	11.44	0.01	22.09
			渭河咸阳至潼关	5.10	13.96	0.59	1.08	16.23	0.03	36.97
			合计	10.38	27.32	1.17	4.35	38.81	0.04	82.08
节水方案	W20	2020	北洛河状头以上	0.27	1.23	0.04	0.21	2.59	0.00	4.35
			泾河张家山以上	0.70	2.19	0.08	0.86	3.62	0.00	7.44
			渭河宝鸡峡以上	0.76	1.80	0.08	1.07	4.39	0.00	8.10
			渭河宝鸡峡至咸阳	1.76	6.08	0.22	1.00	11.15	0.01	20.22
			渭河咸阳至潼关	3.51	12.84	0.44	1.17	15.47	0.02	33.45
			合计	7.01	24.15	0.85	4.30	37.22	0.03	73.56
	W30	2030	北洛河状头以上	0.37	1.39	0.06	0.21	2.81	0.00	4.85
			泾河张家山以上	0.97	2.64	0.11	0.90	3.80	0.00	8.43
			渭河宝鸡峡以上	1.06	2.07	0.11	1.15	4.41	0.00	8.79
			渭河宝鸡峡至咸阳	2.33	6.21	0.30	1.01	11.05	0.01	20.92
			渭河咸阳至潼关	4.59	12.68	0.59	1.08	15.60	0.03	34.56
			合计	9.31	25.00	1.17	4.35	37.67	0.04	77.54

注：农业为多年平均需水量，工业需水中包含三产与建筑业需水

7.3　渭河流域生态可调水量分析

本节在用水分析基础上，计算渭河流域生态可调水量：首先计算在现状调度情景下，不同耗水水平及不同来水水平下渭河水量过程，作为现状调度情景下渭河生态可利用水量；之后，考虑水库生态调度，在最理想调蓄状态下，计算不同水平年渭河干流水量过程；通过对比两个情景下非汛期水量的差异，反映相比现状调度方式，理想调度方案对非汛期水量的增调作用；最后通过与生态需水目标进行比较，一方面得到现状情景的生态缺水量，另一方面得到通过理想调度方式进行调水对生态流量的补充作用。

7.3.1　现状调度情景下渭河生态可利用水量

本书中，需要首先量化渭河干流现状调度情景下渭河生态用水可利用量，即渭河流域

的自产水经过耗水及现状工程调度后，最终汇入干流河道的水量。其中需要考虑地表耗水量、地下水取用过程中对地表水的补充、地下水取用过程中对地表水的交互作用。考虑到受典型年耗水及工程运行资料的限制，利用如下公式计算典型年来水过程在现状调度情景下的渭河生态可利用水量：

$$I = q - (Q_1 - (S_1 - q)) \tag{7-3}$$

即假设实测流量中已经包含现状工程的调度作用，在现有典型年实测流量基础上，再扣除现状耗水增加的部分，得到的就是现状调度情景下渭河生态可利用量。其中，I 为现状调度情景下生态可利用水量，S_1 为地表水资源量，q 为典型年实测流量，Q_1 为现状耗水量。针对这一定义，本书中生态用水可利用量计算步骤如下：

（1）地表水资源总量识别：通过广泛收集渭河流域水文、气象资料，结合《黄河流域水资源综合规划》成果确定渭河流域，在 50% 频率、75% 频率、95% 频率来水条件下的流域地表水资源总量 S，作为计算渭河流域可调水潜力的重要基础。

（2）耗水量计算：研究根据渭河流域各三级区套地市需水预测结果以及分行业耗水系数结果，确定总量控制条件下各计算单元 2015 年、2030 年不同来水频率（50%、75%、95%）分行业逐月地表水耗水量，进而汇总得到各三级区逐月耗水量。

$$f(x^i) = \sum x_m^i \cdot a^i \tag{7-4}$$

式中，i 代表不用行业年用水量，i = 生活用水、农业用水、生态用水、工业用水；m 代表不同频率年，m = 50%、75%、95%；x_m^i 代表行业 i 在 m 频率年中需水预测；a^i 代表行业 i 耗水系数；$f(x^i)$ 为矩阵，代表三级区在 m 频率年中逐月耗水量。

（3）现状调度情景生态用水可利用量计算：根据逐月地表水资源量扣除逐月用水量，分别得到各个三级区的生态用水可利用量 q，对各个三级区生态用水可利用量 q 进行加和即得到渭河流域总体逐月生态用水可利用量 I。

7.3.1.1 数据收集整理（表 7-20 ~ 表 7-23）

已收集整理数据：

《黄河流域水资源综合规划》附表"黄河流域雨量代表站典型年降水量月分配"；

《黄河流域水资源综合规划》附表"黄河流域径流代表站典型年天然径流量年内分配"；

2000 ~ 2010 年《陕西省水资源公报》；

《陕西省渭河流域综合治理规划》；

渭河流域主要水库信息。

表 7-20 不同来水频率下渭河主要断面天然径流过程 （单位：万 m³）

站名	保证率 (%)	代表 年份	天然径流量												
			1 月	2 月	3 月	4 月	5 月	6 月	7 月	8 月	9 月	10 月	11 月	12 月	全年
北洛河 状头站	20	1994	1 293	2 686	6 801	12 883	6 180	6 757	15 802	18 102	25 321	5 882	6 520	4 257	112 484
	50	1993	3 156	4 911	6 344	4 716	4 482	3 710	12 663	20 571	7 872	8 292	6 378	2 751	85 846
	75	1980	2 852	3 114	5 782	4 686	4 345	5 270	10 301	10 393	7 132	5 793	5 864	3 812	69 343
	95	1997	3 360	4 015	7 546	6 070	3 399	1 071	6 253	9 420	4 324	3 196	8 92	2 251	51 798
	多年平均		3 189	3 805	6 660	6 021	5 944	5 716	13 068	15 800	11 206	8 913	6 148	4 011	90 479
泾河张 家山站	20	1988	5 807	6 326	10 050	10 605	12 031	10 542	41 197	84 120	18 775	16 692	11 002	7 703	23 4850
	50	1963	5 500	7 302	12 206	10 812	28 712	12 539	14 305	14 708	35 457	12 510	12 634	8 676	175 363
	75	1971	7 240	8 151	13 067	11 877	10 779	11 096	12 311	28 353	12 651	7 920	8 637	5 457	137 539
	95	2000	4 674	5 563	6 971	5 274	3 725	14 619	13 442	10 751	6 608	12 325	7 327	5 848	97 127
	多年平均		6 001	7 440	11 125	9 891	11 444	11 798	29 970	35 676	24 340	17 848	11 712	7 535	184 780
渭河林 家村站	20	1975	7 771	8 363	10 595	8 129	22 796	13 697	30 101	22 433	69 327	74 637	36 841	17 822	322 513
	50	1979	8 912	9 313	10 449	9 646	5 786	6 050	48 531	45 332	38 909	25 640	12 975	8 381	229 924
	75	1991	9 155	9 312	13 654	15 105	26 511	33 953	13 483	13 042	14 467	9 468	6 350	5 581	170 080
	95	1996	2 278	3 868	3 986	5 745	8 705	16 814	14 511	14 911	13 328	8 765	7 192	4 108	104 211
	多年平均		7 855	8 066	11 262	15 404	19 790	19 987	33 691	35 280	37 584	29 462	15 909	9 523	243 813
渭河咸 阳站	20	1963	24 774	18 712	24 540	36 647	135 000	55 768	48 699	29 083	157 899	57 083	49 325	30 582	668 111
	50	1992	14 748	13 136	19 083	24 303	26 846	43 946	40 671	79 768	84 731	73 801	33 832	11 501	466 366
	75	1974	9 900	11 780	13 019	20 019	48 624	18 588	17 610	12 312	65 060	71 817	32 766	16 806	338 302
	95	1997	12 527	12 616	18 607	34 114	18 431	10 455	14 225	17 653	27 269	16 856	13 428	5 286	201 466
	多年平均		15 573	15 541	19 168	34 152	45 295	38 520	69 101	61 679	82 114	66 319	35 256	18 167	500 886
渭河华 县站	20	1981	20 803	26 506	9 141	46 011	16 751	31 222	125 117	273 001	349 086	93 083	60 090	26 328	1 077 139
	50	1993	26 659	33 712	48 389	74 063	82 195	68 779	158 837	101 215	64 916	64 453	51 655	19 109	793 981
	75	1996	15 728	20 369	13 199	32 493	32 642	68 496	98 955	93 658	77 828	51 742	77 207	24 501	606 820
	95	1989	13 787	15 881	29 986	39 470	4 277	27 819	47 587	60 399	53 191	31 747	22 800	8 319	394 263
	多年平均		23 576	25 736	31 638	56 089	73 938	61 408	116 986	111 097	133 298	109 611	60 215	28 917	832 511

表 7-21 不同水平年渭河流域三级区多年平均需水成果表 （单位：亿 m³）

计算分区	需水 部门	规划水 平年	1 月	2 月	3 月	4 月	5 月	6 月	7 月	8 月	9 月	10 月	11 月	12 月	年总量
北洛河状头以上	生活	2010	3.47	3.47	3.47	3.47	3.47	3.47	3.47	3.47	3.47	3.47	3.47	3.47	42.07
北洛河状头以上	生态	2010	0.00	0.00	0.00	0.00	0.96	0.54	0.58	0.43	0.15	0.00	0.00	0.00	2.67
北洛河状头以上	工业	2010	9.03	9.03	9.03	9.03	9.03	9.03	9.03	9.03	9.03	9.03	9.03	9.03	108.47
北洛河状头以上	农业	2010	6.70	7.29	9.03	32.00	68.20	48.88	58.75	50.42	12.62	5.56	6.94	6.55	312.95

计算分区	需水部门	规划水平年	1月	2月	3月	4月	5月	6月	7月	8月	9月	10月	11月	12月	年总量
泾河张家山以上	生活	2010	10.78	10.78	10.78	10.78	10.78	10.78	10.78	10.78	10.78	10.78	10.78	10.78	129.46
泾河张家山以上	生态	2010	0.00	0.00	0.00	0.00	1.29	0.75	0.84	0.56	0.32	0.04	0.00	0.00	3.80
泾河张家山以上	工业	2010	14.63	14.63	14.63	14.63	14.63	14.63	14.63	14.63	14.63	14.63	14.63	14.63	175.71
泾河张家山以上	农业	2010	10.28	11.73	15.63	55.46	116.8	87.16	108.7	91.59	21.85	8.31	11.84	10.61	549.99
渭河宝鸡峡以上	生活	2010	12.68	12.68	12.68	12.68	12.68	12.68	12.68	12.68	12.68	12.68	12.68	12.68	152.24
渭河宝鸡峡以上	生态	2010	0.00	0.00	0.00	0.00	1.25	0.70	0.82	0.57	0.27	0.00	0.00	0.00	3.59
渭河宝鸡峡以上	工业	2010	13.00	13.00	13.00	13.00	13.00	13.00	13.00	13.00	13.00	13.00	13.00	13.00	155.81
渭河宝鸡峡以上	农业	2010	10.88	12.90	17.39	63.37	132.2	95.69	140.1	116.8	23.51	7.61	14.95	12.56	648.10
渭河宝鸡峡至咸阳	生活	2010	19.92	19.92	19.92	19.92	19.92	19.92	19.92	19.92	19.92	19.92	19.92	19.92	239.06
渭河宝鸡峡至咸阳	生态	2010	0.00	0.00	0.00	0.00	4.44	2.81	3.02	1.91	0.95	0.14	0.00	0.00	13.26
渭河宝鸡峡至咸阳	工业	2010	45.10	45.10	45.10	45.10	45.10	45.10	45.10	45.10	45.10	45.10	45.10	45.10	541.13
渭河宝鸡峡至咸阳	农业	2010	19.82	26.08	25.64	127.5	343.8	300.2	409.1	370.1	51.96	13.14	19.64	24.61	1731.73
渭河咸阳至潼关	生活	2010	36.11	36.11	36.11	36.11	36.11	36.11	36.11	36.11	36.11	36.11	36.11	36.11	433.79
渭河咸阳至潼关	生态	2010	0.00	0.00	0.00	0.00	8.97	6.77	7.01	4.54	2.38	0.65	0.00	0.00	30.32
渭河咸阳至潼关	工业	2010	95.86	95.86	95.86	95.86	95.86	95.86	95.86	95.86	95.86	95.86	95.86	95.86	1150.41
渭河咸阳至潼关	农业	2010	25.79	32.54	32.35	147.7	393.9	395.1	512.4	495.2	86.03	17.73	21.63	29.13	2189.67
北洛河状头以上	生态	2020	0.00	0.00	0.00	0.00	1.59	0.90	0.97	0.69	0.26	0.00	0.00	0.00	4.41
北洛河状头以上	生活	2020	4.33	4.33	4.33	4.33	4.33	4.33	4.33	4.33	4.33	4.33	4.33	4.33	52.82
北洛河状头以上	工业	2020	11.20	11.20	11.20	11.20	11.20	11.20	11.20	11.20	11.20	11.20	11.20	11.20	134.44
北洛河状头以上	农业	2020	8.48	9.20	11.31	39.12	82.94	59.50	71.49	61.39	15.64	7.11	8.77	8.30	383.24
泾河张家山以上	生态	2020	0.00	0.00	0.00	0.00	2.62	1.51	1.69	1.15	0.67	0.10	0.00	0.00	7.70
泾河张家山以上	生活	2020	13.89	13.89	13.89	13.89	13.89	13.89	13.89	13.89	13.89	13.89	13.89	13.89	167.01
泾河张家山以上	工业	2020	19.64	19.64	19.64	19.64	19.64	19.64	19.64	19.64	19.64	19.64	19.64	19.64	235.92
泾河张家山以上	农业	2020	10.18	11.62	15.48	54.88	115.6	86.25	107.5	90.63	21.63	8.24	11.74	10.51	544.33
渭河宝鸡峡以上	生态	2020	0.00	0.00	0.00	0.00	2.73	1.53	1.78	1.22	0.60	0.01	0.00	0.00	7.86
渭河宝鸡峡以上	生活	2020	16.32	16.32	16.32	16.32	16.32	16.32	16.32	16.32	16.32	16.32	16.32	16.32	196.46
渭河宝鸡峡以上	工业	2020	16.51	16.51	16.51	16.51	16.51	16.51	16.51	16.51	16.51	16.51	16.51	16.51	198.03
渭河宝鸡峡以上	农业	2020	10.75	12.74	17.16	62.47	130.3	94.32	138.1	115.1	23.19	7.54	14.76	12.40	638.94
渭河宝鸡峡至咸阳	生态	2020	0.00	0.00	0.00	0.00	7.61	4.82	5.18	3.28	1.64	0.23	0.00	0.00	22.75
渭河宝鸡峡至咸阳	生活	2020	25.70	25.70	25.70	25.70	25.70	25.70	25.70	25.70	25.70	25.70	25.70	25.70	308.30
渭河宝鸡峡至咸阳	工业	2020	53.92	53.92	53.92	53.92	53.92	53.92	53.92	53.92	53.92	53.92	53.92	53.92	646.71
渭河宝鸡峡至咸阳	农业	2020	18.25	24.01	23.60	117.3	316.2	276.1	376.3	340.4	47.81	12.11	18.08	22.65	1593.12
渭河咸阳至潼关	生态	2020	0.00	0.00	0.00	0.00	13.46	10.34	10.70	6.96	3.66	1.06	0.00	0.00	46.18
渭河咸阳至潼关	生活	2020	45.06	45.06	45.06	45.06	45.06	45.06	45.06	45.06	45.06	45.06	45.06	45.06	540.75
渭河咸阳至潼关	工业	2020	115.6	115.6	115.6	115.6	115.6	115.6	115.6	115.6	115.6	115.6	115.69	115.69	1388.21
渭河咸阳至潼关	农业	2020	25.09	31.67	31.48	143.9	383.7	384.9	499.3	482.5	83.78	17.23	21.04	28.34	2133.04

表7-22　陕西省渭河流域2011年耗水量计算表

单位：（%，亿m³）

类别		耗水率	耗水量
农田灌溉耗水量	水田	52	8.9
	水浇地	64	15.9
	菜田	74	5.9
林牧渔畜耗水量	林牧渔灌溉及补水	67	4.1
	牲畜	100	2.0
工业耗水量	火（核）电	0.0	0.0
	循环式火（核）电	87	1.3
	一般工业	28	3.3
城镇公共耗水量	建筑业	79	0.8
	服务业	13	0.2
居民生活耗水量	城镇	28	1.8
	农村	97	5.1
生态环境耗水量	城镇环境	100	2.0
	农村生态	100	0.1
总耗水量		58.7	51.5

表7-23　渭河流域三级区多年平均耗水量表

（单位：亿m³）

计算分区	北洛河状头以上			泾河张家山以上			渭河宝鸡峡以上			渭河宝鸡峡至咸阳			渭河咸阳至潼关		
规划水平年	2010	2015	2020	2010	2015	2020	2010	2015	2020	2010	2015	2020	2010	2015	2020
1月	0.12	0.15	0.18	0.14	0.16	0.17	0.22	0.28	0.33	0.51	0.64	0.73	0.95	1.20	1.39
2月	0.12	0.16	0.19	0.22	0.29	0.34	0.23	0.29	0.34	0.55	0.68	0.78	0.99	1.25	1.44
3月	0.13	0.17	0.20	0.25	0.32	0.37	0.26	0.33	0.37	0.54	0.68	0.77	0.99	1.25	1.44
4月	0.27	0.35	0.41	0.49	0.59	0.66	0.53	0.65	0.71	1.16	1.36	1.48	1.68	2.05	2.28
5月	0.49	0.64	0.75	0.86	1.03	1.14	0.96	1.14	1.24	2.48	2.86	3.03	3.21	3.82	4.18
6月	0.37	0.48	0.57	0.68	0.82	0.91	0.73	0.88	0.97	2.21	2.55	2.70	3.20	3.81	4.17
7月	0.43	0.56	0.66	0.81	0.97	1.07	1.00	1.19	1.30	2.86	3.28	3.46	3.91	4.63	5.03
8月	0.38	0.49	0.58	0.71	0.85	0.94	0.86	1.02	1.12	2.62	3.01	3.18	3.79	4.49	4.88
9月	0.15	0.20	0.24	0.29	0.36	0.42	0.30	0.37	0.42	0.71	0.86	0.97	1.32	1.64	1.86
10月	0.11	0.14	0.17	0.20	0.26	0.31	0.20	0.26	0.30	0.47	0.60	0.69	0.90	1.15	1.34
11月	0.12	0.15	0.18	0.22	0.29	0.34	0.24	0.31	0.36	0.51	0.64	0.73	0.92	1.17	1.36
12月	0.11	0.15	0.18	0.22	0.28	0.33	0.23	0.29	0.34	0.54	0.67	0.77	0.97	1.23	1.42
年总量	2.80	3.64	4.31	5.15	6.35	7.16	5.76	7.00	7.81	15.15	17.84	19.28	22.83	27.69	30.81

7.3.1.2　现状调度情景渭河生态可利用水量计算结果

根据渭河流域三级区的耗水成果表及地表水资源量，可以得到渭河流域各个三级区各自的生态用水可利用量，如表 7-24 所示。

表 7-24　渭河流域生态用水可利用量三级区可调水量　　　（单位：亿 m³）

三级区	来水频率（%）	水平年		
		现状年	2015 年	2020 年
北洛河状头以上	50	7.19	6.77	6.43
	75	5.54	5.11	4.78
	95	3.78	3.36	3.03
泾河张家山以上	50	15.00	14.42	14.04
	75	11.22	10.64	10.26
	95	7.18	6.60	6.21
渭河宝鸡峡以上	50	20.11	19.49	19.09
	75	14.13	13.51	13.11
	95	7.54	6.92	6.52
渭河宝鸡峡至咸阳	50	16.07	14.73	14.00
	75	9.25	7.90	7.18
	95	2.15	0.81	0.08
渭河咸阳至潼关	50	3.81	1.38	0.00
	75	1.69	0.00	0.00
	95	0.00	0.00	0.00

从结果中可以看出，全流域五个三级区在各个水平年及不同来水频率下，基本能够保证本地区自身的耗水需求，只有"渭河咸阳至潼关"三级区在 75% 及 95% 来水条件下，会出现水量短缺的情况，需要借助上游来水来满足自身用水需要。

研究进一步计算了各个水平年情景下渭河流域主要断面及全流域的年均径流过程来反映现状调度情景生态可利用水量，如表 7-25、表 7-26、图 7-6，并为生态需水盈亏分析打下基础。

表 7-25　渭河流域生态用水可利用量主要断面年均径流量　　　（单位：亿 m³）

断面	来水频率（%）	水平年		
		现状年	2015 年	2020 年
状头	50	23.11	21.75	20.68
	75	17.80	16.44	15.37
	95	12.16	10.80	9.73

断面	来水频率（%）	水平年		
		现状年	2015 年	2020 年
张家山	50	48.22	46.37	45.13
	75	36.06	34.21	32.97
	95	23.07	21.22	19.98
林家村	50	64.66	62.66	61.37
	75	45.42	43.43	42.13
	95	24.25	22.25	20.96
咸阳	50	116.32	110.01	106.39
	75	75.15	68.83	65.22
	95	31.16	24.84	21.22
华县	50	176.81	160.81	150.94
	75	116.64	100.64	90.77
	95	48.30	32.30	22.43

表 7-26　渭河干流主要断面生态用水可利用量逐月径流过程　（单位：m³/s）

（a）林家村

月份	现状年			2015 年			2020 年		
	平水年	偏枯年	枯水年	平水年	偏枯年	枯水年	平水年	偏枯年	枯水年
1	30.2	31.1	4.6	29.0	29.9	3.4	28.1	29.0	2.5
2	31.5	31.5	10.5	30.3	30.2	9.2	29.3	29.3	8.3
3	35.3	47.7	10.4	34.0	46.4	9.1	33.1	45.4	8.1
4	26.9	48.0	11.9	24.8	45.8	9.7	23.4	44.5	8.4
5	3.9	83.9	15.2	0.4	80.3	11.6	0.0	78.3	9.6
6	9.2	116.9	50.7	6.4	114.1	47.9	4.7	112.4	46.3
7	168.0	32.7	36.7	164.3	29.1	33.1	162.2	27.0	31.0
8	158.3	33.8	41.0	155.2	30.6	37.8	153.3	28.7	35.9
9	144.4	50.1	45.7	143.0	48.7	44.3	141.9	47.6	43.2
10	95.1	32.7	30.0	94.0	31.6	28.8	93.1	30.7	28.0
11	45.4	19.8	23.0	44.1	18.5	21.0	43.2	17.6	20.9
12	27.9	17.1	11.4	26.7	15.9	10.2	25.8	15.0	9.3
年均	64.7	45.4	24.2	62.7	43.4	22.2	61.5	42.1	21.0

（b）咸阳

月份	现状年			2015 年			2020 年		
	平水年	偏枯年	枯水年	平水年	偏枯年	枯水年	平水年	偏枯年	枯水年
1	42.85	24.14	34.28	39.15	20.45	30.58	36.43	17.73	27.87
2	35.67	30.44	33.66	31.85	26.62	29.85	29.10	23.86	27.09
3	58.14	34.75	56.31	54.25	30.86	52.41	51.46	28.06	49.62
4	61.17	44.64	99.02	55.02	38.49	92.87	51.48	34.95	89.33
5	37.32	121.34	4.85	26.48	110.50	−5.99	21.19	105.21	−11.27
6	112.82	14.99	−16.39	103.42	5.59	−25.79	98.75	0.93	−30.45
7	82.40	−6.58	−19.63	70.65	−18.33	−31.38	65.20	−23.77	−36.83
8	240.60	−19.65	0.96	229.92	−30.33	−9.72	224.91	−35.34	−14.74
9	307.52	231.63	85.83	303.06	227.17	81.37	300.03	224.14	78.34
10	271.81	264.16	52.11	268.26	260.60	48.56	265.58	257.93	45.88
11	116.02	111.91	37.30	112.26	108.14	33.54	109.50	105.39	30.78
12	29.57	50.04	5.59	25.78	46.24	1.80	23.03	43.50	−0.95
年均	116.32	75.15	31.16	110.01	68.83	24.84	106.39	65.22	21.22

（c）华县

月份	现状年			2015 年			2020 年		
	平水年	偏枯年	枯水年	平水年	偏枯年	枯水年	平水年	偏枯年	枯水年
1	67.90	25.73	18.24	58.87	16.69	9.20	52.29	10.12	2.63
2	91.71	40.24	22.92	81.58	30.10	12.79	74.10	22.63	5.31
3	147.44	11.68	76.44	137.16	1.40	66.16	129.62	−6.14	58.62
4	211.41	51.04	77.95	196.11	35.74	62.65	186.59	26.21	53.13
5	172.34	−18.84	22.19	146.29	−44.88	−3.85	132.05	−59.13	−18.10
6	133.72	132.63	−24.30	109.80	108.71	−48.22	96.57	95.48	−61.46
7	447.26	216.24	18.06	418.51	187.49	−10.69	403.39	172.37	−25.81
8	236.62	207.46	79.15	209.71	180.55	52.24	195.45	166.29	37.98
9	200.06	249.87	154.83	187.99	237.81	142.76	179.60	229.41	134.36
10	214.44	165.40	88.25	204.85	155.81	78.67	197.55	148.52	71.37
11	162.69	261.28	51.37	152.80	251.38	41.48	145.42	244.00	34.09
12	36.11	56.91	−5.52	26.08	46.89	−15.54	18.65	39.46	−22.97
年均	176.81	116.64	48.30	160.81	100.64	32.30	150.94	90.77	22.43

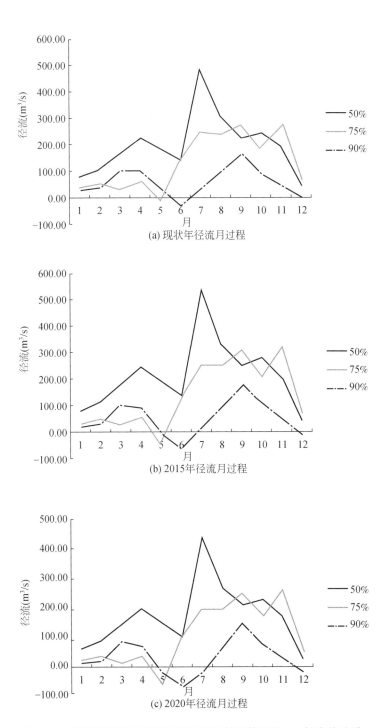

图 7-6　现状调度情景渭河流域生态用水可利用量——径流月过程

通过分析上述结果，可以得到以下结论：

（1）在现状年耗水情景下，渭河流域在平水年（50%来水）、偏枯年（75%来水）及枯水年（95%来水），利用现状工程调度条件，年均径流量分别为：190m³/s、134m³/s、60 m³/s，偏枯年和枯水年分别在 5 月、6 月用水高峰期出现缺水情况，无法满足河道生态需水要求。

（2）在 2015 年耗水情景下，渭河流域在平水年（50%来水）、偏枯年（75%来水）及枯水年（95%来水），利用现状工程调度，条件下年均径流量分别为：181m³/s、116m³/s、43 m³/s，分别较现状年有所减少，并且偏枯年和枯水年分别在 5 月、6 月用水高峰期出现缺水情况，且缺水程度更大，并无法满足河道生态需水要求。

（3）在 2020 年耗水情景下，渭河流域在平水年（50%来水）、偏枯年（75%来水）及枯水年（95%来水），利用现状工程调度，条件下年均径流量分别为：171m³/s、106m³/s、31m³/s，分别较现状年及 2015 年有所减少，并且偏枯年和枯水年分别在 5 月、6 月、7 月水高峰期及 12 月枯水期出现缺水情况，且缺水程度更大，并无法满足河道生态需水要求。

7.3.1.3 外调水的可利用潜力分析

2020 年，引汉济渭工程来水 5 亿 m³，工程配水对象为西安市，则 2020 年，50%、75%及 95%来水频率下，渭河流域现状调度情景生态用水可利用量为 58.58 亿 m³、38.01 亿 m³、15 亿 m³。相应的 2020 年渭河华县断面年均径流量如表 7-27 所示。相应的，2020 年渭河全流域（含北洛河）生态用水可利用量月过程如图 7-7 所示。

表 7-27　2020 年华县断面年均径流量　　　　　　（单位：m³/s）

断面	来水频率（%）	2020 年
华县	50	165.94
	75	105.77
	95	37.43

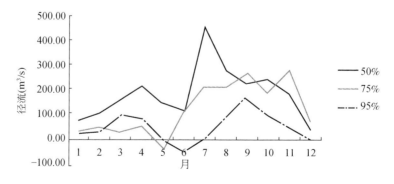

图 7-7　2020 年渭河流域生态用水可利用量——径流月过程

可以看出，在 2020 年耗水及考虑引汉济渭来水情景下，渭河流域在平水年（50%来水）、偏枯年（75%来水）及枯水年（95%来水）条件下年均径流量分别为：186m³/s、

$121m^3/s$、$47m^3/s$，较原有生态用水可利用量有所提高，但在偏枯年和枯水年分别在 5 月、6 月、7 月水高峰期及 12 月枯水期出现缺水情况，无法满足河道生态需水要求。

7.3.2 理想调度情景下渭河生态可利用水量

本节以渭河生态需水量为保障目标，对渭河主要断面进行水量调蓄计算，分析理想调度情景下渭河生态可利用水量，即汛期在保障生态流量的前提下利用水库进行蓄水，非汛期水库停止蓄水，来水全部下泄，并将水库在汛期的蓄水量在非汛期均匀放出，得到叠加后的非汛期流量。如此来水重新分配至非汛期，以保证非汛期渭河干流主要断面流量满足河道最小生态需水。水库调蓄计算基本水量平衡方程为

$$\frac{I_1+I_2}{2}\Delta t-\frac{Q_1+Q_2}{2}\Delta t=S_2-S_1 \tag{7-5}$$

式中，I_1、I_2 分别为时段始、末河段的入流；Q_1、Q_2 分别为时段始、末河段的出流；S_1、S_2 分别为时段始、末河段的槽蓄量；Δt 为时间步长。

根据第 4 章生态需水计算结果，本节生态保障目标为：多年平均情况下，渭河下游（华县站）的适宜生态需水量为 $34.1m^3/s$，咸阳断面适宜生态需水量为 $31.7m^3/s$，林家村断面适宜生态需水量为 $12.8m^3/s$。

截至 2011 年，渭河流域水库总库容 21.2 亿 m^3，兴利库容 12.6 亿 m^3；北洛河状头以上流域水库总库容 0.95 亿 m^3，兴利库容 0.5 亿 m^3；泾河张家山以上流域水库总库容 5.1 亿 m^3，兴利库容 3.1 亿 m^3；渭河宝鸡峡以上流域水库总库容 0.5 亿 m^3，兴利库容 0.4 亿 m^3；渭河宝鸡峡至咸阳区间水库总库容 12.4 亿 m^3，兴利库容 7.7 亿 m^3。渭河咸阳至潼关区间水库总库容 2.3 亿 m^3，兴利库容 1.0 亿 m^3。主要水库信息如表 7-28 所示。

表 7-28 渭河流域主要水库信息表

项目	工程	控制面积（km^2）	防洪限制水位（m）	最大库容（亿 m^3）	正常高水位（m）	正常库容（亿 m^3）	死水位（m）	死库容（亿 m^3）	最大泄洪能力（m^3/s）	兴利库容（亿 m^3）
北洛河状头以上	石堡川	820.0	926.0	62.2	929.3	50.0	905.7	5.9	300.0	32.4
北洛河状头以上	林皋	330.0	836.5	33.0	837.5	20.0	823.0	3.0	498.0	16.5
泾河张家山以上	巴家嘴	3 522.0		511.0						
渭河宝鸡峡以上	宝鸡峡	30 661.0	630.0	50.0	636.0	40.0		2.0	9 720.0	38.0
渭河宝鸡峡至咸阳	冯家山	3 232.0	707.0	389.0	712.0	287.0	688.5	91.0	2 227.0	254.0
渭河宝鸡峡至咸阳	石头河	673.0	798.0	147.0	801.0	120.0	728.0	5.0	8 000.0	120.0
渭河宝鸡峡至咸阳	羊毛湾	1 100.0	635.9	120.0	635.9	61.0	620.0	15.0	3 500.0	52.2
渭河宝鸡峡至咸阳	金盆	1 481.0	593.0	200.0	594.0	176.9	520.0	22.6	1 500.0	177.4
渭河宝鸡峡至咸阳	段家峡	634.0	1 083.0	14.0	1 083.0	10.3		3.0	2 070.0	9.0
渭河宝鸡峡至咸阳	王家崖	56.0	602.0	94.0	602.0	49.0		4.5	2 103.0	45.1
渭河宝鸡峡至咸阳	老鸦嘴	250.0	610.0	18.0	610.0	15.0		9.0		6.0

续表

项目	工程	控制面积 （km²）	防洪限 制水位 （m）	最大 库容 （亿 m³）	正常高 水位 （m）	正常 库容 （亿 m³）	死水位 （m）	死库容 （亿 m³）	最大泄 洪能力 （m³/s）	兴利 库容 （亿 m³）
渭河宝鸡峡至咸阳	大北沟	372.0	564.0	52.1	565.0	31.0		8.9	87.0	30.3
渭河宝鸡峡至咸阳	信邑沟	220.0	570.0	37.5	570.0	27.0		1.3	23.0	27.0
渭河宝鸡峡至咸阳	沺河1			54.0		50.0		0.0		
渭河宝鸡峡至咸阳	沺河2	710.0	544.5	64.6	544.5	56.2		1.6	1 370.0	30.3
渭河宝鸡峡至咸阳	东风	365.0	749.9	14.0	749.9	12.0		3.0	320.0	9.0
渭河宝鸡峡至咸阳	白狄沟	223.0	943.5	15.0	943.5	10.0		4.0	435.0	6.0
渭河宝鸡峡至咸阳	杨家河	355.0	736.8	17.0	736.8	10.0		5.0	1 330.0	5.0
渭河咸阳至潼关	石砭峪	132.0	725.0	28.0	731.0	25.0		3.0	648.0	22.0
渭河咸阳至潼关	泾惠渠			21.0		20.0		0.0		
渭河咸阳至潼关	桃曲坡	830.0	788.5	57.0	788.5	46.0		13.8	2 333.8	39.5
渭河咸阳至潼关	玉皇阁	178.0	633.9	14.0	633.9	3.5		0.0	490.0	3.5
渭河咸阳至潼关	黑松林	334.0	764.5	11.0	764.5	5.0		0.0	1 735.2	5.0
渭河咸阳至潼关	冯村	326.0	524.0	13.0	524.0	6.0		0.0	501.0	6.0
渭河咸阳至潼关	零河	270.0	421.7	40.0	421.7	6.0	415.0	0.0	612.0	6.0
渭河咸阳至潼关	沋河	224.0	401.0	24.0	403.0	8.0	388.0	0.0	387.0	12.0
渭河咸阳至潼关	涧峪			1.0		1.0		0.0		
渭河咸阳至潼关	桥峪	66.3		6.1	827.0	3.0	794.5	0.3	15.6	4.5
渭河咸阳至潼关	洛惠渠			15.0		10.0		0.0		

7.3.2.1 华县断面

考虑水库调节能力，通过水量平衡计算，可分别得到现状年、2015 年及 2020 年水库调蓄作用下及 2020 年引汉济渭来水作用下，华县断面逐月径流过程（图 7-8 ~ 图 7-10）。

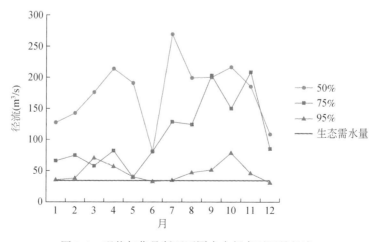

图 7-8 现状年华县断面不同来水频率下逐月径流

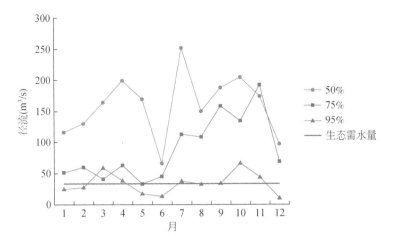

图 7-9　2015 年华县断面不同来水频率下逐月径流

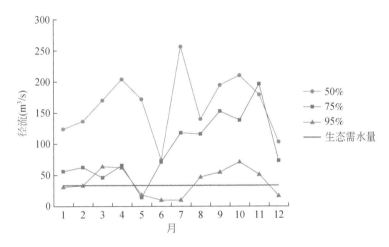

图 7-10　2020 年华县断面不同来水频率下逐月径流

分析上述结果，理想情景的水库调度对径流年内调蓄作用明显，在最大限度发挥水库兴利库容的情况下，可以得到以下结论：

（1）考虑理想水库调蓄，在现状年耗水情景下，渭河华县断面在平水年（50% 来水）、偏枯年（75% 来水）和枯水年（95% 来水）的年均径流分别为 175m³/s、113m³/s 和 46 m³/s，可以满足河道内生态流量要求。

（2）考虑理想水库调蓄，在 2015 年耗水情景下，渭河华县断面在平水年（50% 来水）、偏枯年（75% 来水）和枯水年（95% 来水）的年均径流分别为 160m³/s、100m³/s 和 33 m³/s，总体上可以满足河道内生态流量要求，但是在枯水年份 6 月和 7 月会出现生态流量无法满足的情景。

（3）考虑理想水库调蓄及引汉济渭来水，在 2020 年耗水情景下，渭河华县断面在平水年（50％来水）、偏枯年（75％来水）和枯水年（95％来水）的年均径流分别为164m³/s、104m³/s 和 40 m³/s，可以满足河道内生态流量要求，同时由于引汉济渭来水，各个水平年的年均径流较 2015 年有所增加，总体上可以满足河道内生态流量要求，但是在枯水年份 5~7 月会出现生态流量无法满足的情景。

7.3.2.2　咸阳断面

考虑水库调节能力，最大限度地发挥水库兴利库容，通过水量平衡计算，可以分别得到现状年、2015 年及 2020 年水库调蓄作用下，咸阳断面逐月径流过程（图 7-11 ~图 7-13）。

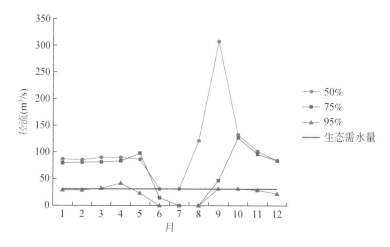

图 7-11　现状年咸阳断面不同来水频率下逐月径流

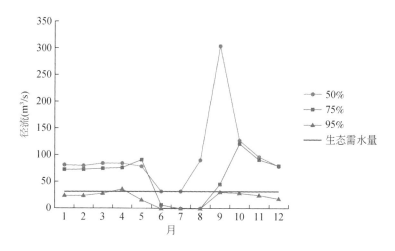

图 7-12　2015 年咸阳断面不同来水频率下逐月径流

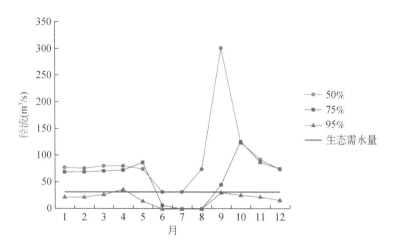

图 7-13 2020 年咸阳断面不同来水频率下逐月径流

分析上述结果，可以得到以下结论：

（1）考虑理想水库调蓄，在现状年耗水情景下，渭河咸阳断面在平水年（50% 来水）的年均径流分别为 113m³/s，可以满足全年河道生态需水；偏枯年（75% 来水）73m³/s，基本可以满足非汛期河道生态流量，但在所选典型年汛期由于耗水量较大，且典型年来水集中在 9 月、10 月，7 月、8 月流量无法满足生态流量；枯水年（95% 来水）条件下年均径流量为 30 m³/s，非汛期能够保证生态流量，但仍有 3 个月同样无法满足生态流量。

（2）考虑理想水库调蓄，在 2015 年耗水情景下，渭河咸阳断面在平水年（50% 来水）的年均径流分别为 108m³/s，可以满足全年河道生态需水；偏枯年（75% 来水）70m³/s，基本可以满足非汛期河道生态流量，但在所选典型年汛期由于耗水量较大，且典型年来水集中在 9 月、10 月，7 月、8 月流量无法满足生态流量；枯水年（95% 来水）条件下年均径流量为 29 m³/s，非汛期能够保证生态流量，但仍有 3 个月同样无法满足生态流量。

（3）考虑理想水库调蓄，在 2020 年耗水情景下，渭河咸阳断面在平水年（50% 来水）的年均径流分别为 104m³/s，可以满足全年河道生态需水；偏枯年（75% 来水）67m³/s，基本可以满足非汛期河道生态流量，但在所选典型年汛期由于耗水量较大，且典型年来水集中在 9 月、10 月，7 月、8 月流量无法满足生态流量；枯水年（95% 来水）条件下年均径流量为 26 m³/s，非汛期能够保证生态流量，但仍有 3 个月同样无法满足生态流量。

7.3.2.3 林家村断面

考虑水库调节能力，通过水量平衡计算，可以分别得到现状年、2015 年及 2020 年水库调蓄作用及 2020 年引汉济渭来水作用下，林家村断面逐月径流过程（图 7-14 ~ 图 7-16）。

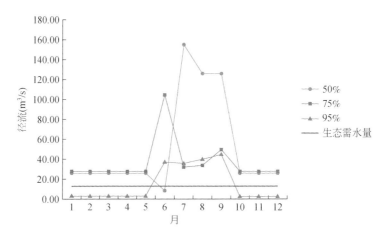

图 7-14　现状年林家村断面不同来水频率下逐月径流

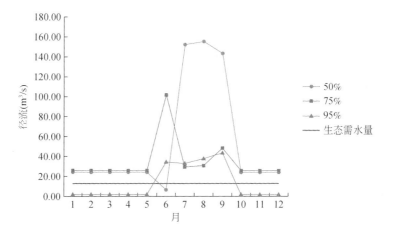

图 7-15　2015 年林家村断面不同来水频率下逐月径流

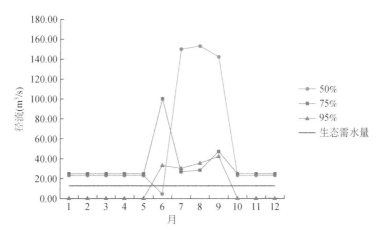

图 7-16　2020 年林家村断面不同来水频率下逐月径流

分析上述结果，可以得到以下结论：

（1）考虑理想水库调蓄，在现状年耗水情景下，渭河林家村断面在平水年（50%来水）和偏枯年（75%来水）的年均径流分别为58m³/s和39m³/s，基本可以满足河道生态流量，枯水年（95%来水）条件下年均径流量为18 m³/s，汛期能够满足河道需水量，但由于上游水库调蓄能力有限，汛期来水多以洪水形式下泄，非汛期无法满足生态流量。

（2）考虑理想水库调蓄，在2015年耗水情景下，渭河林家村断面在平水年（50%来水）和偏枯年（75%来水）的年均径流分别为56m³/s和36m³/s，基本可以满足河道生态流量，枯水年（95%来水）条件下年均径流量为16m³/s，汛期能够满足河道需水量，但由于上游水库调蓄能力有限，汛期来水多以洪水形式下泄，非汛期无法满足生态流量，由于流域内耗水率逐年增加，较现状年，非汛期亏欠生态流量有所增加。

（3）考虑理想水库调蓄，在2020年耗水情景下，渭河林家村断面在平水年（50%来水）和偏枯年（75%来水）的年均径流分别为55m³/s和35m³/s，基本可以满足河道生态流量，枯水年（95%来水）条件下年均径流量为14m³/s，汛期能够满足河道需水量，但由于上游水库调蓄能力有限，汛期来水多以洪水形式下泄，非汛期无法满足生态流量，由于流域内耗水率逐年增加，较2015年，非汛期亏欠生态流量有所增加。

7.3.3　可增调水量与生态需水盈缺分析

7.3.3.1　可增调水量分析

实际情况中，渭河干流面临的生态问题主要集中在非汛期（10月至次年5月），在生态可利用水量的基础上，通过流域水利工程的最大调蓄作用，可以进一步量化在相比现状调度条件下，理想调度情景可为非汛期渭河干流增加的生态可调水潜力。本节通过计算现状调度过程及理想调度过程在三种方案下水量过程的差值，得到通过理想水库调蓄措施可以为渭河枯季增调的水量，即：

$$Q = Q_1 - Q_2 \qquad (7\text{-}6)$$

式中，Q代表工程作用下渭河干流生态可调水潜力，反映了相比现状调度情景，理想调度情景下水库调蓄作用对渭河干流枯季来水的增加作用；Q_1是经过理想水库调蓄作用后，渭河干流断面非汛期来水量，通过对逐月径流过程统计得到，单位亿 m³；Q_2是考虑现状水库调蓄作用，过程计算得到的渭河干流断面非汛期来水量，该结果通过对5.3.1节逐月径流过程统计得到，单位亿 m³。表7-29就是计算得到的渭河干流主要断面枯季可调水潜力，即相比现状水库调度情景，在理想调度情景下，渭河干流在非汛期可以增调的水量。

表 7-29　渭河干流主要断面枯季可调水潜力　（单位：亿 m³）

干流主要断面	来水频率（%）	现状年			2015 年			2020 年		
		现状调蓄作用生态可用水量（Q_2）	理想调蓄作用生态可用水量（Q_1）	枯季可增调水量（Q）	现状调蓄作用生态可用水量（Q_2）	理想调蓄作用生态可用水量（Q_1）	枯季可增调水量（Q）	现状调蓄作用生态可用水量（Q_2）	理想调蓄作用生态可用水量（Q_1）	枯季可增调水量（Q）
华县	50	28.18	35.02	6.84	25.38	32.27	6.89	26.82	33.80	6.98
	75	12.86	19.06	6.20	9.83	16.64	6.81	11.18	17.46	6.28
	95	6.55	10.25	3.70	3.32	7.70	4.38	4.59	8.41	3.82
咸阳	50	16.19	19.80	3.61	15.06	17.80	2.74	14.33	16.80	2.47
	75	15.38	17.80	2.42	14.19	15.80	1.61	13.43	14.80	1.37
	95	6.14	6.80	0.66	5.07	5.80	0.73	4.41	4.80	0.39
林家村	50	5.61	5.93	0.32	5.27	5.59	0.32	5.05	5.37	0.32
	75	5.21	5.53	0.32	4.87	5.19	0.32	4.69	5.01	0.32
	95	0.56	0.88	0.32	0.23	0.55	0.32	0.00	0.32	0.32

分析上述结果，对比无调度情景和理想调度情景下，渭河非汛期水量变化，来反映理想调度情景在非汛期可调水量的最大潜力：

（1）华县断面在 50% 来水频率下现状年、2015 年和 2020 年非汛期可调水潜力约为 7.0 亿 m³，接近上游聚合水库有效兴利库容；3 个水平年 75% 来水频率下可增调水量也都超过了 6.0 亿 m³，95% 频率下现状年可调水潜力为 3.7 亿 m³，2015 年可调水 5.08 亿 m³，2020 年可调水潜力为 3.82 亿 m³。

（2）咸阳断面在 50% 来水频率下，现状年、2015 年和 2020 年非汛期可调水潜力分别为 3.6 亿 m³、2.74 亿 m³、2.47 亿 m³；在 75% 来水频率下，现状年非汛期可增调水潜力为 2.42 亿 m³，2015 年非汛期可增调水潜力为 1.61 亿 m³，2020 年非汛期可增调水潜力为 1.37 亿 m³。在 95% 来水频率下，现状年非汛期可增调水潜力为 0.66 亿 m³，2015 年非汛期可增调水潜力为 0.73 亿 m³，2020 年非汛期可增调水潜力为 0.39 亿 m³。

（3）林家村断面由于上游调蓄作用有限，故在 50%、75% 和 95% 频率下，现状年、2015 年和 2020 年非汛期可调水潜力均为 0.32 亿 m³，等同于上游聚合水库有效兴利库容。

7.3.3.2　生态需水盈缺分析

根据第 4 章生态需水计算结果，本节在分析生态环境流量盈缺状况时，多年平均情况下，渭河下游（华县站）的适宜生态需水量为 34.1 m³/s，咸阳断面适宜生态需水量为 31.7 m³/s，林家村断面适宜生态需水量为 12.8 m³/s。本节进一步分析两种调水情景下非汛期与生态需水的盈缺关系。

对于现状调蓄作用，利用如下公式计算其在非汛期的生态缺水量：

$$A = \max(0, (E - I)) \tag{7-7}$$

式中，E 表示非汛期逐月生态需水过程，I 表示现状调度情景非汛期逐月水量过程，A 为生态缺水量，为二者较小值。其含义是对于每个月份当水量过程大于生态需水量，则缺水为零；若水量过程小于生态需水量，则二者差值为生态缺水量。用 A 值与非汛期理想调度可增调水量 Q 进行比较，即可反映相比现状情景，理想生态调度可为生态水量补充的能力。

由表 7-30 可知，一方面显示现状调蓄作用下，非汛期生态缺水量，另一方面显示通过理想调度可以增调的水量，比较二者之间的关系即可揭示理想调度情景下对生态需水的保障能力。通过分析无调度情景和理想调度情景下渭河非汛期水量，与生态需水量的关系，发现两种调度情景都能够一定程度满足生态需水要求，尤其是理想调度情景可以在现状调度情况下通过增调水量来尽量满足适宜生态需水量，但由于工程能力的限制，仍无法完全满足生态需要，如在 2015 年和 2020 年用水条件下，林家村断面 75% 和 95% 来水年份，两种调水情景会出现无法满足生态用水的情况。

表 7-30　渭河干流主要断面枯季可利用水量与生态需水盈缺关系　　（单位：亿 m³）

干流主要断面	来水频率（%）	现状年			2015 年			2020 年		
		现状调蓄作用生态缺水量	理想调度可增调水量	生态需水量	现状调蓄作用生态缺水量	理想调度可增调水量	生态需水量	现状调蓄作用生态缺水量	理想调度可增调水量	生态需水量
华县	50	0.00	6.84	7.20	0.01	6.89	7.20	0.00	6.98	7.20
	75	1.50	6.20	7.20	2.80	6.81	7.20	2.00	6.28	7.20
	95	2.00	3.70	7.20	3.40	4.38	7.20	4.30	3.82	7.20
咸阳	50	0.00	3.61	6.40	0.00	2.74	6.40	0.00	2.47	6.40
	75	0.50	2.42	6.40	0.80	1.61	6.40	1.10	1.37	6.40
	95	1.37	0.66	6.40	1.82	0.73	6.40	2.20	0.39	6.40
林家村	50	0.20	0.32	1.50	0.29	0.32	1.50	0.31	0.32	1.50
	75	0.24	0.32	1.50	0.30	0.32	1.50	0.45	0.32	1.50
	95	0.40	0.32	1.50	0.60	0.32	1.50	0.80	0.32	1.50

7.4　本章小结

本章针对"渭河流域保障补水来源不明"的问题，通过分析渭河流域水资源现状、工程调度能力，研究人类活动对渭河流域水资源的影响，开展陕西省渭河流域经济社会用水分析，提出渭河流域自产水和外调水给生态环境的可调水潜力，分析渭河干流生态环境流量的盈缺状况。研究结果表明：

（1）渭河流域 1980 ~ 2010 年系列较 1956 ~ 1979 年系列，由于降水的减少，导致地表水资源偏少 22.2%，地下水资源偏少 14.5%，不重复地下水资源增加 7.4%。变化趋势同气象要素变化对水资源的影响基本一致，说明气象要素变化是引起渭河流域水资源变化的主要原因，相对而言，人工取用水、下垫面变化和水土保持措施对水资源的影响比较小。

（2）通过对陕西省渭河流域用耗水分析，近十年总用水量无明显变化，耗水系数维持在 0.6 左右，其中农业用水所占比重最大，且在近几年呈缓慢上升趋势。工业用水和生活用水所占比重相当，其中工业耗水量呈逐年减少趋势，生活耗水量逐年缓慢增加。通过分析分行业用水边际效益，陕西省各产业的水资源边际生产价值第三产业>第二产业>第一产业，主要受各产业不同的用水水平、生产技术水平、节水水平及产出影响。

（3）通过对渭河流域社会经济发展预测，结合用水定额对未来需水进行预测。根据正常发展需求预测，未来渭河流域净需水量在 2020 年和 2030 年将分别达到 76.94 亿 m³ 和 82.08 亿 m³，分别比现状增加 8.63 亿 m³ 和 13.76 亿 m³。这种模式得出的净需水量可以作为需水量预测的基本方案。考虑在现状节水模式基础上加强产业结构调整和节约用水力度，控制需求过快增长，形成节水方案，至 2030 年需水量相比基本方案降低 4.5 亿 m³，到 77.54 亿 m³，比现状增加 9.23 亿 m³。

（4）在需水预测结果基础上，结合渭河流域水资源量分析，计算得到现状年、2015 年、2020 年不同来水频率下，考虑现状调度情景的渭河流域总体生态用水可利用量，以及各个三级区、各个主要断面的生态用水可利用量作为调度的基础。在平水年条件下，渭河流域现状年生态用水可利用量为 62.18 亿 m³，2015 年生态用水可利用量为 56.78 亿 m³，2020 年生态用水可利用量为 53.58 亿 m³，整体呈减少趋势，说明在未来耗水增加的情况下，渭河流域将面临更为严峻的水资源情势。

（5）即使考虑 2020 年引汉济渭来水，渭河流域在平水年（50% 来水）、偏枯年（75% 来水）及枯水年（95% 来水）条件下年均径流量分别为：186m³/s、121m³/s、47m³/s，较自产水生态用水可利用量有所提高，但偏枯年和枯水年分别在 5 月、6 月、7 月水高峰期及 12 月枯水期出现缺水情况，无法满足河道生态需水要求。

（6）结合生态环境流量计算结果，分析渭河干流林家村、咸阳、华县三个主要断面在考虑理想工程调度情景后的可调水过程，在平水年三个断面均能满足生态环境流量，但在偏枯年和特枯年，三个断面会出现不同程度河道流量无法满足生态流量的情况，其原因一方面是受渭河干流缺少水利工程调蓄能力的影响，另一方面是受典型年的影响，个别来水过程不能完全反应同频率的一般来水过程。

（7）通过对比理想调度情景和现状调度情景，分析进一步发挥水库调蓄作用对非汛期渭河干流流量过程的影响，可以得到：华县断面在 50% 和 75% 来水频率下，非汛期可增调水量约接近 7 亿 m³，华县断面在 95% 来水频率下，非汛期可增调水量为 3.7 亿 m³ 左右。咸阳断面在 50% 来水频率下，现状年、2015 年和 2020 年非汛期可增调水量约为 2 亿~3 亿 m³；咸阳断面在 75% 来水频率下，非汛期可增调水量超过 1.3 亿 m³，咸阳断面在 95% 来水频率下，非汛期可增调水量不足 1 亿 m³；林家村断面由于上游调蓄作用有限，故在 50%、75% 和 95% 频率下，现状年、2015 年和 2020 年非汛期可增调水量均为 0.32 亿 m³，等同于上游聚合水库有效兴利库容。

第8章 渭河水量调度途径与方案

8.1 基本资料整理

8.1.1 渭河水系概况

渭河以宝鸡峡、咸阳为界,分为上中下三段。其中宝鸡峡以上为上游,河长430km,河道狭窄,河谷川峡相间,水流湍急;宝鸡峡至咸阳为中游,河长180km,河道较宽,多沙洲,水流分散;咸阳至潼关为下游,河长208km,比降较小,水流较缓,河道泥沙淤积。渭河流域沿程的主要地貌有黄土丘陵区、黄土塬区、土石山区、黄土阶地区、河谷冲积平原区等。

渭河流域集水面积在$100km^2$以上的支流共有176条。渭河两岸支流众多,左右两岸极不对称,具有明显的差异。北岸支流源远流长,数量较少,流域面积大但产水量少。北岸主要流经黄土高原,洪枯流量相差悬殊,泥沙含量大,以悬移质为主,是渭河的主要来沙支流。南岸支流密布,均发源于秦岭北坡,数量多但河流短、集水面积小、降雨量大、源近流短、水流湍急、径流大、水量丰沛。集水面积$500km^2$以上的一级支流,北岸汇入的有千河、漆水河、泾河、石川河、北洛河;南岸汇入的有石头河、黑河、涝河、沣河、灞河。其中泾河、北洛河是渭河的最大的两条支流。渭河流域陕西段共有三级以上支流73条,其中一级支流30条,二级支流32条,三级支流11条。

渭河陕西段主要支流信息如表8-1所示。对渭河主要支流汇集关系整理后得到,陕西省境内主要支流状况与相互入流关系如图8-1和表8-2所示。

表8-1 渭河陕西段主要支流信息

河流名称	河流等级	集水面积 (km^2)	起点	终点	长度 (km)	平均坡度 (‰)
通关河	一级支流	445.3	甘肃龙口峪以北	陕西省宝鸡凤阁岭	30.4	17.2
小水河	一级支流	405.5	宝鸡市东福驮里	宝鸡市周家山	42.9	17.6
清姜河	一级支流	234.0	宝鸡市玉皇山	宝鸡师益门镇	43.0	31.8
金陵河	一级支流	429.1	宝鸡市酒长沟	宝鸡市东窑庄	56.0	7.2

河流名称	河流等级	集水面积 （km²）	起点	终点	长度 （km）	平均坡度 （‰）
峡口河（北河）	二级支流	414.3	宝鸡市陈家堂	宝鸡市县功	36.3	9.7
千河	一级支流	3 494.0	甘肃张家川县石庙梁	陕西宝鸡市魏家崖	129.6	5.8
石头河	一级支流	778.0	陕西岐山县杜家庄	陕西岐山县八岔村	68.6	19.4
汤峪河	一级支流	386.0	发源于秦岭山脉	眉县新豫村	43.9	24.2
大北沟	二级支流	481.7	乾县大北沟水库	武功县东坡	80.6	6.3
美阳河	三级支流	235.0	乔山南麓	入横水河	30.4	—
横水河	三级支流	539.0	凤翔县樊家塬	岐山县原子头	68.0	9.0
韦水	二级支流	2 316.0	凤翔县乱石山	武功县毛嘴子	151.9	9.3
漆水河	一级支流	3 824.0	陕西麟游县柳树湾	杨凌区南立节	151.6	4.7
黑河	一级支流	2 283.0	陕西周至县八仙台	陕西周至县梁家滩	125.8	8.8
涝峪河	一级支流	663.0	户县秦岭梁	户县保安西滩	82.0	9.5
橘河	二级支流	687.0	陕西长安县光头山	陕西长安县秦渡镇	64.2	9.7
石砭峪河	二级支流	282.0	河源（陕西长安县）	陕西长安县入渭河	46.4	19.9
沣河	一级支流	1 460.0	长安县东富儿沟垴	陕西咸阳市	78.0	8.2
皂河	一级支流	315.5	长安县水寨村	西安市草滩	33.5	1.4
网峪河	二级支流	548.0	蓝田县秦岭山脉	蓝田县文刘坡	55.3	12.1
浐河	二级支流	760.0	西安市广太庙	蓝田县紫云山	64.6	8.9
灞河	一级支流	2 581.0	西安市灞桥	蓝田县箭峪岭	104.1	6.0
温泉河	二级支流	656.4	富平县张大堡	临潼县新兴	77.3	5.5
浊峪河	四级支流	221.0	耀县安沟	三原县楼底	59.1	7.4
冶峪河	四级支流	619.0	石门山区南部	泾阳与双河口	77.8	10.1
清峪河	三级支流	395.3	蓝田县箭峪岭	三原县楼底	33.3	8.5
清河	二级支流	1 550.0	三原县楼底	西安阎良区相桥镇	147.4	3.3
石川河	一级支流	4 478.0	河源（陕西铜川市）	西安阎良区交口镇	137.0	4.6
零河	一级支流	276.0	蓝田县北岭北麓	何寨乡寇家村	49.4	14.6
沈河	一级支流	252.0	蓝田县核桃园	渭南市张家庄	45.4	15.2
赤水河	一级支流	247.7	箭峪河和涧峪河汇聚	赤水镇三张村	41.1	3.1
遇仙河	一级支流	158.1	大明乡桥峪老牛山下	辛庄乡小涨村	41.5	3.9
罗敷河	一级支流	140.0	华县后沟岭上	华县十连	47.2	23.6

河流名称	河流等级	集水面积（km²）	起点	终点	长度（km）	平均坡度（‰）
泾河	一级支流	9 391.0	甘肃泾源县马尾巴梁	陕西高陵县蒋王村	272.5	1.7
天堂河	四级支流	311.5	麟游县赵家山	甘肃省灵台县	35.7	10.5
达溪河	三级支流	1 246.0	甘肃通渭县上牛家山	甘肃静宁县	13.7	2.5
黑河	二级支流	1 493.0	甘肃省华亭县上关	陕西省长武县亭口	36.7	2.9
马兰河	二级支流	1 302.0	陕西旬邑洪山寺梁	陕西彬县半崄里	128.6	5.5
泔河	二级支流	1 136.0	永寿县罐罐沟老	礼泉县东徐	91.0	5.5
北洛河	一级支流	24 575.0	陕西定边县郝庄梁	陕西大荔县吊庄	680.3	1.5
王圪子川	三级支流	543.8	定边县华凤子梁	吴旗县铁边城	44.2	4.0
乱石头川	二级支流	949.4	定边县大河畔	吴旗县后街	53.8	4.3
头道川	二级支流	1 577.7	榆林市定边县	于吴旗县汇入洛河	83.4	2.5
二道川	二级支流	375.9	吴旗县马崾岘	吴旗县城	56.8	2.7
宁寨川	二级支流	529.6	吴旗县羊圈圪堵	吴旗县宗圪堵	50.6	4.0
白豹川	二级支流	402.3	吴旗县墩梁	吴旗县韩嘴子	38.1	8.4
吴堡川	二级支流	148.0	甘肃华池县紫坊畔乡	金鼎乡武石圪村	30.8	—
周水河	二级支流	1 334.0	靖边县白玉山	志丹县川口	85.1	3.7
府村川	二级支流	400.1	甘泉县凉水泉	甘泉县史家湾	41.7	8.9
牛武川	二级支流	427.3	富县梨树窑子	富县茶房	36.7	9.8
界子河	二级支流	576.4	洛川县陈家圯	洛川县霍家堂	53.3	8.2
小河子川	三级支流	859.0	富县子午岭	富县胡家坡	60.9	5.9
葫芦河	二级支流	3 068.0	甘肃华池县刘崾岘	洛川县交河口镇	143.8	2.4
仙姑河	二级支流	594.7	洛川县铁炉	黄陵县惠家河	54.0	9.0
淤泥河	三级支流	176.0	黄陵万堂山	龙首村入沮水河	31.8	—
建庄川	三级支流	464.4	延长县后董台	延长县雷家村	47.3	10.7
青河	三级支流	489.6	金锁乡玉华村石马台	黄陵县城入沮河	51.1	13.6
沮河	二级支流	2 486.0	陕西黄陵县兴隆关	陕西黄陵县	140.0	3.0
五里镇河	二级支流	441.7	宜君县虎口湾	宜君、洛川、黄陵三县交界处	54.5	8.7
雷源河	二级支流	332.1	宜川县塔庄	宜川县杨柳塬	53.9	12.9
石堡川	二级支流	959.8	黄龙县冢字梁	洛川县西沟	81.1	9.0
白水河	二级支流	479.2	宜川县富岩子	澄城县三眼桥	87.8	6.7
大峪河	二级支流	479.2	黄龙县佛爷岭	蒲城县曲里村	87.8	6.7

续表

河流名称	河流等级	集水面积 （km²）	起点	终点	长度 （km）	平均坡度 （‰）
南洛河	一级支流	3 064.0	洛南县草链岭	陕豫交界洛南灵口	124.6	3.7
石门河（桥河）	一级支流	306.5	洛南县大石沟	洛南县石门镇	40.6	10.0
坡河（石涉河）	一级支流	666.4	洛南县秦岭南坡	洛南县石坡镇	54.1	9.6
东沙河	一级支流	354.0	洛南县牛湾	洛南县薛楼	42.0	8.6

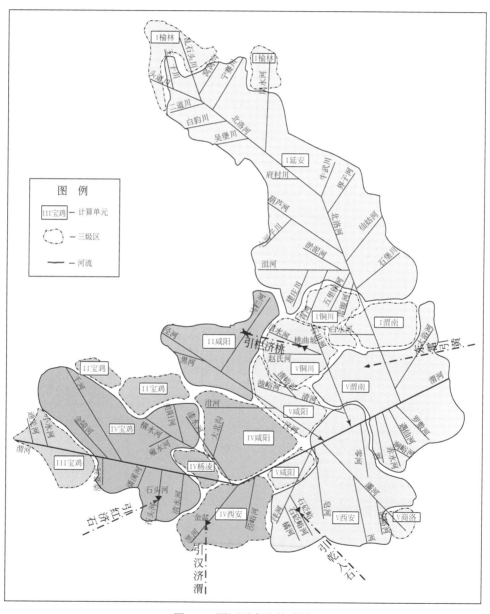

图 8-1 渭河干支流关系图

表 8-2　入渭河支流与相互汇集情况

干流	一级支流	二级支流	三级支流	四级支流
渭河	通关河			
	小水河			
	清姜河			
	金陵河	峡口河（北河）		
	千河			
	潘溪河			
	石头河			
	汤峪河			
	漆水河	大北沟		
		韦水（横水）	雍水河	
			美阳河	
			横水河（后河）	
	黑河			
	涝河（涝峪河）			
	沣河	橘河		
		石砭峪河		
	皂河			
	灞河	网峪河		
		浐河		
	石川河	清河	清峪河	浊峪河
				冶峪河
		沮水河		
		赵氏河		
	零河			
	沈河			
	赤水河	涧峪河		
	遇仙河			
	罗敷河			
	泾河	黑河	达溪河	天堂河
		马兰河		
		泔河		
	北洛河	头道川	王圪子川	
		乱石头川	窝窝沟	
		二道川		

续表

干流	一级支流	二级支流	三级支流	四级支流
渭河	北洛河	宁寨川		
		白豹川		
		吴堡川		
		周水河		
		府村川		
		牛武川		
		界子河		
		葫芦河	小河子川	
		仙姑河		
		沮河	淤泥河	
			建庄川	
			青河	
		五里镇河		
		雷源河		
		石堡川		
		白水河		
		大峪河		
	南洛河			
	石门河（桥河）			
	坡河（石涉河）			
	东沙河			

8.1.2　干流生态控制断面选取

根据生态需水部分的研究成果，渭河陕西段共有 24 个水生态控制断面，如图 8-2 所示。考虑生态需水控制要求，对有支流入流和工程控制的断面作为模型，提出各生态控制断面对应于水资源调控分析模型中的控制节点，并将拓石水文站作为渭河干流上游边界控制节点，如表 8-3 所示。

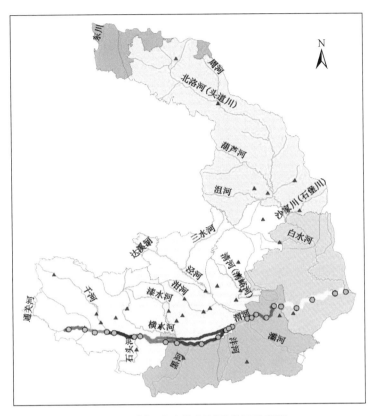

图 8-2 渭河生态控制断面位置示意图

表 8-3 干流生态控制断面与模型断面控制节点的对应关系

水功能 一级区	水功能 二级区	生态控制断面 （起始点）	生态控制断面 （终止点）	模型起 始点	模型终 止点	主要区 间入流
渭河宝鸡- 渭南开发 利用区	宝鸡农业用水区	小水河入渭断面	林家村水文站	小水河	林家村	—
	宝鸡景观娱乐用水区	林家村水文站	金陵入渭断面	林家村	金陵河	金陵河
	宝鸡景观娱乐用水区	金陵入渭断面	千河入渭断面	金陵河	千河	千河
	宝鸡排污控制区	千河入渭断面	宝鸡市过渡区断面	千河	潘溪河	潘溪河
	宝鸡过渡区	宝鸡市过渡区断面	石头河入口断面	潘溪河	石头河	石头河
	宝眉工业农业用水区	石头河入口断面	魏家堡水文站	石头河	魏家堡	—
	宝眉工业农业用水区	魏家堡水文站	杨凌农业景观用水断面	魏家堡	汤峪河	汤峪河
	杨凌农业景观用水区	杨凌农业景观用水断面	漆水河汇入断面	汤峪河	漆水河	漆水河
	咸阳市工业用水区	漆水河汇入断面	黑河入渭断面	漆水河	黑河	黑河
	咸阳市工业用水区	黑河入渭断面	涝河入渭断面	黑河	涝峪河	涝峪河
	咸阳市工业用水区	涝河入渭断面	咸阳水文站	涝峪河	咸阳公路桥	—
	咸阳景观娱乐用水区	咸阳水文站	咸阳湖橡胶坝	咸阳公 路桥	沣河	沣河
	咸阳排污控制区	咸阳湖橡胶坝	沣河汇入断面			

水功能一级区	水功能二级区	生态控制断面（起始点）	生态控制断面（终止点）	模型起始点	模型终止点	主要区间入流
渭河宝鸡–渭南开发利用区	咸阳、西安过渡区	沣河汇入断面	临潼农业用水区断面	沣河	皂河	皂河
	临潼农业用水区	临潼农业用水区断面	灞河入渭断面	皂河	灞河	灞河
	临潼农业用水区	灞河入渭断面	泾河入渭断面	灞河	泾河	泾河
	临潼农业用水区	泾河入渭断面	临潼水文站	泾河	交口抽水	石川河
	临潼农业用水区	临潼水文站	石川河入渭断面			
	渭南农业用水区	石川河入渭断面	零河入渭断面	交口抽水	零河	零河
	渭南农业用水区	零河入渭断面	沈河入渭断面	零河	沈河	沈河
	渭南农业用水区	沈河入渭断面	华县水文站	沈河	华县	赤水河
	渭南农业用水区	华县水文站	罗敷河入口断面	华县	罗敷河	罗敷河
	渭南农业用水区	罗敷河入口断面	北洛河入渭断面	罗敷河	北洛河	北洛河
渭河华阴缓冲区		北洛河入渭断面	渭河入黄河口	北洛河	渭河出口	—

注：为节省篇幅，模型起始点为各河流汇入渭河干流的断面节点

8.1.3 重点支流及控制断面

根据渭河干支流产汇流能力和工程控制能力的分析，具有一定径流量和控制能力的主要支流具有向干流实施生态调度的可能性。选择渭河水量较大的几条主要支流，分析其径流特征值如表 8-4 所示。根据干流生态调度断面的选取，考虑各支流水量和工程控制状况，列出参与配置调度计算的重要支流和对应的控制性工程如表 8-5 所示。

表 8-4 渭河重点支流主要特征值

河流名称	河长（km）	面积（km²）	省境内面积（km²）	全河多年平均 年径流量（亿 m³）	全河多年平均 年径流深（mm）	不同频率年径流量（亿 m³） 20%	不同频率年径流量（亿 m³） 50%	不同频率年径流量（亿 m³） 75%	不同频率年径流量（亿 m³） 95%	省境内多年平均 年径流量（亿 m³）	省境内多年平均 年径流深（mm）
泾河	455	45 421	9 391	19.54	43	24.62	18.76	14.85	10.75	4.38	47
洛河	680	26 905	24 575	9.76	36	12.20	9.37	7.42	5.47	9.22	38
渭河	818	62 440	33 186	67.14	108	86.61	63.11	48.56	26.86	48.88	147
千河	153	3 494	3 238	4.90	140	6.73	4.37	3.03	1.83	4.38	135
沣河	82	1 460	1 460	4.85	332	6.46	4.44	3.25	2.08	4.85	332
涝河	86	665	665	1.97	296.4	2.63	1.81	1.32	0.84	1.97	296.4
黑河	132	2 283	2 283	7.29	320	9.69	6.72	4.94	3.19	7.29	320
石头河	69	778	778	4.77	612	5.96	4.51	3.59	2.69	4.77	612
灞河	93	2 564	2 564	6.87	268	8.91	6.45	4.91	3.32	6.87	268

注：数据来源于渭河流域水资源规划，其中渭河的年径流量不含泾河、北洛河

表 8-5 重点支流及其主要控制工程

河流名称	河流等级	大中型水库	总库容（万 m³）	死库容（万 m³）	对应控制断面
渭河	干流	宝鸡峡	5 000	—	林家村
千河	一级支流	段家峡	1 832	167	千河入渭
		王家崖	9 420	450	千河入渭
		冯家山	38 900	9 100	千河入渭
石头河	一级支流	石头河	14 700	500	石头河入渭
大北沟	二级支流	大北沟	5 210	—	漆水河入渭
		老鸦嘴	1 803	67	漆水河入渭
雍水河	四级支流	东风	144	10	横水河宝鸡–咸阳
漆水河	一级支流	羊毛湾	12 000	1 500	漆水河入渭
黑河	一级支流	金盆	20 000	—	黑河入渭
涝河（涝峪河）	一级支流	—	—	—	涝峪河入渭
橘河	二级支流	—	—	—	沣河入渭
石砭峪河	二级支流	石砭峪	2810		沣河入渭
沣河	一级支流	—	—	—	沣河入渭
皂河	一级支流	—	—	—	皂河入渭
灞河	一级支流	—	—	—	灞河入渭
冶峪河	四级支流	黑松林	1 430	70	清河咸阳–西安
清峪河	三级支流	西郊	3 406		清河咸阳–西安
		冯村	1 890	75	
沮水河	二级支流	桃曲坡	5 720	1 050	石川河铜川–渭南
赵氏河	二级支流	玉皇阁	1 575	200	
石川河	一级支流	—	—	—	交口引水
零河	一级支流	零河	4 195	650	零河入渭
沈河	一级支流	沈河	2 430		沈河入渭
涧峪河	二级支流	涧峪	1 284		华县
遇仙河	一级支流	桥峪	645	15	华县
泾河	一级支流				泾河入渭
沺河	二级支流	沺河一库	6 463		泾河咸阳–西安
		沺河二库	3 613	150	
		杨家河	1 695		
北洛河	一级支流	—	—	—	北洛河入渭

河流名称	河流等级	大中型水库	总库容（万 m³）	死库容（万 m³）	对应控制断面
窝窝沟	三级支流	孙台	1 550		
仙姑河	二级支流	拓家河	2 765	1 200	
淤泥河	三级支流	郑家河	1 175	125	北洛河延安–渭南
五里镇河	二级支流	福地	1 050	135	
石堡川	二级支流	石堡川	6 220	585	
白水河	二级支流	林皋	3 300	50	北洛河状头以上–渭河咸阳至潼关

8.1.4　水利工程状况

8.1.4.1　现有工程状况

截至 2010 年，渭河流域共建成大、中、小（一）型水库达 441 座，总库容为 21.79 亿 m³（其中兴利库容 14.24 亿 m³），现状供水能力 12.85 亿 m³；引水工程 2073 座，现状供水能力 15.43 亿 m³；提水工程 4293 座，现状供水能力 9.12 亿 m³。配套机电井共约 12.49 万眼，其中城镇自来水和企事业单位自备水源井合计 10 988 眼。集雨工程 11.92 万座，年利用量 585.84 万 m³。建成污水处理厂 47 座，设计日处理污水能力 195.1 万 t，现状年利用量 2812 万 m³。流域内各类水利工程在流域经济社会发展中发挥了重要的作用。

8.1.4.2　地表水库及其分布

流域共建成大型水库 4 座，中型水库 22 座，小（一）型水库 415 座，设计供水能力和现状供水能力分别为 17.21 亿 m³ 和 12.85 亿 m³。流域内共有 1817 座塘坝，总库容为 3782 万 m³，设计供水能力和现状供水能力分别为 4519 万 m³ 和 4008 万 m³。渭河流域地表水库分布情况如图 8-3 所示。

陕西省渭河流域已建成大、中及小（一）型引水工程 1635 处，有效灌溉面积 544.22 万亩，其中有驰名全国的宝鸡峡、泾惠渠、洛惠渠三处大中型引水灌溉工程，担负着渭北地区 500 万亩农田灌溉的供水任务；另外还有沣惠渠、黑惠渠、涝惠渠和冶峪河中型引水工程，且均承担着 10 万亩以上农田灌溉的供水任务。

渭河流域现已建成大、中、小抽水工程 3291 处，有效灌溉面积 568.18 万亩。其中大中型工程 28 处，抽水机组 10 286 台，配套动力装机 49.55 万 kW，大型工程中的交口抽渭，东雷引黄一期、二期抽水工程，共担负着渭河流域东部旱塬 300 万亩农田灌溉供水任务。

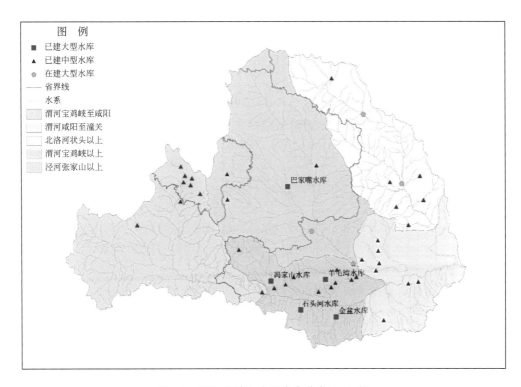

图 8-3 渭河流域大中型水库分布 (45 座)

8.1.4.3 大型及重点中型水库

渭河流域已建大型水库有 5 座,分别为冯家山水库、羊毛湾水库、石头河水库、金盆水库和巴家嘴水库,其中巴家嘴水库位于甘肃省境内,其他 4 座水库位于陕西省境内。规划和在建大型水库包括亭口水库、东庄水库、永宁山水库和南沟门水库等。

1. 冯家山水库

冯家山水库位于宝鸡市陈仓区桥镇冯家山村附近的千河干流上,控制流域面积 3232 km^2,占千河流域总面积的 92.5%。上游 75km 处建有段家峡水库,总库容为 0.18 亿 m^3,下游 16km 处建有宝鸡峡引渭总干渠跨越千河的王家崖渠库结合工程,总库容 0.942 亿 m^3。冯家山水库是以灌溉为主,兼作防洪、供水、发电、养殖、旅游等综合利用的大二型水利工程。水库枢纽由拦河大坝、泄洪洞、溢洪洞、非常溢洪道、输水洞和电站等建筑物组成。

冯家山水库现有调度方式是按照多年调节,汛期不超汛限水位蓄水,非汛期不超正常蓄水位蓄水,做到抗旱防洪并举,除害兴利并重。调度方式贯彻"一水多用"的原则,首先保证生活用水、工业用水、农业用水,同时兼顾养殖、生态、泄洪排沙和其他用水,结合供水合理安排发电,实现供水与发电相结合,养殖与生态用水相结合,提高水资源利用率,充分发挥水库的综合利用功能。

根据 2010 年制定的《冯家山水库调度运用规程》,冯家山水库实施综合调度下的生态调度规程，生态用水调度的时间范围是每年的 11 月份到次年的 6 月份。冯家山水库坝后应有一定流量的生态长流水。如因工程原因泄放困难时，经上级同意，可以采取短时间大流量放水的办法。

2. 石头河水库

石头河水库位于眉县斜峪关以上 1.5km 的温家山，控制流域面积 673 km²，是一座结合灌溉、城乡供水、发电、防洪、养殖等综合利用的大（二）型水利工程。坝顶高程 808m，正常蓄水位 801m，总库容 1.47 亿 m³（有效库容 1.2 亿 m³，728m 以下死库容 500 万 m³）。枢纽由拦河坝、溢洪道、泄洪洞、输水洞和坝后电站等建筑物组成。坝址距离渭河入口 16.5km，距离斜峪关峪口 1.5km。

3. 黑河金盆水库

黑河金盆水库位于周至县黑峪口以上 1.5km 处，坝址距离渭河入口 33km，控制流域面积 1481 km²，是一座兼城市供水、灌溉、发电、防洪等综合利用的大（二）型水利工程。坝顶高程 600m，正常蓄水位 594m，总库容 2.0 亿 m³。水库枢纽由拦河坝、溢洪道、泄洪洞、引水洞和坝后电站等建筑物组成。

水库的功能以城市供水为主，兼顾灌溉，结合发电及防洪。水库正常蓄水位 594.00m，总库容 2.0 亿 m³，有效库容 1.77 亿 m³，水库多年平均调节水量 4.28 亿 m³，其中：给西安市城市供水 3.05 亿 m³，日平均供水量 76.0 万 t，供水保证率 95%；农业灌溉供水 1.23 亿 m³，可新增和改善农田灌溉面积 37 万亩。坝后电站装机 2.0 万 kW，多年平均发电量为 7308 万 kW·h。

4. 羊毛湾水库

羊毛湾水库位于乾县石牛乡羊毛湾村北的漆水河干流上，坝址距离渭河入口 55.9km，控制流域面积 1100 km²，是一座以灌溉为主，结合防洪、养殖综合利用的大（二）型水利工程。坝顶高程 646.6m，正常蓄水位 635.9m，总库容 1.2 亿 m³，已淤积 2060 万 m³。枢纽由均质土坝、溢洪道、输水洞及泄水底洞组成。由于羊毛湾水库为多年调节库，考虑到水库综合效益，汛期水库最高水位控制在 645.7m。

8.1.4.4 规划和在建水库

陕西省四座主要在建水库分别为东庄水库、南门沟水库、亭口水库、永宁山水库。其中，东庄水库位于泾河下游峡谷末端礼泉县东庄乡、淳化县车坞乡河段处，为大（一）型工程，开发目标为"以防洪、减淤为主，兼顾供水、发电及生态环境"，总库容 30.08 亿 m³，工程于 2012 年 12 月正式开工，预计 2020 年前后建成生效。南沟门水利枢纽工程位于陕西省延安市黄陵县境内，由芦河南沟门水库枢纽、洛河引洛入葫工程两部分组成，为二等、大（二）型水利工程，总库容 2.006 亿 m³，水库主要任务是工业和城乡供水，兼顾灌溉和发电等综合利用，水库总工期约为 44 个月，计划于 2014 年 6 月完工。亭口水库地处彬长矿区中部，坝址位于咸阳市长武县境内泾河一级支流黑河河口上游 2km 处，是一座以工业和城镇生活供水为主，兼有防洪、发电等综合效益的大（二）型水利工程，工程于 2011 年 11 月正式开工，规划建设工期 4 年。永宁山水库位于志丹县永宁乡北洛河上游干流上，控制流域面积 6530km²，总库容为 4.65 亿 m³，装机 3000kW。

8.1.5 现状供用水

2010 年，陕西省渭河流域总供水量为 50.57 亿 m³，其中地表水供水量为 21.37 亿 m³，占总供水量的 42.26%；地下水供水量为 28.86 亿 m³，占总供水量的 57.07%；其他水源供水 0.34 亿 m³，占总供水量的 0.67%。从供水结构看，渭河流域地表水和地下水均承担着重要的供水任务。

地表水供水量中，蓄引提工程的供水量分别为 8.27 亿 m³、8.40 亿 m³ 和 4.70 亿 m³，分别占地表水供水总量的 39.32%、38.68% 和 21.98%，此外，还有 42.74 万 m³ 的人工运载水量，占地表水供水量的 0.02%，可以看出，引水工程和蓄水工程是地表水的主要供水方式。地下水供水量中，浅层淡水和深层承压水的供水量分别为 22.62 亿 m³ 和 5.99 亿 m³，分别占地下水供水量的 78.39% 和 20.76%，另外，还有 0.25 亿 m³ 的微咸水。2010 年流域内其他水源供水量 0.34 亿 m³，包括污水处理再利用 0.28 亿 m³，集雨工程 0.06 亿 m³。

从供水对象分析，地表水承担了主要城市的供水任务。石头河、石砭峪向西安市供水，冯家山水库向宝鸡市区和二电厂供水，桃曲坡水库及马栏河引水工程向铜川市供水，沈河水库向渭南市供水，薛峰水库、冯村水库、五一水库等从农业灌溉转向城市供水。

按照用户划分，2010 年生活用水、生产用水、生态用水分别为 7.67 亿 m³、41.99 亿 m³、0.91 亿 m³，各占总用水量的 15.2%、83.0%、1.8%。生产用水中，农业用水为 31.04 亿 m³，占总用水的 61.4%。

2010 年陕西省渭河流域总耗水量为 29.79 亿 m³，其中生活、生产、生态耗水量分别为 4.01 亿 m³、24.87 亿 m³、0.91 亿 m³，各占总耗水量的 13.5%、83.5%、3.1%。生产耗水中，农业耗水为 20.94 亿 m³，占总耗水量的 70.3%。

陕西省渭河流域地表水资源量 56.22 亿 m³，地下水资源量 45.06 亿 m³（其中地下水可开采量为 28.26 亿 m³），扣除两者重复量 28.15 亿 m³ 后，流域自产水资源量为 73.13 亿 m³，加上入境水量 33.90 亿 m³，陕西省渭河流域水资源总量为 107.03 亿 m³。

结合 2010 年陕西省渭河流域用水量，水资源总量开发利用率为 47.2%，其中地表水开发利用率为 38%，2010 年流域浅层地下水开采量为 22.62 亿 m³，开发利用程度达到 80%。

8.2 水量调度途径

8.2.1 调水途径分析

目前开展的陕西省渭河全线综合整治工程，对于陕西省渭河流域生态环境修复以及经济社会可持续发展具有十分重要的意义，而区域生态环境需水能否保障是工程面临的一个关键问题。本节内容基于"渭河流域保障补水来源不明"的问题，从渭河流域水资源现状以及工程调度能力出发，系统梳理流域内和流域外对渭河干流生态补水的调水潜力，坚持开源和节流并举，综合考虑内部挖潜与外部调水，充分运用工程措施和非工程措施，实施地表水地下水联合调度，进而提出满足生态环境需水控制指标的可行的调度方案。针对渭河流域经济社会发展及供用水现状，结合已建、在建以及规划的水源工程，从产业节水、再生水利用、水库群联合调度、地下水利用策略、控制发电引水、本地水源工程、跨流域调水工程等七个角度分析渭河干流生态补水的来源保障和调度途径。

8.2.1.1 产业节水

产业节水主要是指通过提高水的利用效率，在不影响经济社会效益的前提下，降低用水总量，将节约所得水量用于生态环境以及其他低碳环保产业，从而实现经济、社会、生态环境的全面协调可持续发展。对于缺水区域，产业节水可以分为两个层次，从宏观层面来说，通过调整区域产业结构，严格控制高耗水项目，鼓励发展低耗水的高新技术产业，以实现区域结构性节水；从微观层面来说，通过改进工艺、加强管理等手段，提高各产业部门的用水效率和节水能力，以实现各产业部门的用水总量最小化。

产业节水应考虑生活节水、农业节水、工业及三产节水等。对于陕西省渭河流域来说，农业用水占总用水量的比重较大，虽然目前区域内农田基本已经处于非充分灌溉状态，但是通过调整作物种植结构、大力推广节水灌溉器具、改造渠系减少跑冒滴漏现象等方式，可以进一步提高灌溉水利用效率，降低农业用水总量。本章在需水等级分析以及灌区需水分析中，基于关键农业期需水特点，分别计算了陕西省渭河流域九大灌区适宜需水和最低需水情景下的灌溉需水量和需水过程，作为不同的情景纳入区域水量调度的方案设置和计算分析。在工业用水方面，陕西省渭河流域万元工业增加值用水量约为全国平均指标的三分之一，已经处于国内领先水平，可以考虑通过调整工业结构、提高水量重复利用率等方式降低工业用水总量。生活用水、三产用水等可以通过推广节水设备以及利用价格等经济杠杆的方式，引导节约用水。

综上分析，产业节水按照节水对象及节水力度可以分为三种方案进行考虑：①一般节水方案：通过陕西省渭河流域经济社会发展规划和用水定额指标预测，采用基于统计规律的需水预测方法，按照现状节水模式的发展来预测未来不同水平年陕西省渭河流域需水量。②强化节水方案：在现状节水模式基础上考虑加大产业结构调整和节约用水力度，控制需求过快增长，农业方面九大灌区采用适宜需水情景，形成强化节水方案。③最低需水方案：在强化节水方案的基础上，农业方面九大灌区采用最低需水情景，从而形成最低需水方案。以上三种方案从节水力度和节水对象方面逐步增强，预测区域需水量依次降低，综合考虑了陕西省渭河流域经济社会发展需水的各种情景，同时也需要结合保障措施与机制，使其具有更强的实践性。

8.2.1.2 再生水利用

再生水是指污水经适当处理后，达到一定的水质指标，可以满足某种使用要求的水。

再生水合理利用既能减少水环境污染，又可以缓解水资源紧缺的矛盾，特别是对于西安、宝鸡、咸阳、渭南等人口集中的城市，将再生水利用作为城市的第二水源，是缺水地区应对水资源危机的重要手段。从技术角度看，再生水处理技术成熟，作为再生水来源的城市污水数量巨大、产出稳定，且污水处理厂就是再生水源地，与城市再生水用户距离较近、供水方便；从经济角度看，再生水的成本比海水淡化、跨流域调水低，不需要面对高昂的工程成本和技术壁垒，有助于调动污水处理厂和再生水用户的积极性；从环保角度看，再生水利用将城市污水进行无害化处理，有助于改善区域生态环境，且缺水城市的环境政策日趋严格，再生水的使用有助于实现区域经济社会生态环境的可持续发展。

由于缺乏足够的资金和有效的政策支持，陕西省渭河流域各地市污水利用设施不足，管网配套建设落后，现状年再生水利用率不足 10%，再生水利用具有很大的挖掘潜力和发展空间。《陕西省国民经济和社会发展第十二个五年规划纲要》中指出，到 2015 年，"县以上城镇再生水利用率达到 30% 以上"。《渭河流域水污染防治三年行动方案（2012～2014 年)》指出，到 2014 年底，渭河流域设区市中水回用率将达到 20% 以上，工业园区达到 30% 以上。综合考虑陕西省渭河流域再生水利用现状及相关规划，再生水利用方面可以分为两种方案考虑：①再生水利用低速发展方案：陕西省渭河流域西安市近期水平年再生水利用率设为 30%，远期水平年再生水利用率设为 40%，宝鸡、咸阳、渭南、铜川、杨凌等设区市近期水平年再生水利用率设为 20%，远期水平年再生水利用率设为 30%。②再生水利用快速发展方案：陕西省渭河流域西安市近期水平年再生水利用率设为 40%，远期水平年再生水利用率设为 60%，宝鸡、咸阳、渭南、铜川、杨凌等设区市近期水平年再生水利用率设为 30%，远期水平年再生水利用率设为 50%。

8.2.1.3　水库群联合调度

水库群联合调度是指以水库群的综合效益最大化为目标，对流域内数个相互间具有水文、水力、水利联系的水库以及相关工程设施进行统一的协调调度。水库群联合调度利用了各水库在水文径流特性和水库调节能力等方面的差别，通过统一调度，在水力、水量等方面取长补短，提高流域水资源的社会、经济与环境效益。水库群联合调度中通常采取系统工程的理论与方法，开展水库群优化调度。在实践中，根据不同的调度目标，可分为防洪联合调度、兴利联合调度、生态联合调度、应急联合调度等。

渭河流域已建大型水库有 5 座，分别为冯家山水库、羊毛湾水库、石头河水库、金盆水库和巴家嘴水库，其中巴家嘴水库位于甘肃省境内，其他 4 座水库位于陕西省境内。此外，在渭河干流上仅有一座宝鸡峡水利枢纽，对渭河中下游的农业灌溉、发电、防洪调洪起到重要作用。基于渭河流域来水特点及水利工程分布情况，充分发挥渭河流域现有水库群的综合调度能力，是渭河干流生态补水的重要途径。干流需水断面与支流调控对应关系示意图如图 8-4 所示。

在水库群联合调度方面，考虑两种方案：①不考虑生态流量的下泄控制：以现有运行调度模式为主，即以灌溉供水为主，兼顾发电需求。②考虑生态流量的下泄控制，对于影响渭河干流水量过程的重点大中型水库，根据其对应干流生态断面水量状况，分别制定年

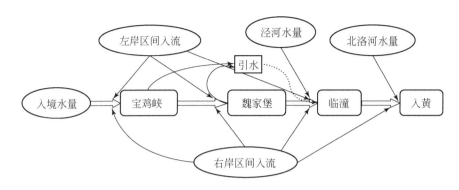

图 8-4　干支流调控保障关系

内逐月最小下泄流量阈值，保障渭河干流流量控制指标。

8.2.1.4　地下水利用策略

地下水库调蓄，即含水层储存与回采（aquifer storage and recovery，ASR），是指采用工程措施将地表水人为地灌注到地下含水层中，待需要时再将水量回采供地表使用，即利用地下含水层发挥水库的功能来调蓄水资源。目前，国内外采取的含水层人工补给方法主要有三种：地表入渗系统、人工渗透带和灌注井。地下水库调蓄可以对含水层有计划地补给与回采，丰蓄枯采，实现含水层的可持续利用，并有效改善生态环境。除了水源外，地下水库还需具备以下三个条件：一是封闭或近封闭的边界及其范围内有足够大的蓄水空间；二是库区内优良的水力传导条件；三是经济可行的采补条件。地下水库的开发和利用均需要经过充分论证。

除工程措施外，还可以考虑地下水分期开采的非工程措施，通过调配不同时期地下水的开采过程，实现地表水和地下水联合调度。2010 年，陕西省渭河流域总供水量为 50.57 亿 m^3，其中地下水供水量为 28.86 亿 m^3，占总供水量的 57.07%，地表水和地下水联合调度具有较大的优化空间。结合陕西省渭河流域地下水现状及供用水特点，在地下水库调蓄方面，考虑两种方案：①地表水优先利用：符合一般的地下水利用规则，考虑压采限采地下水以保护地下水源，优先使用地表水源。②地下水分期开采：对于生态环境需水，汛期优先使用地表水源，提高地表洪水资源的利用效率，非汛期优先使用地下水源，降低生态环境用水与生产用水之间的矛盾。

8.2.1.5　控制发电引水

由于经济效益的驱使和社会发展的需要，引水发电广泛存在于水电站的规划和运行中。但是由于河道外引水发电直接影响了河道内的流量变化过程，过度引水甚至直接造成河段脱水断流。对于陕西省渭河流域，从宝鸡峡水利枢纽引水发电，到魏家堡下游入河，对于渭河干流林家村至魏家堡河段的流量过程造成了较大的影响。因此应严格控制河道外引水发电，结合其他生产用水需求（如农业灌溉需水等）合理调配河道外引水发电的引水规模和引水过程。为比较发电引水对渭河干流水资源量及流量过程的影响，考虑三种方案：①结合灌溉发电：11 月至次年 6 月用水期，发电完全服从灌溉要求，除灌溉引水外不考虑单独的发电引水。②正常发电：即考虑水电站的发电需求，满足一定保证率下的发电引水，即基本按照现状运行调度方式发电引水。③完全不发电。

8.2.1.6 本地水源工程

渭河干流中下游由于地理环境的限制，没有修建大型控制性水库的条件，因此本地水源工程主要考虑对象为来水较为丰富且建坝条件良好的支流。目前，渭河流域在建大型水库包括亭口水库、东庄水库、永宁山水库和南沟门水库等。在本地水源工程方面，考虑两种方案：①不考虑新增水源工程：仅基于现状已建工程进行调度。②考虑新增水源工程：根据工程规划和施工进展，近期水平年考虑亭口水库和南沟门水库建成且投入运行，远期水平年考虑亭口水库、东庄水库、永宁山水库和南沟门水库均建成且投入运行，考虑其他区域整体的小型水源工程建设。

8.2.1.7 跨流域调水工程

渭河流域人均水资源量仅为全国水平的六分之一，属于资源型缺水地区。由于水资源短缺，流域内长期以来不得不依靠超采地下水来维持经济社会的高速发展，许多城市及井灌区已形成多处下降漏斗。同时，与地下水超采相关的潜水污染、地面下沉等问题也相当严重。开辟新水源，实施跨流域调水，是解决渭河流域缺水现状的有效手段之一。跨流域调水现状年包括东雷引黄、引乾济石两个调水工程，规划水平年包括引红济石、引汉济渭工程。在跨流域调水工程方面，考虑两种方案：①不考虑新增跨流域调水工程：仅基于现状供水工程进行水量调度。②考虑新增跨流域调水工程：根据工程规划和施工进展，引红济石和引汉济渭工程将于 2020 年通水，调水量分别为 0.92 亿 m^3 和 5 亿 m^3。

8.2.2 需水等级划分

为了合理开发、利用、节约和保护水资源，防治水害，实现水资源的可持续利用，适应国民经济和社会发展的需要，2002 年修订并实施的《中华人民共和国水法》第二十一条明确指出："开发、利用水资源，应当首先满足城乡居民生活用水，并兼顾农业、工业、生态环境用水以及航运等需要。在干旱和半干旱地区开发、利用水资源，应当充分考虑生态环境用水需要。"

对于渭河流域来说，其用水量主要包括生活用水、农业用水、工业及三产用水以及生态环境用水。2008 年颁布的《陕西省渭河水量调度办法》第三条中指出："渭河水量调度按照保障城乡居民生活用水，合理安排农业、工业和生态环境用水，防止渭河断流的要求，遵循总量控制、断面流量控制、分级管理、分级负责的原则，实行统一调度。"2013 年颁布实施的《陕西省渭河流域管理条例》第十四条中指出："渭河水资源利用实行总量控制和定额管理相结合制度，统筹调剂水资源，优先满足城乡居民生活用水，合理安排工业、农业和服务业用水，保障渭河生态基流，维护生态功能。"

面对渭河流域水资源严重短缺、各用水户用水高度竞争的现状，必须划定渭河流域用水户的需水等级，明确各种情景下的用水优先次序，并在此基础上实行渭河流域水资源综合调度，以最大限度地缓解水资源供需矛盾。在划定用水户的需水等级时，为充分考虑经济效率、社会公正以及生态可持续性等三大基本目标，在区分生活用水、农业用水、工业及三产用水以及生态环境用水的基础上，还需要分别对各用水户进行用水情景的进一步细分，从而使渭河水量调度更加科学合理可操作，真正实现水资源的合理配置与高效利用。

（1）生活用水。渭河流域生活用水包括城镇生活用水和农村生活用水两部分。生活用水是人类生存权的基本要求，必须优先保障。

（2）农业用水。渭河流域农业用水主要包括农业灌溉用水（包括耕地灌溉用水和非耕地灌溉用水）和畜禽养殖用水两大部分。耕地灌溉用水一般指水田和水浇地的灌溉用水，非耕地灌溉用水一般指林果、牧草和鱼塘等的灌溉/补水用水。农业用水在渭河流域整个经济社会系统中占据特别重要的地位，是社会稳定和粮食安全的重要保障，应当予以足够的重视。农业用水根据灌溉的充分程度可进一步分为最低需求和适宜需求两种情景：最低需求是指只在作物需水关键期保证其用水（即"保命水"），其余时间主要依靠天然降水补给，不再取水灌溉；适宜需求是指除满足作物需水关键期的用水外，在作物生长的其他阶段通过灌溉满足其生长需水，达到作物丰产增收的目的。考虑到社会稳定和粮食安全，农业用水的最低需求的优先次序仅次于生活用水，必须予以满足。农业用水的适宜需求可以在考虑经济效率和生态可持续性的基础上予以满足。

（3）工业及三产用水。工业及三产用水包括工业用水和第三产业用水。工业用水包括火（核）电用水、一般工业用水和建筑业用水。工业及三产用水主要依据经济效率原则进行排序，同时考虑社会公平及减轻污染等因素，确定其用水的优先次序。对于经济效率高、项目重大以及环境污染轻微的工业优先保障其用水。目前，陕西省的工业增长主要依赖于包括能源化工工业、装备制造工业、有色冶金工业、通信设备、计算机及其他电子设备制造业、医药制造业、食品工业、纺织服装工业、非金属矿物制品业等的八大支柱性产业，其万元工业增加值用水量约为全国平均指标的三分之一，已经处于国内领先水平。对于水电行业，由于河道外引水发电直接影响了河道内的流量变化过程，过度引水甚至直接造成河段脱水断流，因此应严格控制河道外引水发电，结合其他生产用水需求（如农业灌溉需水等）合理调配河道外引水发电的引水规模和引水过程。

（4）生态环境用水。渭河流域生态环境用水主要包括林业、水生物、城市绿地湖泊和河流生态需水。林业生态主要包括林地、草地、梯田等，主要指退耕还林还草、荒山荒坡治理、水土保持、防护林建设等。其用水可以划分为以下两种情景：一为天然生态保护需水，即现状天然生态最低需水，此类用水必须确保；二为天然生态恢复需水，即现状天然生态适宜需水，可以在考虑经济效率和生态可持续性的基础上予以满足。水生物用水按水生物生存的下限与安全值确定其优先次序，一为水生物生存的最低需水，必须确保；二为水生物生存发展的适宜需水。对于河道内的最小流量，相关研究结果表明：平均流量的10%是许多水生物生存的下限，该流量用水必须保证。城市绿地湖泊用水可以划分为以下两种情景：一为城市市中心用水和国家重要文物景区生态保护用水，需要优先保障；二为生产绿地、城郊风景园林绿地、城郊生态绿地、小城镇绿地和一般文物景区生态保护等用水。河流生态需水主要包括汛期输沙需水、非汛期生态基流、河流水体自净需水和下游河道蒸发渗漏水量等四个方面。河流生态需水可视为基本用水，须优先予以保障。

综上分析，用水户需水等级的划分应兼顾公平和效率原则，结合陕西省渭河流域经济社会发展的实际情况，可以将区域用水户需水等级划分为两级。第一级包括生活用水、最低需求的生态环境用水、最低需求的农业用水、工业及三产用水。第二级包括适宜需求的农业用水、适宜需求的生态环境用水。

8.2.3 灌区需水分析

8.2.3.1 关键农业期分析

由于缺乏等级划分依据，对于生活和工业不作最低需水分析，主要分析渭河流域典型灌区分作物关键农业期需水特点，推求各灌区农业灌溉的适宜需水过程和最低需水过程。

农业灌溉适宜需求是指根据作物不同生育阶段的特点，结合当地引水灌溉条件，基本能满足作物丰产增收要求的灌溉需水量和需水过程。农业灌溉最低需求是指在确定不同作物关键生长期的基础上，为防止出现作物大幅度减产甚至绝收，优先保障关键农业期灌溉的需水量和需水过程。通过收集渭河流域典型灌区的灌溉需水数据，分析区域各主要作物的关键农业期需水，以此为基础确定渭河流域适宜需求和最低需求的农业用水量。

本次重点分析的典型灌区包括：宝鸡峡灌区、泾惠渠灌区、交口抽渭灌区、石头河灌区、桃曲坡灌区、冯家山灌区、羊毛湾灌区、洛惠渠灌区、石堡川灌区等共九个灌区。以冬小麦、夏玉米、棉花以及果树等不同作物按照耗水特性和灌溉制度进行分析。

对于冬小麦，一般年份应保证冬灌，若没有进行冬灌，则必须保证一次早春灌，即2月中下旬至3月上中旬，对冬小麦生长与增产至关重要，在水量调配中必须予以保证。

对于夏玉米拔节期（7月上旬至7月下旬）为需水关键期，从配水的角度，必须予以保证。

棉花需水关键期为6月下旬至7月中旬的结蕾期，应保证其用水量。棉花的需水关键期为开花结蕾期，应保证这次的夏灌用水。

对于果树来说，每年5月至6月的坐果期与果实膨大期为其需水关键期，必须优先保证供水。湿润年一般可根据实际情况灌一次水；一般年份需根据降雨与水源来水情况，进行冬灌或春灌，开花坐果期与果实膨大期各择一灌溉即可；干旱年则需要进行冬灌、春灌及夏灌。

其他作物如瓜类，其需水关键期同样为开花坐果期（春灌）与果实膨大期（夏灌），但相对果树而言，其灌水定额要小，灌水次数也要少一点。

8.2.3.2 适宜需水与最低需水分析

在分析确定渭河流域各主要灌区不同作物关键生长期灌溉需水量及需水过程的基础

上，对渭河流域各主要灌区的作物种类和灌溉制度进行深入分析，重点保证各作物的关键需水期灌溉用水，计算得到渭河流域九大灌区不同水文频率下各水平年的农业灌溉适宜需水量和最低需水量。将现状年（2011 年）的渭河流域农业灌溉需水量计算成果与实际灌溉水量统计结果相比较发现，渭河流域各大灌区的实际灌溉水量介于最低需水量和适宜需水量之间，部分灌区实际灌溉水量接近最低需水量计算值，这与渭河流域灌溉现状相吻合，说明渭河流域各大灌区农业灌溉需水量的计算结果较为合理，可以作为基本需水情景进行进一步的分析。

以宝鸡峡为例，宝鸡峡灌区适宜灌溉需水量及最低灌溉需水量逐旬过程见图 8-5 和图 8-6。1996 ~ 2005 年实际年灌溉定额与计算适宜灌溉定额、计算最低灌溉定额对比见图 8-7。分析发现，宝鸡峡灌区适宜灌溉需水量各频率年逐旬过程主要包括春灌、夏灌和冬灌三部分，而最低灌溉需水量各频率年逐旬过程主要是夏灌和冬灌。适宜灌溉需水量和最低灌溉需水量均与年降水量频率密切相关，丰水年灌溉需水量较小，枯水年灌溉需水量较大。宝鸡峡灌区各频率年最低灌溉需水量约为适宜灌溉需水量的 40% ~ 60%，实际灌溉水量接近甚至略小于最低灌溉需水量。

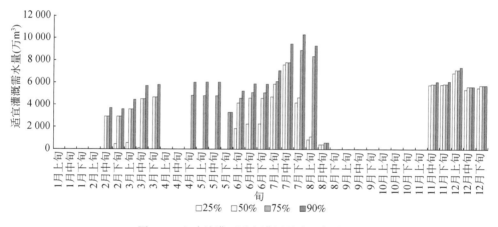

图 8-5　宝鸡峡灌区适宜灌溉需水逐旬过程

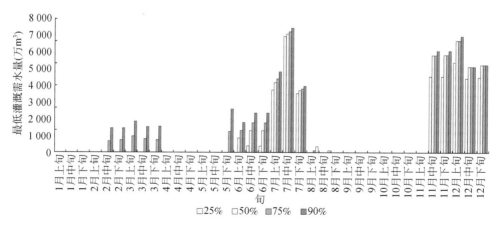

图 8-6　宝鸡峡灌区最低灌溉需水逐旬过程

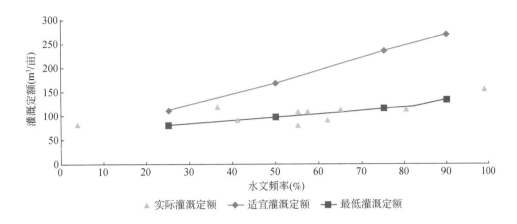

图 8-7　宝鸡峡灌区实际灌溉定额与计算灌溉定额对比

渭河流域九大灌区不同频率年适宜灌溉需水量及最低灌溉需水量见图 8-8 和图 8-9。渭河流域九大灌区不同频率年最低灌溉与适宜灌溉需水量对比见图 8-10。分析发现，渭河流域九大灌区最低灌溉需水量和适宜灌溉需水量均随着年降水量的减小而增大，丰水年最低灌溉需水量约为适宜灌溉需水量的 60%，平水年和枯水年约为 40%～50%，这和宝鸡峡灌区的分析结果较为一致。

渭河流域九大灌区不同频率年适宜净灌溉定额和最低净灌溉定额见表 8-6，渭河流域九大灌区各水平年不同频率下适宜灌溉定额和适宜灌溉需水量见表 8-7，渭河流域九大灌区各水平年不同频率下最低灌溉定额和最低灌溉需水量见表 8-8。

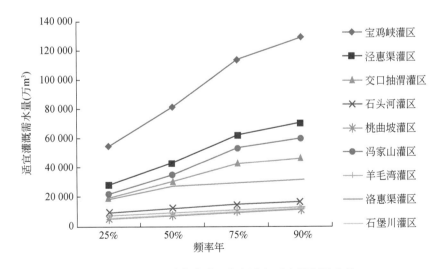

图 8-8　渭河流域九大灌区各频率年适宜灌溉需水量

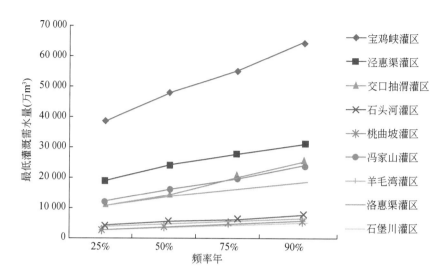

图 8-9　渭河流域九大灌区各频率年最低灌溉需水量

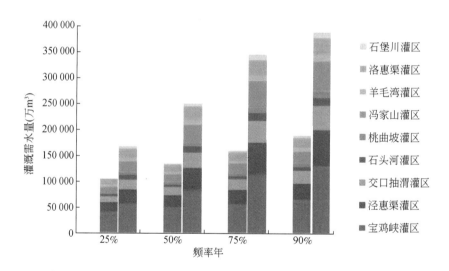

图 8-10　渭河流域九大灌区各频率年最低灌溉与适宜灌溉需水量对比

表 8-6　渭河流域九大灌区不同频率年适宜净灌溉定额和最低净灌溉定额

灌区	复种指数（%）	适宜净灌溉定额（m³/亩）				最低净灌溉定额（m³/亩）			
		25%	50%	75%	90%	25%	50%	75%	90%
宝鸡峡灌区	175	59	88	121	139	42	51	59	69
泾惠渠灌区	176	63	97	140	160	43	55	62	71
交口抽渭灌区	183	60	97	134	148	35	48	64	79
石头河灌区	170	93	120	151	166	45	57	66	79
桃曲坡灌区	167	61	79	110	131	35	46	57	68

灌区	复种指数（%）	适宜净灌溉定额（m³/亩）				最低净灌溉定额（m³/亩）			
		25%	50%	75%	90%	25%	50%	75%	90%
冯家山灌区	164	63	100	153	172	33	46	56	69
羊毛湾灌区	162	78	117	148	162	45	57	71	85
洛惠渠灌区	160	102	145	160	175	59	74	88	101
石堡川灌区	135	67	95	148	159	28	42	54	68
灌区平均	166	72	104	141	157	41	53	64	76

表 8-7 渭河流域九大灌区各水平年不同频率下适宜灌溉定额和适宜灌溉需水量

灌区	水平年	灌溉水利用系数	适宜灌溉定额（m³/亩）				适宜灌溉需水量（亿 m³）			
			25%	50%	75%	90%	25%	50%	75%	90%
宝鸡峡灌区	2011	0.52	113	170	233	267	5.45	8.18	11.28	12.90
	2015	0.60	98	147	202	231	4.79	7.20	9.88	11.31
	2020	0.65	90	136	186	213	4.36	6.55	8.99	10.29
泾惠渠灌区	2011	0.60	106	162	234	266	2.79	4.28	6.17	7.02
	2015	0.62	102	157	226	258	2.35	3.60	5.18	5.89
	2020	0.64	99	152	219	250	2.24	3.43	4.94	5.62
交口抽渭灌区	2011	0.65	92	149	207	227	1.89	3.03	4.24	4.66
	2015	0.69	86	140	195	214	1.88	3.05	4.24	4.66
	2020	0.70	85	138	192	211	1.79	2.91	4.04	4.44
石头河灌区	2011	0.65	144	185	233	255	0.90	1.16	1.46	1.60
	2015	0.67	140	179	226	248	0.90	1.16	1.46	1.60
	2020	0.69	135	174	219	241	0.87	1.12	1.41	1.55
桃曲坡灌区	2011	0.61	99	129	180	215	0.53	0.68	0.96	1.14
	2015	0.64	95	123	171	205	0.50	0.64	0.91	1.08
	2020	0.67	90	117	164	195	0.48	0.61	0.87	1.03
冯家山灌区	2011	0.55	115	182	279	312	2.23	3.51	5.29	5.93
	2015	0.60	106	167	256	286	2.18	3.44	5.27	5.90
	2020	0.65	98	154	236	264	1.98	3.12	4.79	5.36
羊毛湾灌区	2011	0.65	120	180	228	250	0.60	0.90	1.14	1.26
	2015	0.66	118	177	224	246	0.54	0.83	1.03	1.13
	2020	0.68	114	172	218	239	0.52	0.79	0.98	1.08
洛惠渠灌区	2011	0.62	164	234	258	283	1.85	2.68	2.95	3.21
	2015	0.64	159	226	250	274	1.88	2.67	2.96	3.24
	2020	0.66	154	219	243	266	1.82	2.59	2.87	3.14

灌区	水平年	灌溉水利用系数	适宜灌溉定额（m³/亩）				适宜灌溉需水量（亿 m³）			
			25%	50%	75%	90%	25%	50%	75%	90%
石堡川灌区	2011	0.61	110	155	242	260	0.47	0.67	1.05	1.13
	2015	0.63	106	150	235	252	0.48	0.67	1.07	1.15
	2020	0.65	103	145	227	244	0.45	0.63	1.00	1.08
灌区汇总	2011	0.61	118	172	233	259	16.72	25.10	34.53	38.85
	2015	0.64	112	163	221	246	15.50	23.26	32.00	35.96
	2020	0.67	108	156	212	236	14.50	21.76	29.89	33.58

表 8-8 渭河流域九大灌区各水平年不同频率下最低灌溉定额和最低灌溉需水量

灌区	水平年	灌溉水利用系数	最低灌溉定额（m³/亩）				最低灌溉需水量（亿 m³）			
			25%	50%	75%	90%	25%	50%	75%	90%
宝鸡峡灌区	2011	0.52	80	99	114	132	3.88	4.78	5.51	6.39
	2015	0.60	69	86	99	114	3.39	4.19	4.83	5.60
	2020	0.65	64	79	91	106	3.08	3.82	4.39	5.09
泾惠渠灌区	2011	0.60	71	91	104	118	1.88	2.40	2.74	3.10
	2015	0.62	69	88	101	114	1.57	2.03	2.34	2.67
	2020	0.64	67	85	97	110	1.51	1.94	2.21	2.51
交口抽渭灌区	2011	0.65	54	73	98	122	1.10	1.49	2.02	2.52
	2015	0.69	51	69	92	115	1.10	1.50	2.01	2.50
	2020	0.70	50	68	91	113	1.05	1.43	1.92	2.38
石头河灌区	2011	0.65	70	88	101	122	0.44	0.55	0.64	0.77
	2015	0.67	68	85	98	118	0.44	0.55	0.63	0.76
	2020	0.69	66	83	96	115	0.42	0.53	0.61	0.74
桃曲坡灌区	2011	0.61	58	76	93	111	0.31	0.40	0.49	0.59
	2015	0.64	55	73	88	106	0.29	0.38	0.46	0.55
	2020	0.67	52	69	84	101	0.28	0.36	0.44	0.53
冯家山灌区	2011	0.55	60	83	102	126	1.18	1.59	1.95	2.38
	2015	0.60	55	76	93	115	1.13	1.57	1.92	2.38
	2020	0.65	51	70	86	106	1.03	1.42	1.75	2.16
羊毛湾灌区	2011	0.65	69	87	109	130	0.35	0.44	0.55	0.65
	2015	0.66	68	86	107	128	0.31	0.40	0.49	0.59
	2020	0.68	66	84	104	125	0.30	0.38	0.47	0.56

灌区	水平年	灌溉水利用系数	最低灌溉定额（m³/亩）				最低灌溉需水量（亿 m³）			
			25%	50%	75%	90%	25%	50%	75%	90%
洛惠渠灌区	2011	0.62	95	119	142	163	1.08	1.35	1.63	1.84
	2015	0.64	92	115	137	158	1.09	1.36	1.62	1.86
	2020	0.66	89	112	133	153	1.06	1.32	1.57	1.81
石堡川灌区	2011	0.61	46	69	88	111	0.20	0.30	0.38	0.48
	2015	0.63	44	67	86	108	0.20	0.33	0.41	0.51
	2020	0.65	43	65	83	105	0.19	0.30	0.38	0.47
灌区汇总	2011	0.61	67	87	106	126	10.41	13.29	15.91	18.73
	2015	0.64	63	83	100	120	9.52	12.32	14.71	17.42
	2020	0.67	61	79	96	115	8.92	11.51	13.74	16.25

分析发现，渭河流域九大灌区最低净灌溉定额和适宜净灌溉定额均随着年降水量的减小而增大，各灌区平均最低净灌溉定额约为 41~76m³/亩，平均适宜净灌溉定额约为 72~157 m³/亩。考虑灌溉水利用效率系数以后，各灌区平均最低灌溉定额约为 60~120m³/亩，平均适宜灌溉定额约为 110~260 m³/亩。从不同频率年来看，各灌区适宜灌溉定额丰水年为 80~160 m³/亩，平水年为 110~230 m³/亩，枯水年为 170~260 m³/亩，特枯年为 190~290 m³/亩；各灌区最低灌溉定额丰水年为 40~90 m³/亩，平水年为 60~120 m³/亩，枯水年为 80~140 m³/亩，特枯年为 100~160 m³/亩。

从不同灌区来看，适宜灌溉定额和最低灌溉定额较大的是洛惠渠灌区、冯家山灌区和石头河灌区，较小的是桃曲坡灌区；适宜灌溉需水量和最低灌溉需水量较大的是宝鸡峡灌区，较小的是石堡川灌区、桃曲坡灌区和羊毛湾灌区。此外，随着各水平年灌溉水利用效率的提高，渭河流域九大灌区最低灌溉定额和适宜灌溉定额均呈下降趋势。

总的来说，渭河流域各农业灌区均处于非充分灌溉状态，实际灌溉过程已经接近最低灌溉需水量。在渭河流域社会经济快速发展的情况下，为防止工业用水等进一步挤占农业用水进而造成粮食安全隐患，需要依据用水优先等级划分结果，对区域灌溉过程和灌溉水量进行科学分配和高效保障。

8.2.3.3 需水方案分析

根据对现状用水效率的分析，结合九大灌区适宜灌溉需水量与最低灌溉需水量，同时考虑未来技术发展和经济社会发展影响。规划用"一般节水方案"、"强化节水方案"和"最低需水方案"三套方案进行水量需求分析。

根据经济社会发展和用水定额指标预测，预测未来渭河流域陕西段一般节水模式、强化节水模式和最低需水模式下的水量需求。根据正常发展需求预测得出的需水量作为一般节水方案，考虑在现状节水模式基础上加强产业结构调整和节约用水力度，控制需求过快增长，同时九大灌区采用适宜需水量，形成强化节水方案，在强化节水方案的基础上，九大灌区采用最低需水量，从而形成最低需水方案。

现状年渭河流域陕西段强化节水方案水量需求为63.33亿m³，最低需水方案水量需求为40.41亿m³，比强化节水方案减少了22.92亿m³。2020规划水平年一般节水方案水量需求为74.22亿m³，比现状增加10.89亿m³，强化节水方案水量需求达到65.52亿m³，比现状年增加了2.20亿m³，最低需水方案水量需求为47.88亿m³，比现状减少了15.45亿m³。不同水平年各方案的需水如表8-9和表8-10所示。

表 8-9　现状年各方案水量需求　　　　　（单位：亿m³）

方案名称	编号	水平年	分区	需水						合计
				城镇			农村			
				生活	工业	生态	生活	农业	生态	
强化节水方案	W10	2010	西安市	2.45	5.20	0.22	0.61	9.88	0.01	18.37
			铜川市	0.20	0.75	0.02	0.06	0.70	0.00	1.73
			宝鸡市	0.66	0.91	0.06	0.46	4.76	0.00	6.86
			咸阳市	0.58	2.71	0.07	0.63	10.47	0.00	14.47
			渭南市	0.65	2.31	0.06	0.60	15.71	0.00	19.34
			延安市	0.11	0.49	0.01	0.09	1.27	0.00	1.98
			榆林市	0.01	0.04	0.00	0.02	0.13	0.00	0.19
			商洛市	0.00	0.00	0.00	0.00	0.01	0.00	0.01
			杨凌区	0.05	0.03	0.00	0.01	0.28	0.00	0.37
			合计	4.71	12.45	0.45	2.49	43.20	0.03	63.33
最低需水方案	R10	2010	西安市	2.45	5.20	0.22	0.61	6.13	0.01	14.63
			铜川市	0.20	0.75	0.02	0.06	0.16	0.00	1.18
			宝鸡市	0.66	0.91	0.06	0.46	3.67	0.00	5.76
			咸阳市	0.58	2.71	0.07	0.63	5.20	0.00	9.20
			渭南市	0.65	2.31	0.06	0.60	4.95	0.00	8.58
			延安市	0.11	0.49	0.01	0.09	0.06	0.00	0.77
			榆林市	0.01	0.04	0.00	0.02	0.01	0.00	0.07
			商洛市	0.00	0.00	0.00	0.00	0.01	0.00	0.01
			杨凌区	0.05	0.03	0.00	0.01	0.11	0.00	0.21
			合计	4.71	12.45	0.45	2.49	20.29	0.03	40.41

表 8-10 2020 年各方案水量需求 （单位：亿 m³）

方案名称	编号	水平年	分区	需水						合计
				城镇			农村			
				生活	工业	生态	生活	农业	生态	
一般节水方案	B20	2020	西安市	3.22	11.05	0.33	0.59	8.15	0.02	23.35
			铜川市	0.25	0.91	0.03	0.06	0.97	0.00	2.23
			宝鸡市	0.96	3.18	0.10	0.48	7.06	0.00	11.78
			咸阳市	1.19	3.30	0.13	0.67	10.68	0.01	15.97
			渭南市	0.97	2.73	0.11	0.64	13.52	0.01	17.97
			延安市	0.15	0.62	0.02	0.11	1.51	0.00	2.40
			榆林市	0.01	0.05	0.00	0.02	0.13	0.00	0.22
			商洛市	0.00	0.00	0.00	0.00	0.01	0.00	0.01
			杨凌区	0.04	0.04	0.00	0.01	0.19	0.00	0.29
			合计	6.78	21.89	0.72	2.58	42.22	0.03	74.22
强化节水方案	W20	2020	西安市	3.07	10.29	0.33	0.59	10.01	0.02	24.30
			铜川市	0.25	0.86	0.03	0.04	0.32	0.00	1.49
			宝鸡市	0.92	3.03	0.10	0.48	6.81	0.00	11.36
			咸阳市	1.15	3.09	0.13	0.67	7.97	0.01	13.02
			渭南市	0.93	2.61	0.11	0.64	9.65	0.01	13.95
			延安市	0.14	0.57	0.02	0.11	0.20	0.00	1.03
			榆林市	0.01	0.05	0.00	0.02	0.02	0.00	0.10
			商洛市	0.00	0.00	0.00	0.00	0.01	0.00	0.02
			杨凌区	0.04	0.04	0.00	0.01	0.16	0.00	0.26
			合计	6.51	20.55	0.72	2.56	35.15	0.03	65.52
最低需水方案	R20	2020	西安市	3.07	10.29	0.33	0.59	5.06	0.02	19.34
			铜川市	0.25	0.86	0.03	0.04	0.17	0.00	1.34
			宝鸡市	0.92	3.03	0.10	0.48	3.02	0.00	7.56
			咸阳市	1.15	3.09	0.13	0.67	4.19	0.01	9.23
			渭南市	0.93	2.61	0.11	0.64	4.89	0.01	9.19
			延安市	0.14	0.57	0.02	0.11	0.09	0.00	0.92
			榆林市	0.01	0.05	0.00	0.02	0.01	0.00	0.09
			商洛市	0.00	0.00	0.00	0.00	0.00	0.00	0.01
			杨凌区	0.04	0.04	0.00	0.01	0.09	0.00	0.19
			合计	6.51	20.55	0.72	2.56	17.51	0.03	47.88

8.2.4 调水可行性

渭河是关中的生命河，干流宝鸡峡以下为关中平原，人口密集，经济发达，没有条件建设具有调节能力的控制性工程。因此，渭河的生态流量要求需要支流予以补充。

从渭河干流水量状况来看，上游入境客水量多年平均为 33.6 亿 m^3，其中渭河 19.0 亿 m^3，泾河 14.1 亿 m^3，北洛河 0.5 亿 m^3。渭河干流陕西省境内产流 48.9 亿 m^3，泾河和北洛河境内产流分别为 4.38 亿 m^3 和 9.2 亿 m^3（数据来源于渭河流域水资源规划）。

渭河左右岸各段水量与调控能力状况分析如下。

8.2.4.1 渭河干流

渭河干流水资源最为充沛，多年平均入黄河水量为 80.53 亿 m^3。但由于流量过程不均匀，目前还无法满足河道内非汛期生态需水。渭河干流目前缺乏工程调节。上游宝鸡峡枢纽工程和中游魏家堡枢纽均以引水为主，不能实现径流调节，导致汛期不能拦蓄洪水，枯季引水形成下游河道水量衰减甚至断流，对环境造成较大影响。因此，在干流枢纽供水功能难以调整的背景下，必须充分利用支流控制性工程在关键期对干流控制性断面进行补水，提高河流生态保障水平。

8.2.4.2 渭河右岸

渭河右岸秦岭北麓的众多支流，水流清澈，水质优良，是关中高新技术产业带渭河沿线西安、杨凌、宝鸡、咸阳、渭南、华阴等城市生活、工业生产主要水源之一。本区目前已建成石头河水库、石砭峪水库、零河水库、沈河水库等大中型水库及众多的小型蓄水工程，同时建有霸王河、黑惠渠、涝惠渠、沣惠渠、辋坝渠、罗敷渠等农田引水工程和少量提水工程。引、提水工程及部分蓄水工程主要为农业灌溉供水。总体而言，右岸支流具有较强的水量调控能力和较好的径流条件，是实现干流生态保障的重点水源支撑。

本区内的黑河金盆水库是西安市城市供水骨干水源工程，与石头河水库、石砭峪水库共同向西安城区供水。未来规划建设库峪、高冠峪、太平峪等水库作为为西安市城市供水后备水源工程，可以进一步增强调控能力为干流补水。

8.2.4.3 渭河左岸

渭河左岸支流具有河流长、流域面积大、产水系数低、含沙量高的特点，同时北岸水量利用程度也比较高，可调水量低。最大的支流泾河、北洛河均分布在渭河左岸，另外还有千河、漆水河、石川河等较大的几条入渭河支流。

渭北的泾河是渭河最大一级支流，省内目前在干流上建成有泾惠渠大型农灌引水工程，支流上建有沣河中型水库一座（宝鸡峡灌区内）和一些小型水利工程。设计年引水量 4 亿 ~5 亿 m^3，实际引水 2 亿 ~3 亿 m^3，还有一定的资源潜力。但泾河主要产流区域在上游陕西境外区域，且径流变差系数大、汛期来水占全年比例极高，入境水量具有不确定性、难以控制，枯季水量较低。目前陕西省境内尚无大型调控工程，径流控制能力较弱。在规划的东庄水库和支流黑河（达溪河）的亭口大型控制性水库建成后，可以实现对汛期水量的控制，提高对泾河水资源的调控水平和利用效率，为干流补水创造条件。但现状条件下尚难以较好地补充干流枯季径流。

北洛河是渭河的第二大支流，水系发达、流域面积大，产流系数极低。北洛河中上游为陕北黄土高原沟壑区，水土流失严重，是入黄泥沙主要源流。下游进入关中平原东部后是当地重要水源，重点在于解决洛惠渠灌区用水，并通过东雷引黄补充灌溉。与泾河类似，北洛河也缺乏干流控制工程，且下游地区不具备建设控制性工程的条件，工程主要集中在上中游地区。上中游建成有甘富渠等小型引、提工程，支流上建有石堡川、林皋、福地、拓家河、郑家河、周湾等中型水库工程及一些小型引、提工程，均以农灌或拦沙为重要服务目标，未来上游地区还将加强向延安地区的供水任务。因此，北洛河的发展方向是充分保障本地用水，中上游水资源利用程度还将进一步提高，可用作干流的调蓄水量十分有限。

千河是渭河北岸较大支流，泥沙少，水质好，产流条件在渭河北岸中处于较高的水平，水量利用程度也非常高。目前建成有冯家山、段家峡两座大中型水库工程，以及一些小型蓄、引、提工程，主要用于流域内农业灌溉和冯家山灌区农业灌溉用水。冯家山水库现状还承担着向宝鸡市城市和宝鸡二电厂的供水任务，通过"引冯济羊"工程可以将冯家山水库弃水引到羊毛湾水库给灌区补水，汛期弃水也比较少。因此，从总体看千河水源目前利用程度较高，在考虑现有供水模式下向干流实施生态调水的潜力有限。但千河总体工程控制能力强，且由渭河干流中上游入渭，通过调整灌区用水方式、调度模式可以在关键期实施干流补水，缓解干流关键期缺水问题。

石川河是渭河以北泾河以东的一条主要支流，流域面积大但水量条件差。目前已建成桃曲坡、冯村、玉皇阁、黑松林等多个中型水库和一些小型水利工程，原有设计目标为农业灌溉供水，水资源开发程度极高，下游河道经常断流，两岸地下水持续下降，但农灌供水仍然不足。部分中型水库已经转为城镇供水，桃曲坡水库已有部分水量转向铜川城市供水，冯村水库也将转向三原城区供水。本地水源不能支撑区域用水，目前已从泾河支流马栏河引水补充，但仍然不能满足需求。因此，石川河流域也难以实现对干流补水的任务。

从渭河各区段主要来水、用水和工程条件分析可以看出，在现状条件下，渭河北岸支流均难以向干流实施预案条件下的补水，千河可以在关键期协调供水任务向干流补水。保障干流水量的主要来源在于南岸秦岭北坡中具有较好调控能力的几条大支流，但需要与现有供水目标协调。在未来规划条件下，泾河建成干支流控制工程，可以提高一定补水能力，在实施灌区节水改造后千河也可以提高补水能力。而引汉济渭建成后，渭河右岸诸河通过调整供水方式，可以提高干流生态流量的保障水平。

8.2.4.4 主要支流调控潜力

统计渭河各支流分段区间的蓄引提工程和设计灌溉面积如表 8-11 所示。可以看出，渭河径流控制能力最强的区域在林家村至咸阳段的北岸，其次为该段的南岸区，而农业用水最集中的在于咸阳至临潼段的北岸区域，城市用水最集中的在于咸阳至临潼的南岸区域。从天然径流条件、工程控制能力、生态用水与经济用水关系等几方面分析，可以补给干流的区段条件依次为林–咸段南岸区、咸–潼段南岸区、林咸段北岸区。

表 8-11　渭河流域陕西段分区工程能力与用水规模

| 支流/分区 | 规模 | 蓄水工程 | | | | | 引水工程 | | | 提水工程 | | |
		数量	总库容（亿 m³）	兴利库容（亿 m³）	设计灌溉面积（万亩）	有效灌溉面积（万亩）	数量	设计灌溉面积（万亩）	有效灌溉面积（万亩）	数量	设计灌溉面积（万亩）	有效灌溉面积（万亩）
北洛河	大型											
	中型	4	1.78	1.18	4.30	3.10	1	3.00	2.72			
	小型	7	0.21	0.12	0.50	0.34	301	5.98	5.31	247	8.87	8.42
泾河	大型											
	中型											
	小型	6	0.09	0.05	1.49	1.04	47	4.63	4.18	126	10.84	9.84
林家村以上渭河南区	大型											
	中型											
	小型						32	0.16	0.14	6		
林家村以上渭河北区	大型											
	中型											
	小型	3	0.05	0.03	1.12	0.78	18	0.86	0.78	43		
林–咸间渭河南区	大型	2	2.47	2.95	37.00	19.00						
	中型						9	16.50	14.85			
	小型	6	0.17	0.12	8.16	4.90	286	34.65	29.82	439	12.40	11.78
林–咸间泾西渭北区	大型	2	5.09	3.38	160.00	90.00	1	291.00	261.90			
	中型	8	2.35	1.21	53.10	31.86	4	11.20	5.10	12	37.29	33.56
	小型	42	1.17	0.71	12.87	7.72	151	24.50	22.10	1013	31.45	30.65
咸–潼间渭河南区	大型											
	中型	3	0.78	0.38	15.10	13.60	4	23.23	20.90	1	9.80	8.82
	小型	24	0.76	0.57	2.74	1.64	644	7.04	4.50	556	31.42	19.89
咸–潼间泾东渭北区	大型									2	302.00	271.80
	中型	6	1.93	1.14	53.81	48.42	2	194.80	163.00	13	28.23	26.82
	小型	16	0.84	0.52	6.56	3.94	133	9.20	8.28	831	150.60	147.60
合计	大型	4	8.56	6.33	197.00	109.00	1	291.00	261.90	2	302.00	271.80
	中型	21	6.84	3.91	126.31	96.98	20	248.73	206.57	26	75.32	69.20
	小型	105	3.30	2.13	34.11	20.76	1614	87.74	75.75	3263	245.58	228.18

8.3 水量调度模型

8.3.1 模型基本元素

渭河流域地跨陕西、甘肃、宁夏三省区，涉及 16 个地级市。按照模型构建的原理，以系统概化形成的水资源三级区套地市作为基本计算单元，全流域共划分水资源三级区套地市的基本计算单元 27 个，详见表 8-12。渭河流域水资源三级区套地级行政区见图 8-11。

表 8-12　渭河流域计算单元统计表

水资源三级区	地级市	计算单元	面积（km²）
北洛河状头以上	铜川市	北洛河状头以上铜川	1 641.8
	渭南市	北洛河状头以上渭南	1 655.6
	延安市	北洛河状头以上咸阳	18 066.2
	榆林市	北洛河状头以上榆林	1 261.8
	庆阳市	北洛河状头以上庆阳	2 315.6
泾河张家山以上	宝鸡市	泾河张家山以上宝鸡	1 130.9
	咸阳市	泾河张家山以上咸阳	4 365.2
	榆林市	泾河张家山以上榆林	1 425.0
	平凉市	泾河张家山以上平凉	7 405.1
	庆阳市	泾河张家山以上庆阳	24 424.5
	吴忠市	泾河张家山以上吴忠	845.2
	固原市	泾河张家山以上固原	4 185.6
渭河宝鸡峡以上	宝鸡市	渭河宝鸡峡以上宝鸡	1 872.9
	白银市	渭河宝鸡峡以上白银	496.0
	天水市	渭河宝鸡峡以上天水	11 644.6
	平凉市	渭河宝鸡峡以上平凉	3 706.1
	定西地区	渭河宝鸡峡以上定西	9 911.8
	固原市	渭河宝鸡峡以上固原	3 468.6
渭河宝鸡峡至咸阳	西安市	渭河宝鸡峡至咸阳西安	3 604.4
	宝鸡市	渭河宝鸡峡至咸阳宝鸡	9 935.1
	咸阳市	渭河宝鸡峡至咸阳	3 981.1
	杨凌区	渭河宝鸡峡至咸阳杨凌	97.7
渭河咸阳至潼关	西安市	渭河咸阳至潼关西安	6 353.2
	铜川市	渭河咸阳至潼关铜川	2 248.8
	咸阳市	渭河咸阳至潼关咸阳	1 863.3
	渭南市	渭河咸阳至潼关渭南	7 808.4
	商洛市	渭河咸阳至潼关商洛	82.9

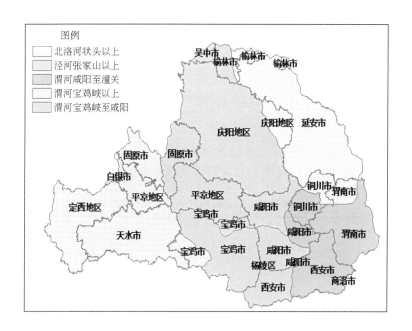

图 8-11　渭河流域水资源三级区套地级行政区图

模型构建中对中型以上的水库以及重要的引提水工程、行政区控制断面、水文监测断面作为单列计算。总共包括 126 个水利工程及各类控制性节点。

根据系统概化，渠道包括供水渠道 216 条、河网水传输渠道 128 条、调水渠道 14 条、弃水渠道 126 条、污水渠道（包括处理后污水渠道和未处理污水渠道）128 条。

采用系统概化的方法，按照上述点、线元素及其供排水关系形成的渭河流域水资源系统网络图见图 8-12。

8.3.2　模型校核

模型以分区水资源量为水文系列输入，通过汇流、用水排水关系计算各断面的入流，通过校核主要断面的入流状况、现状供用水结构对模型的合理性进行检验，并设置两套检验方法：①通过设置无用水（零需水）方案对各主要支流的天然径流量和水文站的径流还原值进行校核模拟；②考虑现状年供用水水平，将水库的实测径流量和模拟的入库水量进行对比。

8.3.2.1　支流水资源量对比

本次率定选择渭河水量较大的几条主要支流作为率定对象，分析重点支流主要特征值计算值与实际值的对比如表 8-13 所示。

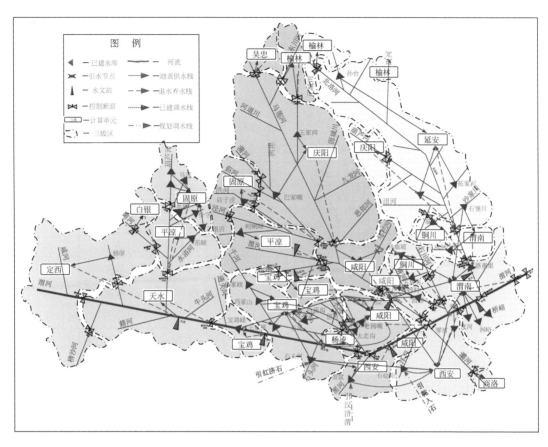

图 8-12　渭河流域水资源系统网络图

注：Ⅰ——北洛河状头以上；Ⅱ——泾河张家山以上；Ⅲ——渭河宝鸡峡以上；

　　　　Ⅳ——渭河宝鸡峡至咸阳；Ⅴ——渭河咸阳至潼关

表 8-13　渭河重点支流主要特征值计算值与实际值对比

河流名称	多年平均年径流量（万 m³）		河流名称	多年平均年径流量（万 m³）	
	实际值	模拟值		实际值	模拟值
渭河	643 600	594 737	皂河	13 000	9 966
千河	49 270	42 185	灞河	74 400	62 132
石头河	43 900	48 407	石川河	19 780	17 466
漆水河	24 840	22 349	零河	2 279	1 993
黑河	90 230	80 525	沋河	4 040	4 106
涝河（涝峪河）	22 530	17 573	泾河	190 500	185 373
沣河	54 240	39 034	北洛河	96 630	105 188

注：此表中的实际值数据来源于《全国水资源综合规划》，系列年为 1956～2000 年

8.3.2.2 水文站径流对比

本次率定选定林家村、咸阳、华县、张家山、状头等 5 个水文站作为率定对象。表 8-14 所示为 5 个水文站 1956~2000 年天然径流量还原值与零需水方案模拟值对比，如图 8-13 所示；表 8-15 所示为 5 个水文站 1956~2010 年实测径流量与现状用水条件下的径流模拟值对比，如图 8-14 所示。

表 8-14　水文站天然径流年际变化 　　　　　　　（单位：亿 m³）

水文站		1956~1959 年	1960~1969 年	1970~1979 年	1980~1989 年	1990~2000 年	多年平均
林家村	还原值	23.4	32.4	24.6	26.0	15.4	24.3
	零需水值	23.3	31.9	24.0	24.6	15.2	23.7
咸阳	还原值	57.3	64.5	45.3	54.8	32.8	49.7
	零需水值	49.9	59.0	45.6	53.2	33.4	47.7
华县	还原值	86.0	96.1	72.2	90.9	62.4	80.5
	零需水值	81.0	93.7	74.6	86.9	61.1	78.8
张家山	还原值	19.1	21.9	18.2	18.2	15.3	18.4
	零需水值	18.0	21.2	17.5	18.6	16.4	18.3
状头	还原值	7.2	9.2	8.6	9.6	8.0	8.7
	零需水值	7.8	10.5	8.3	9.4	7.9	8.9

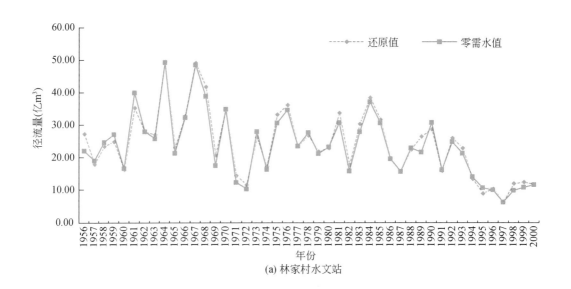

(a) 林家村水文站

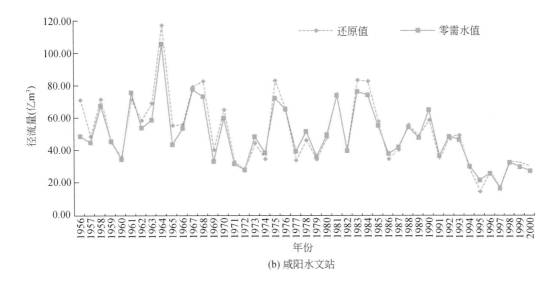

(b) 咸阳水文站

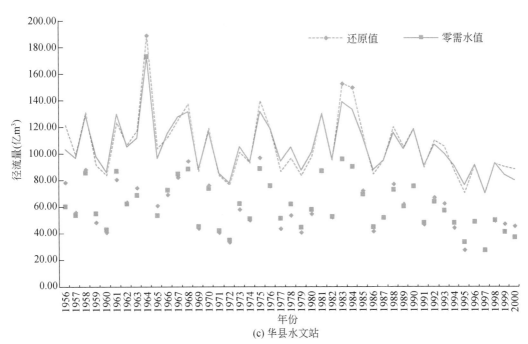

(c) 华县水文站

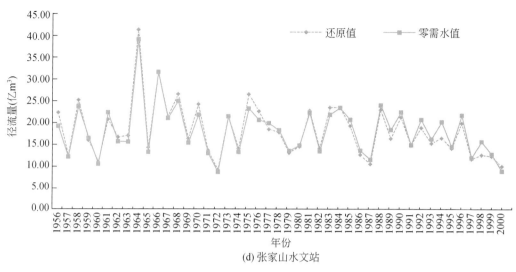

(d) 张家山水文站

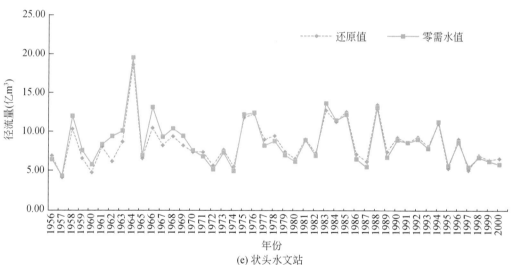

(e) 状头水文站

图 8-13   水文站天然径流量还原值与零需水值对比

表 8-15   水文站实测径流年际变化 （单位：亿 m³）

水文站		1956~1959 年	1960~1969 年	1970~1979 年	1980~1989 年	1990~1999 年	2000~2010 年	多年平均
林家村	实际值	22.6	31.1	22.1	23.1	12.8	9.1	18.9
	模拟值	13.4	21.3	13.2	14.7	6.2	5.0	12.1
咸阳	实际值	55.3	61.8	36.5	45.3	22.4	23.5	38.9
	模拟值	31.8	37.8	25.1	33.3	16.2	14.2	25.6
华县	实际值	87.8	95.8	59.1	78.8	43.6	46.0	66.0
	模拟值	55.2	63.7	45.7	59.0	35.2	35.3	48.1

续表

水文站		1956~1959 年	1960~1969 年	1970~1979 年	1980~1989 年	1990~1999 年	2000~2010 年	多年平均
张家山	实际值	18.9	21.6	17.3	17.0	13.9	10.3	16.1
	模拟值	7.2	10.0	6.5	8.3	5.1	5.2	7.0
状头	实际值	8.1	10.1	8.3	9.2	7.5	6.0	8.1
	模拟值	5.2	7.1	4.9	6.7	4.8	4.6	5.6

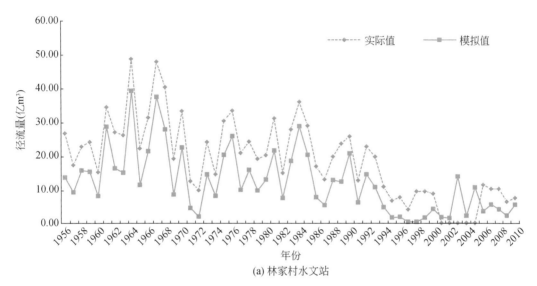

(a) 林家村水文站

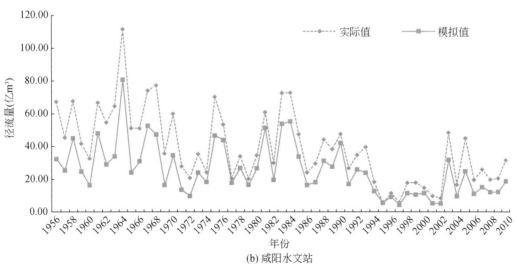

(b) 咸阳水文站

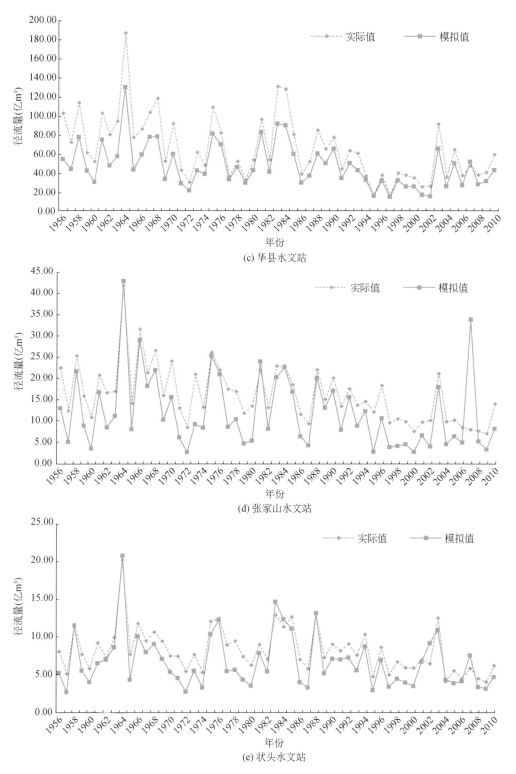

图 8-14 水文站流量模拟值与实际值对比

8.3.2.3　重要水库入库水量对比

本次率定选定冯家山、石头河、羊毛湾、石堡川等 4 个水库作为率定对象。1980～2010 年 4 个水库的水量年际变化如表 8-16 所示。图 8-15 给出了这 4 个水库的入库水量模型计算值与实际值的对比结果。

表8-16　水库径流年际变化 　　　　　　　　　　（单位：亿 m³）

时段（年）	冯家山水库		石头河水库		羊毛湾水库		石堡川水库	
	实测值	计算值	实测值	计算值	实测值	计算值	实测值	计算值
1981～1985	5.06	4.66	5.32	4.92	1.07	0.61	0.74	0.39
1986～1990	3.78	3.54	4.26	3.87	0.82	0.29	0.32	0.30
1991～1995	2.13	2.49	2.74	2.82	0.41	0.32	0.25	0.32
1996～2000	1.45	2.07	2.51	2.38	0.35	0.27	0.22	0.24
2001～2005	3.03	2.41	3.10	2.68	0.21	0.41	0.41	0.40
2006～2010	2.42	2.60	3.03	2.95	0.34	0.54	0.20	0.22
多年平均	2.98	2.96	3.50	3.27	0.53	0.41	0.36	0.31

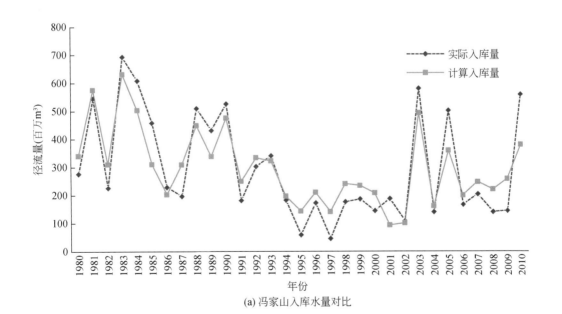

(a) 冯家山入库水量对比

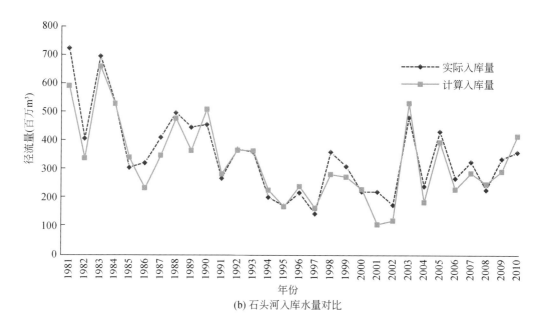

(b) 石头河入库水量对比

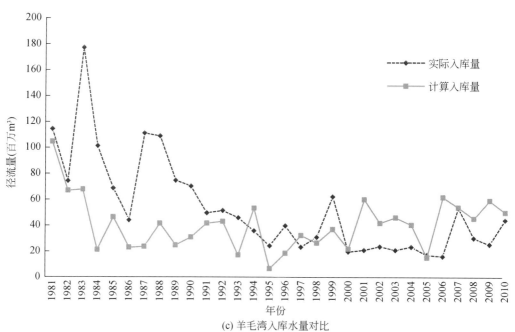

(c) 羊毛湾入库水量对比

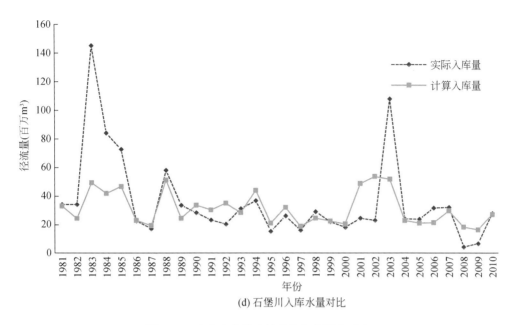

(d) 石堡川入库水量对比

图 8-15　水库入库径流计算值与实际值对比

8.3.2.4　入黄水量对比

根据渭河流域水资源规划，1991～2000 年平均入黄水量为 48.29 亿 m³，1956～2000 年平均入黄水量为 80.02 亿 m³。模型模拟的现状年强化节水方案渭河流域 1991～2000 年平均入黄水量为 38.88 亿 m³，1956～2000 年平均入黄水量为 59.78 亿 m³；现状年最低需水方案 1991～2000 年的平均入黄水量为 48.13 亿 m³，1956～2000 年平均入黄水量为 68.43 亿 m³。

8.3.2.5　入境水量对比

模型在省界断面处设置了多个控制节点调控入境水量，渭河流域水资源规划中给出了甘肃–陕西渭河干流、泾河、北洛河的实测入境水量，如表 8-17 所示，同时给出了零需水方案和现状用水方案下的模拟值。

表 8-17　现状年省界断面入境水量计算值与实际值对比　　　　（单位：亿 m³）

断面名称	实测值	模拟值	
		零需水	现状用水
渭河干流	19.0	19.3	14.6
泾河	14.1	15.6	11.5
北洛河	0.5	0.6	0.5

此外，由于收集了拓石水文站近期 2005～2010 年月平均流量过程，拓石水文站位于陕西省宝鸡市陈仓区拓石镇，为渭河入陕干流控制第一站、国家报汛站、省级重要水文站，可利用收集到的这 6 年的径流量对模型进行校核，拓石水文站流量年际变化如表 8-18 所示，月平均流量对比如图 8-16 所示。

表 8-18　拓石水文站径流年际变化　　　　　　（单位：亿 m³）

水文站		2005 年	2006 年	2007 年	2008 年	2009 年	2010 年
拓石	实测值	16.04	8.16	10.11	8.58	6.05	6.60
	计算值	10.61	4.44	7.07	5.16	3.02	5.07
	零需水值	20.08	12.00	14.39	11.72	9.34	12.03

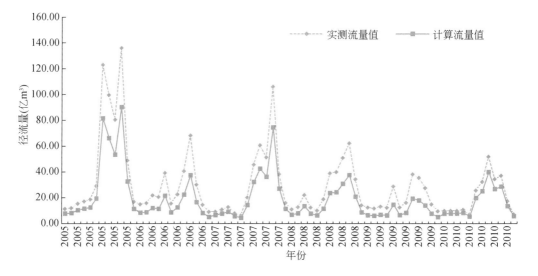

图 8-16　拓石水文站月平均流量计算值与实测值对比

8.3.2.6　供用水结构对比

通过供用水结构对比分析各类用户用水和各类水源利用量的计算结果和实际发生过程，可以调整各类水源利用的控制参数值，提高系统水源用户配置的适应度，避免某些水源和用户之间比例失调。因为关中市（区）的供用水量占了整个陕西省渭河流域供用水总量的 97.05%，因此可以用关中市（区）的供用水结构情况来率定整个陕西省渭河流域。模型最终率定得到的供需平衡结果如表 8-19 所示。

通过率定供需平衡结果，可以使得模型计算得到的供水水源比例基本处于合理范围之内。

表 8-19 供需平衡模拟结果 (2010 年实际用水) （单位：10^6m^3）

行政区	类别	用水					供水			
		城镇生活	农村生活	工业及生态	农业	小计	地表水	地下水	其他	总供水量
西安市	实际	272.48	73.35	533.39	680.56	1559.78	599.47	947.82	12.49	1559.78
	模拟（长系列）	245.28	60.96	541.81	921.03	1769.08	1099.60	654.98	14.50	1769.08
	模拟（2010）	245.28	60.96	541.90	975.24	1823.38	1091.07	717.78	14.53	1823.38
	模拟（近10年）	245.29	60.96	541.86	937.31	1785.42	1084.29	686.60	14.53	1785.42
铜川市	实际	14.78	6.91	33.04	30.93	85.66	44.83	38.05	2.87	85.75
	模拟（长系列）	19.80	5.64	69.25	29.87	124.56	112.89	10.08	1.59	124.56
	模拟（2010）	19.80	5.64	75.08	18.75	119.27	107.52	10.08	1.67	119.27
	模拟（近10年）	19.80	5.64	68.03	31.25	124.72	113.07	10.08	1.57	124.72
宝鸡市	实际	45.08	48.03	94.16	442.70	629.97	289.98	336.06	3.93	629.97
	模拟（长系列）	66.48	46.08	97.00	472.52	682.08	376.23	302.89	2.96	682.08
	模拟（2010）	66.48	46.08	97.01	474.21	683.78	385.28	295.53	2.97	683.78
	模拟（近10年）	66.48	46.08	97.01	481.28	690.85	383.58	304.30	2.97	690.85
咸阳市	实际	58.46	65.57	226.86	795.56	1146.45	498.57	632.81	15.07	1146.45
	模拟（长系列）	57.85	62.72	278.69	954.96	1354.22	1067.40	280.94	5.88	1354.22
	模拟（2010）	57.85	62.88	278.69	1038.84	1438.26	1104.90	327.47	5.89	1438.26
	模拟（近10年）	57.85	62.72	278.69	1004.84	1404.10	1100.79	297.42	5.89	1404.10
渭南市	实际	60.29	62.03	192.25	1138.51	1453.08	784.79	662.71	5.58	1453.08
	模拟（长系列）	64.92	60.48	237.54	1152.63	1515.57	812.49	608.85	94.23	1515.57
	模拟（2010）	64.92	60.48	237.53	1214.44	1577.37	929.76	553.37	94.24	1577.37
	模拟（近10年）	64.92	60.48	237.53	1234.12	1597.05	899.63	603.18	94.24	1597.05
杨凌区	实际	5.22	2.23	3.08	22.85	33.38	4.90	28.48	0.00	33.38
	模拟（长系列）	5.18	1.44	3.39	25.74	35.75	20.46	15.13	0.16	35.75
	模拟（2010）	5.18	1.44	3.39	27.39	37.40	22.13	15.11	0.16	37.40
	模拟（近10年）	5.18	1.44	3.39	26.29	36.30	20.92	15.22	0.16	36.30
合计	实际	456.31	258.12	1082.78	3111.11	4908.32	2222.54	2645.93	39.94	4908.41
	模拟（长系列）	459.51	237.32	1227.68	3556.75	5481.26	3489.07	1872.87	119.32	5481.26
	模拟（2010）	459.51	237.48	1233.60	3748.87	5679.46	3640.66	1919.34	119.46	5679.46
	模拟（近10年）	459.52	237.32	1226.51	3715.09	5638.44	3602.28	1916.80	119.36	5638.44

8.3.3 调度目标与原则

8.3.3.1 调度目标

民生优先，保障生活用水。协调生产与生态关系，基本生产用水划分保障等级，必须部分优先满足。满足基本生产用水后的水量与生态要求采用协调原则，通过联合调度达到水量效益优化的目标。

8.3.3.2　调控原则

根据渭河干支流的来水保障条件分析，以及未来供用水形式的变化，确定"上保中调、先引后蓄、先右后左、分级保障、水调优先、多水联调"的生态调度总体策略，具体调度原则如下：

（1）保障入境断面基本入流水量，根据渭河干流生态目标提出分水文年的入境水量目标。

（2）确定支流蓄引提水量利用优先关系，优先利用无调蓄的引提水工程供水，保障蓄水工程存蓄水量。

（3）确定各断面优先补水支流和工程，在不能满足最低要求时采用其他可补水支流的补水，优先利用渭河中游右岸区间有控制能力的主要支流保障干流需求，对于特枯水段等关键期启用左岸大中型工程下泄水量保障干流生态。考虑补水时间确定工程下泄水量要求。

（4）确定生活、生产和生态的优先保障等级，在生活优先的前提下，对生产和生态提出分级保障，在保障最低生产需求的基础上优先最小生态流量保障，再保障发电用水和一般性生产用水，多余水量用于满足适宜生态需求。河道最低生态用水优先级应高于发电用水，通过上下游联合调度尽量将发电调度与供水相结合，提高水资源利用效率，加大河道下泄量。

（5）规划期充分利用外调水，并提高灌区用水效率，置换本地地表径流，提高水量下泄比例。

（6）优先利用再生水资源，节约用水，改善关中平原区地下水利用策略。关键期通过加大开采地下水力度，置换地表径流量，为保障河道基流留下一定水量，增强地下水回灌措施，在丰水期对地下水进行回补，保持采补平衡。

8.4　水量调控调度方案

8.4.1　方案设置

8.4.1.1　边界条件

边界条件主要包括上游来水、跨流域调水两类。上游来水按照调控模型的计算结果，以拓石水文站进行校核。现状年和2020水平年的入境水量特征值如表8-20所示。跨流域调水现状年包括东雷引黄、引乾济石两个调水工程，规划水平年又新增了引红济石、引汉济渭工程，调水量如表8-21所示。

表 8-20　主要入境断面水量　（单位：亿 m³）

断面名称	2010 年不同频率入境水量		2020 年不同频率入境水量	
	多年平均	95%	多年平均	95%
渭河干流	14.6	4.3	14.3	4.0
泾河	11.5	4.7	11.2	4.7
北洛河	0.5	0.3	0.5	0.3

表 8-21　跨流域调水量　（单位：亿 m³）

调水工程	性质	调出/调出流域	建设状况	调入调出水量	
				2010 年	2020 年
东雷引黄	调入	渭河咸阳至潼关	已建	0.89	0.89
引乾入石	调入	石砭峪	已建	0.47	0.47
引红济石	调入	石头河	在建	0	0.92
引汉济渭	调入	金盆	规划	0	5
调入合计	—	—	—	1.36	7.28

8.4.1.2　情景方案设置

水平年：现状年为 2010 年，未来水平年为 2020 年。从水量调度途径的 7 个层面考虑，其中两项作为边界条件，考虑其他五项的组合形成以下水量调度情景：

（1）水量需求情景设置：①一般节水方案，编号为 B；②强化节水方案，编号为 W；③最低需水方案，编号为 R。2010 年强化节水方案水量需求为 63.33 亿 m³，最低需水方案水量需求为 40.41 亿 m³；2020 年一般节水方案需水为 74.22 亿 m³，强化节水方案需水为 65.52 亿 m³，最低需水方案需水为 47.88 亿 m³。

（2）地下水库调蓄情景设置：①地表水优先使用，编号为 a；②生态需水期地下水优先使用，编号为 b。

（3）再生水利用情景设置：①再生水利用低速发展方案，编号为 I，现状年西安市再生水利用率为 30%，其他行政区为 20%；2020 年西安市再生水利用率为 40%，其他行政区为 30%。②再生水利用快速发展方案，编号为 II，现状年西安市再生水利用率为 40%，其他行政区为 30%；2020 年西安市再生水利用率为 60%，其他行政区为 50%。

（4）水库群联合调度情景设置：①不考虑生态流量的下泄控制，采用现有的运行调度模式，兼顾发电需求，编号为 X；②考虑生态流量的下泄控制，对于影响渭河干流水量过程的重点大中型水库，根据其对应干流生态断面水量状况，分别制定年内逐月最小下泄流量阈值，保障渭河干流流量控制指标，编号为 Y。

考虑生态流量的下泄控制情景设置：

（1）有无发电引水：采用"有"或者"无"来设置，其中有发电又分为"正常发电"与"结合灌溉发电"两种。

（2）跨流域调水工程：采用"有"或者"无"来设置。

（3）本地水源工程：采用"有"或者"无"来设置。

结合上述情景，形成不同的方案组合，各方案情景组合说明如表8-22所示。

表8-22　各方案情景组合说明

水平年	方案编码	水量需求	地下水库调蓄	再生水利用	水库群联合调度	有无发电引水	跨流域调水工程	本地水源工程
2010	W1（10）	63.33	a	I	X	正常发电	无	有
	W2（10）	63.33	a	I	X	结合灌溉发电	无	有
	W3（10）	63.33	b	II	Y	无	无	有
	R1（10）	40.41	a	I	X	正常发电	无	有
	R2（10）	40.41	a	I	X	结合灌溉发电	无	有
	R3（10）	40.41	b	II	Y	无	无	有
2020	B1（20）	74.22	a	I	X	正常发电	有	有
	B2（20）	74.22	a	I	X	结合灌溉发电	有	有
	B3（20）	74.22	b	II	Y	无	有	有
	W1（20）	65.52	a	I	X	正常发电	有	有
	W2（20）	65.52	a	I	X	结合灌溉发电	有	有
	W3（20）	65.52	b	II	Y	无	有	有
	R1（20）	47.88	a	I	X	正常发电	有	有
	R2（20）	47.88	a	I	X	结合灌溉发电	有	有
	R3（20）	47.88	b	II	Y	无	有	有

8.4.2　供需平衡与入黄水量

考虑系统运行的情景设置，渭河流域各水平年共五个情景方案水量供需平衡结果如表8-23和表8-24所示。

表8-23　现状年水量供需平衡结果　　　（单位：亿 m^3）

方案	流域分区	总需水	总供水							缺水	
			合计	城镇生活	农村生活	工业	农业	城镇生态	农村生态	总计	其中农业
W1（10）	西安市	18.37	17.69	2.45	0.61	5.20	9.21	0.22	0.00	0.68	0.67
	铜川市	1.73	1.25	0.20	0.06	0.67	0.30	0.02	0.00	0.48	0.40
	宝鸡市	6.86	6.82	0.66	0.46	0.91	4.73	0.06	0.00	0.04	0.04
	咸阳市	14.47	13.54	0.58	0.63	2.71	9.55	0.07	0.00	0.93	0.92
	渭南市	19.34	15.16	0.65	0.60	2.31	11.53	0.06	0.00	4.18	4.18

续表

方案	流域分区	总需水	总供水							缺水	
			合计	城镇生活	农村生活	工业	农业	城镇生态	农村生态	总计	其中农业
W1（10）	延安市	1.98	1.94	0.11	0.09	0.49	1.24	0.01	0.00	0.04	0.04
	榆林市	0.19	0.17	0.00	0.02	0.03	0.12	0.00	0.00	0.01	0.01
	商洛市	0.01	0.01	0.00	0.00	0.00	0.01	0.00	0.00	0.00	0.00
	杨凌区	0.37	0.36	0.05	0.01	0.03	0.26	0.00	0.00	0.02	0.02
	合计	63.33	56.94	4.71	2.48	12.37	36.93	0.45	0.01	6.38	6.28
R1（10）	西安市	14.63	14.58	2.45	0.61	5.20	6.09	0.22	0.01	0.04	0.04
	铜川市	1.18	1.09	0.20	0.06	0.71	0.10	0.02	0.00	0.09	0.05
	宝鸡市	5.76	5.77	0.66	0.46	0.91	3.67	0.06	0.00	0.00	0.00
	咸阳市	9.20	9.18	0.58	0.63	2.71	5.18	0.07	0.00	0.02	0.02
	渭南市	8.58	8.58	0.65	0.60	2.31	4.95	0.06	0.00	0.00	0.00
	延安市	0.77	0.77	0.11	0.09	0.49	0.06	0.01	0.00	0.00	0.00
	榆林市	0.07	0.06	0.00	0.02	0.03	0.01	0.00	0.00	0.00	0.00
	商洛市	0.01	0.01	0.00	0.00	0.00	0.01	0.00	0.00	0.00	0.00
	杨凌区	0.21	0.21	0.05	0.01	0.03	0.11	0.00	0.00	0.00	0.00
	合计	40.41	40.24	4.71	2.49	12.41	20.18	0.45	0.02	0.16	0.11

表 8-24　2020 年水量供需平衡结果　　　　　　（单位：亿 m^3）

方案	流域分区	总需水	总供水							缺水	
			合计	城镇生活	农村生活	工业	农业	城镇生态	农村生态	总计	其中农业
B1（20）	西安市	23.35	23.11	3.21	0.59	11.05	7.93	0.33	0.00	0.24	0.22
	铜川市	2.23	1.69	0.25	0.06	0.83	0.52	0.03	0.00	0.54	0.45
	宝鸡市	11.78	11.58	0.96	0.49	3.18	6.85	0.10	0.00	0.21	0.21
	咸阳市	15.97	13.65	1.19	0.66	3.30	8.36	0.13	0.00	2.32	2.32
	渭南市	17.97	15.81	0.97	0.64	2.73	11.36	0.11	0.00	2.16	2.16
	延安市	2.40	2.34	0.15	0.11	0.62	1.44	0.02	0.00	0.07	0.07
	榆林市	0.22	0.20	0.00	0.02	0.05	0.12	0.00	0.00	0.01	0.01
	商洛市	0.01	0.01	0.00	0.00	0.00	0.01	0.00	0.00	0.00	0.00
	杨凌区	0.29	0.28	0.04	0.01	0.04	0.18	0.00	0.00	0.01	0.01
	合计	74.22	68.65	6.77	2.58	21.81	36.77	0.72	0.01	5.57	5.45

方案	流域分区	总需水	总供水							缺水	
			合计	城镇生活	农村生活	工业	农业	城镇生态	农村生态	总计	其中农业
W1（20）	西安市	24.30	24.01	3.07	0.59	10.29	9.73	0.33	0.01	0.29	0.28
	铜川市	1.49	1.37	0.24	0.04	0.81	0.24	0.03	0.00	0.12	0.08
	宝鸡市	11.36	11.34	0.92	0.49	3.03	6.79	0.10	0.00	0.02	0.02
	咸阳市	13.02	12.89	1.15	0.66	3.09	7.84	0.13	0.00	0.13	0.13
	渭南市	13.95	13.88	0.93	0.64	2.61	9.58	0.11	0.00	0.08	0.07
	延安市	1.03	1.03	0.14	0.11	0.57	0.20	0.02	0.00	0.00	0.00
	榆林市	0.10	0.09	0.00	0.02	0.05	0.02	0.00	0.00	0.00	0.00
	商洛市	0.02	0.02	0.00	0.00	0.00	0.01	0.00	0.00	0.00	0.00
	杨凌区	0.26	0.26	0.04	0.01	0.04	0.16	0.00	0.00	0.00	0.00
	合计	65.52	64.88	6.51	2.56	20.50	34.57	0.72	0.02	0.64	0.58
R1（20）	西安市	19.34	19.34	3.07	0.59	10.29	5.06	0.33	0.01	0.00	0.00
	铜川市	1.34	1.29	0.24	0.04	0.83	0.15	0.03	0.00	0.05	0.02
	宝鸡市	7.56	7.57	0.92	0.49	3.03	3.02	0.10	0.00	0.00	0.00
	咸阳市	9.23	9.23	1.15	0.66	3.09	4.19	0.13	0.00	0.00	0.00
	渭南市	9.19	9.19	0.93	0.64	2.61	4.89	0.11	0.00	0.00	0.00
	延安市	0.92	0.92	0.14	0.11	0.57	0.09	0.02	0.00	0.00	0.00
	榆林市	0.09	0.08	0.00	0.02	0.05	0.01	0.00	0.00	0.00	0.00
	商洛市	0.01	0.01	0.00	0.00	0.00	0.00	0.00	0.00	0.00	0.00
	杨凌区	0.19	0.19	0.04	0.01	0.04	0.09	0.00	0.00	0.00	0.00
	合计	47.88	47.81	6.51	2.56	20.52	17.49	0.72	0.03	0.06	0.02

根据供需平衡结果可以看出，现状年在最低需水条件下，供需平衡基本能够满足，缺水量在 0.16 亿 m³ 之内，缺水率在 0.4% 左右。2020 年，在基本方案需水条件下，未来的供需平衡基本能够满足，缺水量在 5.57 亿 m³ 之内，缺水率为 7.5% 左右。采用强化节水方案后，未来缺水量降低至 0.64 亿 m³，缺水率为 1.0% 左右。从缺水的区域分布看，主要存在于西安、咸阳的农业灌溉用水，说明随着未来灌溉面积的快速发展，西安与咸阳将出现相对较为明显的水量供需压力，需要增强水量综合调控。采用最低需水方案后，未来缺水量降低至 0.06 亿 m³，缺水率为 0.1% 左右。

现状年，强化节水方案耗水量为 41.37 亿 m³，其中生活、生产、生态的耗水量分别为 3.72 亿 m³、33.37 亿 m³、0.43 亿 m³；最低需水方案耗水量为 27.48 亿 m³，其中生活、生产、生态的耗水量分别为 4.00 亿 m³、21.32 亿 m³、0.44 亿 m³。2020 年，一般节水方案下耗水量为 45.68 亿 m³，其中生活、生产、生态的耗水量分别为 4.35 亿 m³、37.01 亿 m³、0.69 亿 m³；强化节水方案下耗水量为 43.46 亿 m³，其中生活、生产、生态的耗水量分别为 4.28 亿 m³、35.10 亿 m³、0.71 亿 m³；最低需水方案下耗水量为 28.16 亿 m³，其中生活、生产、生态的耗水量分别为 4.27 亿 m³、21.50 亿 m³、0.71 亿 m³。

现状年 2010 年入黄水量为 57.04 亿 m³，采用最低需水方案入黄水量为 68.44 亿 m³；2020 年一般节水方案下入黄水量为 59.56 亿 m³；强化节水方案下入黄水量为 63.78 亿 m³；最低需水方案下入黄水量为 75.08 亿 m³。可以看出，未来水平年随着对水量的综合调控，入黄水量较现状年有明显增加。

8.4.3 现状年各方案断面过流分析

根据对现状年强化节水方案和最低需水方案用水条件下供用耗排水量关系，可以得出现状年各主要控制断面过流状况如表 8-25 所示。

表 8-25 现状年各方案主要控制断面过流状况统计表 （单位：m³/s）

编号	断面名称	W1 (10)		W2 (10)		R1 (10)		R2 (10)	
		年平均流量	最低月90%流量	年平均流量	最低月90%流量	年平均流量	最低月90%流量	年平均流量	最低月90%流量
#23	林家村	25.3	0.0	38.2	0	31.6	0.0	47.9	1.2
#22	金陵河	28.2	0.8	41.1	0.9	34.5	1.0	50.7	2.4
#21	千河	31.3	0.7	44.2	0.9	40.6	1.1	56.8	2.5
#20	潘溪河	32.0	1.0	44.9	1.1	41.2	1.4	57.5	2.8
#19	石头河	40.4	2.5	53.4	2.8	50.8	3.7	67.0	5.1
#18	魏家堡	48.9	0.0	53.5	0	64.6	1.4	68.3	5.2
#17	汤峪河	58.0	2.4	62.6	2.6	73.6	5.2	77.3	8.9
#16	漆水河	66.3	4.9	66.3	5.1	80.3	6.8	80.3	10.8
#15	黑河	71.5	6.4	71.5	6.4	85.9	8.8	85.9	12.0
#14	涝峪河	82.2	8.8	82.2	8.8	96.7	14.4	96.7	15.3
#13	咸阳公路桥	89.5	14.8	89.5	14.8	102.7	19.4	102.7	21.0
#11	沣河	96.7	17.8	96.7	17.8	110.0	21.7	110.0	23.2
#10	皂河	101.2	19.3	101.2	19.3	114.6	23.0	114.6	24.4
#9	灞河	111.7	21.5	111.7	21.5	125.1	25.8	125.1	26.8
#8	泾河	130.5	28.8	130.5	29.0	159.5	29.0	159.5	33.6
#6	交口引水	134.8	31.1	134.8	31.5	164.3	31.5	164.3	36.4
#5	零河	134.9	31.1	134.9	31.5	164.3	31.5	164.3	36.4
#4	沈河	150.4	38.7	150.4	45.7	178.4	45.7	178.4	50.1
#3	华县	152.5	41.7	152.5	46.9	180.0	46.9	180.0	51.5
#2	罗敷河	152.9	42.0	152.9	47.1	180.5	47.1	180.5	51.7
#1	北洛河	175.1	48.3	175.1	57.6	211.6	57.6	211.6	67.5

从强化节水方案与最低需水方案主要控制断面过流状况对比可以看出，林家村断面至汤峪河断面流量均大于正常发电情况下的流量，且采用最低需水方案后，主要控制断面年平均流量、最低月90%流量均有所提升。

方案 W2（10）与 R2（10）长系列年平均流量、90% 年流量对比如图 8-17 所示。

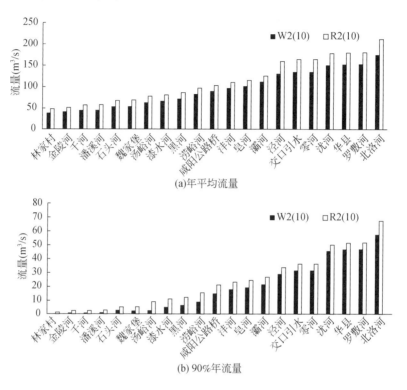

图 8-17　W2（10）与 R2（10）断面过流对比

8.4.4　2020 年各方案断面过流分析

8.4.4.1　一般节水方案断面水量对比

2020 年采用一般节水方案主要控制断面过流状况（分正常引水发电和结合灌溉引水发电两种状况）如表 8-26 所示。可以看出，结合灌溉引水发电林家村断面至汤峪河断面年平均流量、最低月90%流量均有所提升。

8.4.4.2　强化节水方案断面水量对比

2020 年采用强化节水方案主要控制断面过流状况（分正常引水发电和结合灌溉引水发电两种状况）如表 8-27 所示。可以看出，结合灌溉引水发电林家村断面至汤峪河断面年平均流量、最低月90%流量均有所提升。

8.4.4.3 2020 年最低需水方案断面水量对比

2020 年采用最小需水方案主要控制断面过流状况（分正常引水发电和结合灌溉引水发电两种状况）如表 8-28 所示。可以看出，结合灌溉引水发电林家村断面至汤峪河断面年平均流量、最低月 90% 流量均有所提升。

表 8-26 基本方案主要控制断面过流状况统计表　　　　（单位：m³/s）

编号	断面名称	B1（20）		B2（20）	
		年平均流量	最低月 90% 流量	年平均流量	最低月 90% 流量
#23	林家村	25.1	0.0	38.9	0.0
#22	金陵河	27.8	0.5	41.7	0.6
#21	千河	29.6	0.6	43.5	0.7
#20	潘溪河	30.3	0.8	44.1	0.9
#19	石头河	36.9	1.8	50.8	2.1
#18	魏家堡	50.1	0.0	52.9	2.6
#17	汤峪河	58.4	1.6	61.2	1.9
#16	漆水河	65.5	5.1	65.5	4.1
#15	黑河	70.5	6.7	70.5	6.0
#14	涝峪河	81.8	10.6	81.8	10.6
#13	咸阳公路桥	90.1	18.5	90.1	17.5
#11	沣河	97.3	20.8	97.3	19.7
#10	皂河	101.8	21.7	101.8	20.4
#9	灞河	112.3	24.1	112.3	23.8
#8	泾河	133.2	24.4	133.2	23.5
#6	交口引水	133.8	27.3	133.8	27.3
#5	零河	133.8	27.3	133.8	27.3
#4	沈河	157.3	30.9	157.3	30.9
#3	华县	159.6	32.8	159.6	32.8
#2	罗敷河	159.9	33.1	159.9	33.1
#1	北洛河	182.8	36.8	182.8	36.8

表 8-27 强化节水方案主要控制断面过流状况　　　　（单位：m³/s）

编号	断面名称	W1（20）		W2（20）	
		年平均流量	最低月 90% 流量	年平均流量	最低月 90% 流量
#23	林家村	28.2	0.0	43.3	0.0
#22	金陵河	30.9	0.7	46.1	0.8
#21	千河	34.1	0.6	49.2	0.8

编号	断面名称	W1（20）		W2（20）	
		年平均流量	最低月90%流量	年平均流量	最低月90%流量
#20	潘溪河	34.7	0.9	49.9	1.0
#19	石头河	41.6	2.2	56.7	2.3
#18	魏家堡	56.3	0.0	58.9	2.6
#17	汤峪河	64.7	1.8	67.4	3.0
#16	漆水河	71.6	5.3	71.6	5.3
#15	黑河	76.6	6.8	76.6	6.8
#14	涝峪河	87.7	11.3	87.7	11.3
#13	咸阳公路桥	95.6	18.1	95.6	18.1
#11	沣河	102.8	20.4	102.8	20.4
#10	皂河	107.3	21.5	107.3	21.5
#9	灞河	117.8	24.1	117.8	24.1
#8	泾河	138.2	20.5	138.2	24.5
#6	交口引水	142.9	29.9	142.9	29.9
#5	零河	142.9	29.9	142.9	29.9
#4	沈河	165.4	40.4	165.4	40.4
#3	华县	167.6	41.7	167.6	41.7
#2	罗敷河	167.9	41.9	167.9	41.9
#1	北洛河	196.1	46.2	196.1	46.2

表 8-28　最低需水方案主要控制断面过流状况　　　　　（单位：m³/s）

编号	断面名称	R1（20）		R2（20）	
		年平均流量	最低月90%流量	年平均流量	最低月90%流量
#23	林家村	33.4	0.0	54.1	0.0
#22	金陵河	36.2	0.7	56.8	0.9
#21	千河	43.5	0.8	64.2	1.1
#20	潘溪河	44.2	0.9	64.8	1.0
#19	石头河	51.6	2.2	72.3	3.2
#18	魏家堡	76.0	4.0	75.7	5.5
#17	汤峪河	84.5	5.2	84.3	6.8
#16	漆水河	88.4	8.8	88.4	9.8
#15	黑河	93.7	9.6	93.7	11.6
#14	涝峪河	105.0	11.3	105	11.5
#13	咸阳公路桥	112.0	18.1	112	19.1

编号	断面名称	R1（20）		R2（20）	
		年平均流量	最低月90%流量	年平均流量	最低月90%流量
#11	沣河	119.3	20.4	119.3	20.4
#10	皂河	123.8	21.5	123.8	21.5
#9	灞河	134.4	24.1	134.4	24.1
#8	泾河	170.5	20.5	170.5	20.5
#6	交口引水	175.5	32.9	175.5	32.9
#5	零河	175.6	32.9	175.6	32.9
#4	沈河	197.4	44.4	197.4	44.4
#3	华县	199.4	46.7	199.4	46.7
#2	罗敷河	200.0	49.9	200.0	49.9
#1	北洛河	231.8	55.2	231.8	55.2

8.4.4.4　B2（20）方案与 W2（20）方案流量对比

2020 年方案 B2（20）与 W2（20）的长系列年平均流量、90%年流量对比如图 8-18 所示。

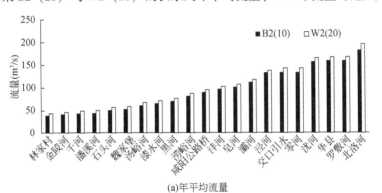

(a)年平均流量

(b) 90%年流量

图 8-18　B2（20）与 W2（20）断面过流对比

8.4.4.5 W2（20）方案与 R2（20）方案流量对比

2020 年方案 W2（20）与 R2（20）的长系列年平均流量、90%年流量对比如图 8-19 所示。

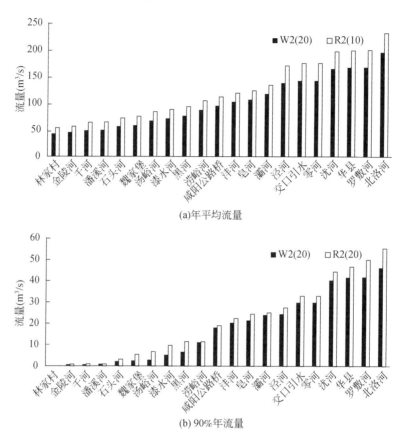

(a)年平均流量

(b) 90%年流量

图 8-19　W2（20）与 R2（20）断面过流对比

8.4.5　生态流量保证程度分析

考虑各个断面的生态需水，不同水平年各方案主要控制断面生态流量保证程度如表 8-29 所示。可以看出，正常引水发电情况下，对于林家村至魏家堡段的生态流量的保证程度均有所降低。

表 8-29　主要控制断面生态需水保证程度　　　　　　（单位:%）

编号	断面名称	W1（10）	W2（10）	R1（10）	R2（10）	B1（20）	B2（20）	W1（20）	W2（20）	R1（20）	R2（20）
#23	林家村	47	64	61	81	57	66	56	73	68	91
#22	金陵河	50	66	64	82	59	68	58	74	70	92
#21	千河	51	66	66	82	59	68	59	74	75	92

续表

编号	断面名称	W1 (10)	W2 (10)	R1 (10)	R2 (10)	B1 (20)	B2 (20)	W1 (20)	W2 (20)	R1 (20)	R2 (20)
#20	潘溪河	49	66	65	81	58	0	58	74	68	91
#19	石头河	58	72	71	85	63	72	62	77	72	93
#18	魏家堡	50	70	65	79	62	73	59	78	69	94
#17	汤峪河	58	82	72	92	71	81	65	86	75	97
#16	漆水河	89	89	96	96	96	98	92	92	98	99
#15	黑河	94	94	97	97	92	99	94	94	97	99
#14	涝峪河	96	96	98	98	95	100	96	96	99	99
#13	咸阳公路桥	100	100	100	100	100	100	100	100	100	100
#11	沣河	100	100	100	100	100	100	100	100	100	100
#10	皂河	100	100	100	100	100	100	100	100	100	100
#9	灞河	100	100	100	100	100	100	100	100	100	100
#8	泾河	97	97	100	100	100	100	100	100	100	100
#6	交口引水	97	97	100	100	100	100	100	100	100	100
#5	零河	97	97	100	100	100	100	100	100	100	100
#4	沈河	100	100	100	100	100	100	100	100	100	100
#3	华县	100	100	100	100	100	100	100	100	100	100
#2	罗敷河	100	100	100	100	100	100	100	100	100	100
#1	北洛河	100	100	100	100	100	100	100	100	100	100

8.5 考虑生态基流的水量调控

8.5.1 主要水库控泄方案设置

干流生态需水由生态基流、产卵期流量、冲沙流量、环境流量、脉冲洪峰过程等河道内需水过程综合形成。受时间限制，本次水库控泄方案主要针对生态基流设置。

根据上述生态流量保证程度分析，发电引流对于断面生态流量的保障程度有一定影响，故对于规划水平年的生态基流的水量调度仅考虑无发电引流的情况。针对2020年，考虑强化节水方案和最低需水方案在无水库控泄、无发电引流时各主要水库对应干流生态断面过程与生态基流的差距对应设置支流大型水库和干流林家村水库的下泄流量控制目标，设置中考虑上下游断面之间的水量传递效应，同时考虑生态用水的优先级，设置工业调度线和农业调度线。各水库的最小放流过程如表8-30~表8-33所示。

表 8-30   强化节水方案水库最小放流过程   （单位：$10^6 m^3$）

水库	1月	2月	3月	4月	5月	6月	7月	8月	9月	10月	11月	12月	年总量
林家村	22.9	20.7	22.9	22.1	22.9	22.1	22.9	22.9	22.1	22.9	22.1	22.9	269.3
冯家山	0.1	7.3	18.4	2.0	0.0	9.0	10.2	0.0	0.0	0.0	0.0	17.8	64.9
石头河	0.0	2.3	13.7	0.0	0.0	6.7	1.0	0.0	0.0	0.0	0.0	11.6	35.3

表 8-31   最低需水方案水库最小放流过程   （单位：$10^6 m^3$）

水库	1月	2月	3月	4月	5月	6月	7月	8月	9月	10月	11月	12月	年总量
林家村	22.9	20.7	22.9	22.1	22.9	22.1	22.9	22.9	22.1	22.9	22.1	22.9	269.3
冯家山	0.0	0.0	0.0	0.0	0.0	0.0	0.0	0.0	0.0	0.0	0.0	16.7	16.7
石头河	0.0	0.0	0.0	0.0	0.0	0.0	0.0	0.0	0.0	0.0	0.0	10.0	10.0

表 8-32   强化节水方案水库调度规则   （单位：$10^6 m^3$）

水库	调度线	1月	2月	3月	4月	5月	6月	7月	8月	9月	10月	11月	12月
林家村	最大	38.0	38.0	38.0	38.0	38.0	38.0	38.0	38.0	38.0	38.0	38.0	38.0
	工业	23.3	21.1	23.3	22.5	23.3	22.5	23.3	23.3	22.5	23.3	22.5	23.3
	农业	30.4	30.4	30.4	30.4	30.4	30.4	30.4	30.4	30.4	30.4	30.4	30.4
冯家山	最大	286.8	286.8	286.8	286.8	286.8	210.3	210.3	210.3	210.3	286.8	286.8	286.8
	工业	0.1	7.3	18.5	2.0	0.0	9.0	10.2	0.0	0.0	0.0	0.0	17.8
	农业	229.4	229.4	229.4	229.4	229.4	168.2	168.2	168.2	168.2	229.4	229.4	229.4
石头河	最大	120.5	120.5	120.5	120.5	120.5	111.1	111.1	111.1	111.1	120.5	120.5	120.5
	工业	8.8	11.8	23.2	7.7	3.7	10.9	2.9	3.5	6.6	7.0	8.0	20.0
	农业	96.4	96.4	96.4	96.4	96.4	88.9	88.9	88.9	88.9	96.4	96.4	96.4
羊毛湾	最大	61.0	61.0	61.0	61.0	61.0	61.0	61.0	61.0	61.0	61.0	61.0	61.0
	工业	0.1	0.1	0.1	0.0	0.0	0.0	0.0	0.0	0.0	0.1	0.1	0.1
	农业	48.8	48.8	48.8	48.8	48.8	48.8	48.8	48.8	48.8	48.8	48.8	48.8
金盆	最大	176.91	176.91	176.91	176.91	176.91	172.27	172.27	172.27	172.27	176.91	176.91	176.91
	工业	6.9	6.7	6.8	5.4	3.4	3.9	1.5	2.9	5.2	5.5	6.6	7.0
	农业	141.5	141.5	141.5	141.5	141.5	137.8	137.8	137.8	137.8	141.5	141.5	141.5

表 8-33   最低需水方案水库调度规则   （单位：$10^6 m^3$）

水库	调度线	1月	2月	3月	4月	5月	6月	7月	8月	9月	10月	11月	12月
林家村	最大	38.0	38.0	38.0	38.0	38.0	38.0	38.0	38.0	38.0	38.0	38.0	38.0
	工业	23.3	21.2	23.3	22.1	22.9	22.1	22.9	22.9	22.2	23.0	22.3	23.2
	农业	30.4	30.4	30.4	30.4	30.4	30.4	30.4	30.4	30.4	30.4	30.4	30.4

续表

水库	调度线	1 月	2 月	3 月	4 月	5 月	6 月	7 月	8 月	9 月	10 月	11 月	12 月
冯家山	最大	286.8	286.8	286.8	286.8	286.8	210.3	210.3	210.3	210.3	286.8	286.8	286.8
	工业	0.1	0.1	0.0	0.0	0.0	0.0	0.0	0.0	0.0	0.0	0.0	16.7
	农业	229.4	229.4	229.4	229.4	229.4	168.2	168.2	168.2	168.2	229.4	229.4	229.4
石头河	最大	120.5	120.5	120.5	120.5	120.5	111.1	111.1	111.1	111.1	120.5	120.5	120.5
	工业	8.8	9.5	9.5	7.7	3.7	4.3	1.8	3.5	6.6	7.0	8.0	18.4
	农业	96.4	96.4	96.4	96.4	96.4	88.9	88.9	88.9	88.9	96.4	96.4	96.4
羊毛湾	最大	61.0	61.0	61.0	61.0	61.0	61.0	61.0	61.0	61.0	61.0	61.0	61.0
	工业	0.1	0.1	0.1	0.0	0.0	0.0	0.0	0.0	0.0	0.1	0.1	0.1
	农业	48.8	48.8	48.8	48.8	48.8	48.8	48.8	48.8	48.8	48.8	48.8	48.8
金盆	最大	176.91	176.91	176.91	176.91	176.91	172.27	172.27	172.27	172.27	176.91	176.91	176.91
	工业	6.9	6.7	6.8	5.4	3.4	3.9	1.5	2.9	5.2	5.5	6.6	7.0
	农业	141.5	141.5	141.5	141.5	141.5	137.8	137.8	137.8	137.8	141.5	141.5	141.5

8.5.2 主要控制断面生态流量满足情况

8.5.2.1 强化节水方案

强化节水方案,水库补充干流生态控泄及工业、农业调度规则后,大型水库及水文站控制断面调控前后的生态基流满足状况如表 8-34 和表 8-35 所示。

表 8-34 大型水库对应干流断面调控前后生态基流满足状况

水库	断面名称	断面编号	综合月保证率(%)		枯季月保证率(%)		最低月 90% 流量(m³/s)		最小流量(m³/s)	
			调控前	调控后	调控前	调控后	调控前	调控后	调控前	调控后
冯家山	千河	#21	74.4	96.2	65.8	95.5	0.8	5.4	0.6	3.4
石头河	石头河	#19	77.0	93.8	69.4	95.8	2.3	8.7	1.4	6.4
羊毛湾	漆水河	#16	92.0	98.3	92.1	99.4	5.3	10.3	4.9	5.0
金盆	黑河	#15	93.9	96.5	93.9	98.2	6.8	10.9	5.4	5.4

表 8-35 水文站断面调控前后生态基流满足状况

断面编号	断面名称	综合月保证率(%)		枯季月保证率(%)		最低月 90% 流量(m³/s)		最小流量(m³/s)	
		调控前	调控后	调控前	调控后	调控前	调控后	调控前	调控后
#23	林家村	73.0	77.6	63.6	80.0	0.0	4.5	0.0	1.7
#18	魏家堡	78.0	87.9	71.5	87.0	0.0	2.4	0.0	0.0

断面编号	断面名称	综合月保证率（%）		枯季月保证率（%）		最低月90%流量（m³/s）		最小流量（m³/s）	
		调控前	调控后	调控前	调控后	调控前	调控后	调控前	调控后
#13	咸阳	87.0	91.4	84.2	91.2	18.1	20.0	14.3	15.9
#3	华县	82.4	87.0	75.2	83.3	41.7	48.7	35.3	36.4

强化节水方案调控前后林家村水文站长系列生态流量的断流个数分别为 128 个和 0 个，可见，水库调控后，能够有效减少枯季断流。林家村水文站长系列由大到小排序后前 300 个流量如图 8-20 所示。

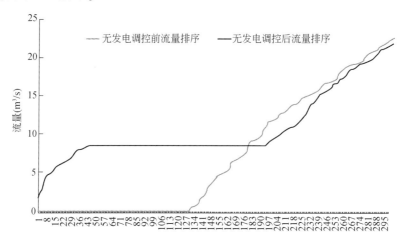

图 8-20　调控前后林家村水文站断流情况对比

8.5.2.2　最低需水方案

针对最低需水方案设置水库补充干流生态水量控泄目标及工业、农业调度规则后，将大型水库对应渭河干流控制断面及水文站控制断面调控前后的生态基流满足状况列出，如表 8-36 和表 8-37 所示。最低需水方案调控前后林家村水文站长系列生态流量的断流个数分别为 128 个和 0 个，可见，水库调控后，能够有效减少枯季断流。林家村水文站长系列由大到小排序后前 300 个流量如图 8-21 所示。

表 8-36　大型水库对应干流断面调控前后生态基流满足状况

水库	断面名称	断面编号	综合月保证率（%）		枯季月保证率（%）		最低月90%流量（m³/s）		最小流量（m³/s）	
			调控前	调控后	调控前	调控后	调控前	调控后	调控前	调控后
冯家山	千河	#21	92.1	95.0	86.4	91.5	1.1	4.1	0.8	3.8
石头河	石头河	#19	93.2	93.9	88.2	90.0	3.2	8.0	2.3	6.3

水库	断面名称	断面编号	综合月保证率（%）		枯季月保证率（%）		最低月90%流量（m³/s）		最小流量（m³/s）	
			调控前	调控后	调控前	调控后	调控前	调控后	调控前	调控后
羊毛湾	漆水河	#16	98.3	98.8	97.6	98.5	9.8	17.9	6.5	7.9
金盆	黑河	#15	97.6	99.1	96.7	99	11.6	19.9	7.3	8.3

表 8-37 水文站断面调控前后生态基流满足状况

断面编号	断面名称	综合月保证率（%）		枯季月保证率（%）		最低月90%流量（m³/s）		最小流量（m³/s）	
		调控前	调控后	调控前	调控后	调控前	调控后	调控前	调控后
#23	林家村	90.8	91.1	84.2	87.6	0.0	1.5	0.0	0.0
#18	魏家堡	78.0	96.8	71.5	94.5	0.0	8.0	0.0	0.0
#13	咸阳	87.0	96.7	84.2	95.5	18.1	34.4	14.3	15.1
#3	华县	82.4	96.2	75.2	94.5	41.7	72.9	35.3	43.4

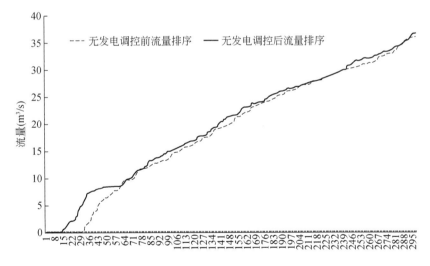

图 8-21 调控前后林家村水文站断流情况对比

8.5.3 水库下泄水量对比

在水库实施生态控泄方案前后，水库的下泄过程相应有所改变。强化节水方案和最低需水方案不考虑发电引流各个水库在调控前后水量下泄过程对比如图 8-22、图 8-23 所示。

可以看出，通过设置水库控泄目标，水库水量下泄过程改变，一定程度可以将汛期水量调节补充到非汛期，提高水量过程分布合理性。减少仅仅以供水为目的非汛期和用水高峰期河道无水量下泄的情况，提高干流生态流量满足程度。

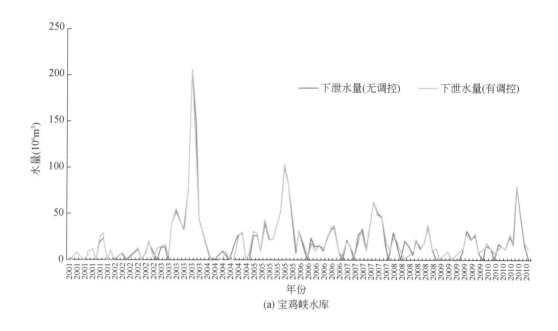

(a) 宝鸡峡水库

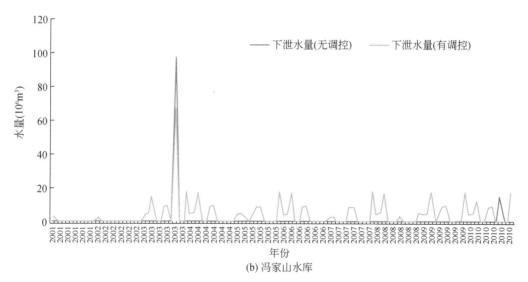

(b) 冯家山水库

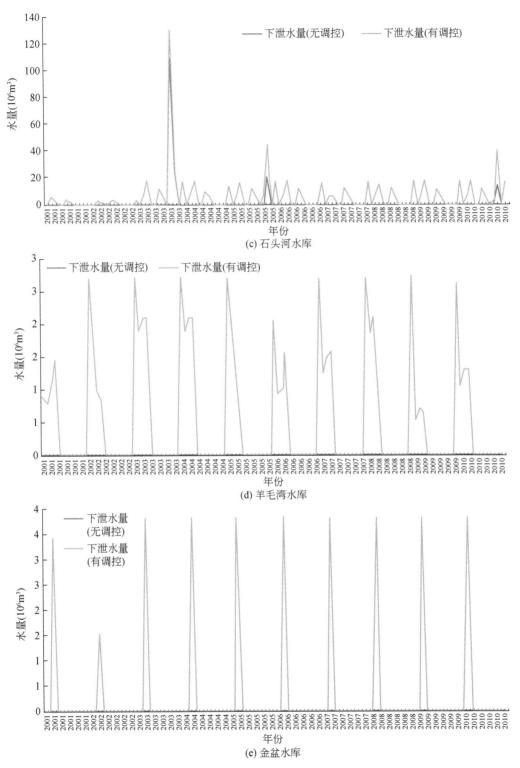

(c) 石头河水库

(d) 羊毛湾水库

(e) 金盆水库

图 8-22　调控前后各水库蓄水过程（强化节水方案）

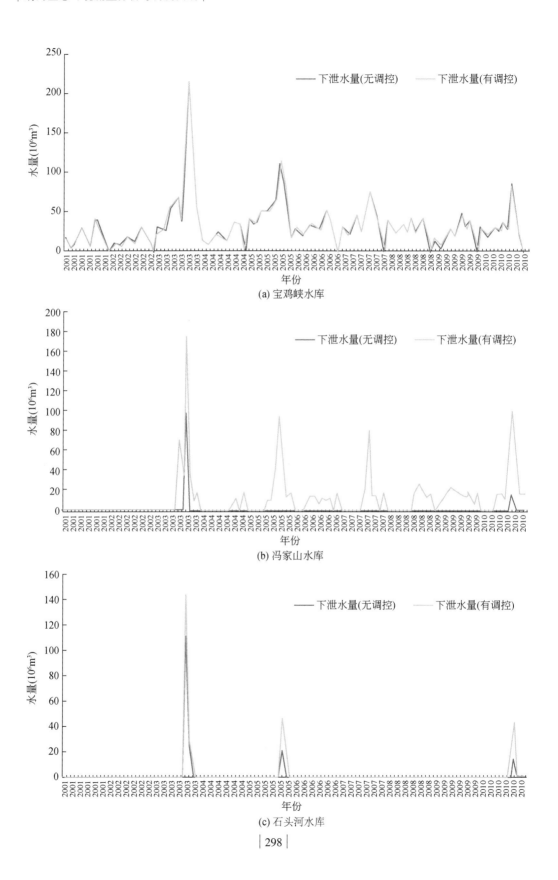

(a) 宝鸡峡水库

(b) 冯家山水库

(c) 石头河水库

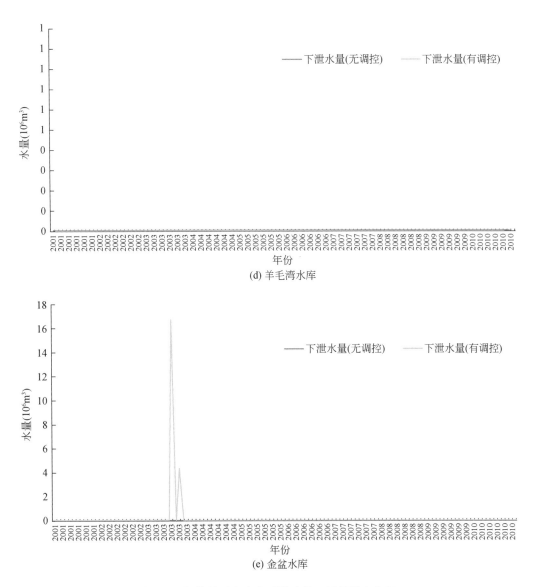

图 8-23 调控前后各水库下泄过程（最低需水方案）

8.5.4 供需平衡情况

在实施水库控泄后，由于水库非汛期下泄水量增加蓄水量减少，对河道外供水会产生一定程度的影响。为对比供需平衡受到的影响，将强化节水方案供需平衡和供水结构结果列出，如表 8-38 和表 8-39 所示。可以看出，由于水库控泄导致供水量减少，一定程度影响区域供需平衡结果，导致缺水量增加，但地下水供水量相应有所增加，一定程度弥补了控泄对供需平衡的影响。对于最低需水方案，由于水量需求基本满足，故调控前后供需变化不大。调控前后，大型水库供水情况如表 8-40 所示，可以看出，采取调控措施后，水库的供水量有所减少。

表 8-38 调控前后流域供需情况对比（按用户统计） （单位：亿 m³）

方案	行政区	总需水	按用户统计总供水							总缺水
			合计	城镇生活	农村生活	工业	农业	城镇生态	农村生态	
调控前	西安	24.30	24.01	3.07	0.59	10.29	9.73	0.33	0.01	0.29
	宝鸡	11.36	11.34	0.92	0.49	3.03	6.79	0.10	0.00	0.02
	咸阳	13.02	12.89	1.15	0.66	3.09	7.84	0.13	0.00	0.13
	杨凌	0.26	0.26	0.04	0.01	0.04	0.16	0.00	0.00	0.00
	合计	48.93	48.49	5.18	1.75	16.46	24.53	0.56	0.02	0.44
调控后	西安	24.30	23.92	3.07	0.59	10.29	9.65	0.33	0.01	0.37
	宝鸡	11.36	11.28	0.92	0.49	3.03	6.73	0.10	0.00	0.08
	咸阳	13.02	12.80	1.15	0.66	3.09	7.76	0.13	0.00	0.22
	杨凌	0.26	0.26	0.04	0.01	0.04	0.16	0.00	0.00	0.01
	合计	48.93	48.25	5.18	1.75	16.46	24.29	0.56	0.02	0.68

表 8-39 调控前后流域供需情况对比（按水源统计） （单位：亿 m³）

方案	行政区	总需水	按水源统计总供水						总缺水
			合计	地表水	地下水	污水回用	外调水	其他	
调控前	西安	24.30	24.01	12.68	8.17	0.74	2.41	0.00	0.29
	宝鸡	11.36	11.34	5.22	5.04	0.17	0.91	0.00	0.02
	咸阳	13.02	12.89	7.98	3.54	0.16	1.21	0.00	0.13
	杨凌	0.26	0.26	0.10	0.09	0.00	0.06	0.00	0.00
	合计	48.93	48.49	25.99	16.84	1.08	4.59	0.00	0.44
调控后	西安	24.30	23.92	12.28	8.49	0.74	2.41	0.00	0.37
	宝鸡	11.36	11.28	5.08	5.12	0.17	0.91	0.00	0.08
	咸阳	13.02	12.80	7.74	3.70	0.16	1.21	0.00	0.22
	杨凌	0.26	0.26	0.10	0.09	0.00	0.06	0.00	0.01
	合计	48.93	48.25	25.19	17.40	1.08	4.59	0.00	0.68

表 8-40 调控前后各水库供水情况对比 （单位：10⁶ m³）

水库	生活供水量		工业供水量		农业供水量		总供水量	
	无水库控泄	有水库控泄	无水库控泄	有水库控泄	无水库控泄	有水库控泄	无水库控泄	有水库控泄
林家村	2.2	1.9	70.1	56.2	269.4	245.9	341.6	304.0
冯家山	31.2	30.2	29.6	34.4	155.1	94.6	215.9	159.2

水库	生活供水量		工业供水量		农业供水量		总供水量	
	无水库控泄	有水库控泄	无水库控泄	有水库控泄	无水库控泄	有水库控泄	无水库控泄	有水库控泄
石头河	78.8	79.6	145.3	128.9	37.2	7.4	261.3	215.9
羊毛湾	0.7	1.2	6.7	11.2	13	0.2	20.3	12.5
金盆	61.7	64.9	177.8	208	52.7	8.7	292.2	281.6
合计	174.5	177.7	429.5	438.7	527.4	356.8	1131.4	973.3

8.5.5 生态流量可行性

对比几个主要断面的历史来水和调控后的径流对生态流量的保障程度,可以看出:在现状供用水和工程调度模式下,林家村存在较大的差距,而下游断面保障程度已经比较高。

分析主要水文站实测径流量的生态流量达标率,对比调控后的达标率,结果如表 8-41 所示。可以看出,在不考虑历史用水小于现状用水的条件下,在采用调控方案措施后,可以在现状基础上较大幅度提升。

表 8-41 水文站实测与调控后生态流量保证程度与径流特征值

断面编号	断面名称	综合月保证率(%)			枯季月保证率(%)			最枯月径流(m³/s)	
		近10年	长系列	2020年	近10年	长系列	2020年	长系列	2020年
#23	林家村	41.7	—	91.0	11.1	—	88.0	0	1.5
#18	魏家堡	—	—	97.0	—	—	95.0	—	4.5
#13	咸阳	96.7	92.7	97.0	95.0	88.2	96.0	2.3	4.4
#3	华县	100.0	98.2	96.0	99.0	97.0	95.0	2.7	8.9

注:林家村为河道径流实测数据,受资料限制只分析了 2005~2010 年数据

8.6 应急状况下的调控策略

8.6.1 应急调度依据

渭河是黄河最大的支流,按照《黄河水量调度条例》中关于黄河流域水资源统一调度使用的有关规定,渭河流经华县的最小流量不得小于每秒 12m³,如果断流将直接影响黄河中下游水量。2008 年颁布的《陕西省渭河水量调度办法》第二十二条明确指出:"省渭河流域管理机构应当商相关设区的市人民政府水行政主管部门以及省属灌溉管理单位,制订严重干旱、渭河干支流预警控制断面流量降至预警流量等紧急情况下的应急水量调度预

案，经省人民政府水行政主管部门审查，报省人民政府批准。"

8.6.2　应急调度对象

渭河干流受地形、沿河修建的陇海铁路高程较低等条件的限制，不具备修建控制性大型水利工程的条件，在渭河流域水量调度中应综合考虑渭河流域来水和用水两个方面的配合调控，充分利用渭河各支流大中型蓄水工程的蓄泄变化，以及对区域内主要用水户取用耗排的过程控制，以实现流域水量的科学调度和有效管理。渭河应急水量调度按照首先保障城乡居民生活用水，合理安排农业、工业和生态环境用水，防止渭河断流的要求，先应急泄水、再控制取水、后应急调水，科学调度，优化配置水资源。考虑到水库的调蓄能力以及用水户的用水弹性，应急调度的主要对象是对渭河流域华县断面流量影响较大的大型水库和主要灌区，可以满足严重干旱或者突发水污染状况下的应急调度要求。

深入分析渭河流域水资源系统网络图可以发现，对渭河干流华县断面流量影响较大的水利工程包括冯家山水库、石头河水库、金盆水库以及羊毛湾水库，主要灌区包括宝鸡峡灌区和交口抽渭灌区。以这些水利工程和灌区为应急调度对象，分析其蓄泄变化及取用水过程对渭河干流华县断面流量的影响。

8.6.3　应急调度事件

应急调度事件根据相关断面流量实际状态与目标状态的对照比较，可以分为两类。第一类应急事件是指，根据河道水情分析，预测未来一段时间内渭河干流重要水文控制断面流量可能达到最低流量限值，需要提前采取措施，防止实际流量降到最低流量限值以下。第二类应急事件是指，通过水文观测发现，渭河干流重要水文控制断面流量突然达到或小于最低流量限值，需要立刻采取措施，尽快将断面流量恢复到最低流量限值以上，最大限度减少其造成的损失。第一类应急事件属于"未雨绸缪"的准备，对于河流持续健康发展具有十分重要的意义，需要水情预报结果的配合；第二类应急事件对于区域社会经济以及河流生态环境功能已经造成一定程度的影响，应尽量避免。

8.6.4　应急调度措施

应急调度措施包括制度保障措施和应急调控措施。

制度保障措施应包括以下内容：①实行一把手负责制和责任追究制度。应急情况下，实行一把手负责制和责任追究制度。各级水利部门负责人对本辖区内的水量应急调度工作负总责，建立相应的指挥组织体系，统一指挥本辖区的水量调度工作。②成立渭河干流应急调度工作小组。包括水文预报观测组、水量调度组、监督检查组、公共宣传组四个专业工作组，分别负责渭河干流重要水文控制断面流量的观测和预报，应急调度方案的制订和落实，应急调度方案执行情况的监督和检查，应急调度相关工作信息的媒体发布等。③实行水量调度会商例会制度。在应急情况下，为及时研究解决渭河水量调度工作中的问题，实行水量调度会商例会制度，每周一次例会，应急情况下随时召开。参加会商的单位及部门包括各级水利部门负责人、主要水库及灌区负责人以及应急调度工作小组分组负责人等。

应急调控措施应包括以下内容：①建立渭河干流水情测报系统。对渭河干流重要水文控制断面流量进行持续观测和定时预报，发现可能出现的断面流量降到最低流量限值以下的情况时应及时发出预警，以便组织相关的应急调度工作。②设置渭河干流应急调度预案。对渭河干流华县断面流量影响较大的水利工程包括冯家山水库、石头河水库、金盆水库以及羊毛湾水库等，主要灌区包括宝鸡峡灌区和交口抽渭灌区。全面掌握各水利工程的工程特性和蓄泄资料，分析各主要灌区的用水特性，在此基础上，对于可能出现的各种渭河干流低流量状况设置相应的调度预案，通过模型模拟和工程调控确保渭河干流重要水文控制断面流量维持在最低流量限值以上。③建立渭河干流应急调度事件数据库。对历史上发生过的渭河干流应急事件的相关数据进行保存和分析，总结应急调度的经验和教训，为未来完善渭河干流应急调度制度和措施提供参考。

第9章 渭河水量调度保障措施与机制

9.1 水量调度预案

9.1.1 调度目的

根据确定不同来水情况下干流控制断面生态环境需水控制指标，结合不同区域的水源条件、可调水量、水利工程的调控能力及经济用水情况，提出满足生态环境需水控制指标的可行的调度预案和水量调度措施，协调陕西省渭河流域经济社会发展和渭河流域生态环境的用水需求，改善渭河流域生态环境，促进渭河水量调度工作科学、规范、有序进行。

9.1.2 调度原则

调度需要遵循以下总体调度策略：

（1）贯彻落实科学发展观，坚持以人为本、人水和谐，促进渭河流域生态文明建设，不断提高渭河水量调度工作水平。

（2）统一调度，分级管理，分级负责，实行相关设区的市、县（市、区）人民政府行政首长负责制和渭河水量调度组织实施部门、机构、单位主要领导负责制。

（3）统筹考虑上下游、左右岸、地区间、行业间、部门间的用水需求，坚持局部利益服从整体利益，部门利益服从全局利益。

（4）按照首先保障城乡居民生活用水，合理安排农业、工业和生态环境用水，防止出现渭河断流的现象，科学调度、优化水资源配置。

根据渭河干支流的来水保障条件分析，以及未来供用水形式的变化，确定"上保中调、先引后蓄、分级保障、水调优先、多水联调"的生态调度规则，具体调度原则如下：

（1）保障入境断面基本入流水量，根据渭河干流生态目标提出分水文年的入境水量目标。

（2）确定支流蓄引提水量利用优先关系，优先利用无调蓄的引提水工程供水，保障蓄水工程存蓄水量。

（3）确定各断面优先补水支流和工程，在不能满足最低要求时采用其他可补水支流的补水，优先利用渭河中游右岸区间有控制能力的主要支流保障干流需求，对于特枯水段等关键期启用左岸大中型工程下泄水量保障干流生态。考虑补水时间确定工程下泄水量要求。

（4）确定生活、生产和生态的优先保障等级，在生活优先的前提下，对生产和生态提出分级保障，在保障最低生产需求的基础上优先最小生态流量保障，再保障发电用水和一般性生产用水，多余水量用于满足适宜生态需求。河道最低生态用水优先级应高于发电用水，通过上下游联合调度尽量将发电调度与供水相结合，提高水资源利用效率，加大河道下泄量。

（5）规划期充分利用外调水，并提高灌区用水效率，置换本地地表水，提高水量下泄比例。

（6）优先利用再生水资源，节约用水，改善关中平原区地下水利用策略。关键期通过加大地下水开采力度，置换地表径流量，为保障河道基流留下一定水量，增强地下水回灌措施，在丰水期对地下水进行回补，保持采补平衡。

9.1.3 调度目标

9.1.3.1 入境断面基本入流水量

对于上游甘肃入境控制断面北道水文站，非汛期和汛期分别按照 $3m^3/s$ 和 $5m^3/s$ 的要求控制下泄流量，最小生态流量按照 $3m^3/s$ 控制，见表 9-1。

表 9-1 不同断面的生态环境需水量　　　　　（单位：m^3/s）

断面名称	最小生态流量	低限生态流量	适宜生态流量 （最小月均天然径流量）
北道	3.0	—	—
林家村	5.4	8.6	12.8
魏家堡	8.4	11.6	23.5
咸阳	10.0	15.1	31.7
临潼	12.0	20.1	34.3
华县	12.0	12.0	34.1

9.1.3.2 主要控制断面的基本生态环境流量

根据以上章节分析，渭河流域干流的主要控制断面，林家村、魏家堡、咸阳、临潼和华县在多年平均来水频率下，基本生态与环境需水流量分别不低于 $5.4m^3/s$、$8.4m^3/s$、

$10.0\text{m}^3/\text{s}$、$12.0\text{m}^3/\text{s}$ 和 $12.0\text{m}^3/\text{s}$。

9.1.4 调度预案

9.1.4.1 林家村

林家村断面为渭河上游与中下游分界点，水量主要来自上游甘肃入境水量和渭河宝鸡段径流。林家村断面生态环境流量的主要保障工程为宝鸡峡水利枢纽，该工程对渭河中下游用水有综合调控作用。

根据历史资料分析，林家村水文站 2006～2010 年枯水期月平均河川径流量为 $4.16\text{m}^3/\text{s}$，最小实测流量为 $0.3～0.7\ \text{m}^3/\text{s}$，现状流量低于生态流量的天数超过了 300 天，难以保证 $5.4\text{m}^3/\text{s}$ 的最低生态环境流量。

如果仅仅采用强化节水配置方案，仍按照现状发电灌溉引水模式调度，那么林家村断面生态流量虽有增加但保证率会较低。在 1956～2010 年系列长系列水文条件下最小生态流量 $5.4\text{m}^3/\text{s}$ 的月保证率为 55%，其中枯季月保证率为 39%；在 1990～2010 年偏枯水文条件下的保证率为 44%，枯季月保证率为 24%。如果以低限生态流量 $8.6\text{m}^3/\text{s}$ 作为目标，则 1956～2010 年长系列条件下满足低限生态流量的月保证率为 23.0%，其中枯季月保证率为 15%；在 1990～2010 年偏枯水文条件下的保证率为 14%，枯季月保证率为 10%。

因此，在近期（2015 年）条件下，不但要在宝鸡峡灌区采用强化节水方案，而且要限制林家村渠首发电引水，停止纯发电引水。灌溉期结合宝鸡峡灌区灌溉用水发电，非灌溉期在满足下游河道 $8.6\text{m}^3/\text{s}$ 的条件下以 $23.5\text{m}^3/\text{s}$ 为引水上限，枯季按满足下游河道 $5.4\text{m}^3/\text{s}$ 的流量控制下泄，汛期存在弃水时采用加大流量发电。对于上游甘肃入境控制断面北道水文站，非汛期和汛期分别按照 $3\text{m}^3/\text{s}$ 和 $5\text{m}^3/\text{s}$ 的要求控制下泄流量。

通过采用上述发电限制措施，林家村断面基本生态环境流量能够达到 $5.4\text{m}^3/\text{s}$ 的长系列（1956～2010 年）全年和枯季月保证率分别提高至 85% 和 70%，偏枯水文条件（1990～2010 年）下可分别提高到 73% 和 60%；低限生态流量 $8.6\text{m}^3/\text{s}$ 的多年平均全年和枯季月保证率分别为 68% 和 55%。

远期（2020 年），农业灌溉采用最低需水方案，发电完全服从灌溉，非灌溉期优先保障河道生态，在没有水库弃水的条件下，进一步通过节水和本地水源置换减少宝鸡峡渠首引水量调控后，最小生态流量的长系列年度和枯季月保证率可分别提高至 91.1% 和 81.6%，偏枯水文条件下可分别提高到 88.9% 和 71.6%；低限生态流量 $8.6\text{m}^3/\text{s}$ 的长系列年度和枯季月保证率分别为 86.1% 和 70.0%。对于北道水文站，非汛期和汛期仍然分别采用 $3\text{m}^3/\text{s}$ 和 $5\text{m}^3/\text{s}$ 作为控制下泄流量要求。

考虑到目前的现实情况，林家村生态环境基本流量的调度预案如下：

（1）近期（2015 年），在汛期水库存在弃水或蓄水高于生态控制线时，满足河道适宜生态流量 $12.8\text{m}^3/\text{s}$，多余水量可以引水发电。在非汛期，当水库水位高于农业灌溉调度控制线时，按照正常农业用水需求引水，宝鸡峡水库按 $5.4\text{m}^3/\text{s}$ 控制生态下泄流量；当水库水位低于农业灌溉控制调度线，且高于生态调度控制线时，灌溉按照最低农业用水需求引水，同时保障 5.4m³/s 的河道生态下泄水量；当水库水位低于生态控制调度线时，停止河道生态下泄，仅保障最低农业灌溉需求的引水。1~12 月份的农业灌溉调度控制线和生态控制调度线见表 9-2。

表 9-2　宝鸡峡水库农业灌溉调度控制线和生态调度库容控制线

（单位：10^6m^3）

调度线	1月	2月	3月	4月	5月	6月	7月	8月	9月	10月	11月	12月
生态调度	24	20	20	20	15	15	15	20	20	20	24	24
农业灌溉调度	30	30	30	30	20	20	20	24	24	30	30	30

（2）远期（2020 年），除灌溉引水外不考虑单独的发电引水，林家村渠首的引水量完全用于满足下游农田灌溉用水量。宝鸡峡水库的调度规则为：汛期尽量按照适宜生态水量 12.8m³/s 控制下泄；在非汛期，当水库水位高于农业灌溉调度控制线时，进行灌溉引水，宝鸡峡按 8.6m³/s 控制生态下泄流量；当水库水位低于农业灌溉控制调度线，且高于生态调度控制线时，农业灌溉渠首引水和生态下泄水量按照 6∶4 的比例进行分配，当水库水位低于生态控制调度线，重点保障农业最低需水，停止河道生态环境流量下泄。

（3）完善宝鸡市水源配置，置换冯家山城镇供水量，增加千河可调控水量。由于宝鸡峡水利枢纽调蓄能力弱，丰水年和汛期仍然存在较大的弃水量，而冯家山水库相对调节能力强，可以多存蓄水量，实现以丰补枯。完善宝鸡峡水利枢纽向宝鸡市城区供水系统，增加丰水期宝鸡峡向宝鸡市的城镇供水量，替换冯家山水库城镇供水量。同时，引汉济渭工程通水后通过石头河水库增加宝鸡市的城镇供水量，替换冯家山水库对宝鸡市的城镇供水。减少冯家山水库城镇供水量，通过冯家山水库增加千河的可调蓄水量，保证枯季对渭河干流补水的能力。提高冯家山水库蓄水率后，在农业灌溉高峰期增加冯家山水库向王家崖的补水和宝鸡峡灌区的供水，减少林家村渠首取水供宝鸡峡灌区水量。

（4）统筹兼顾灌溉、发电、生态用水关系，在非灌溉高峰期，来水大于用水的情况下，加大下泄水量，尽可能满足渭河宝鸡城市段生态环境用水需求。

（5）林家村断面基本生态环境流量低于 3m³/s 时，实施应急调度。在凤凰阁等区间支流控制工程建成后，在林家村断面不能满足最低生态流量要求时，需要加大泄流对宝鸡峡枢纽补水。

9.1.4.2　魏家堡（取水口下游干流断面）

自林家村至魏家堡的区间主要支流有千河、石头河、大北沟、雍水河，对应的主要控制工程有大型水库 2 座，分别为千河上的冯家山水库和石头河上的石头河水库，兴利库容分别为 2.5 亿 m³ 和 1.2 亿 m³。该区间的工程供水用户包括宝鸡峡灌区农业用水和宝鸡市、西安市城市用水，其中石头河为西安市提供城市供水。从行政区划分析，供水范围包括宝鸡市、杨凌区和西安市。该区段南北岸均具有支流，工程调节能力相对较强，对保障基本生态流量具有优势，未来将新增引红济石的跨流域调水工程，对于有效补充本地水源，合理化水资源配置格局，保障基本生态流量具有较好的条件。

根据历史资料分析，魏家堡水文站 2006～2010 年月最小实测流量为 2.5～7.2 m³/s，现状流量低于生态流量的天数达 100 天，难以满足 11.6m³/s 的低限生态环境流量，则在魏家堡取水口以下断面，更难满足。进行水资源配置后，在现状用水水平下，宝鸡峡灌区系统维持现状引水 12 亿 m³ 左右的发电灌溉综合取水量，魏家堡年均总取水量（满足灌溉用水和杨凌水电站的发电引水）为 4.75 亿 m³，魏家堡断面低限生态环境流量能够达到 11.6m³/s 的月保证率为 48%，其中，枯季月保证率为 36%，偏枯水文条件下仅分别为 46% 和 33%。

近期（2015 年），灌区采用强化节水方案，在宝鸡峡枢纽采用前述限制发电调控后，明确区间冯家山和石头河水库的枯季下泄水量，则低限生态环境流量的多年平均全年和枯季月保证率分别提高至 85% 和 76%，偏枯水文系列条件下均可达到 79% 和 62%。

远期（2020 年），灌区采用最低需水方案，宝鸡峡枢纽优先保障河道生态环境流量，发电完全服从灌溉，对灌区进一步采用扩大井灌供水范围等水源替代措施，低限生态流量 11.6m³/s 的多年平均全年和枯季月保证率分别达到 96.8% 和 94.5%，偏枯水文系列条件下分别为 91.8% 和 85.5%。

该区段南北岸均具有支流，工程调节能力相对较强，对保障基本生态环境流量具有较好的条件。冯家山与石头河水库的调度原则是：①考虑调水的效益，根据冯家山水库与石头河水库下泄水量的流达时间以及区间水量的消耗考虑调水的效益；②考虑支流的实际来水情况，进行综合分析；③考虑冯家山水库与石头河水库的供水范围、用水户的优先级别以及水源的可替代性等因素；④考虑调水时段水库的蓄水量。根据以上原则分析，在引汉济渭通水前，冯家山水库和石头河水库共同承担魏家堡断面生态水量不足时的供水任务。在引汉济渭通水后，石头河水作为优先补水水库，为了公平起见，在石头河水库确定优先控制生态调度线，石头河水库库容大于优先控制生态调度线，进行石头河水库的调度；低于此调度线，进行冯家山水库与石头河水库的联合调度。

考虑到目前的现实情况、区间来水、冯家山水库与石头河水库的调蓄能力，以及未来新增引红济石的跨流域调水工程，魏家堡断面生态环境流量（魏家堡取水口以下）的调度预案如表 9-3、图 9-1、图 9-2 所示。

表 9-3　石头河、冯家山水库 1～12 月份的调度控制线　　（单位：$10^6 m^3$）

水库	调度线	1月	2月	3月	4月	5月	6月	7月	8月	9月	10月	11月	12月
石头河	优先控制生态调度线	87.5	87.5	87.5	87.5	87.5	87.5	87.5	87.5	87.5	87.5	87.5	87.5
	生态调度控制线	37.4	36.2	38.0	35.1	29.3	28.8	27.3	23.6	29.1	27.2	31.7	35.2
	农业灌溉调度控制线	113.45	113.45	113.45	113.45	113.45	104.99	104.99	104.99	104.99	113.45	113.45	113.45
冯家山	生态调度控制线	123.7	121.2	123.9	122.3	123.0	121.9	121.8	121.6	120.3	120.3	121.1	122.9
	农业灌溉调度控制线	349.1	349.1	349.1	349.1	349.1	280.2	280.2	280.2	280.2	349.1	349.1	349.1

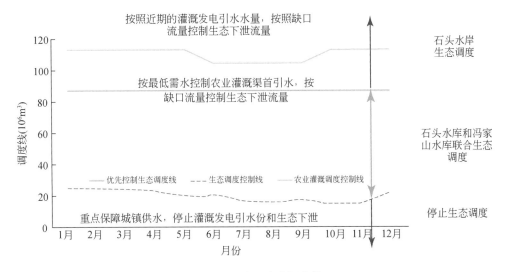

图 9-1　石头河水库调度线

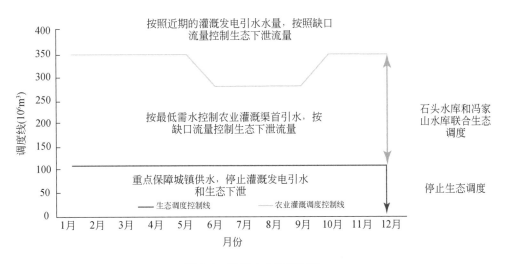

图 9-2　冯家山水库调度线

近期（2015 年），当魏家堡断面流量高于 11.6m³/s 时，魏家堡渠首可以在保证河道下泄流量 11.6m³/s 要求的基础上控制引水，冯家山和石头河水库按照现有规则调度；当魏家堡断面流量不足 11.6m³/s 时，按照以下规则调度。

1）林家村下泄流量高于 5.4m³/s

当石头河水库库容高于优先控制生态调度线，且同时高于农业灌溉调度控制线时，采用正常农业需求引水，按照目标生态环境流量与实际流量的差值控制生态下泄流量；当水库水位低于农业灌溉控制调度线时，按最低农业灌溉需求引水，根据生态流量差值补充供水。

当石头河水库水位低于优先控制生态调度线时，采取石头河、冯家山水库联合生态调度：当两个水库库容均高于农业灌溉调度控制线时，在满足正常灌溉用水的同时，冯家山和石头河按照1∶2的比例分配生态缺口流量作为下泄目标；当任一水库水位低于农业灌溉控制调度线但高于生态调度线时，农业灌溉进入满足最低灌溉需求模式，冯家山和石头河仍按照1∶2的比例分配生态缺口流量；当任一水库库容低于生态调度线时，该水库停止生态下泄。

2）林家村下泄流量低于5.4m³/s

冯家山和石头河水库调度规则同上，最大下泄流量按照2m³/s控制。

统筹兼顾灌溉、发电、生态用水关系，在非灌溉高峰期，来水大于用水的情况下，加大下泄水量，尽可能满足渭河宝鸡城市段生态环境用水需求。

远期（2020年），引红济石的跨流域调水工程实施后，利用区域外来水，置换当地水源，保障河道基本生态水量；引红济石的跨流域调水工程实施，可适当加大灌区枯季地下水补充灌溉，保障河道基本生态水量，冯家山和石头河的调度规则同上。

魏家堡断面基本生态环境流量低于6m³/s时，实施应急调度，农业按照最低灌溉需求引水。

9.1.4.3　咸阳

在魏家堡—咸阳河段主要支流右岸的汤峪河、黑河、涝河以及左岸的漆水河。考虑到汤峪河、涝峪河流域无大型水库，羊毛湾水库库容只有1.2亿m³，为补水型水库，无法实施水量调度，而黑河金盆水库，可以实施干流的水量调度。强化水库群联合调度，对于保障基本生态流量具有较好的优势；未来新增引汉济渭的跨流域调水工程，对于有效补充本地水源，合理化水资源配置格局，保障基本生态流量具有较好的条件。

根据历史资料分析，2002~2009年咸阳水文站日平均流量为20~205m³/s，最小日实测流量为1.0~8.0 m³/s（表9-4）。咸阳水文站日平均流量达到12.0m³/s和15.1m³/s的天数占全年的比例见表9-5。经过水资源配置结果，基本生态环境流量为12.0m³/s的保证率提高到100%；15.1m³/s的保证率提高到99.8%；因此，采用15.1m³/s作为生态环境流量调度目标。

水资源调度模式为：设定金盆水库生态控制补水调度线（表9-6）。当魏家堡断面流量高于11.6m³/s时，咸阳断面来水小于15.1m³/s时，若金盆水库库容高于生态控制补水调度线，按照目标生态环境流量与实际流量的差值控制河道下泄水量；当库容低于生态控制补水调度线时，停止河道生态环境流量下泄；当魏家堡断面流量低于11.6m³/s时，当咸阳断面来水小于15.1m³/s时，金盆水库调度规则同上，最大下泄流量按0.3m³/s控制。

表9-4　咸阳站历史流量统计表

项目	1月	2月	3月	4月	5月	6月	7月	8月	9月	10月	11月	12月
日平均流量（m³/s）	26.0	21.8	27.1	32.7	50.3	47.6	74.4	137.3	204.8	233.6	81.0	37.9
日最小流量（m³/s）	7.6	5.9	5.3	8.1	6.5	1.0	2.3	1.9	2.9	8.0	7.0	5.8

表 9-5 咸阳站日平均流量统计表

项目	2002 年	2003 年	2004 年	2005 年	2006 年	2007 年	2008 年	2009 年
日平均流量<12.0m³/s 的天数	173	131	13	0	13	54	0	12
日平均流量<15.1m³/s 的天数	239	155	28	0	24	77	1	50

表 9-6 金盆水库 1~12 月份的调度控制线　　　　　　（单位：$10^6 m^3$）

水库	调度线	1 月	2 月	3 月	4 月	5 月	6 月	7 月	8 月	9 月	10 月	11 月	12 月
金盆	生态调度控制线	17.0	16.7	16.8	16.6	16.5	16.4	16.1	17.0	16.2	16.4	16.8	17.1
	农业灌溉调度控制线	169.2	169.2	169.2	169.2	169.2	165.0	165.0	165.0	165.0	169.2	169.2	169.2

9.1.4.4 临潼

渭河咸阳—临潼河段的支流较多，左岸主要有泾河汇入，右岸的支流主要有沣河、皂河和灞河，目前该区域没有大型水库；2020 年在泾河下游新建东庄大型水库，总库容 30.08 亿 m^3。

根据历史资料分析，2002~2009 年临潼水文站日平均流量为 70~300m³/s，最小日实测流量为 14.0~34.0 m³/s（表 9-7）。临潼水文站日平均流量达到 12.0m³/s 和 20.1m³/s 的天数占全年的比例为 90%。因此，采用 20.1m³/s 作为生态环境流量调度目标。

表 9-7 临潼站历史流量统计表

项目	1 月	2 月	3 月	4 月	5 月	6 月	7 月	8 月	9 月	10 月	11 月	12 月
日平均流量（m³/s）	74.3	76.3	87.8	88.9	116.5	113.7	171.9	289.3	341.0	362.1	146.4	96.8
日最小流量（m³/s）	30.0	33.3	30.0	29.2	38.3	14.8	19.8	15.3	23.7	27.9	29.2	26.7

近期（2015 年）：当咸阳断面流量高于 15.1 m³/s，临潼断面流量不足 20.1m³/s 时，考虑沣河、皂河和灞河多年平均枯水期的入流量，控制泾惠渠的引水最大不超过 6m³/s；当咸阳断面流量低于 15.1 m³/s，临潼断面流量不足 20.1m³/s 时，控制泾惠渠的引水不超过 4.5m³/s。

远期（2020 年）：临潼断面流量不足 20.1m³/s 时，可考虑泾河东庄水库的调蓄能力，在东庄水库的调度中考虑生态环境流量调度。

9.1.4.5 华县

在临潼至华县河段没有大的支流汇入，但河段内小而短的支流较多，右岸主要有零河、沈河、赤水河、遇仙河、石堤河，左岸有石川河，区间没有大型水库。因此，提高上游水库群的调度能力、协调下游用水户的用水、适当提高调蓄能力是保障该区域基本生态流量的有效手段。

根据历史资料分析，2002~2009 年华县水文站日平均流量为 60~420m³/s，最小日实测流量为 14.0 ~ 31.0 m³/s（表 9-8）。华县水文站日平均流量达到 12.0m³/s 的天数占全年的比例为 90%。因此，采用 12.0m³/s 作为生态环境流量调度目标。

表 9-8　华县站历史流量统计表

项目	1月	2月	3月	4月	5月	6月	7月	8月	9月	10月	11月	12月
日平均流量（m³/s）	60.6	59.2	63.4	63.0	101.5	90.4	153.9	248.9	357.3	416.8	146.5	78.8
日最小流量（m³/s）	19.2	18.7	15.4	10.1	10.8	0.01	1.1	3.1	29.0	30.9	29.7	9.2

近期（2015 年）：当临潼断面流量高于 20.1m³/s，华县断面流量不足 12m³/s 时，需要控制交口抽渭工程抽水不超过 8 m³/s；当临潼断面流量低于 20.1m³/s，华县断面流量不足 12m³/s 时，低限生态环境流量需要控制交口抽渭工程抽水不超过 4 m³/s。

远期（2020 年）：当华县断面流量不足 12m³/s 时，可考虑泾河东庄水库的调蓄能力，在东庄水库的调度中考虑生态环境流量调度。

9.1.5　调度措施

9.1.5.1　林家村

1. 近期（2015 年）

适当限制发电：在近期条件下，宝鸡峡林家村水电站正常调度，适当限制林家村渠首引水，减少下游魏家堡水电站单独发电的引水量，并按照保证林家村生态流量的调度预案执行。

增加城市供水：根据《宝鸡市城市总体规划（2008 ~ 2020）》陆续关停下马营、福临堡、卧龙寺和八里桥 4 个水源地，因此，在 2015 年前，增加宝鸡峡引渭灌溉工程的城市工业供水 0.3 亿 m³，替换深层地下水；同时督促市政府加快宝鸡市市政管网改造，接纳宝鸡峡引渭灌溉工程的工业供水。供水价格可按照陕西省水利工程供水价格管理暂行办法（陕西省物价局、陕西省水利厅 2006 年 11 月 28 日陕价价发〔2006〕167 号通知印发）执行。

进行补偿：由于林家村渠首引水量的减少对魏家堡水电站发电收入的影响，可考虑从省政府财政角度对灌区管理单位进行适当补贴，并扣除工业供水的收益，帮助灌区管理单位实现过渡期的转型。

2. 远期（2020 年）

限制发电：在远期条件下，宝鸡峡林家村水电站正常调度，限制林家村渠首引水，并按照保证林家村生态流量的调度预案执行。除灌溉引水外不考虑单独的发电引水，林家村渠首的引水量完全用于满足下游农田灌溉用水量，并按照保证林家村生态流量的调度预案执行。

制定灌溉管理与改革办法：研究制定较为完善的灌区发展与改革制度，合理定位灌区管理机构，加大水利基础设施的政府投入力度，由地市财政和省政府财政作为经常性费用列支。

上游地区节水与再生水利用战略：对宝鸡峡以上用水户加强节水管理，通过政策鼓励、经济杠杆加大雨洪利用、中水回用等非常规水源的利用量。

减少宝鸡峡灌区农业灌溉引水量：在引汉济渭通水后，上游应退还原有挤占生态环境的用水量，置换冯家山水库城镇供水，通过冯家山向王家崖水库补水供宝鸡峡塬上灌区，减少农业灌溉高峰期以及枯水期林家村渠首农业灌溉引水量。

9.1.5.2 魏家堡

1. 近期（2015 年）

适当限制发电：在近期条件下，适当限制魏家堡渠首引水，减少下游杨凌水电站单独发电的引水量，并按照保证魏家堡生态流量的调度预案执行。

强化水库联合调度：分析千河、石头河、大北沟、雍水河等支流的来水特点，以及冯家山和石头河水库特点，开展水库联合调度，并按照冯家山和石头河的联合调度预案执行。

进行补偿：由于魏家堡渠首引水量的减少对杨凌水电站发电收入的影响，可考虑从省政府财政角度对灌区管理单位进行适当补贴。

2. 远期（2020 年）

限制发电：在远期条件下，限制魏家堡渠首引水，并按照保证魏家堡生态流量的调度预案执行。除灌溉引水外不考虑单独的发电引水，魏家堡渠首的引水量完全用于满足下游农田灌溉用水量，并按照保证魏家堡生态基本流量的调度预案执行。

强化水库联合调度：引汉济渭通水以后，引汉济渭调入水量全部配置给直接供水区各用户，可替代当地地表水和地下水水源地，其回归水可补给地表水，增加渭河河道水量。冯家山水库和石头河水库的供水范围相应改变，冯家山水库将逐步退还给千阳、陇县等地区的灌区农业和农村生活用水，不再承担宝鸡城区的供水任务；石头河水库在满足原灌区用水任务基础上，拟就近向当地的宝鸡市和眉县供水。按照冯家山和石头河的联合调度预案执行。

9.1.5.3 咸阳

优化金盆水库的调度：通过优化金盆水库调度，满足咸阳断面的生态基本流量，可按照保证咸阳断面生态基本流量的调度预案执行。

9.1.5.4 临潼

控制泾惠渠的引水量：东庄水库建成前，根据咸阳断面的来水以及支流的来水情况，通过控制泾惠渠的引水来满足临潼断面的生态环境流量。可按照保证临潼断面生态基本流量的调度预案执行。

加强东庄水库调度：东庄水库建成后，可考虑泾河东庄水库的调蓄能力，在东庄水库的调度中考虑生态环境流量调度。

9.1.5.5 华县

控制交口抽渭工程抽水：东庄水库建成前，根据临潼断面的来水以及支流的来水情况，通过控制交口抽渭的引水来满足华县断面的生态环境流量。可按照保证华县断面生态基本流量的调度预案执行。

加强东庄水库调度：东庄水库建成后，可考虑泾河东庄水库的调蓄能力，在东庄水库的调度中考虑生态环境流量调度。

9.2　保　障　措　施

9.2.1　制度保障

西方新制度经济学理论指出，"制度是社会游戏的规则，是人们创造的、用以约束人们交流行为的框架……决定了社会和经济的激励结构"。制度安排的有效与否，直接决定着人类经济社会活动的效率的高低和效果的好坏。制度保障，在水量调度中的作用尤为重要，维持河流的生态系统健康，虽然意义重大，但更多的是带来社会效益，直接的经济效益不明确，制度建设是核心和重中之重。

制度是规范和制约人们行为的规则，用来抑制可能出现的机会主义、损害他人及公共利益的个人行为，使社会个体的行为更加具有可预见性，促进人与人之间的合作。制度是由规则、物质设置和奖惩措施三大要素构成。

1. 建立健全法律体系

健全的法律体系对于渭河设生态应急调度和常态的水量调度，甚至是渭河生态环境与经济社会的协调发展都具有至关重要的作用。拥有健全的法律体系，可以有效地规范政府部门和组织机构的行为，使上级对下级下达的相关指令具有法律效力，这直接决定了水量调度工作的成败。

目前，陕西省在国家《水法》《防洪法》《水污染防治法》等多部法律法规的基础上，也出台了相关的法律法规和规章制度，其中《陕西省渭河流域管理条例》水量分配和水量调度作出了初步规定；《陕西省水量分配暂行办法》《陕西省渭河水量调度办法》《陕西省渭河应急水量调度预案》等基本对陕西省渭河水量分配、水量调度和应急调度等都做了详细的法律规定，建立起对于陕西省水量调度的法律体系。

虽然目前，陕西省建立相对完整水量调度的法律体系，但是仍有很多不完善的地方，许多法律中对流域管理和行政管理关系、事权划分和责任分工、法律责任和监督等方面不够明确，法律地位还没得到充分认可。根据具体的《陕西省渭河水量调度办法》中的具体内容需要对相关规定进行补充和完善，其中第四条条例中，渭河流域管理机构具体负责全省渭河水量调度组织实施和监督检查工作，明确渭河流域管理机构为渭河管理局；第五条条例中，调度方案和指令的执行，除了首长负责制外，补充下级单位向上级单位负责制，当本单位在水量调度过程中出现违法违规行为，主要负责人承担主要责任，直属上级单位承担连带责任。在法律责任部分，该办法规定的不是很详细，为了明确在水量调度中的法律责任，应制定《渭河水量调度奖惩条例》其中应进一步将违反法律责任的行为划分为在枯水年状况下和丰水年状况不执行或不完成水量调度方案、指令情况，对于枯水年状况下，考虑当地实际情况，可酌情处理；同时划分行政和流域管理单位的法律责任和公职人员的法律责任，处罚除了行政处罚、法律处罚外，增加经济处罚措施。

2. 水量调度的规则体系建设

规则是制度的核心内容，是由人们制定出来的规范、调节和约束社会行动的原则和程序，以便达到个人或团体能够对他人的行动有较为确定的预期，从而实现社会的合作及秩序的建立。陕西省的水量调度在国家《水法》《防洪法》《水污染防治法》等多部法律法规的基础上，也出台了相关的法律法规和规章制度。

1987 年 9 月 11 日，国务院办公厅转发《关于黄河可供水量分配方案报告的通知》，这是我国首次由中央政府批准的可供水量分配方案。2006 年 7 月 5 日，国务院第 142 次常务会议通过《黄河水量调度条例》，国务院第 472 号令发布，自 2006 年 8 月 1 日起施行。2008 年，陕西省政府第 2 次常务会议通过《陕西省渭河水量调度办法》，陕西省人民政府 130 号令发布，自 2008 年 3 月 1 日起施行。2010 年 12 月 20 日，陕西省水利厅以陕水发〔2010〕128 号，发布了《陕西省渭河水量调度实施细则》，自 2011 年 1 月 1 日起执行。2012 年 11 月 29 日，陕西省第 11 届人民代表大会常务委员会第 32 次会议通过《陕西省渭河流域管理条例》，自 2013 年 1 月 1 日起施行。

相对于我国其他流域和地区，黄河流域和渭河流域水量调度规则体系走在前列。陕西省人民政府和陕西省水利厅先后出台的法律法规和管理条例，还有《陕西省水量分配暂行办法》和《陕西省渭河应急水量调度预案》等，对陕西省渭河水量分配、水量调度和应急调度等都做了详细的法律规定，基本建立起了对于陕西省水量调度的法律体系。

从当前的规则体系建设方面来看，对陕西省渭河干流的水量调度的最小生态流量约束、保障措施和方案，基本符合现有实际情况，随着在执行水量调度过程中出现的问题，对可操作性，需要进一步明确、细化，特别是对于执法监督和奖惩措施的规定方面。

3. 监测体系建设

物质设置是为确保规则实施所需的基础物质保障。建立监测体系是实现渭河流域生态调度的重要抓手，本项目在充分利用现有的监测设施以及现有规划的基础上，遵循科学性、先进性和实用性原则，建立渭河流域监测网络体系。对于水量调度方面，主要是建设科学的监测体系，对天然水循环的"降水—径流"过程，以及社会水循环的"供—用—耗—排"过程，以及主要生态控制断面水位流量过程进行在线的实时监测。

监测体系建设充分利用现有的监测设施以及现有规划，遵循科学性、先进性和实用性原则，进行布局合理，突出重点监测与优先监测项目，构建完备的监测网络体系，加强对渭河流域的主要监测断面、主要取水口、排污口和用水主体的监测，为保障渭河流域生态调度的实现提供支撑。对渭河流域的"冯家山水库""羊毛湾水库""石头河水库"等大型水库，魏家堡电站、杨凌电站、林家村电站等电站用水泄水过程，渭河流域的大型灌区、取水枢纽等取用排水过程进行统一监测。根据水功能区的划分以及考虑主要河流入河口，共在渭河干流上布设 23 个生态监测断面，主要对枯季流量和保护区流量脉冲进行监测，以保证河流的基本生态用水。

水量监测工作应交由统一的水量调度部门，避免由于利益相关的原因，出现数据不准、或者数据造假等现象。

4. 水量调度的奖惩措施

奖惩执行既包括常常包含于规则中的奖惩办法，也包括外部执行机构在内的实施系统。水量调度的奖惩措施，主要包括现有调度方案下利益损害方的补偿，未能实际执行调度方案情况下的惩罚机制。

建立生态补偿政策。从历史情况看，渭河干流的生态流量问题，主要集中在渭河宝鸡峡段，即魏家堡等水电站发电等问题，要解决发电和生态流量的问题必须实施生态补偿，这有利于理顺流域上下游间的生态关系和利益关系。对发电的生态补偿机制，要充分研究，考虑到宝鸡峡的实际情况，在枯水期，渭河流域采用政府补偿为主，市场补偿为辅的生态补偿方式。生态补偿费用总体上按照以下三个方面确定：一是以上游地区因水环境保护投资为依据，即直接投入；二是以上游地区因水质水量未达标所丧失的发展机会的损失为依据，即间接投入；三是今后上游地区为进一步改善水环境的延伸投入。

规定河流各断面的最小生态流量，流域管理者作为河流代言人，沿河各区域的用水对象有义务保证河流最小生态流量，对于过度追求经济利益，破坏生态环境的情况，应明确严格的惩罚机制和措施，严格执行《陕西省渭河流域管理条例》等规定的内容，强化执法力度。

9.2.2 管理保障

9.2.2.1 组织体系

为实现渭河"洪畅、堤固、水清、岸绿、景美"的宏伟目标，需建立水量调度协调常态机制，协调政府部门、公众、水管单位之间的利益关系，在原有管理机构的基础上，成立渭河流域水量调度管理办公室（简称调度管理办公室），负责渭河流域水量调度的全部事宜和日常管理事务，调度管理办公室由陕西省政府、陕西省水利厅、陕西省各地市政府、陕西省各地市水利局、水库和灌区管理单位以及其他相关利益者共同参与。渭河流域关键断面生态环境流量是否达标将纳入陕西省各级政府部门考核范畴。

调度管理办公室的主要职能包括研究制定有关水量调度管理办法和章程，确定工作机制及职责；研究并制订渭河流域水量分配方案的年度执行计划，并监督年度计划的执行；将调度情况报送各级政府、各级水行政主管部门，并向社会发布；协调利益相关者的赔偿事宜；以及其他相关事宜。

9.2.2.2 建立完善的水量调度管理责任

明确职责分工：建立完善水量调度管理责任体系，实现逐级管理，分级负责，从上到下的联动机制，实现统一调度，统一管理。根据陕西省水量调度组织体系，将陕西省水量调度管理体系分为管理、决策单位，组织实施单位和配合单位，一级执行单位和二级执行单位四个层次。

加强监督检查：监督检查是促进各级行政主管部门以及执行单位工作的重要措施。监督检查首先要明确监督检查对象。由于渭河流域调度的组织体系中不仅涉及具体的基层工作单位，还涉及中间渭河管理局的行政管理部门，因此监督检查对象分为两个层次，一是基层监测单位，二是监督管理部门，主要是水利部门。

加大对渭河水量调度管理的宣传和公众参与力度：充分认识做好渭河水量调度是建设流域生态文明的重要保障，是促进流域社会和谐发展的有力支撑，是提高渭河水资源科学管理的重要内容。首先，要采取各种有效形式实施信息公开制度，各级政府和有关部门应当定期公布水量调度信息及其相关的进展情况，以保障水量调度始终在有效的社会监督下进行，促进水量调度决策更加科学化和民主化；广泛开展宣传教育，积极落实地方政府和取用水工程主体单位在水量调度中的责任和义务。其次，要保证公众有效参与决策，广大的利益相关者应当享有发表意见的权力和途径；在水量调度过程中，必须正视不同利益群体的主张与诉求，并且使不同利益群体的诉求能够在决策过程中显现出来。

9.2.2.3 强化水资源管理

加强水资源管理，强化监督，保障重要控制断面生态环境流量目标的实现，改善渭河流域生态环境。

1. 加强蓄水工程建设，提高调蓄能力

截至 2012 年，渭河流域水库总库容仅为 22 亿 m^3，不足多年平均地表水资源量的 25%，水资源调控能力明显不足，未来引汉济渭工程的完工，对当地的水资源调控和配置提出了新的挑战。因此，在黑河的亭口水库、泾河的东庄水库、北洛河的永宁山水库和葫芦河的南沟门水库 4 座在建或拟建大型水库的基础上，进一步开展蓄水工程建设项目的论证，完善流域和区域水资源配置总体格局，有效调控当地水资源，实现经济效益和社会效益最大化，为保障河道生态环境流量提供有效支撑，并考虑列入水利发展"十三五"规划。

积极发展现代用水高效用水模式，建设田间蓄水工程，从"集中办水"到"分户实施，田间蓄水"。可以根据各地水源状况、灌溉面积分布等不同的实际情况，探索设计出不同的类型：一是"长藤结瓜"型，即依托已有的水池、堰塘、水渠等公共水利设施，将水引到分户建设的水窖、水池，实现田间蓄水，水渠为"长藤"，分户窖（池）为"瓜"；二是水窖（池）型，即在缺乏水源的地方，通过分农户、分田块修建水窖、水池实现田间蓄水。积极通过政府适当投入、农户有偿用水等综合手段对公共水利设施进行维护，确保水源充足、水到田间；同时通过水利设施产权制度改革、激励补偿等方式充分调动老百姓对水利设施的"建、管"积极性，增添新型水利建设模式的活力，提高田间的水源保障。

在确保行洪安全的前提下，充分发挥滩地、堤防绿化、防护林以及滨河湿地、城市水景观等配套工程的调蓄能力，保障基本生态环境流量。

2. 加强水库联合调度，开展水库信息化建设，提高流域水资源的社会、经济与环境效益

积极发挥当地大中型水库的联合调度优势，最大限度地调控当地水资源。目前，陕西省渭河流域包括千河的冯家山水库、漆水河的羊毛湾水库、石头河的石头河水库和黑河的金盆水库等4座大型水库，水库库容分别为3.89亿 m^3、1.20亿 m^3、1.47亿 m^3、2.00亿 m^3，河流具有不同的丰枯来水特征，使得水库发挥不同的效益。因此，有必要加强大中型水库的联合调度，发挥各个水库的调节能力，提高地表水的可利用量，在保证水利工程原有任务顺利完成的基础上，完善水量调度规则，积极发挥生态调度的功能，充分发挥渭河流域水库群的综合调度能力，是渭河干流生态补水的重要途径。

陕西省渭河全线综合整治以及实现重要断面基本生态流量使得水库管理变得更为复杂，必须借助于先进的信息技术手段，针对新时期的新需求，优化管理模式，创新管理手段，实现对大中型水库、主要水文站、取水控制断面及重要生态断面流量、水文等信息的实时监控，在保证三防、水资源、供水安全的基础上，保障渭河干流控制断面基本生态环境流量，实现渭河"洪畅、堤固、水清、岸绿、景美"的宏伟目标。

3. 应充分利用外调水，优化配置本地水和外调水，有效缓解渭河流域严重缺水局面

陕西渭河流域调水工程包括已有的东雷引黄和在建的引乾济石、引红济石和引汉济渭工程，2020 年规划的调水量为 7.3 亿 m^3，占当地地表水资源量的 12%。应充分利用外调水，置换本地的地下水，优化全省水资源配置，有效缓解关中地区严重缺水局面，同时发挥大中型跨流域调水工程设计的生态供水量、富余弃水的作用，增加河道生态流量，保证生态环境流量目标的实现，改善渭河生态环境状况，促进全省经济社会可持续发展。

积极与甘肃省水行政主管部门和黄河水利委员会进行协调，适当提高渭河入陕西断面的入境水量，北道入境断面最小流量指标由目前的 $2m^3/s$ 提高到 $3m^3/s$，确保下游生态环境流量达标。

4. 开展节水型社会建设，挖掘节水潜力，加大可再生水的利用

发挥政府主导作用，借助于经济手段、扶持低耗水、先进工艺企业发展等手段，积极开展产业结构调整，提高经济社会用水效率，是协调经济社会用水与生态环境用水的有效手段之一。从宏观层面来说，通过调整区域产业结构，严格控制高耗水项目，鼓励发展低耗水的高新技术产业，以实现区域结构性节水；从微观层面来说，通过改进工艺、加强管理等手段，提高各产业部门的用水效率和节水能力，以实现各产业部门的用水总量最小化。

再生水合理利用，既能减少水环境污染，又可以缓解水资源紧缺的矛盾，特别是对于西安、宝鸡、咸阳、渭南等人口集中的城市，将再生水利用作为城市的第二水源，是缺水地区应对水资源危机的重要手段。

5. 建设"陕西省渭河水量调度管理信息系统"，完善水量调度监测、监控等手段，强化水量调度监督管理和执行力

在黄河流域和陕西省水资源监控能力建设的基础上，整合现有的基础信息，补充完善与渭河水量调度的有关监测信息，构建陕西省渭河流域水量调度监测信息平台。在原有水文站的基础上，补充完善主要入渭河河口的水量监测；加强大中型水库、主要水利枢纽的来水和下泄水量监测；完善主要取水口、主要排污口的水量监控，同时加强水质监控，为渭河生态环境水量调度提供信息支撑。

建立"陕西省渭河水量调度管理系统"，包括计算机网络、数据库、应用支撑平台、业务应用系统和应用交互等层面，为流域管理、生态调度管理等提供水资源信息服务，建立由省水利厅以及相关设区的市、县（市、区）人民政府水行政主管部门和省属灌溉管理单位参与的会商制度，商量调度方案。省江河局要加强监督检查力度，进一步完善监督检查手段，确保水利厅调度方案和调度指令落到实处。

9.2.3 政策保障

理顺经济社会用水与生态环境用水之间的关系，规范不同行业的用水需求，促进当地农业生产、经济增长以及渭河流域生态环境改善。

1. 制定渭河流域水力发电用水指导性意见，约束河道外引水发电需求

水电发展"十二五"规划中指出，水力发电要坚持水电开发与环境保护并重，建设环境友好型工程。在渭河流域的资源短缺地区进行水力发电，应制定"渭河流域水力发电用水指导性意见"，严格控制河道外引水发电，退回挤占生态环境的用水量。

（1）制定渭河流域水力发电用水指导性意见。由陕西省水利厅牵头研究制定"渭河流域水力发电用水指导性意见"，明确河道外引水发电的引水规模、引水水量以及管理程序等。

（2）宝鸡峡管理局要严格执行河流域水力发电用水指导性意见，按照水利厅调度预案和调度指令的要求，下泄流量。林家村和魏家堡等水电站，非汛期除了与灌溉结合之外，不再单独进行引水发电。

（3）研究确定政府补贴制度。宝鸡峡和魏家堡渠首引水量减少，造成的魏家堡和杨凌水电站发电收入的减少，依据宝鸡峡管理局经济困难的现状，近期可考虑按照当年的发电收益损失进行适当补贴，帮助管理单位实现过渡期的转型，补贴费用由省财政项目列支。

2. 尽快出台灌区管理与改革办法，实现灌区的可持续发展

根据国务院 2011 年发布的《全国主体功能区规划》，渭河流域位于汾渭平原主产区。农业灌溉作为公益性的基础性产业，在服务于解决"三农"问题，保障粮食安全方面还将发挥巨大的作用。

林家村、魏家堡和杨凌水电站的水力发电主要是用于弥补宝鸡峡管理局单位经费不足，因此，切实加强灌区管理与改革，解决灌区水管单位当前面临的困境，也是协调经济社会用水和生态环境用水的有效途径。

（1）加大水利基础设施的政府投入力度。农业灌溉作为公益性的基础性产业，对灌区的投入可以降低农业生产成本，提高农产品的国际竞争力，因此，水利基础设施改建和维护费用应当由当地政府承担，可以考虑由地市财政和省政府财政进行补贴。

（2）研究制定合理的灌区农灌水价。灌区水费收入是保障灌区正常运转的基础财源和支柱，农灌水价由政府定价，受农民实际承受能力的影响上涨空间受到了很大制约，虽然陕西省灌区农灌水价经过 6 次调整达到 0.18 元/m³，仍不到位，使灌区管理单位长期亏本运行，因此，应切实加强灌区农业水价改革，根据陕西省水利工程供水价格管理办法（陕价价发〔2011〕105 号），研究制定合理的灌区农灌水价。

（3）加强灌区管理改革。从管理体制、能力建设等方面加强灌区管理改革，增强灌区管理单位的活力，提高工作效率和管理水平。全面、系统、综合地研究解决灌区改造与灌区管理中存在的问题，实现灌区管理单位的可持续发展。

3. 完善陕西省渭河水量调度办法

建立完善水量调度管理责任体系，实现逐级管理，分级负责，从上到下的联动机制，实现枯水期生态水量的统一调度、统一管理。

（1）补充完善枯水期进行生态水量调度的程序，明确相关市、县（区）人民政府水行政主管部门和省属灌溉管理单位在水量调度中的责任与义务，以及奖惩措施。

（2）制定陕西省渭河流域枯水期生态调度预案，明确近期和远期的生态水量调度目标和调度途径。

4. 建立完善生态水量调度补偿机制和政策，协调不同社会群体的相关利益，促进流域生态环境与经济社会的协调发展

生态补偿机制是环境与经济一体化发展的内在要求，生态补偿的实质是对生态效益（环境效益）的补偿。通过生态补偿政策，可以将渭河环境与经济结合起来，促进环境与经济的协调发展。生态补偿政策是实现和谐发展的重要保障措施，实施生态补偿有利于理顺流域上下游间的生态关系和利益关系，为确保实现渭河生态环境水量调度目标，应本着公平、互利、和谐发展和"谁开发谁保护、谁受益谁补偿"的原则，建立完善的生态补偿机制。

陕西省渭河流域的宝鸡峡、魏家堡、杨凌、降帐等水电站建设利用水电清洁能源代替煤炭、石油等火力发电，减少对环境的污染，同时也为陕西省经济发展作出重要的贡献。但是由于历史原因，在我国水电站的设计及批复过程中，未能充分考虑到生态环境流量，水电站的环境保护措施（设施）不够完善，随着流域开发程度的加深及社会的发展，相关问题日益突出。因此，针对目前渭河流域生态流量调度，需要考虑宝鸡峡电站以及陕南部分私人水电站建设初期的国家政策和实际情况，综合考虑电站的年发电情况、电站收益情况、贷款情况以及灌区实际经营情况等因素，研究制定合理可行的补偿政策以及补偿金额；同时借鉴青海省关停小水电的经验，由政府出资进行补偿。

开展生态补偿，对渭河流域上下游、左右岸，不同行政区之间的开发利用进行协调，实行对生态环境保护者、建设者和生态环境质量降低的受害者进行补偿的生态经济机制。渭河水量调度的受益者涉及省、市、县政府与消费者（企业和个人）等诸多方面，为便于实施与管理，建议采取省财政专款支付的补偿形式。

9.2.4　资金保障

渭河水量调度工作经费纳入省政府财政预算，主要用于水量调度工作、预防预警、信息收集、水情和险情预报分析、年度调度实施方案编写，以及调度工作的实地勘察、方案的制订，对各个重点控制断面各方面的监测工作，水量调度工作的奖惩情况等。因此，各级政府要拓宽投资渠道，建立长效、稳定的水量调度投入机制，保障水量调度的方案编写、监督和管理工作经费，省财政加大对陕西省水量调度工作的支持力度。

拓宽融资途径，切实保障渭河流域水量调度。渭河流域相关水行政主管部门应该积极吸引企业单位参与到渭河流域的项目建设中，吸纳民间资本，必要时可以为相关企业单位的参与提供优越有利的投资环境。相关企业单位的参与可以优化单纯的政府性项目建设的投资结构，也可以有效扩大资金来源并降低项目投资风险。渭河项目建设中，在政府参与的基础上要扩大与各个利益相关主体的投资合作，积极联合相关的企业单位与金融机构和组织共同参与渭河流域建设。可能的融资模式包括积极寻求政策性、商业性贷款，搭建投融资平台，设立投资基金以及积极寻求和利用各种援助资金等。

9.2.5　人员保障

从决策管理机构到组织实施机构以及配合部门、监督检查机构，各单位需要团结协作，统一协调指挥，各级行政区、行政单位积极配合，组织成立水量调度工作组、协调组、监督检查组和后勤保障组，保障水量调度过程中的人力资源保障，做到有人负责，专人保障。

9.2.6　技术保障

对于参加组织实施水量调度的各级单位和负责监督检查单位，组织专门技术人员负责，并对具体工作人员进行培训考核，使具体工作人员具有专业职业素养，掌握专业技能，能够对出现的情况应用专业知识进行正确的分析和判断。

对于各个重点断面，重点区域的水量、水情、水质状况需要专业的人员队伍和技术设备进行监测分析，保障能够及时掌握信息，进行分析，制订调度方案。

9.2.7　科技支撑

开展科学技术支撑研究，拓宽生态环境流量调度的新途径，提高水量调度的经济效益和生态效益，改善渭河流域的生态状况。

1. 研究重点支流生态环境流量

渭河重点支流的枯季下泄流量是渭河干流生态流量的重要来源，而且渭河流域主要调蓄工程位于渭河各个支流,因此确定重点支流生态环境流量及调度机制,可对干流生态环境流量的保障形成支撑。

2. 陕西省渭河流域主要大中型水库联合调度研究

渭河流域水资源总量超过 100 亿 m³,陕西省渭河流域现状水库总库容仅 20 多亿 m³,流域整体调控能力较弱。现有冯家山水库、羊毛湾水库、石头河水库和金盆水库 4 座大型水库和林家村水库等 18 座中型水库对流域水量调控具有决定性作用,在渭河流域水量紧张的前提下,重要水库对协调流域经济、生态的关系具有重要意义。黑河的亭口水库、泾河的东庄水库、葫芦河的南沟门水库也将建成,一方面充分改善渭河调控能力,另一方面全省水利工程形成整体供水网络。未来水利工程的联合调度对水资源开发利用和维持河流生态健康具有重要意义。基于渭河流域来水特点及水利工程分布情况,充分发挥现有水库群的综合调度能力,以及与引汉济渭的水量联合调度,提高渭河流域水资源的利用效率,是渭河干流生态补水的重要途径。

3. 陕西省渭河生态水量调度补偿机制研究

从历史情况看,渭河干流的生态流量问题,主要集中在渭河宝鸡峡段,即魏家堡等水电站发电等问题,要解决发电和生态流量的问题,必须实施生态补偿,这有利于理顺流域上下游间的生态关系和利益关系。水电站经由国家发改委的审批,属于经营性的,需要进行贷款,没有国家收入,如宝鸡峡林家村电站的银行贷款连利息,净空超过 2 亿元。2003年以前,水电站的修建,没有确定下泄流量,2003 年以后才要求有 10% 下泄流量。目前陕西省的几个电站都是 1999 年建成的,当时并没有明确的下泄流量的要求。从政府层面,为了保障河流的生态环境流量,宝鸡峡的电站以及陕南的部分私人电站都需要关闭,但对于补偿金额,需要开展生态水量调度的补偿机制研究,以从技术层面上提供一些依据。

开展生态补偿,对渭河流域上下游、左右岸,不同行政区之间的开发利用进行协调,实行对生态环境保护者、建设者和生态环境质量降低的受害者进行补偿的生态经济机制。对发电的生态补偿机制要充分研究,考虑到宝鸡峡的实际情况,在枯水期,渭河流域采用政府补偿为主,市场补偿为辅的生态补偿方式。生态补偿费用总体上按照以下三个方面确定:一是以上游地区因水环境保护投资为依据,即直接投入;二是以上游地区为水质水量达标所丧失的发展机会的损失为依据,即间接投入;三是今后上游地区为进一步改善水环境的延伸投入。建立完善的生态补偿机制。实施生态补偿有利于理顺流域上下游间的生态关系和利益关系,为确保实现渭河生态环境水量调度目标,应本着公平、互利、和谐发展和"谁开发谁保护、谁受益谁补偿"的原则,建立完善的生态补偿机制。渭河水量调度的受益者涉及省、市、县政府与消费者(企业和个人)等诸多方面,为便于实施与管理,建议采取省财政专款支付的补偿形式。

4. 地表水地下水联合调度研究

陕西省渭河流域地表水水资源开发利用程度为 38%,相比汾河等其他缺水流域并不是特别高,但主要问题是目前地表水的调蓄能力严重不足。

地下水具有天然的调蓄功能,对维持枯季河道基本流量发挥了重要的作用。开展地下水人工调蓄,需具备以下三个条件:一是封闭或近封闭的边界及其范围内足够大的蓄水空间；二是库区内优良的水力传导条件；三是经济可行的采补条件。地下水库的开发和利用均需要经过充分论证。地下水库人工调蓄可以对含水层有计划的补给与回采，丰蓄枯采，实现含水层的可持续利用，并有效改善生态环境。

地表水与地下水的水量交换频繁，通过调配不同时期地表水的供水过程与地下水的开采过程，实现地表水和地下水联合调度，可有效缓解来水、用水过程不匹配程度，降低生态环境用水与生产用水之间的矛盾。

5. 水文预报与水库动态汛限水位研究

随着社会经济的发展，水的供需矛盾日益突出，人们对水库的防洪安全与供水保障也提出更高的要求。在确保水库安全的前提下，科学地设计和运行汛限水位，合理利用水库的防洪库容和兴利库容的重叠库容，是提高洪水资源和水能资源利用率、发挥水库的综合效益与缓解水资源供需矛盾的有效手段之一。

6. "陕西省渭河水量调度管理信息系统"实施方案设计

针对陕西省渭河流域生态调度的需求，充分依托水利信息化基础设施和黄河水利委员会、陕西省已有的监测体系设计方案，整合现有的基础信息，补充完善与渭河水量调度的有关监测信息，以资源整合和信息共享为基础，提出以水源、取用水、排水、调度等水资源开发利用为主要环节，结合水资源保护信息的采集、组织管理与应用体系的建设方案，包括信息采集体系设计、数据资源体系设计以及业务应用体系设计，构建陕西省渭河流域水量调度监测信息平台。

第 10 章   主要成果、结论与建议

10.1   主要成果

本项目针对陕西省渭河干流"生态环境需水底线不清、保障补水来源不明、调水措施机制不灵"等当前亟待回答的问题，开展了以下三个方面的研究：①研究渭河的生态保护与建设目标，确定不同来水情况下干流控制断面生态环境需水控制指标、不同区域的水源条件和可调水量；②调查和分析现有水利工程的调控能力及经济用水情况，提出满足生态环境需水控制指标的可行的调度方案；③提出近期和远期的水量调度措施，探索适合于陕西省渭河流域的调水机制和保障措施。取得的主要研究成果如下。

10.1.1   渭河水资源与生态环境现状及问题

1. 水资源

水资源供需矛盾十分突出。现状用水水平与 75% 水文频率年条件下陕西省渭河流域缺水 20.9 亿 m³，缺水率达 29.2%。

基于 1956~2000 年水文系列，陕西省渭河流域多年平均自产水资源总量 73.13 亿 m³，其中地表水资源量 56.2 亿 m³，地下水资源量 45.1 亿 m³，地表水与地下水重复量 28.2 亿 m³。人均、亩均占有水资源量分别为 307m³ 和 318m³，分别相当于全国平均水平的 17.0% 和 24.0%，是严重缺水地区。尽管加上渭河干流及支流上游入境水量 33.9 亿 m³，渭河流域年均水资源总量达 107.0 亿 m³，但考虑黄河干流对渭河入黄水量的要求约束，陕西省渭河人均水资源可利用量低于人均水资源占有量。根据 2001~2010 年水文系列分析结果，降水量略有减少但接近 1956~2000 年水文系列均值，由于受水土保持等下垫面条件变化的影响，渭河流域年均水资源总量减少为 93.2 亿 m³。

2010 年陕西省渭河流域总供水量 50.57 亿 m³，其中地表水供水量 21.37 亿 m³，占总供水量的 42.26%；地下水供水量 28.86 亿 m³（其中浅层地下水开采量 22.62 亿 m³），占总供水量的 57.07%；其他水源供水量 0.34 亿 m³，占总供水量的 0.67%。2010 年陕西省渭河流域总用水量为 50.57 亿 m³，其中农业、工业、城镇生活、农村生活、建筑业、第三产业和河道外生态环境的用水量分别为 31.04 亿 m³、9.10 亿 m³、4.96 亿 m³、2.71 亿 m³、0.77 亿 m³、1.08 亿 m³ 和 0.91 亿 m³，分别占总用水量的 61.4%、18.0%、9.81%、5.36%、1.52%、2.14%、1.80%。陕西省渭河流域水资源开发利用程度已达 47.2%，其

中地表水开发利用程度为 38%，浅层地下水开发利用程度达到 80%，在黑河、达溪河、泾河张家山以上、渭河宝鸡峡以上南岸、宝鸡峡至咸阳北岸三个水资源分区，以及西安市城区、渭南市杜桥等形成地下水降落漏斗或超采区，总面积达 298.3km²。

2. 水环境

水污染问题依然严峻。2010~2011 年陕西省渭河干流 13 个监控断面，除林家村断面为 Ⅱ 类水质、卧龙寺桥和常兴桥断面为 Ⅲ 类水质、虢镇桥断面为 Ⅳ 类水质，其余断面基本为劣 Ⅴ 类水质。渭河支流金陵河水质较好，为 Ⅲ 类，黑河和沣河为 Ⅳ 类水质，其余支流基本为 Ⅴ 类或劣 Ⅴ 类水质。主要污染指标为氨氮、五日生化需氧量、化学需氧量、石油类、挥发酚、高锰酸盐指数。2010 年陕西省渭河流域废污水入河量为 8.42 亿 m³，其中工业废水入河量 5.44 亿 m³，生活污水入河量 2.97 亿 m³。COD 入河量为 11.8 万 t，其中工业 COD 入河量 4.60 万 t，生活 COD 入河量 7.19 万 t；氨氮入河量总计 1.05 万 t。污染物入河量由大到小的城市依次为宝鸡、西安、咸阳、渭南、铜川、延安，化工、食品酿造、石油加工、炼焦、造纸是 5 个主要排污行业。

2011 年，全年期评价水功能一级区 25 个，达标水功能区 18 个，达标率 72%；总评价河长 1263km，达标河长 740.1km，占 58.6%。全年期评价水功能二级区 60 个，达标水功能区 24 个，达标率 40%；总评价河长 2045km，达标河长 604km，占 29.6%。渭河宝鸡峡以上、渭河咸阳至潼关、泾河张家山以上、北洛河状头以上 4 个水资源三级区达标程度低于 50%。

陕西省渭河流域地下水污染主要在大中城市、重点镇（区）及工矿区。西安市地下水污染区主要分布在东郊、西郊的工业区及北郊的污灌区。宝鸡市地下水污染范围主要集中在姜潭地区的电厂、氮肥厂、造纸厂附近及群众路源边一带。咸阳市地下水主要污染物有挥发酚、六价铬等，城区工业废水、生活污水及医院排放的废污水是导致地下水受到污染的主要来源。渭南市地下水污染范围主要分布在工矿企业和城郊周围，酚、硝酸盐等指标超过国家《生活饮用水卫生标准》。

3. 水生态

陕西省渭河干支流上先后建立了渭南三河湿地自然保护区、陕西泾渭湿地省级自然保护区、西安浐灞国家湿地公园、陕西省渭河湿地等。此外，渭河中下游流域还有 11 个湿地列入了《陕西省重要湿地名录》，包括陕西北洛河湿地、陕西泾河湿地、千河湿地、宝鸡石头河湿地、陕西黑河湿地、户县涝峪河湿地、长安沣河湿地、长安滈河湿地、长安浐河湿地、桃曲坡水库湿地和蒲城卤阳湖湿地。渭河流域湿地资源虽然丰富，但是也面临着诸多问题。例如，湿地水源短缺，面积锐减，保护区植被群落面积逐年缩小，鸟类栖息地破碎化；人为活动较频繁，挖砂现象十分严重，致使湿地生态平衡受到威胁；乱捕现象时有发生，湿地动物等受到严重威胁；湿地保护资金严重不足，基础设施不完善，设备落后等。

陕西省渭河滩地涉及陕西省的宝鸡市、杨凌示范区、咸阳市、西安市、渭南市，滩地面积共计 33 922hm²，滩地内土地利用类型主要包括耕地（占 77.5%）、园林草地（占 8.5%），河道采砂、高尔夫球场、公园等建设用地（占 8.2%），以及水面、滩涂、坑塘、水工建筑等水域及水利设施用地（占3.5%）等，分布于各市（区）渭河滩地内。渭河中游河段西起宝鸡林家村渠首枢纽大坝，东至咸阳陇海铁路桥，河道全长180km，滩地面积共计5029 hm²。渭河下游河段西起咸阳陇海铁路桥，东至潼关渭河入黄口，河道全长208km，滩地面积共计28 893hm²。

陕西省渭河流域内水土流失面积共计4.8万km²，其中多沙粗沙区面积0.8万km²。水土流失重点区主要分布在陕北丘陵沟壑区、渭北黄土高原沟壑区。"十一五"期间，陕西省实际治理水土流失面积3.1万km²，建设淤地坝5355座。

生态用水被挤占。随着流域经济社会的快速发展，用水量持续增加，加之境内来水减少，致使生态环境用水被挤占，局部河段几乎断流。渭河干流林家村站多年平均径流量为23.52亿m³，近十年的平均年径流量下降至16.61亿m³，年径流量减幅达30%。在渭河林家村对宝鸡峡枢纽工程进行了加坝加闸改造后，渭水被引入灌溉渠道，导致从宝鸡峡大坝到魏家堡渠首超过80km渭河河道在枯水期严重缺少生态水，基本处于断流状态，河道内主要容纳的是工业、生活污水和少量支流补给水，无法发挥天然水体的自净能力，生态环境恶化。

4. 管理层面

纵观国内外典型流域的先进管理经验，管理体制与机构建设、法规建设、能力建设、公众参与、监测体系建设与科技支撑是搞好水资源综合管理的基础，也是建立河流生态环境需水调度保障机制的基础。陕西省渭河流域在这些方面还有待加强。

陕西省渭河流域管理层面目前存在的主要问题有：流域与区域管理相结合的管理体制还不健全，水利与环保部门在水资源保护方面缺乏协作机制，现行的灌区管理体制和用水机制不利于节水和生态基流保障；流域管理相关的法律法规有待完善；管理队伍能力建设滞后，人员配备不合理，专业性和能力不强，缺乏培训；水量调度所需的信息监测、传输与处理等基础设施匮乏，基础研究工作薄弱造成调度工作缺乏有力的科技支撑，等等。

林家村枢纽下游河道生态流量得不到保障是一个典型的管理问题。一方面，宝鸡峡灌区管理单位属于自收自支单位，其经费来源主要靠农灌用水收入，灌区为了尽可能获得较多的收益来保障职工工资和福利，往往将河道来水全部蓄滞、利用，甚至为了引水发电而不顾河道下游用水和河道生态流量。另一方面，灌区水费计量为斗口水量，斗口以下末级渠系管理体制不顺，投入严重不足，灌溉方法仍采用传统的大水漫灌方式，灌区节水也多是干支渠道衬砌，措施单一，水量损失严重。

10.1.2　渭河干支流生态环境治理目标

以渭河干流目前划分的水文分区、水资源分区、水功能分区、水环境功能分区为基本单元，划分出了水陆域生态环境功能耦合分区，即水环境功能分区。在此基础上，结合现状情况及其未来发展需求，提出了渭河干流的生态环境治理的目标。通过加宽堤防、疏浚河道、整治河滩、水量调度、绿化治污、开发利用等措施，实现渭河"洪畅、堤固、水清、岸绿、景美"的治理目标，把渭河打造成关中防洪安澜的坚实屏障、路堤结合的滨河大道、清水悠悠的黄金水道、绿色环保的景观长廊、区域经济的产业集群，重现渭河新的历史辉煌。水生态修复、水景观工程建设、水环境治理的具体指标为：合计清滩总面积280.43km²；建设湿地 32 处，总面积 1020.16 万 m²；建设蓄滞洪区两处，总面积 120km²；地下水允许最大开采量为 31 467 万 m³；临水侧防浪林长 195.8km，宽 50m，堤顶行道林长 475.6km，宽 6m，背水侧防护林长 474km，宽 30m；新建水面景观 22 处，合计面积2297 万 m²；建设滨河公园 40 处，总面积 1874.7 万 m²；开发利用河道滩面 122.17km²；在生态基流保障的前提下，渭河干流杨凌以上段保持Ⅲ类水质（即主要污染物化学需氧量20mm/L，氨氮 1mm/L），杨凌以下全段基本达到Ⅳ类水质（即主要污染物化学需氧量30mm/L，氨氮 1.5mm/L），渭河入黄断面稳定达到Ⅳ类水质，实现水质基本变清。

10.1.3 渭河干支流生态环境需水指标

（1）渭河干流陕西段属于渭河的中下游河段，天然状况下，枯水季节含水层反补河流，枯季径流大，占天然年径流量的 20%～30%。河床形态从宝鸡峡到咸阳主河槽不明显，河床质为沙砾石；咸阳至泾河入口，河床质为细砂；由于泾河、洛河支流的泥沙含量高，泾河入口以下河段，岸滩淤积，主河槽明显，河槽深达 20m，河床质为细砂。鱼类区系属于华东区的河海亚区。沿岸 30 多处支流汇入河口湿地、沙质与沙砾质河床以及天然状况下较大的枯季径流，为鱼类的生存繁衍提供了良好的环境。

（2）现状地下水超采，水位下降，以及下游淤积，河床抬高，干流段的天然水循环破坏，加上引水与上游蓄水，枯季径流减少 50%～80%。鱼类产卵期（4～6 月）是农灌用水高峰期，流量脉冲几乎全部消失。加之干流污染严重，使得干流段除了南岸支流汇入河口以外，几乎无鱼生长。但是，支流泾河、洛河水土流失治理，使输沙量大幅度减少，干流下游输沙压力有所减小；上游支流千河、南岸的黑河、沣河、灞河等河流的保护，为干流生态恢复提供了种质资源。

（3）生态需水计算考虑水循环的破坏，水文学方法计算不太适合。本书基于水生态分区与水生物需求直接计算生态需水。水生态分区面向全国，以一级、二级分区反应生物地理的差异，三级分区反应河流物理环境的差异，四级分区反应河段功能差异，根据渭河干流的水功能区，扩展宝鸡农业用水区的功能到渔业用水区，扩展临潼农业用水区到渔业用水区。生态需水计算要求所有功能区满足水生生物生长所需的生态基流，以鱼类生长所需水深进行计算；同时要求维护河道稳定的流量过程，以维护渭河输沙要求计算汛期输沙需水；其中，保护区与渔业用水区要求满足产卵期所需的流量过程，以淹没边滩的流量脉冲进行计算。

（4）渭河干流各水功能区，按照现状的排污量分析，在保障生态流量的情况下，仍然有 80% 不能达标。河流生态系统是一个连续的系统，一个功能区不能达标，就会使得生物生存就此中断。为了保障渭河流域水生态系统整体健康，要求干支流生态流量与水质双达标，同时干支流连通、各类栖息环境保护完好。

10.1.4　渭河干支流可调水量

渭河流域 1980~2010 年系列较 1956~1979 年系列，由于降水的减少，导致地表水资源偏少 22.2%，地下水资源偏少 14.5%，不重复地下水资源增加 7.4%。变化趋势同气象要素变化对水资源的影响基本一致，说明气象要素变化是引起渭河流域水资源变化的主要原因，相对而言，人工取用水、下垫面变化和水土保持措施对水资源的影响比较小。

通过对陕西省渭河流域用耗水分析，近十年总用水量无明显变化，耗水系数维持在 0.6 左右，其中农业用水所占比重最大，且在近几年呈缓慢上升趋势。工业用水和生活用水所占比重相当，其中工业耗水量呈逐年减少趋势，生活耗水量逐年缓慢增加。通过对渭河流域社会经济发展预测，结合用水定额对未来需水进行预测。根据正常发展需求预测，未来渭河流域净需水量在 2020 年和 2030 年将分别达到 76.94 亿 m^3 和 82.08 亿 m^3，分别比现状增加 8.63 亿 m^3 和 13.76 亿 m^3。这种模式得出的净需水量可以作为需水量预测的基本方案。考虑在现状节水模式基础上加强产业结构调整和节约用水力度，控制需求过快增长，形成节水方案，至 2030 年需水量相比基本方案降低 4.5 亿 m^3，到 77.54 亿 m^3，比现状增加 9.23 亿 m^3。

在需水预测结果基础上，结合渭河流域水资源量分析，计算得到现状年、2015 年、2020 年不同来水频率下渭河流域总体可调水潜力，以及各个三级区、各个主要断面的可调水潜力作为调度的基础。在平水年条件下，渭河流域现状年可调水潜力为 62.18 亿 m^3，2015 年可调水潜力为 56.78 亿 m^3，2020 年可调水潜力为 53.58 亿 m^3，整体呈减少趋势，说明在未来耗水增加的情况下，渭河流域将面临更为严峻的水资源情势。即使考虑 2020 年引汉济渭来水，渭河流域在平水年（50% 来水）、偏枯年（75% 来水）及枯水年（95% 来水）条件下华县断面年均径流量分别为：186 m^3/s、121 m^3/s、47 m^3/s，较自产水可调水潜力有所提高，但在不考虑水库调蓄作用下，在偏枯年和枯水年分别在用水高峰期及枯水期仍然出现缺水情况，无法满足河道生态需水要求。

结合生态环境流量计算结果，分析渭河干流林家村、咸阳、华县三个主要断面在考虑水利工程调蓄作用后的可调水过程，平水年三个断面均能满足生态环境流量，但在偏枯年和特枯年，三个断面会出现不同程度河道流量无法满足生态流量的情况，其原因一方面是受渭河干流缺少水利工程调蓄能力的影响，另一方面是受典型年的影响，个别来水过程不能完全反映同频率的一般来水过程。

通过分析水库调蓄作用对非汛期渭河干流流量过程的影响，可以得到：理想调度情景下，华县断面在 50% 和 75% 来水频率下，非汛期可增调水量约接近 7 亿 m^3，华县断面在 95% 来水频率下，非汛期可增调水量为 3.7 亿 m^3 左右。咸阳断面在 50% 来水频率下，现状年、2015 年和 2020 年非汛期可增调水量约为 2 亿~3 亿 m^3；咸阳断面在 75% 来水频率下，非汛期可增调水量超过 1.3 亿 m^3，咸阳断面在 95% 来水频率下，非汛期可增调水量不足 1 亿 m^3；林家村断面由于上游调蓄作用有限，故在 50%、75% 和 95% 频率下，现状年、2015 年和 2020 年非汛期可增调水量均为 0.32 亿 m^3，等同于上游聚合水库有效兴利库容。通过分析无调度情景和理想调度情景下渭河非汛期水量，与生态需水量的关系，发现两种调度情景都能够一定程度满足生态需水要求，尤其是理想调度情景可以在现状调度情况下通过增调水量来尽量满足适宜生态需水量，但由于工程能力的限制，仍无法完全满足生态需要，如在 2015 年和 2020 年用水条件下，林家村断面 75% 和 95% 来水年份，两种调水情景会出现无法满足生态用水的情况。

10.1.5 渭河水量调度途径与方案

渭河生态水量调度途径主要基于"渭河流域保障补水来源不明"的目标进行分析。水量调度可以划分为宏观水量调控途径和水量来源与调度两个层面。第一个层面主要从水量配置策略出发，分析不同的方案行程的河道内水量总体状况，侧重分析河道内生态总水量的问题。第二个层面主要分析在一定的总量策略下，水库等水利工程的运行调度对保障河道内生态断面水量的作用，对比不同的支流水量与工程状况，确定调度的原则，以及河道内水量目标与河道外水量的关系。通过分析影响生态调度的可行途径，构建渭河水量调配模型对上述关系提出相应的方案，分层次开展研究。

根据七种调度途径的计算需求构建了渭河水量调度模型，将主要用水区、供水工程、生态控制断面、出入境边界条件以及地下水水源等作为关键要素，建立以水平衡为基础的渭河水量配置模拟模型，并依据历史数据系列对模型进行校验。

从水量调控层次分析，调度途径包括产业节水、再生水利用、水库群联合调度、地下水库调蓄、控制发电引水、本地水源工程、跨流域调水工程等七个方面，并以渭河流域九大灌区实际数据为依据重点对农业进行分级需水划定。针对每个途径分析可行的策略提出不同的情景，在组合方案中选择可行的方案进行分析。对筛选的方案，针对渭河干支流状况，从天然径流条件、工程状况以及用水状况等三个主要因素出发，分析各支流的水量可调配潜力，提出"上保中调、先引后蓄、先右后左、分级保障、水调优先、多水联调"的调度总体策略和原则。

通过调度方案对比分析，确定不同等级农业需水、发电引水以及地下水利用等不同情景方案的调度方案计算结果，对农业用水对河道过流量进行重点分析，确定适宜农业需水和最小农业需水方案下河道水量的变化范围以及主要支流控制性水库的可调配水量状况。针对水库调度方案的影响，对四个大型水库以及宝鸡峡水利枢纽设定控泄调度方案，计算主要水利工程针对干流生态需水开展水量调度的实施效果和对供需平衡的影响，初步探讨水库工程的生态调度方案。

在常规调度方案基础上，对于应急调度策略从调度依据、调度对象开展分析，提出应急措施。

10.1.6 渭河水量调度保障措施与机制

1. 水量调度预案
充分利用流域水文、气象的监测技术，统筹考虑经济社会用水和生态环境用水，建立以陕西省人民政府为核心，陕西水利厅、环境保护厅、住房和城乡建设厅共同参与的组织结构，并充分发挥陕西省江河水库管理局在渭河流域管理中的作用，实现"高效、协作、节约、安全"的水量调度效果，改善渭河流域生态环境，促进渭河水量调度工作科学、规范、有序进行。

2. 保障措施研究

通过建立渭河干流生态环境调度预案，提出工程和非工程的保障措施。具体保障措施包括监测体系、节水、水价、污染控制、生态补偿和最严格水资源管理制度的落实等。

监测体系主要是完善水量调度的监测体系，在分析现状水量调度工程手段、监测计量体系的基础上，提出满足生态环境需水的渭河水量调度管理的工程措施与监测体系。

分析陕西省渭河流域工业、农业、生活等行业节水现状与潜力，通过对水资源进行合理的定价，充分利用经济杠杆的调节作用，有效节约水资源。

分析陕西省渭河干流纳污与污染物排放情况，对点、面源污染治理等提出污染物减排要求，对区域污染物排放总量控制，完善排污口排放标准；提出实施达标排放和总量控制相结合的手段。

开展生态补偿，对渭河流域上下游、左右岸，不同行政区之间的开发利用进行协调，实行对生态环境保护者、建设者和生态环境质量降低的受害者进行补偿的生态经济机制。

严格执行最严格水资源管理的"三条红线""四项制度"，开展渭河流域的水资源统一调度，强化水资源论证、取水许可、用水定额管理、水资源有偿使用、水功能区管理等关键举措，全面建设节水防污型社会。

3. 保障机制研究

针对渭河流域调水机制不灵的问题，从政策保障、监管保障和管理保障三个方面，分别研究渭河流域调水机制。

政策保障机制方面，通过分析陕西省渭河现有的政策和满足生态环境需水的水量调度需求，制定及完善相应的政策措施，形成有利于实现渭河全线整治规划目标的政策合力，建立有利的政策体系。

监管保障机制方面，分析研究实现渭河全线整治规划目标的评估监管和绩效考评等方法，对渭河流域主要用水单元，十大灌区（11个取水口），构建一套合理的监管体系和定期考核评估体系。

管理保障机制方面，分析研究现有的管理方法，探讨实现渭河全线整治规划目标的有效、规范化管理方法，建立和完善公众参与平台，促进渭河全线整治规划目标的实现。

10.2 主 要 结 论

10.2.1 干支流控制断面生态环境需水控制指标

根据渭河生态保护与建设目标，确定不同来水情况下干流控制断面生态环境需水控制指标以及支流重点断面最小生态环境流量。

在分别计算鱼类枯水期生态基流、产卵期流量脉冲过程、水功能区设计流量、湿地景观用水、汛期输沙用水等基础上，考虑支流汇入、干流重点取水以及水量平衡原理，提出 24 个干流断面的综合生态环境流量控制指标，由最小生态流量、低限生态环境流量和适宜生态流量三级构成。林家村、魏家堡、咸阳、临潼、华县 5 个干流关键断面的低限生态环境流量分别为 8.6 m^3/s、11.6 m^3/s、13.6 m^3/s、20.1 m^3/s 和 12 m^3/s。考虑渭河水资源丰枯变化较大、水利工程调蓄能力不足、经济用水与生态环境用水的高度竞争以及制度法规建设需要一个过程，低限和适宜流量可作为 2020 年的控制指标，目前及 2015 年的控制指标为最小流量和低限流量，以保证控制指标的可达性。

10.2.2　补水来源与调度方案

调查和分析现有水利工程的调控能力及经济用水情况，分析不同区域的水源条件和可调水量，提出满足生态环境需水控制指标的可行调度方案。

不同区域的水源条件和可调水量。根据渭河流域个三级区的耗水成果表及地表水资源量，计算渭河流域各个三级区的可调水潜力。该结果反映出在只考虑三级区自产水的情况下，各个三级区在扣除自身耗水后，所剩余的可调水潜力。从结果中可以看出，全流域五个三级区在各个水平年及不同来水频率下，基本能够保证本地区自身的耗水需求，其中"泾河张家山以上""渭河宝鸡峡以上""渭河宝鸡峡至咸阳"三个三级区的水源条件最好，可调水量最大，现状年 50% 来水频率下三个三级区的可调水量分别为：15.00 亿 m^3、20.11 亿 m^3、16.07 亿 m^3。只有"渭河咸阳至潼关"三级区在 75% 及 95% 来水条件下，会出现水量短缺的情况，需要借助上游来水来满足自身用水需要。

水量调度方案。在不考虑干流生态补水的策略下，在采取强化节水的措施下陕西省渭河流域供用水基本能够达到平衡，但渭河干流生态水量远不能达到生态要求，在林家村采用引水发电调度的调度方式下，对干流林家村至咸阳段的河道内生态流量影响极大。从各种宏观调控调度途径的效果来看，需水方案对河道生态影响最大。在采用最低需水方案前提下，干流生态保障程度可以提高，但仍不能达到生态需求。跨流域调水、再生水利用等措施可以改善下游断面的生态流量状况，但幅度有限。本地水源工程建设等措施对干流生态具有一定影响，也取决于其运行调度方式。宏观层面调度措施可以较好解决河道内水量的总需求，但过程性效果还受水库调度影响。

支流大型水库调度方案需要依据无控泄模式下干流生态水量的缺口设置，同时考虑上下游关系协调不同支流的控泄效果。总体而言，冯家山和黑河金盆水库具有一定的调节干流生态过程的潜力，羊毛湾水量不足影响有限，石头河具有较重要的城镇供水任务可供调节的水量也比较有限。林家村在短时段可以调节满足干流需求，但因蓄水能力不足尚不能调节月度间需求。需要结合区间支流水量对水库调节方式进行动态调整。

10.2.3　调水措施与机制

充分利用流域水文、气象的监测技术，统筹考虑经济社会用水和生态环境用水，建立以陕西省人民政府为核心，陕西水利厅、环境保护厅、住房和城乡建设厅共同参与的组织结构，并充分发挥陕西省江河水库管理局在渭河流域管理中的作用，实现"高效、协作、节约、安全"的水量调度效果，改善渭河流域生态环境，促进渭河水量调度工作科学、规范、有序进行。

建立渭河流域监测网络体系、开展节水管理、制定水价改革政策、提出污染控制方案、建立生态补偿政策和实行最严格水资源管理制度是保障渭河流域生态调度的有效措施。

加强陕西省江河水库管理局能力建设、执法体系建设和拓宽融资途径能够从政策和制度上保障渭河流域水量调水，同时也能发挥陕西省江河水库管理局（渭河流域管理局）作为陕西省江河水库和渭河的代言人的重要作用。

10.2.4　调度效果

针对林家村、魏家堡、咸阳、临潼和华县5个干流关键断面，分别从近期（2015年）和远期（2020年）提出实现生态环境流量目标的调度预案，包括补水工程、用水控制、新建调蓄工程、水库群联合调度等。从政策法规完善、加强水资源监督管理、科技支撑等层面，分析生态调度的保障措施与机制。分析表明，尽管实现各关键断面低限生态流量达到90%保证率的任务十分艰巨，但通过采取综合保障措施，到2020年可望逐步实现该目标。

通过采取发电限制、实行强化节水以及水库联合调度、加大外调水、新建生态水库等措施，5个干流水文站的调度效果如下。

1. 林家村

采取发电限制林家村近期枯季生态流量能够达到最小生态流量 $5.4m^3/s$ 的枯季月保证率从现状的30%提高至70%，偏枯水文条件下可提高到60%；远期生态流量能够达到低限生态流量 $8.6m^3/s$ 的枯季月保证率从现状的28%提高至78%，但是仍然难以实现 $12.8m^3/s$ 的适宜流量。

2. 魏家堡

魏家堡近期枯季生态流量能够达到最小生态流量 $11.6m^3/s$ 的枯季月保证率从现状的57%提高至76%，偏枯水文条件下可提高到62%；远期生态流量能够达到低限生态流量 $14.8m^3/s$ 的枯季月保证率从现状的48%提高至82%，偏枯水文系列条件下可达到73%；远期生态流量能够达到适宜流量 $23.5m^3/s$ 枯季月保证率从现状的36%提高至88%，偏枯水文系列条件下可达到52%。

3. 咸阳、临潼、华县

通过调控，咸阳、临潼、华县3个水文站近期生态流量能够达到低限生态流量

15.1 m³/s、20.1 m³/s、12.0 m³/s 的枯季月保证率从现状的 80% 左右提高到 90%；远期能够达到适宜流量 31.7 m³/s、34.3 m³/s、34.1 m³/s 枯季月保证率维持在 90%。

因此，要实现未来渭河流域生态环境与经济社会的协调发展，除了通过加大外调水、强化节水、增加生态水库等一系列有效措施外，还需要从行政、管理、法规方面加强管理，协调各方利益，确保流域的可持续发展。

10.3　主要建议

（1）立法确定干流关键断面和支流大中型水库生态环境下泄流量。

当经济用水与生态环境用水高度竞争时，由于各经济用水部门均有直接的代言人，而生态环境用水没有直接的代言人，因此河道生态环境用水客观上处于不利地位。水行政主管部门应当担负起河流代言人的职责，通过政府立法来保障河流的生态环境流量。陕西省渭河干流缺少骨干调蓄工程，大中型水库大都位于两岸支流，如石头河水库、冯家山水库、羊毛湾水库和金盆水库等。这些骨干水库的最小下泄流量是干流生态环境基流的重要来源，也需要通过政府立法来保障。

（2）调整林家村枢纽、魏家堡水电站、交口抽渭等工程的运行调度规则。

陕西省渭河干流生态环境流量保障的难点在林家村、魏家堡（水电站下游）和华县三个断面。虽然有多个影响因素与调控途径，但影响最直接的是干流骨干水利工程的运行调度。在林家村—魏家堡河段，魏家堡与杨陵水电站的运行调度对该河段影响最直接，在每年 11 月至次年 6 月的用水调度期，除了结合灌溉发电外，魏家堡与杨陵水电站不应有单独的引水发电，以保证林家村水文站的低限生态环境流量 8.6 m³/s；同时，当魏家堡水文站低至低限生态环境流量时，严格控制魏家堡的引水流量。在临潼—华县河段，交口抽渭工程对华县断面的生态环境流量影响最直接，在临潼断面流量低至 20.1 m³/s 时，需要控制交口抽渭工程抽水不超过 8 m³/s，以保证华县断面的 12 m³/s 的低限生态环境流量。

用水调度期魏家堡与杨陵水电站的运行调度限制，将对宝鸡峡管理局的收益与工程运行管理产生一定负面影响。除了通过深化灌区水利改革提高管理局的经营状况外，需要在经济核算的基础上建立省–市双渠道生态补偿机制，实现渭河流域经济社会与生态环境的协调发展。

（3）加大水污染防治与再生水利用力度。

当前渭河干流水污染问题虽然比前些年有所缓解，但问题依然严峻。据 2010～2011 年监测资料，陕西省渭河干流 13 个监控断面，除林家村断面为Ⅱ类水质、卧龙寺桥和常兴桥断面为Ⅲ类水质、虢镇桥断面为Ⅳ类水质，其余断面基本为劣Ⅴ类水质。即使河道生态环境低限流量得到保障，在现状的废污水排放条件下，水功能区水质达标率仍然很低，与"水清"的目标相去甚远，因此必须从源头减排、过程控制、末端治理等多个环节加大水污染防治力度。同时，随着生活与工业用水量的增加，在废污水处理的基础上进一步处理为再生水，并提高再生水利用率，对渭河生态环境流量保障具有重要现实意义。

（4）加快实施跨流域调水与流域内调蓄工程建设。

随着城镇化发展，引汉济渭等跨流域调水工程对提高流域经济用水安全与生态环境基流保障的重要作用日益凸显，应尽可能加快工程实施进度，争取早日通水。由于渭河径流丰枯变化剧烈，目前流域内工程调蓄能力严重不足，缺水与洪水问题并存，应加快新建一批生态调蓄水库工程，同时加快推进渭河支流小水河、清江河上新建水利枢纽的可行性论证工作。

（5）完善渭河宝鸡峡段的水电站补偿政策和补偿方案，促进流域生态环境与经济社会的协调发展。

陕西省渭河流域的宝鸡峡、魏家堡、杨凌、降帐等水电站建设利用水电清洁能源代替煤炭、石油等火力发电，减少了对环境的污染，同时也为陕西省经济发展作出重要的贡献。但是由于历史原因，在我国水电站的设计及批复过程中，未能充分考虑到生态环境流量，水电站的环境保护措施（设施）不够完善，随着流域开发程度的加深及社会的发展，相关问题日益突出。因此，针对目前渭河流域生态流量调度，需要考虑宝鸡峡电站以及陕南部分私人水电站建设初期的我国政策和实际情况，综合考虑电站的年发电情况、电站收益情况、贷款情况以及灌区实际经营情况等因素，研究制定合理可行的补偿政策以及补偿金额；同时借鉴青海省关停小水电的经验，由政府出资进行补偿。

（6）建立"陕西省渭河水量调度管理信息系统"。

在黄河流域和陕西省水资源监控能力建设的基础上，整合现有的基础信息，补充完善与渭河水量调度的有关监测信息，构建陕西省渭河流域水量调度监测信息平台。在原有水文站的基础上，补充完善主要入渭河河口的水量监测；加强大中型水库、主要水利枢纽的来水和下泄水量监测；完善主要取水口、主要排污口的水量监控，同时加强水质监控，为渭河生态环境水量调度提供信息支撑。

建立"陕西省渭河水量调度管理系统"，建立由省水利厅以及相关设区的市、县（市、区）人民政府水行政主管部门和省属灌溉管理单位参与的会商制度，商量调度方案。省江河局要加强监督检查力度，进一步完善监督检查手段，确保水利厅调度方案和调度指令落到实处。

（7）深化水利工程管理单位的改革，促进管理工作良性循环。

陕西省渭河流域各大灌区为陕西经济发展作出突出贡献，但由于现行水价远低于成本、机构臃肿、退休人员工资负担重等各种因素，运行管理的包袱沉重，职工的工资甚至不能正常发放。因此，很有必要研究灌区管理单位的进一步深化改革问题，包括运行管理费的保障、水价改革、机构精简等，以促进实现灌区管理工作的良性循环。

（8）开展重点支流生态环境低限流量等专题研究，加强科技支撑工作。

科技支撑对渭河干流生态环境流量保障具有十分重要的作用。建议尽快启动以下专题研究：①陕西省重点支流生态环境低限流量研究，对干流生态环境流量的保障形成支撑；②陕西省渭河流域主要大中型水库联合调度研究，充分发挥现有水库群的综合调度能力；

③陕西省渭河生态水量调度补偿机制研究，使得调度措施更加科学化，增加可操作性；④地表水地下水联合调度研究，包括地下水调蓄控制水位及过程，地下水库回灌技术，水库群与地下水的联合调度等；⑤水文预报与水库动态汛限水位研究，以提高现有水库的调节能力；⑥"陕西省渭河水量调度管理信息系统"实施方案设计，完善水量调度监测、监控等手段，强化水量调度监督管理和执行力。

参 考 文 献

［1］ The Federal Interagency Stream Restoration Working Group. Stream corridor restoration：Principles，Processes，and Practices. Stream corridor restoration handbook. USA，1998，10.

［2］ 高永胜. 河流健康生命评价与修复技术研究. 中国水利水电科学研究院，2006.

［3］ Meyer J L. Stream health：Incorporating the human dimension to advance stream ecology. Journal of the North American Benthological Society，1997，（16）：439-447.

［4］ 任海，彭少麟. 恢复生态学导论. 北京：科学出版社，2003，（7）：113-115.

［5］ Vannote R L，Minshall G W，Cummins K W. The river continuum concept. Canadian Journal of Fisheries and Aquatic Sciences，1980，（37）：130-137.

［6］ Ward J V. The four dimensional nature of lotic ecosystems. Journal of the North American Benthological Society，1989，（8）：2-8.

［7］ 栾建国，陈文祥. 河流生态系统的典型特征和服务功能. 人民长江，2004，35（9）：41-43.

［8］ 董哲仁，孙东亚，赵进勇，等. 河流生态系统结构功能整体性概念模型. 水科学进展，2010，21（4）:550-559.

［9］ 赵进勇，孙东亚，董哲仁. 河流地貌多样性修复方法. 水利水电技术，2007，38（2）：78-83.

［10］ Welcomme R L. River fisheries. FAO Fisheries Technical Paper，1985：262.

［11］ 丰华丽，王超，李剑超. 河流生态与环境用水研究进展. 河海大学学报：自然科学版，2002，30（3）:19-23.

［12］ 毛战坡，王雨春，彭文启，等. 筑坝对河流生态系统影响研究进展. 水科学进展，2005，16（1）：134-140.

［13］ Petts G E. Impounded Rivers：Perspectives for Ecological Management. New York：Wiley，Chichebster，1984.

［14］ 肖建红，施国庆，毛春梅，等. 河流生态系统服务功能及水坝对其影响. 生态学杂志，2006，25（8）:969-973.

［15］ 董哲仁，孙东亚，赵进勇，等. 生态水工学进展与展望. 水利学报，2014，45（12）：1419-1426.

［16］ Middleton B A. Flood Pulsing in Wetlands：Restoring the Natural Hydrological Balance. New York：John Wiley & Sons，2002.

［17］ Hart D D，Poff N L. A special section on dam removal and river restoration. BioScience，2002，52（8）：653-655.

［18］ Vorosmarty C J，et al. The storage and aging of continental run off in large reservoir systems of the world. Ambio，1997，26：210-219.

［19］ 陈永灿，付健，刘昭伟，等. 三峡大坝下游溶解氧变化特性及影响因素分析. 水科学进展，2009，20（4）：526-530.

［20］ 许可，周建中，顾然，等. 基于流域生物资源保护的水库生态调度. 水生态学杂志，2009，2（2）：

134-138.

[21] Ward J V, Stanford J A. The serial discontinuity concept of lotic ecosystems// Fontaine T D, Bartell S M. Dy-namics of Lotic Ecosystems. Ann Arbor: Ann Arbor Science, 1983: 29-42.

[22] Wang L, Seelbach P W, Hughes R M. Introduction to landscape influences on stream habitats and biological assemblages//American Fisheries Society Symposium. American Fisheries Society, 2006, 48: 1-23.

[23] Symphorian G R, Madamombe E, Vander Zaag P. Dam operation for environmental water releases: The case of Osborne dam, Save catchment, Zimbabwe. Physics & Chemistry of the Earth Parts A/b/c, 2003, 28: 985-993.

[24] Homa E, Vogel R, Smith M, et al. An optimization approach for balancing human and ecological flow needs. Impacts of Global Climate Change, 2005: 1-12.

[25] Jager H I, Smith B T. Sustainable reservoir operation: Can we generate hydropower and preserve ecosystem values? River research and applications, 2008, 24: 340-352.

[26] Dittmann R, Froehlich F, Rohl R, et al. Optimum multi-objective reservoir operation with emphasis on flood control and ecology. Natural Hazards and Earth System Sciences, 2009, (9): 1973-1980.

[27] Steinschneider S, Bernstein A, Palmer R, et al. Reservoir management optimization for basin-wide ecological restoration in the connecticut river. Journal of Water Resources Planning & Management, 2014, 140 (9): 431-439.

[28] Wang H, Brill E, Ranjithan R, et al. A framework for incorporating ecological releases in single reservoir operation. Advances in Water Resources, 2015, 1 (6): 9-21.

[29] 张洪波, 黄强, 钱会. 水库生态调度的内涵与模型构建. 武汉大学学报: 工学版, 2011, 44 (4): 427-433.

[30] 董哲仁, 孙东亚, 赵进勇. 水库多目标生态调度. 水利水电技术, 2007, (1): 28-32.

[31] 程根伟, 陈桂蓉. 试验三峡水库生态调度, 促进长江水沙科学管理. 水利学报, 2007, 增刊: 526-530.

[32] 胡和平, 刘登峰, 田富强, 等. 基于生态流量过程线的水库生态调度方法研究. 水科学进展, 2008, 19 (3): 325-332.

[33] 梅亚东, 杨娜, 翟丽妮. 雅砻江下游梯级水库生态友好型优化调度. 水科学进展, 2009, 20 (5): 721-725.

[34] 金鑫, 王凌河, 赵志轩, 等. 水库生态调度研究的若干思考. 南水北调与水利科技, 2011, 9 (2): 22-26.

[35] Poff N L, Allan J D, Bain M B, et al. The natural flow regime: A paradigm for river conservations and restoration. Bioscience, 1997: 769-784.

[36] Whiting P J. Streamflow necessary for environmental maintenance. Annual Review of Earth & Planetary Sciences, 2002, 30 (1): 181-206.

[37] 高永胜, 王淑英, 于松林, 等. 对水库生态调度问题的研究. 人民黄河, 2009, 31 (11): 12-13.

[38] 谭红武, 廖文根, 李国强, 等. 国内外生态调度实践现状及我国生态调度发展策略浅议// 中国水利学会 2008 学术年会论文集 (上册), 2008: 338-343.

[39] 陈端, 陈求稳, 陈进. 考虑生态流量的水库优化调度模型研究进展. 水力发电学报, 2011, 30 (5): 248-256.

[40] Castelletti A, Pianosi F, Soncini-Sessa R. Water reservoir control under economic, social and

environmental constraints. Automatica，2008，44（6）：1595-1607.

［41］ Richter B，Baumgartner J，Wigington R，et al. How much water does a river need? Freshwater Biology，1997，37（1）：231-249.

［42］ Sale M J，Brill E D，Herricks E E. An approach to optimizing reservoir operation for downstream aquatic resources. Water Resources Research，1982，18（4）：705-712.

［43］ 康玲，等. 水库生态调度模型及其应用研究. 水利学报，2010，2：134-141.

［44］ Shiau J T，Wu F C. Feasible diversion and instream flow release using range of variability approach. Journal of Water Resources Planning & Management，2012，130（5）：395-404.

［45］ Richter B D，Baumgartner J V，Braun D P，et al. A spatial assessment of hydrologic alteration within a river network. Regulated Rivers：Research & Management，1998，14（4）：329-340.

［46］ Shiau J T，Wu F C. Pareto-optimal solutions for environmental flow schemes incorporating the intra-annual and inter-annual variability of the natural flow regime. Water Resources Research，2007，43（6）：813-816.

［47］ Connell J H. Diversity in tropical rain forests and coral reefs. Science，1978，199（4335）：1302-1310.

［48］ Suen J，Eheart J W. Reservoir management to balance ecosystem and human needs：Incorporating the paradigm of the ecological flow regime. Water Resources Research，2006，420（3）：178-196.

［49］ Wilson M A. Economic valuation of freshwater ecosystem services in the United States ：1971-1997. Ecological Applications，1999，9（3）：772-783.

［50］ Loomis J，Kent P，Strange L，et al. Measuring the total economic value of restoring ecosystem services in an impaired river basin：Results from a contingent valuation survey. Ecological Economics，2000，33（1）：103－117.

［51］ 姚云鹏. 水电开发对河流生态系统服务功能的影响及价值损益研究. 三峡大学学位论文，2007.

［52］ 诸葛亦斯. 考虑鱼类生境的梯级水库生态调度方法研究及应用. 武汉大学学位论文，2008.

［53］ Odum H T. Environmental Accounting：Emergy and Environmental Decision Making. New York：John Wiley & Sons，1996：20-50.

［54］ Ward J V，Stanford J A. The Ecology of Regulated Streams. New York：Plenum Press，1979.

［55］ Petts G E. Water allocation to protect river ecosystems. Regulated Rivers Research & Management，1996，12（4-5）：353-365.

［56］ Hughes D A，Ziervogel G. The inclusion of operating rules in a daily reservoir simulation model to determine ecological reserve releases for river maintenance. Water SA，1998，（5）：293-302.

［57］ Higgins J M，Brock W G. Overview of reservoir release improvements at 20 TVA dams. American Society of Civil Engineers，2014，125（1）：1-17.

［58］ Jeff Lovich，Theodore S. Melis. The state of the Colorado River ecosystem in Grand Canyon：Lessons from 10 years of adaptive ecosystem management. International Journal of River Basin Management，2007，5（3）：207-221.

［59］ Gippel C J，Jacobs T，Mcleod T. Determining environmental flow needs and scenarios for the river murray system，Australia. Australian Journal of Water Resources，2001，5（1）：61-74.

［60］ Arlhinon A H. Environmental flow：Ecological importance，method and lessons from Australia. Mekong Dialogue Workshop：International transfer of fiver basin development experience，2002.

［61］ 谭红武，廖文根，李国强，等. 国内外生态调度实践现状及我国生态调度发展策略浅议// 中国水利学会 2008 学术年会论文集（上册），2008：338-343.

［62］ 张爱静，董哲仁，赵进勇，等．黄河水量统一调度与调水调沙对河口的生态水文影响．水利学报，2013，（8）：987-993.

［63］ 张金良．黄河中游水库群水沙联合调度所涉及的范畴．人民黄河，2005，（9）：17-20.

［64］ 长江．三峡工程生态调度达到预想效果．人民长江，2014，（2）：14.

［65］ 张丽丽，殷峻暹．水库生态调度研究现状与发展趋势．人民黄河，2009，31（11）：14-15.

［66］ 董哲仁，张晶，赵进勇．道法自然的启示——兼论水生态修复与保护准则．中国水利，2014，（19）：12-15.

［67］ Arthington A H, Tharme R, Brizga S O, et al. Environmental flow assessment with emphasis on holistic methodologies//Proceedings of the second international symposium on the management of large rivers for fisheries, 2004, 2：37-65.

［68］ 中国工程院"21世纪中国可持续发展水资源战略研究"项目组．中国可持续发展水资源战略研究综合报告．中国工程科学，2000，2（8）：1-16.

［69］ Tennant D L. Instream flow regimes for fish, wildlife, recreation and related environmental resources. Fisheries, 1976, 1（4）：6-10.

［70］ 王西琴，刘昌明，杨志峰．河道最小环境需水量确定方法及其应用研究（Ⅰ）——理论．环境科学学报，2001，21（5）：544-547.

［71］ 王西琴，杨志峰，刘昌明．河道最小环境需水量确定方法及其应用研究（Ⅱ）——应用．环境科学学报，2001，21（5）：548-552.

［72］ 张代青，高军省．河道内生态环境需水量计算方法的研究现状及其改进探讨．水资源与水工程学报，2006，17（4）：68-72.

［73］ 王西琴，刘斌，张远．环境流量界定与管理．北京：中国水利水电出版社，2010.

［74］ 徐志侠，董增川，周健康，等．生态需水计算的蒙大拿法及其应用．水利水电技术，2003，34（11）：15-17.

［75］ Acreman M C, Dunbar M J. Defining environmental river flow requirements – a review. Hydrology and Earth System Sciences, 1999, 8（5）：861-876.

［76］ Tessman S A. Environmental assessment, technical appendix E. Reconnaissance Elements of the Western Dakota's Region of South Dakota, South Dakota State University, 1980.

［77］ 黄强，李群，张泽中，等．计算黄河干流生态环境需水 Tennant 法的改进及应用．水动力学研究与进展：A辑，2007，22（6）：774-781.

［78］ 郑志宏，张泽中，黄强，等．生态需水量计算 Tennant 法的改进及应用．四川大学学报：工程科学版，2010，42（2）：34-39.

［79］ 王西琴，刘昌明，杨志峰．生态及环境需水量研究进展与前瞻．水科学进展，2002，13（4）：507-514.

［80］ Boner M C, Furland L P. Seasonal treatment and variable effluent quality based on assimilative capacity. Journal Water Pollution Control Filed, 1982, 54：1408-1416.

［81］ Caissie D, Ei-jabi N, Bourgeois G. Instream flow evaluation by hydrologically-based and habitat preference（hydrobiological）techniques. Rev Sci Eau, 1998, 11（3）：347-363.

［82］ 倪晋仁，崔树彬，李天宏，等．论河流生态环境需水．水利学报，2002，（9）：14-19.

［83］ 钟华平，刘恒，耿雷华，等．河道内生态需水估算方法及其评述．水科学进展，2006，17（3）：430-434.

［84］ Matthews R C, Bao Y. The texas method of preliminary instream flow determination. Rivers, 1991,

2（4）：295-310.

[85] Dunbar M J, Gustard A, Acreman M C, et al. Overseas approaches to setting river flow objectives. R and D Technical Report W6-161. Environmental Agency and NERC, 1998.

[86] Palau A, Alcazar J. The basic flow：An alternative approach to calculate minimum environmental instream flows//Leclerc M, et al. Ecohydraulics 2000, 2nd international symposium on habitat hydraulics. . Quebec City, 1996.

[87] Richter B D, Jeffrey V B, Powell J, et al. A method for assessing hydrologic alteration within ecosystem. Conservation Biology, 1996, 10（4）：1163-1174.

[88] Conservancy N. Indicators of hydrologic alteration. Version 7. 1. User's manual. The Nature Conservancy, 2009.

[89] Magilligan F J, Nislow K H. Changes in hydrologic regime by dams. Geomorphology, 2005, 71（1）：61-78.

[90] Yang T, Zhang Q, Chen Y D, et al. A spatial assessment of hydrologic alteration caused by dam construction in the middle and lower Yellow River, China. Hydrological processes, 2008, 22（18）：3829-3843.

[91] 张洪波，王义民，黄强. 基于 RVA 的水库工程对河流水文条件的影响评价. 西安理工大学学报，2008，24（3）：262-267.

[92] 舒畅，刘苏峡，莫兴国，等. 基于变异性范围法（RVA）的河流生态流量估算. 生态环境学报，2010，19（5）：1151-1155.

[93] 李翀，廖文根. 河流生态水文学研究现状. 中国水利水电科学研究院学报，2009，7（2）：23-32.

[94] Oha D. Estimating minimum instream flow requirements for Minnesota streams from hydrologic data and watershed characteristics. North American Journal of Fisheries Management, 1995, 15（3）：569-578.

[95] 杨志峰，张远. 河道生态环境需水研究方法比较. 水动力学研究与进展 A 辑，2003，18（3）：294-301.

[96] Ubertini L, Manciola P, Casadei S. Evaluation of the minimum instream flow of the Tiber River Basin. Environmental monitoring and assessment, 1996, 41（2）：125-136.

[97] Smakhtin V U. Low flow hydrology：A review. Journal of hydrology, 2001, 240（3）：147-186.

[98] Lamb B L. Quantifying instream flows：Matching policy and technology. Insteam Flow Protection in the Weat. Covelo：Island Press, 1989：23-29.

[99] 郭文献，夏自强. 对计算河道最小生态流量湿周法的改进研究. 水力发电学报，2009，28（3）：171-175.

[100] Gippel C J, Stewardson M J. Use of wetted perimeter in defining minimum environmental flows. Regulated Rivers：Research & Management, 1998, 14（1）：53-67.

[101] Annear T C, Conder A L. Relative bias of several fisheries instream flow methods. North American Journal of Fisheries Management, 1984, 4（4B）：531-539.

[102] 郭文献，夏自强. 长江中下游河道生态流量研究. 水利学报，2007，（S1）：619-623.

[103] 尚松浩. 确定河流生态流量的几种湿周法比较. 水利水电科技进展，2011，31（4）：41-44.

[104] Mosley M P. Analysis of the effect of changing discharge on channel morphology and instream uses in a braided river, Ohau River, New Zealand. Water resources research, 1982, 18（4）：800-812.

[105] Espegren G D. Development of instream flow recommendations in Colorado using R2Cross. Colorado Water Conservation Board, Department of Natural Resources, Water Rights Investigations Section, 1996.

［106］ 李嘉，王玉蓉，李克锋，等．计算河段最小生态需水的生态水力学法．水利学报，2006，37（10）：1169-1174.

［107］ Boven K D，Milhous R. Hydraulic simulation in instream flow studies：Theory and techniques. United States. Fish and Wildlife Service. Office of Biological Services. FWS/OBS，1978.

［108］ DFID of the UK. Handbook for the assessment of catchment water demand and use. Oxon：HR Wallingford，2003.

［109］ Bovee K D. A guide to stream habitat analysis using the instream flow incremental methodology. Instream Flow Information Paper 12. FWS/OBS-82/26. USDI Fish and Wildlife Services，Office of Biology Services：Washington，DC. 1982.

［110］ Bovee K D. Development and evaluation of habitat suitability criteria for use in the instream flow incremental methodology. National Ecology Center，Division of Wildlife and Contaminant Research，Fish and Wildlife Service，US Department of the Interior，1986.

［111］ Armour C L，Taylor J G. Evaluation of the instream flow incremental methodology by US Fish and Wildlife Service field users. Fisheries，1991，16（5）：36-43.

［112］ Gore J A，Nestler J M. Instream flow studies in perspective. Regulated Rivers：Research & Management，1988，2（2）：93-101.

［113］ Orth D J，Maughan O E. Evaluation of the incremental methodology for recommending instream flows for fishes. Transactions of the American Fisheries Society，1982，111（4）：413-445.

［114］ King J M，Tharme R E. Assessment of the instream flow incremental methodology，and initial development of alternative instream flow methodologies for South Africa. Water Research Commission，1993.

［115］ Tharme R E. A global perspective on environmental flow assessment：Emerging trends in the development and application of environmental flow methodologies for rivers. River research andapplications，2003，19（5-6）：397-441.

［116］ Arunachalam M. Assemblage structure of stream fishes in the Western Ghats（India）. Hydrobiologia，2000，430（1-3）：1-31.

［117］ De Jalon D G，Gortazar J. Evaluation of instream habitat enhancement options using fish habitat simulations：Case-studies in the river Pas（Spain）. Aquatic Ecology，2007，41（3）：461-474.

［118］ Hauer C，Unfer G，Schmutz S，et al. Morphodynamic effects on the habitat of juvenile cyprinids（Chondrostoma nasus）in a restored Austrian lowland river. Environmental Management，2008，42（2）：279-296.

［119］ Hauer C，Unfer G，Schmutz S，et al. The importance of morphodynamic processes at riffles used as spawning grounds during the incubation time of nase（Chondrostoma nasus）. Hydrobiologia，2007，579（1）：15-27.

［120］ Boavida I，Santos J M，Cortes R V，et al. Assessment of instream structures for habitat improvement for two critically endangered fish species. Aquatic Ecology，2011，45（1）：113-124.

［121］ 英晓明，李凌．河道内流量增加方法 IFIM 研究及其应用．生态学报，2006，26（5）：1567-1573.

［122］ Orth D J. Ecological considerations in the development and application of instream flow-habitat models. Regulated Rivers：Research & Management，1987，1（2）：171-181.

［123］ Bullock A，Gustard A，Grainger E S. Instream flow requirements of aquatic ecology in two British rivers：Application and assessment of the instream flow incremental methodology using the PHABSIM system. Institute of Hydrology，1991.

［124］ Milhous R T, Wegner D L, Waddle T. User's guide to the physical habitat simulation system （PHABSIM）. Department of the Interior, US Fish and Wildlife Service, 1984.

［125］ 朱瑶. 大坝对鱼类栖息地的影响及评价方法述评. 中国水利水电科学研究院学报, 2005, 3（2）: 100-103.

［126］ 赵进勇, 董哲仁, 孙东亚. 河流生物栖息地评估研究进展. 科技导报, 2008, 26（17）: 82-88.

［127］ 石瑞花, 许士国. 河流生物栖息地调查及评估方法. 应用生态学报, 2008, 19（9）: 2081-2086.

［128］ 蒋红霞, 黄晓荣, 李文华. 基于物理栖息地模拟的减水河段鱼类生态需水量研究. 水力发电学报, 2012, 31（5）: 141-147.

［129］ 郝增超, 尚松浩. 基于栖息地模拟的河道生态需水量多目标评价方法及其应用. 水利学报, 2008, 39（5）: 557-561.

［130］ Lamouroux N, Jowett I G. Generalized instream habitat models. Canadian Journal of Fisheriesand Aquatic Sciences, 2005, 62（1）: 7-14.

［131］ Gallagher S P. Use of two-dimensional hydrodynamic modeling to evaluate channel rehabilitation in the Trinity River. California, USAUS Fish and Wildlife Service, Arcata Fish and Wildlife Office, Arcata, CA, 1999.

［132］ 杨志峰, 于世伟, 陈贺, 等. 基于栖息地突变分析的春汛期生态需水阈值模型. 水科学进展, 2010, 21（4）: 567-574.

［133］ Leclerc M, Boudreault A, Bechara T A, et al. Two-dimensional hydrodynamic modeling: A neglected tool in the instream flow incremental methodology. Transactions of the American Fisheries Society, 1995, 124（5）: 645-662.

［134］ 班璇. 中华鲟产卵栖息地的生态需水量. 水利学报, 2011, 42（1）: 47-55.

［135］ Chou W, Chuang M. Habitat evaluation using suitability index and habitat type diversity: A case study involving a shallow forest stream in central Taiwan. Environmental Monitoring and Assessment, 2011, 172（1-4）:689-704.

［136］ Ahmadi-Nedushan B, St-Hilaire A, Bérubé M, et al. A review of statistical methods for the evaluation of aquatic habitat suitability for instream flow assessment. River Research and Applications, 2006, 22（5）: 503-523.

［137］ 易雨君, 程曦, 周静. 栖息地适宜度评价方法研究进展. 生态环境学报, 2013, 22（5）: 887-893.

［138］ Benyahya L, Caissie D, St-Hilaire A, et al. A review of statistical water temperature models. Canadian Water Resources Journal, 2007, 32（3）: 179-192.

［139］ Brown L C, Barnwell T O. The enhanced stream water quality models QUAL2E and QUAL2E-UNCAS: Documentation and user manual. US Environmental Protection Agency. Office of Research and Development. Environmental Research Laboratory, 1987.

［140］ Scott D, Shirvell C S. A critique of the instream flow incremental methodology and observations on flow determination in New Zealand. Regulated streams. Springer US, 1987: 27-43.

［141］ Mathur D, Bason W H, Purdy Jr E J, et al. A critique of the in stream flow incremental methodology. Canadian Journal of Fisheries and Aquatic Sciences, 1985, 42（4）: 825-831.

［142］ Docampo L, De Bikuna B G. The basque method for determining instream flows in Northern Spain. Rivers, 1993, 4（4）: 292-311.

［143］ Giesecke J, Schneider M, Jorde K. Analysis of minimum flow stretches based on the simulation model CA-

SIMIR//Proc. 28th IAHR Congress, 1999, 22（27）：9.

[144] Jorde K, Schneider M, Peter A, et al. Fuzzy based models for the evaluation of fish habitat quality and instream flow assessment//Proceedings of the 2001 International Symposium on Environmental Hydraulics, 2001, 3：27-28.

[145] Mouton A M, Schneider M, Depestele J, et al. Fish habitat modelling as a tool for river management. Ecological Engineering, 2007, 29（3）：305-315.

[146] 杨志峰，崔保山，刘静玲，等. 生态环境需水量理论、方法与实践. 北京：科学出版社，2003：26-30.

[147] King J, Louw D. Instream flow assessments for regulated rivers in South Africa using the Building Block Methodology. Aquatic Ecosystem Health and Management, 1998, 1（2）：109-124.

[148] King J M, Tharme R E. Environmental flow assessments for rivers：Manual for the Building Block Methodology. Pretoria：Water Research Commission, 2000.

[149] 桑连海，陈西庆，黄薇. 河流环境流量法研究进展. 水科学进展，2006，17（5）：754-760.

[150] O'Keeffe J, Hughes D, Tharme R. Linking ecological responses to altered flows, for use in environmental flow assessments：The Flow Stressor-Response method. Internationale Vereinigung fur Theoretische und Angewandte Limnologie Verhandlungen, 2002, 28（1）：84-92.

[151] Brown C, King J. A summary of the DRIFT process. Cape Town：Southern Waters, 2000.

[152] King J, Brown C, Sabet H. A scenario-based holistic approach to environmental flow assessments for rivers. River Research and Applications, 2003, 19（5-6）：619-639.

[153] Arthington A H, Rall J L, Kennard M J, et al. Environmental flow requirements of fish in Lesotho Rivers using the DRIFT methodology. River Research and Applications, 2003, 19（5-6）：641-666.

[154] Brizga S O, Arthington A H, Choy S C, et al. Benchmarking, a "top-down" methodology for assessing environmental flows in Australian rivers. Proceedings of the International Conference on Environmental Flows for River Systems, Southern Waters, University of Cape Town, South Africa, 2002.

[155] King J, Brown C, Sabet H. A scenario-based holistic approach to environmental flow assessments for rivers. River Research & Applications, 2003, 19（5-6）：619-639.

[156] Poff N L, Richter B D, Arthington A H, et al. The ecological limits of hydrologic alteration（ELOHA）：A new framework for developing regional environmental flow standards. Freshwater Biology, 2010, 55（1）：147-170.

[157] Richter B D, Warner A T, Meyer J L, et al. A collaborative and adaptive process for developing environmental flow recommendations. River Research and Applications, 2006, 22（3）：297-318.

[158] 姜德娟，王会肖. 生态环境需水量研究进展. 应用生态学报，2004，15（7）：1271-1275.

[159] Richter B D, Davis M M, Apse C, et al. A presumptive standard for environmental flow protection. River Research & Applications, 2012, 28（8）：1312-1321.

[160] Wurbs R A. Reservoir-system simulation and optimization models. Journal of Water Resources Planning & Management, 2014, 119（4）：455-472.

[161] Dantzig G B, Wolfe P. Decomposition principle for linear programs. Operations Research, 1960, 8（1）：101-111.

[162] Windsor J S. Optimization model for the operation of flood control systems. Water Resources Research, 1973, 9（5）：1219-1226.

[163] Needham J T, Watkins Jr D W, Lund J R, et al. Linear programming for flood control in the Iowa and

Des Moines rivers. Journal of Water Resources Planning and Management，2000，126（3）：118-127.

［164］都金康，李罕，王腊春，等．防洪水库（群）洪水优化调度的线性规划方法．南京大学学报：自然科学版，1995，（2）：301-309.

［165］Yeh W W G. Reservoir management and operations models：A state-of-the-art review. Water resources research，1985，21（12）：1797-1818.

［166］Chu W S，Yeh W. Anonlinear programming algorithm for real-time hourly reservoir operation. Journal of the American Water Resources Association，1978，14（5）：1048-1063.

［167］伍宏中．水电站水库群径流补偿调节的非线性规划优化．水电能源科学，1994，（2）：84-90.

［168］Bellman R. Dynamic programming and Lagrange multipliers. Proceedings of the National Academy of Sciences of the United States of America，1956，42（10）：767.

［169］Stedinger J R，Sule B F，Loucks D P. Stochastic dynamic programming models for reservoir operation optimization. Water Resources Research，1984，20（11）：1499-1505.

［170］Ferrero R W，Rivera J F，Shahidehpour S M. A dynamic programming two-stage algorithm for long-term hydrothermal scheduling of multireservoir systems. Power Systems，IEEE Transactions on，1998，13（4）：1534-1540.

［171］梅亚东．梯级水库防洪优化调度的动态规划模型及解法．武汉水利电力大学学报，1999，32（5）：10-12.

［172］邹进，张勇传．三峡梯级电站短期优化调度的模糊多目标动态规划．水利学报，2005，36（8）：925-931.

［173］Labadie J W. Optimal operation of multireservoir systems：State-of-the-art review. Journalof Water Resources Planning and Management，2004，130（2）：93-111.

［174］Heidari M，Chow V T，Kokotović P V，et al. Discrete differential dynamic programing approach to water resources systems optimization. Water Resources Research，1971，7（2）：273-282.

［175］谢柳青，易淑珍．水库群防洪系统优化调度模型及应用．水利学报，2002，6：38-42.

［176］Bellman R，Drefus S. Applied dynamic programming. Priceton：Priceton University Press，1962.

［177］梅亚东．梯级水库优化调度的有后效性动态规划模型及应用．水科学进展，2000，11（2）：194-198.

［178］Howson H，Sancho N G F. A new slgorithn for the solution of multistate dynamic programming problems. Math. Programm，1975，8（1）：104-116.

［179］Turgeon A. Optimal short-term hydro scheduling from the principle of progressive optimality. Water Resources Research，1981，17（3）：481-486.

［180］Lucas N J D，Perera P J. Short-term hydroelectric scheduling using the progressive optimality algorithm. Water Resources Research，1985，21（9）：1456-1458.

［181］张勇传，李福生，黄益芬．多阶段决策问题 POA 算法收敛于最优解问题．水电能源科学，1990，（1）：44-48.

［182］杨侃，丰景春，陆桂华．水库调度中逐次优化算法（POA）的收敛性研究．河海大学学报，1996，（1）：104-107.

［183］方红远，王浩，程吉林．初始轨迹对逐步优化算法收敛性的影响．水利学报，2002，33（11）：27-30.

［184］Holland J H. Genetic algorithms. Scientific American，1992，267（1）：66-72.

［185］Wardlaw R，Sharif M. Evaluation of genetic algorithms for optimal reservoir system operation. Journal of

Water Resources Planning and Management，1999，125（1）：25-33.

[186] Ahmed J A，Sarma A K. Genetic algorithm for optimal operating policy of a multipurpose reservoir. Water Resources Management，2005，19（2）：145-161.

[187] 马光文，王黎. 遗传算法在水电站优化调度中的应用. 水科学进展，1997，8（3）：275-280.

[188] 陈立华，梅亚东，董雅洁，等. 改进遗传算法及其在水库群优化调度中的应用. 水利学报，2008，（5）.

[189] Wright A H. Genetic algorithms for real parameter optimization. Foundations of Genetic Algorithms，1991，1：205-218.

[190] 畅建霞，黄强. 基于改进遗传算法的水电站水库优化调度. 水力发电学报，2001，（3）：85-90.

[191] Chang F J，Chen L. Real-coded genetic algorithm for rule-based flood control reservoir management. Water Resources Management，1998，12（3）：185-198.

[192] 金菊良，杨晓华. 基于实数编码的加速遗传算法. 四川大学学报：工程科学版，2000，32（4）：20-24.

[193] 徐琦，张勇传. 改进遗传算法在梯级电站日优化运行中的应用. 水电能源科学，2002，20（4）：51-53.

[194] 张思才，张方晓. 一种遗传算法适应度函数的改进方法. 计算机应用与软件，2006，23（2）：108-110.

[195] Srinivas M，Patnaik L M. Adaptive probabilities of crossover and mutation in genetic algorithms. Systems，Man and Cybernetics，IEEE Transactions on，1994，24（4）：656-667.

[196] Yang K，Zheng J，Yang M，et al. Adaptive genetic algorithm for daily optimal operation of cascade reservoirs and its improvement strategy. Water Resources Management，2013，27（12）：4209-4235.

[197] 游进军，纪昌明，付湘. 基于遗传算法的多目标问题求解方法. 水利学报，2003，7（7）：64-69.

[198] 王少波，解建仓，孔珂. 自适应遗传算法在水库优化调度中的应用. 水利学报，2006，37（4）：480-485.

[199] 万星，周建中. 自适应对称调和遗传算法在水库中长期发电调度中的应用. 水科学进展，2007，18（4）：598-603.

[200] 晋健，马光文，陶春华. 基于退火遗传算法的水电站短期优化调度. 水力发电学报，2009，27（6）：18-21.

[201] 李励贵，魏霞，黄强，等. 改进的多层次优化算法在水库群优化调度中的应用. 水力发电学报，2008，26（6）：1-6.

[202] 刘攀，郭生练，雒征，等. 求解水库优化调度问题的动态规划-遗传算法. 武汉大学学报：工学版，2007，40（5）：1-6.

[203] 邹进. 基于逐次逼近遗传算法的梯级水库优化调度. 水利水运工程学报，2012，（1）：19-25.

[204] 万芳，黄强，原文林，等. 基于协同进化遗传算法的水库群供水优化调度研究. 西安理工大学学报，2011，27（2）：139-144.

[205] 纪昌明，李克飞，张验科，等. 基于机会约束的水库调度随机多目标决策模型. 电力系统保护与控制，2012，40（19）：36-40.

[206] Schaffer J D，Whitley D，Eshelman L J. Combinations of genetic algorithms and neural networks：A survey of the state of the art. Combinations of Genetic Algorithms and Neural Networks，1992，COGANN-92. International Workshop on. IEEE，1992：1-37.

[207] Han J C，Huang G H，Zhang H，et al. Fuzzy constrained optimization of eco-friendly reservoir operation

using self- adaptive genetic algorithm：a case study of a cascade reservoir system in the Yalong River，China. Ecohydrology，2012，5（6）：768-778.

[208] Dorigo M，Birattari M. Ant colony optimization//Sammut C，Webb GI. Encyclopedia of Machine Learning. Springer US，2010：36-39.

[209] 徐刚，马光文，梁武湖，等．蚁群算法在水库优化调度中的应用．水科学进展，2005，16（3）：397-400.

[210] Kumar D N，Reddy M J. Ant colony optimization for multi- purpose reservoir operation. Water Resources Management，2006，20（6）：879-898.

[211] 胡国强，贺仁睦．基于自适应蚁群算法的水电站水库优化调度．中国电力，2007，40（7）：48-50.

[212] 原文林，曲晓宁．混沌蚁群优化算法在梯级水库发电优化调度中的应用研究．水力发电学报，2013，32（3）：47-54.

[213] 陈立华，梅亚东，杨娜，等．混合蚁群算法在水库群优化调度中的应用．武汉大学学报：工学版，2009，42（5）：661-664.

[214] 林剑艺，程春田，于斌，等．基于改进蚁群算法的梯级水库群优化调度．水电能源科学，2008，26（4）：53-55.

[215] Jalali M R，Afshar A，Marino M A. Multi-colony ant algorithm for continuous multi-reservoir operation optimization problem. Water Resources Management，2007，21（9）：1429-1447.

[216] Afshar A，Sharifi F，Jalali M R. Non- dominated archiving multi- colony ant algorithm for multi- objective optimization：Application to multi-purpose reservoir operation. Engineering Optimization，2009，41（4）：313-325.

[217] Lee Z，Su S，Chuang C，et al. Genetic algorithm with ant colony optimization（GA- ACO）for multiple sequence alignment. Applied Soft Computing，2008，8（1）：55-78.

[218] 刘卫林，董增川，王德智．混合智能算法及其在供水水库群优化调度中的应用．水利学报，2007，38（12）：1437-1443.

[219] Xin Y，Hai- xia R，Fang W. The applied research on artificial neural networks based on ant colony optimization for reservoir runoff forecast. China Rural Water & Hydropower，2013，12：9-12.

[220] Shelokar P S，Siarry P，Jayaraman V K，et al. Particle swarm and ant colony algorithms hybridized for improved continuous optimization. Applied Mathematics & Computation，2007，188（1）：129-142.

[221] 万芳，邱林，黄强．水库群供水优化调度的免疫蚁群算法应用研究．水力发电学报，2011，30（5）：234-239.

[222] Kennedy J，Eberhart R. Particle swarm optimization. Proceedings of IEEE International Conference on Neural Networks，1995，4：129-132.

[223] 张双虎，黄强，吴洪寿，等．水电站水库优化调度的改进粒子群算法．水力发电学报，2007，26（1）：1-5.

[224] Ostadrahimi L，Mariño M A，Afshar A. Multi- reservoir operation rules：Multi- swarm PSO- based optimization approach. Water Resources Management，2012，26（2）：407-427.

[225] Kumar D N，Reddy M J. Multipurpose reservoir operation using particle swarm optimization. American Society of Civil Engineers，2006，（3）：192-201.

[226] Fu X，Li A，Wang L，et al. Short-term scheduling of cascade reservoirs using an immune algorithm-based particle swarm optimization. Computers & Mathematics with Applications，2011，62（6）：2463-2471.

［227］张景瑞，向泽江，龙健，等．流域梯级水电站群优化调度的多向导粒子群算法．水力发电学报，2011，30（4）：36-41.

［228］张俊，程春田，廖胜利，等．改进粒子群优化算法在水电站群优化调度中的应用研究．水利学报，2009，40（4）：435-441.

［229］陈立华，梅亚东，杨娜．自适应多策略粒子群算法在水库群优化调度中的应用．水力发电学报，2010，29（2）：139-144.

［230］Esmin A A A，Lambert-Torres G，Zambroni de Souza A C. A hybrid particle swarm optimization applied to loss power minimization. IEEE Transactions on Power Systems，2005，20（2）：859-866.

［231］Zhang J，Wu Z，Cheng C，et al. Improved particle swarm optimization algorithm for multi-reservoir system operation. Water Science and Engineering，2011，4：61-73.

［232］周建中，李英海，肖舸，等．基于混合粒子群算法的梯级水电站多目标优化调度．水利学报，2010，41（10）：1212-1219.

［233］向波，纪昌明，罗庆松．免疫粒子群算法及其在水库优化调度中的应用．河海大学学报：自然科学版，2008，36（2）：198-202.

［234］Liu B，Wang L，Jin Y，et al. Improved particle swarm optimization combined with chaos. Chaos Solitons & Fractals，2005，25（5）：1261-1271.

［235］Meng H，Zheng P，Wu R，et al. A hybrid particle swarm algorithm with embedded chaotic search// Computer Simulation. IEEE，2004：367-371.

［236］Bergh F. A cooperative approach to particle swarm optimization. IEEE Transactions on Evolutionary Computation，2004，8（3）：225-239.

［237］申建建，程春田，廖胜利，等．基于模拟退火的粒子群算法在水电站水库优化调度中的应用．水力发电学报，2009，28（3）：10-15.

［238］王永强，周建中，覃晖，等．基于改进二进制粒子群与动态微增率逐次逼近法混合优化算法的水电站机组组合优化．电力系统保护与控制，2011，39（10）：64-69.

［239］Chang Y，Chang L，Chang F. Intelligent control for modeling of real-time reservoir operation，part II：artificial neural network with operating rule curves. Hydrological Processes，2005，19（7）：1431-1444.

［240］Toktabolat Z. Using Artificial Neural Networks in Reservoir Characterization. Atlanta：Scholars Press，2013.

［241］胡铁松，万永华，冯尚友．水库群优化调度函数的人工神经网络方法研究．水科学进展，1995，（1）：53-60.

［242］张保生，纪昌明，陈森林．多元线性回归和神经网络在水库调度中的应用比较研究．中国农村水利水电，2004，（7）：29-32.

［243］孙喜波．BP 神经网络算法与其他算法的融合研究及应用．重庆大学学位论文，2011.

［244］Chandramouli V，Raman H. Multi-reservoir modeling with dynamic programming and neural networks. Journal of Water Resources Planning and Management，2001，127（2）：89-98.

［245］殷春霞，胡铁松．基于人工神经网络的多目标动态规划．武汉水利电力大学学报，1999，（6）：1-5.

［246］Jain S K，Das A，Srivastava D K. Application of ANN for reservoir inflow prediction and operation. J. water Resour. res，2014，125（5）：263-271.

［247］Deka P，Chandramouli V. A fuzzy neural network model for deriving the river stage-discharge relationship. Hydrological Sciences Journal，2003，48（2）：197-209.

［248］ Senthil Kumar A R，Manish Kumar Goyal. Application of ANN，fuzzy logic and decision tree algorithms for the development of reservoir operating rules. Water Resources Management，2013，27（3）：911-925.

［249］ Kuo J T，Wang Y Y，Lung W S. A hybrid neural-genetic algorithm for reservoir water quality management. Water Research，2006，40（7）：1367-1376.

［250］ 李敏强，徐博艺. 遗传算法与神经网络的结合. 系统工程理论与实践，1999，19（2）：65-69.

［251］ 洪炳熔，金飞虎，高庆吉. 基于蚁群算法的多层前馈神经网络. 哈尔滨工业大学学报，2003，35（7）：823-825.

［252］ Skardi M J E，Afshar A，Saadatpour M，et al. Hybrid ACO-ANNbased multi-objective simulation-optimization model for pollutant load control at basin scale. Environmental Modeling & Assessment，2014，20（1）：29-39.

［253］ 武玮，徐宗学，殷旭旺，等. 渭河流域鱼类群落结构特征及其完整性评价. 环境科学研究，2014，27（9）：981-989.

［254］ 徐宗学，殷旭旺，等. 渭河流域常见水生生物图谱. 北京：中国水利水电出版社，2016.

［255］ 徐宗学，武玮，殷旭旺，等. 渭河流域水生态系统群落结构特征及其健康评价. 水利水电科技进展，2016，35（1）：23-30.

［256］ 贾仰文，王浩，倪广恒，等. 分布式流域水文模型原理与实践. 北京：中国水利水电出版社，2005.

［257］ 刘佳嘉. 变化环境下渭河流域水循环分布式模拟与演变规律研究. 中国水利水电科学研究院学位论文，2013.

［258］ 刘佳嘉，周祖昊，贾仰文，等. 水循环演变中多因素综合影响贡献量分解方法. 水利学报，2014，45（6）：658-665.